BIM 应用系列教程

建筑工程计量与计价（山东版）

朱溢镕　　吴新华　　石　芳　　主编

化学工业出版社

·北京·

内 容 简 介

　　《建筑工程计量与计价》基于"教、学、做一体化，任务导向，学生为中心"设计，符合现代化职业能力迁移理念。课程采用理论与实践一体形式，以情景任务模式展开，主要分为：建筑工程计量计价概述、建筑工程计量与计价实例的编制、建筑工程计量与计价案例实训。三大情景围绕"基础理论知识—案例业务分析—独立案例实训练习"分层次展开，每个章节根据任务划分，有明确的学习目标及学习要求。

　　全书以案例任务化模式展开，结合现行计价计量规范及各地计价定额等依据进行本地化模式编制。本书可以作为高等院校工程管理、造价管理、房地产经营管理、审计、公共事业管理、资产评估等专业的教材，同时也可以作为建设单位、施工单位、设计及监理单位工程造价人员学习的参考资料。

图书在版编目（CIP）数据

建筑工程计量与计价：山东版/朱溢镕，吴新华，
石芳主编．—北京：化学工业出版社，2022.8
ISBN 978-7-122-41308-6

Ⅰ．①建… Ⅱ．①朱… ②吴… ③石… Ⅲ．①建筑工
程-计量 ②建筑造价 Ⅳ.①TU723.3

中国版本图书馆 CIP 数据核字（2022）第 071957 号

责任编辑：吕佳丽　邢启壮	文字编辑：师明远
责任校对：李雨晴	装帧设计：王晓宇

出版发行：化学工业出版社（北京市东城区青年湖南街 13 号　邮政编码 100011）
印　　装：大厂聚鑫印刷有限责任公司
787mm×1092mm　1/16　印张 23　字数 628 千字　2022 年 8 月北京第 1 版第 1 次印刷

购书咨询：010-64518888　　　　售后服务：010-64518899
网　　址：http://www.cip.com.cn

定　价：58.00元

序

　　建筑信息模型（BIM）技术在工程管理中的应用日益广泛，通过 BIM 技术可以实现建设工程全生命期集成管理，尤其对于工程造价管理信息化有重要意义。可以利用 3D 模型实现自动算量，并且能与进度结合有效控制造价。为满足行业对高校毕业生计量与计价能力的要求，培养综合应用 BIM 技术解决造价中实际问题的能力，由化学工业出版社组织有关教师和业内专家编写一套反映行业特点、理论与实践相结合、突出地方特色的优秀教材。

　　该教材以任务为导向，将理论知识与计价任务有机结合，在组织理论教学的同时完成项目化任务训练，使得学生快速达到应用的教学目的。该教材有以下特色：

　　一是项目导向，注重理论与实践融合。通过项目阶段任务化的模式，将选定项目分解，设定教学情境。在每一个分部工程理论教学内容后，开展项目化教学内容。项目贯穿始终，最终形成一个完整的项目计价过程。

　　二是体现完整的计价过程。包括基于教学化项目的招标工程量清单编制、最高投标报价编制、投标报价编制及签约合同价、工程价款结算编制等环节，以满足社会对工程管理、工程造价毕业生的要求。

　　三是内容比较新颖，能体现最新的规范、标准。突出了课程的实用性特点，图文并茂，计算的例题和习题充分，例题有详细的解答过程，特别是计价方法，撰写得比较详细。

　　四是学校与企业、学校与造价管理部门合作。教材与广联达科技股份有限公司、山东省造价管理部门充分合作，教材内容与职业标准的对接，真正让学生做到学以致用、学有所用。

　　五是针对性强。教材较深入地介绍了山东省计价依据及使用方法，便于组织教学。

　　本教材突破传统的计量计价课程教学模式，很好地融合实践教学，实现项目化教学，是一本很好的学习教材，值得推荐！

贾宏俊

2022 年 1 月

前　言

随着土建类专业人才培养模式的转变及教学方法的改革，高校对人才培养需求逐步向技能型人才培养转变。本书围绕全国高等教育建筑工程造价及工程管理专业教育标准和培养方案及主干课程教学大纲的基本要求，在集成以往教材建设方面的宝贵经验基础上，确定了本书的编写思路。

《建筑工程计量与计价》基于"教、学、做一体化，任务导向，学生为中心"设计，符合现代化职业能力迁移理念。课程采用理论与实践一体形式，以情景任务模式展开，主要分为：建筑工程计量计价概述、建筑工程计量计价实例的编制、建筑工程计量与计价案例实训。三大情景围绕"基础理论知识—案例业务分析—独立案例实训练习"分层次展开，每个章节根据任务划分，有明确的学习目标及学习要求。

教材采取一讲一练双案例设计。一套为项目精讲案例，结合实际业务，根据《建筑工程工程量清单计价规范》（GB 50500—2013）、《建设工程工程量清单计价规范》（GB 50500—2013）、《山东省建筑工程消耗量定额》（SD 01—31—2016）等为依据，编制完整的造价工程实例，学生在学习专业基础知识的同时，通过完整的案例分析讲解可有效地把握项目分部分项模块化计量计价训练及整体造价知识框架结构体系的搭建，提升学生建筑工程计量计价能力，从而满足高校进行项目全过程计量计价理论教学需求；另一套为项目实训案例，通过情景三模块实训任务的布置及要求，学生独立完成该案例工程的各分部分项工程实训内容的编制，从而提升学生独立编制建筑工程投标报价能力。

教材全面贯彻"理论与实践相结合"的教学理念，涵盖计价的招标工程量清单、最高投标限价、投标报价、工程结算等成果文件的编制，以山东省计价依据为依托，采用任务驱动开展理论教学和项目训练，达到"学以致用"这一教学目的，克服教学中学生不能独立编制相应计价成果文件的突出问题，也为教师组织教学提供了很好的支撑。

教材为 BIM 造价系列体系化教材理论基础篇，可配合《BIM 算量一图一练》图纸进行辅助案例教学，也可作为建筑工程 BIM 造价应用的教程，以及 BIM 软件计量计价实操学习的基础。本教材还初步尝试将信息化手段融入传统的理论教学，如借助仿真技术、VR&AR技术及 4D 微课等新型技术手段与教材专业知识有机结合。以复杂知识节点仿真展示、AR图纸识图 APP，以及配套系统化 4D 微课辅助教学等形式贯穿日常教学，从而提升学生学习兴趣，降低老师教学难度。

教材提供有配套的授课 PPT、案例图纸及参考答案等电子资源，读者可加入 BIM 项目应用实践群（QQ 群号：296680092），入群读者可在群内获取编者提供的相关资源下载链接；同时编者也希望搭建该平台为广大读者就 BIM 技术项目落地应用，BIM 系列教程优化改革创新，BIM 高校教学深入等展开交流合作。也可登录 www.cipedu.com.cn 进行资源下载。

由于编者水平有限，书中难免有不足之处，恳请广大读者批评指正，以便及时修订与完善。

编者

2022.6

目　录

情境一　建筑工程计量与计价概述

情境二　建筑工程计量与计价实例编制讲解

情境三　建筑工程计量与计价案例实训

情境一
建筑工程计量与计价概述

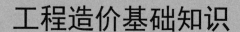

第1章

工程造价基础知识

学习目标

1. 了解建设项目的概念及建设程序。
2. 熟悉建设项目的概念及组成。
3. 掌握建筑工程造价的概念、分类及建设项目的关系。

学习要求

1. 理解建设工程项目概念，掌握建设工程项目组成。
2. 掌握建设项目分类，理解建筑工程造价基本内容。
3. 掌握工程项目建设程序及相关工程计价内容及特点。

本章内容框架

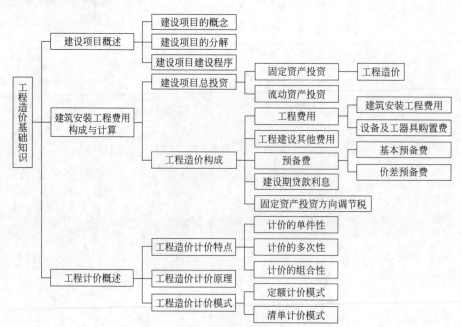

1.1　建设项目概述

1.1.1　建设项目相关概念及其分解

1.1.1.1　建设项目相关概念

(1) 项目

项目是在一定的约束条件下(主要是限定资源、限定时间),具有特定目标的一次性任务。其特点包括以下几个方面:

① 项目具有特定目标;

② 有明确的开始和结束日期;

③ 有一定的资源约束条件;

④ 是由一系列相互独立、相互联系、相互依赖的活动组成的一次性任务。

只要符合上述特点的都属于项目,如建设一项工程、开发一个住宅小区、开发一套软件、完成某项科研课题、组织一次活动等,这些都受一些条件的约束,都有相关的要求,都是一次性任务,所以都属于项目。

(2) 建设项目

建设项目是一项固定资产投资项目,是将一定量的投资,在一定的约束条件下(时间、资源、质量),按照一个科学的程序,经过投资决策(主要是可行性研究)和实施(主要是设计、施工、竣工验收),最终形成固定资产特定目标的一次性建设任务。其特点包括以下几个方面:

① 技术上,有一个总体设计;

② 构成上,由一个或几个相互关联的单项工程组成;

③ 建设中,行政上实行统一管理,经济上实行统一核算,管理上具有独立的组织形式。

只要具备以上特点就属于建设项目,如一所学校、一个住宅小区、一个工厂、一个企业、一条铁路等。

1.1.1.2　建设项目的建设内容

建设项目是通过勘察、设计和施工等活动,以及其他有关部门的经济活动来实现的,具体包括的建设内容如图 1-1 所示。

(1) 建筑工程

建筑工程是指通过对各类房屋建筑及其附属设施的建造和其配套的线路、管道、设备的安装活动所形成的工程实体。主要包括以下几类:

① 永久性和临时性的各种建筑物和构筑物,如住宅、办公楼、厂房、医院、学校、矿井、水塔、栈桥等新建、扩建、改建或复

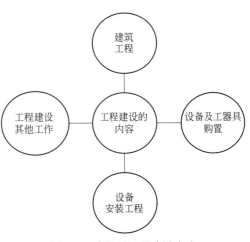

图 1-1　建设项目的建设内容

建工程；

②各种民用管道和线路的敷设工程，如与房屋建筑及其附属设施相配套的电气、给排水、暖通、通信、智能化、电梯等线路、管道、设备的安装活动；

③设备基础；

④炉窑砌筑；

⑤金属结构件工程；

⑥农田水利工程等。

（2）设备及工器具购置

设备及工器具购置是指按设计文件规定，对用于生产或服务于生产的达到固定资产标准的设备、工器具的加工、订购和采购。

（3）设备安装工程

设备安装工程是指永久性和临时性生产、动力、起重、运输、传动等设备的装备、安装工程，以及附属于被安装设备的管线敷设、绝缘、保温、刷油等工程。

（4）工程建设其他工作

工程建设其他工作是指上述三项工作之外与建设项目有关的各项工作。其内容因建设项目性质的不同而有所差异。如新建工程主要包括征地、拆迁安置、"七通一平"、勘察、设计、设计招标、施工招标、竣工验收和试车等。

1.1.1.3　建设项目的分解（工作分解结构）

一个建设项目是一个完整配套的综合性产品，从上到下可分解为多个项目分项，如图 1-2 所示。对于分部及分项工程的划分，不同规范并不一致，即存在多种可能的分解方法。

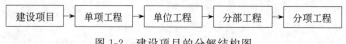

图 1-2　建设项目的分解结构图

（1）单项工程

单项工程是指在一个建设项目中，具有独立的设计文件，竣工后可以独立发挥生产能力或效益的一组配套齐全的工程项目。单项工程是建设项目的组成部分，一个建设项目可以分解为一个单项工程，也可以分解为多个单项工程。

对于生产性建设项目的单项工程，一般是指具有独立生产能力的建筑物，如一个工厂中的某个生产车间；对于非生产性建设项目的单项工程，一般是指具有独立使用功能的建筑物，如一所学校的办公楼、教学楼、宿舍、图书馆、食堂等。

提示：可以通过编制单项工程综合概预算来确定单项工程造价。

（2）单位工程

单位工程是指在一个单项工程中可以独立设计，也可以独立组织施工，但是竣工后一般不能独立发挥生产能力或效益的工程。

单位工程是单项工程的组成部分，一个单项工程可以分解为若干个单位工程。如办公楼这个单项工程可以分解为土建、电气照明、室内给排水等单位工程。

根据《建筑工程施工质量验收统一标准》（GB 50300—2013），单位工程划分的原则为：具备独立施工条件并能形成独立使用功能的建筑物或构筑物为一个单位工程；对于规模较大的单位工程，可将其能形成独立使用功能的部分划分为一个子单位工程。

提示：可以通过编制单位工程概预算来确定单位工程造价，单位工程也是进行工程成本核算的对象。

(3) 分部工程

分部工程是单位工程的组成部分，是按结构部位、路段长度及施工特点或施工任务将单项或单位工程划分为若干分部的工程。

根据《建筑工程施工质量验收统一标准》(GB 50300—2013)，分部工程划分原则为：可按专业性质、工程部位确定；当分部工程较大或较复杂时，可按材料种类、施工特点、施工程序、专业系统及类别将分部工程划分为若干子分部工程。如建筑工程可分解为地基与基础、主体结构、装饰装修、屋面、建筑节能等，主体工程又可划分为混凝土结构、砌体结构、钢结构等子分部。

(4) 分项工程

分项工程是分部工程的组成部分，是按不同施工方法、材料、工序及路段长度等将分部工程划分为若干个分项或项目的工程。根据《房屋建筑与装饰工程工程量计算规范》(GB 50854—2013)，土方工程可分解为平整场地、挖基坑、挖沟槽等分项工程。

根据《建筑工程施工质量验收统一标准》(GB 50300—2013)，分项工程可按主要工种、材料、施工工艺、设备类别进行划分。如现浇混凝土结构可分解为混凝土、模板和钢筋三个分项。

下面以某大学为例说明建设项目的分解，如图1-3所示。

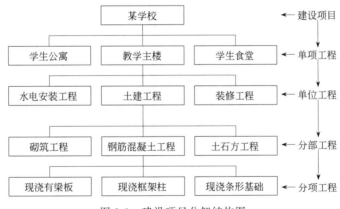

图1-3 建设项目分解结构图

提示：建设项目的分解因目的的不同而不同，对于计价来说，项目的划分与《建筑工程施工质量验收统一标准》(GB 50300—2013)中并不完全一致，可参考《房屋建筑与装饰工程工程量计算规范》(GB 50854—2013)中清单项目划分。

1.1.2 建设项目建设程序

建设程序是指建设项目从设想、选择、评估、决策、设计、施工到竣工验收、投产生产等整个建设过程中，各项工作必须遵循的先后次序法则。按照建设项目发展的内在联系和发展过程，建设程序分为若干阶段，这些发展阶段有严格的先后次序，不能随意颠倒。

目前，我国建设项目的基本建设程序一般分为前期决策阶段、建设实施阶段、竣工验收阶段和项目后评价阶段，具体又可划分为七个环节，如图1-4所示。

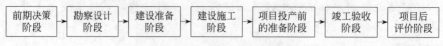

图1-4 建设项目建设程序图

1.2 建筑安装工程费用构成与计算

1.2.1 建设项目总投资及其构成

（1）建设项目总投资

建设项目总投资是指投资主体为获取预期收益在选定的建设项目上投入所需的全部资金。

（2）建设项目总投资的构成

建设项目按投资作用可分为生产性项目和非生产性项目。生产性项目总投资包括固定资产投资和流动资金投资两部分。非生产性项目总投资只有固定资产投资，不含流动资金投资。

1.2.2 工程造价及其构成

（1）工程造价

工程造价就是建设项目总投资中的固定资产投资部分，是建设项目从筹建到竣工交付使用的整个建设过程所花费的全部固定资产投资费用。

（2）工程造价的构成

根据国家发改委和原建设部审定（发改投资[2006]1325号）发行的《建设项目经济评价方法与参数（第三版）》的规定，工程造价（固定资产投资）由五部分构成，如图1-5所示。

图1-5 工程造价构成

提示： 根据财政部、国家税务总局、国家发展计划委员会财税字[1999]299号文件，自2000年1月1日起发生的投资额，暂停征收固定资产投资方向调节税。但该税种并未取消。

1.2.3 建筑安装工程费用的内容、项目组成及参考计算方法

1.2.3.1 建筑安装工程费用的内容

其内容主要包括建筑工程费用和安装工程费用两大部分。

（1）建筑工程费用包括的内容

① 各类房屋建筑工程和列入房屋建筑工程的供水、供暖、卫生、通风、燃气等设备费用及其装饰、油饰工程的费用，列入建筑工程预算的各种管道、电力、电信和电缆导线敷设工程的费用。

② 设备基础、支柱、工作台、烟囱、水塔、水池、灰塔等建筑工程以及各种炉窑的砌筑工程和金属结构工程的费用。

③ 为施工而进行的场地平整和水文地质勘察费用，原有建筑物和障碍物的拆除及施工临时用水、电、气、路和完工后的场地清理费用，环境绿化、美化等的费用。

④ 矿井开凿、井巷延伸、露天矿剥离费用，石油、天然气钻井费用，修建铁路、公路、桥梁、水库、堤坝、灌渠及防洪工程的费用。

（2）安装工程费用包括的内容

① 生产、动力、起重、运输、传动和医疗、实验等各种需要安装的机械设备的装配费用，与设备相连的工作台、梯子、栏杆等设施的工作费用，附属于被安装设备的管线敷设工程费用，以及安装设备的绝缘、防腐、保温、油漆等工作的材料费和安装费用。

② 为测定安装工程质量，对单台设备进行单机试运转、对系统设备进行系统联动无负荷试运转工作的调试费用。

1.2.3.2 建筑安装工程费用项目组成及计算方法

我国现行的建筑安装工程费用项目组成按照《住房城乡建设部、财政部关于印发〈建筑安装工程费用项目组成〉的通知［建标（2013）44号］》的规定执行。同时，"营改增"实施后，建筑安装工程费用项目中的税金为增值税，城市维护建设税、教育附加和地方教育附加在管理费中核算。

（1）建筑安装工程费用项目组成（按费用构成要素划分）

建筑安装工程费按照费用构成要素划分，由人工费、材料（包含工程设备，下同）费、施工机具使用费、企业管理费、利润、规费和税金组成。其中人工费、材料费、施工机具使用费、企业管理费和利润包含在分部分项工程费、措施项目费、其他项目费中，如图1-6所示。

1）人工费 是指按工资总额构成规定，支付给从事建筑安装工程施工的生产工人和附属生产单位工人的各项费用，包括的内容如图1-6所示。

① 计时工资或计件工资：是指按计时工资标准和工作时间或对已做工作按计件单价支付给个人的劳动报酬。

② 奖金：是指对超额劳动和增收节支支付给个人的劳动报酬，如节约奖、劳动竞赛奖等。

③ 津贴、补贴：是指为了补偿职工特殊或额外的劳动消耗和因其他特殊原因支付给个人的津贴，以及为了保证职工工资水平不受物价影响支付给个人的物价补贴，如流动施工津贴、特殊地区施工津贴、高温（寒）作业临时津贴、高空津贴等。

④ 加班加点工资：是指按规定支付的在法定节假日工作的加班工资和在法定日工作时间外延时工作的加点工资。

⑤ 特殊情况下支付的工资：是指根据国家法律、法规和政策规定，因病、工伤、产假、计划生育假、婚丧假、事假、探亲假、定期休假、停工学习、执行国家或社会义务等原因按计时工资标准或计时工资标准的一定比例支付的工资。

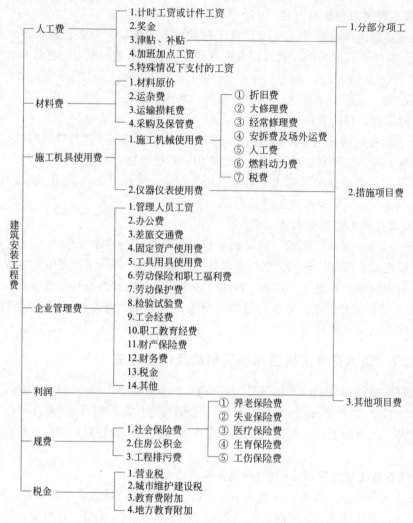

图 1-6　建筑安装工程费用项目组成（按费用构成要素划分）

人工费的参考计算方法：

$$人工费 = \sum（工日消耗量 \times 日工资单价）$$

$$日工资单价 = \frac{生产工人平均月工资（计时、计件）+ 平均月工资（奖金 + 津贴补贴 + 特殊情况下支付的工资）}{年平均每月法定工作日}$$

提示： 此处的人工费是不完全的人工各项费用，根据住房和城乡建设部发布的《住房和城乡建设部关于加强与改善工程造价监管的意见》（建标〔2017〕209 号），文件中提出改革计价依据中人工单价的计算方法，扩大人工单价的计算口径，将单价构成调整为工资、津贴、职工福利费、劳动保护费、社会保险费、住房公积金、工会经费、职工教育经费以及特殊情况下工资性费用。

2）**材料费**　是指施工过程中耗费的原材料、辅助材料、构配件、零件、半成品或成品、工程设备的费用，包括的内容如图 1-6 所示。

① **材料原价：** 是指材料、工程设备的出厂价格或商家供应价格。

② **运杂费：** 是指材料、工程设备自来源地运至工地仓库或指定堆放地点所发生的全部费用。

③ 运输损耗费：是指材料在运输装卸过程中不可避免的损耗。

④ 采购及保管费：是指为组织采购、供应和保管材料、工程设备的过程中所需要的各项费用，包括采购费、仓储费、工地保管费、仓储损耗。

材料费的参考计算方法：

$$材料费＝\sum（材料消耗量×材料单价）$$

$$材料单价＝\{（材料原价＋运杂费）×[1＋运输损耗率（\%）]\}×[1＋采购保管费率（\%）]$$

工程设备是指构成或计划构成永久工程一部分的机电设备、金属结构设备、仪器装置及其他类似的设备和装置。

工程设备相关费用的参考计算方法：

$$工程设备费＝\sum（工程设备量×工程设备单价）$$

$$工程设备单价＝（设备原价＋运杂费）×[1＋采购保管费率（\%）]$$

3）施工机具使用费　是指施工作业所发生的施工机械、仪器仪表使用费或其租赁费。

① 施工机械使用费：以施工机械台班耗用量乘以施工机械台班单价表示，施工机械台班单价应由下列七项费用组成，如图 1-6 所示。

a. 折旧费：指施工机械在规定的使用年限内，陆续收回其原值的费用。

b. 大修理费：指施工机械按规定的大修理间隔台班进行必要的大修理，以恢复其正常功能所需的费用。

c. 经常修理费：指施工机械除大修理以外的各级保养和临时故障排除所需的费用，包括为保障机械正常运转所需替换设备与随机配备工具附具的摊销和维护费用，机械运转中日常保养所需润滑与擦拭的材料费用及机械停滞期间的维护和保养费用等。

d. 安拆费及场外运费：安拆费指施工机械（大型机械除外）在现场进行安装与拆卸所需的人工、材料、机械和试运转费用及机械辅助设施的折旧、搭设、拆除等费用；场外运费指施工机械整体或分体自停放地点运至施工现场或由一施工地点运至另一施工地点的运输、装卸、辅助材料及架线等费用。

e. 人工费：指机上司机（司炉）和其他操作人员的人工费。

f. 燃料动力费：指施工机械在运转作业中所消耗的各种燃料及水、电等费用。

g. 税费：指施工机械按照国家规定应缴纳的车船使用税、保险费及年检费等。

施工机械使用费的参考计算方法：

$$施工机械使用费＝\sum（施工机械台班消耗量×机械台班单价）$$

$$机械台班单价＝台班折旧费＋台班大修费＋台班经常修理费＋台班安拆费及场外运费＋$$
$$台班人工费＋台班燃料动力费＋台班车船税费$$

② 仪器仪表使用费：是指工程施工所需使用的仪器仪表的摊销及维修费用。

仪器仪表使用费的参考计算方法：

$$仪器仪表使用费＝工程使用的仪器仪表摊销费＋维修费$$

4）企业管理费　是指建筑安装企业组织施工生产和经营管理所需的费用，包括的内容如图 1-6 所示。

a. 管理人员工资：是指按规定支付给管理人员的计时工资、奖金、津贴补贴、加班加点工资及特殊情况下支付的工资等。

b. 办公费：是指企业管理办公用的文具、纸张、账表、印刷、邮电、书报、办公软件、现场监控、会议、水电、烧水和集体取暖降温（包括现场临时宿舍取暖降温）等费用。

c. 差旅交通费：是指职工因公出差、调动工作的差旅费，住勤补助费，市内交通费和误餐补助费，职工探亲路费，劳动力招募费，职工退休、退职一次性路费，工伤人员就医路费，工地转移费及管理部门使用的交通工具的油料、燃料等费用。

d. 固定资产使用费：是指管理和试验部门及附属生产单位使用的属于固定资产的房屋、设备、仪器等的折旧、大修、维修或租赁费。

e. 工具用具使用费：是指企业施工生产和管理使用的不属于固定资产的工具、器具、家具、交通工具和检验、试验、测绘、消防用具等的购置、维修和摊销费。

f. 劳动保险和职工福利费：是指由企业支付的职工退职金、按规定支付给离休干部的经费、集体福利费、夏季防暑降温、冬季取暖补贴、上下班交通补贴等费用。

g. 劳动保护费：是企业按规定发放的劳动保护用品的支出，如工作服、手套、防暑降温饮料及在有碍身体健康的环境中施工的保健费用等。

h. 检验试验费：是指施工企业按照有关标准规定，对建筑以及材料、构件和建筑安装物进行一般鉴定、检查所发生的费用，包括自设试验室进行试验所耗用的材料等费用。不包括新结构、新材料的试验费，对构件做破坏性试验及其他特殊要求检验试验的费用和建设单位委托检测机构进行检测的费用，对此类检测发生的费用，由建设单位在工程建设其他费用中列支，但对施工企业提供的具有合格证明的材料进行检测不合格的，该检测费用由施工企业支付。

i. 工会经费：是指企业按《中华人民共和国工会法》规定的全部职工工资总额比例计提的工会经费。

j. 职工教育经费：是指按职工工资总额的规定比例计提，企业为职工进行专业技术和职业技能培训，专业技术人员继续教育、职工职业技能鉴定、职业资格认定以及根据需要对职工进行各类文化教育所发生的费用。

k. 财产保险费：是指施工管理用财产、车辆等的保险费用。

l. 财务费：是指企业为施工生产筹集资金或提供预付款担保、履约担保、职工工资支付担保等所发生的各种费用。

m. 税金：是指企业按规定缴纳的房产税、车船使用税、土地使用税、印花税、城市建设维护税、教育费附加及地方教育附加等各项税费。

n. 其他：包括技术转让费、技术开发费、投标费、业务招待费、绿化费、广告费、公证费、法律顾问费、审计费、咨询费、保险费等。

企业管理费的参考计算方法，以分部分项工程费为计算基础：

$$企业管理费 = 分部分项工程费 \times 企业管理费率$$

以人工费和机械费合计为计算基础：

$$企业管理费 = 人工费和机械费合计 \times 企业管理费率$$

以人工费为计算基础：

$$企业管理费 = 人工费 \times 企业管理费率$$

5）利润　是指施工企业完成所承包工程获得的盈利。

利润的参考计算方法包括两种：第一种是施工企业根据企业自身需求并结合建筑市场实际自主确定，列入报价中；第二种是工程造价管理机构在确定计价定额中利润时，应以定额人工费（或定额人工费+定额机械费）作为计算基数，其费率根据历年工程造价积累的资料，并结合建筑市场实际确定。

6）规费　是指按国家法律、法规规定，由省级政府和省级有关权力部门规定必须缴纳或计取的费用，包括的内容如图 1-6 所示。

① 社会保险费

a. 养老保险费：是指企业按照规定标准为职工缴纳的基本养老保险费。

b. 失业保险费：是指企业按照规定标准为职工缴纳的失业保险费。

c. 医疗保险费：是指企业按照规定标准为职工缴纳的基本医疗保险费。

d. 生育保险费：是指企业按照规定标准为职工缴纳的生育保险费。

e. 工伤保险费：是指企业按照规定标准为职工缴纳的工伤保险费。

② 住房公积金：是指企业按规定标准为职工缴纳的住房公积金。

社会保险费和住房公积金应以定额人工费为计算基础，根据工程所在地省、自治区、直辖市或行业建设主管部门规定费率计算。

社会保险费和住房公积金＝∑（工程定额人工费×社会保险费和住房公积金费率）

7）税金　是指国家税法规定的应计入建筑安装工程造价内的增值税，如图 1-6 所示。

增值税的计算分为一般计税方法和简易计税方法。

当采用一般计税方法时，建筑业增值税的计算公式为：

$$增值税＝税前造价×税率$$

式中，税前造价为人工费、材料费、施工机具使用费、企业管理费、利润和规费之和，各费用项目均以不包含增值税可抵扣进项税的价格计算。建筑业现行税率为 9%。

当采用简易计税方法时，建筑业增值税的计算公式为：

$$增值税＝税前造价×征收率$$

式中，税前造价为人工费、材料费、施工机具使用费、企业管理费、利润和规费之和，各费用项目均以包含增值税可抵扣进项税的价格计算。征收率为 3%。

提示：简易计税的适用范围，根据《营业税改征增值税试点实施办法》《营业税改征增值税试点有关事项的规定》以及《关于建筑服务等营改增试点政策的通知》的规定，简易计税方法主要适用于以下几种情况：

① 小规模纳税人发生应税行为适用简易计税方法计税。小规模纳税人通常是指纳税人提供建筑服务的年应征增值税销售额未超过 500 万元，并且会计核算不健全，不能按规定报送有关税务资料的增值税纳税人。年应税销售额超过 500 万元但不经常发生应税行为的单位也可选择按照小规模纳税人计税。

② 一般纳税人以清包工方式提供的建筑服务，可以选择适用简易计税方法计税。以清包工方式提供建筑服务，是指施工方不采购建筑工程所需的材料或只采购辅助材料，并收取人工费、管理费或者其他费用的建筑服务。

③ 一般纳税人为甲供工程提供的建筑服务，可以选择适用简易计税方法计税。甲供工程是指全部或部分设备、材料、动力由工程发包方自行采购的建筑工程。其中建筑工程总承包单位为房屋建筑的地基与基础、主体结构提供工程服务，建设单位自行采购全部或部分钢材、混凝土、砌体材料、预制构件的，适用简易计税方法计税。

④ 一般纳税人为建筑工程老项目提供的建筑服务，可以选择适用简易计税方法计税。建筑工程老项目：①"建筑工程施工许可证"注明的合同开工日期在 2016 年 4 月 30 日前的建筑工程项目；② 未取得"建筑工程施工许可证"的，建筑工程承包合同注明的开工日期在 2016 年 4 月 30 日前的建筑工程项目。

（2）建筑安装工程费用项目组成（按造价形成划分）

建筑安装工程费按照工程造价形成由分部分项工程费、措施项目费、其他项目费、规费、税金组成，分部分项工程费、措施项目费、其他项目费包含人工费、材料费、施工机具使用费、企业管理费和利润，如图 1-7 所示。

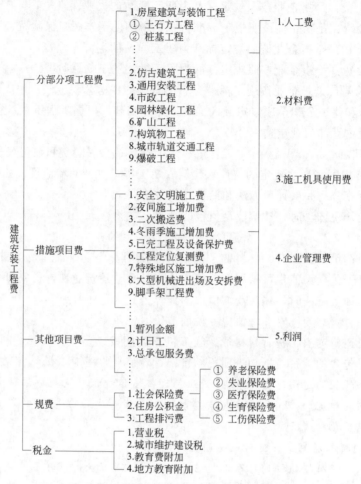

图 1-7　建筑安装工程费用项目组成（按造价形成划分）

1）分部分项工程费　是指各专业工程的分部分项工程应予列支的各项费用。

专业工程是指按现行国家计算规范划分的房屋建筑与装饰工程、仿古建筑工程、通用安装工程、市政工程、园林绿化工程、矿山工程、构筑物工程、城市轨道交通工程、爆破工程等各类工程。

分部分项工程是指按现行国家计算规范对各专业工程划分的项目。如房屋建筑与装饰工程划分的土石方工程、地基处理与桩基工程、砌筑工程、钢筋及钢筋混凝土工程等。

各类专业工程的分部分项工程划分见现行国家或行业计算规范。

$$分部分项工程费 = \sum (分部分项工程量 \times 综合单价)$$

式中，综合单价包括人工费、材料费、施工机具使用费、企业管理费和利润以及一定范围的风险费用。

2）措施项目费　是指为完成建设工程施工，发生于该工程施工前和施工过程中的技术、生活、安全、环境保护等方面的费用。措施项目费主要包括的内容如图 1-7 所示。

① 安全文明施工费。

a. 环境保护费：是指施工现场为达到环保部门要求所需要的各项费用。

b. 文明施工费：是指施工现场文明施工所需要的各项费用。

c. 安全施工费：是指施工现场安全施工所需要的各项费用。

d. 临时设施费：是指施工企业为进行建设工程施工所必须搭设的生活和生产用的临时建筑物、构筑物和其他临时设施费用。包括临时设施的搭设、维修、拆除、清理费或摊销费等。

② 夜间施工增加费：是指因夜间施工所发生的夜班补助费、夜间施工降效、夜间施工照明设备摊销及照明用电等费用。

③ 二次搬运费：是指因施工场地条件限制而发生的材料、构配件、半成品等一次运输不能到达堆放地点，必须进行二次或多次搬运所发生的费用。

④ 冬雨季施工增加费：是指在冬季或雨季施工需增加的临时设施、防滑、排除雨雪，人工及施工机械效率降低等费用。

⑤ 已完工程及设备保护费：是指竣工验收前，对已完工程及设备采取的必要保护措施所发生的费用。

⑥ 工程定位复测费：是指工程施工过程中进行全部施工测量放线和复测工作的费用。

⑦ 特殊地区施工增加费：是指工程在沙漠或其边缘地区，高海拔、高寒地区，原始森林等特殊地区施工增加的费用。

⑧ 大型机械设备进出场及安拆费：是指机械整体或分体自停放场地运至施工现场或由一个施工地点运至另一个施工地点，所发生的机械进出场运输及转移费用及机械在施工现场进行安装、拆卸所需的人工费、材料费、机械费、试运转费和安装所需的辅助设施的费用。

⑨ 脚手架工程费：是指施工需要的各种脚手架搭、拆、运输费用以及脚手架购置费的摊销（或租赁）费用。

措施项目及其包含的内容详见各类专业工程的现行国家或行业计算规范。

措施费的参考计算方法：

国家计量规范规定应予计量的措施项目，其计算公式为：

$$措施项目费 = \sum(措施项目工程量 \times 综合单价)$$

国家计量规范规定不宜计量的措施项目计算方法如下：

$$措施项目费 = 计算基数 \times 相应的费率(\%)$$

提示：各专业的工程量计算规范列出了各专业的措施项目，根据《房屋建筑与装饰工程工程量计算规范》(GB 50845—2013)，房屋建筑与装饰工程需要计算的措施项目费还有混凝土模板及支架(撑)费，垂直运输费，超高增加费，施工排水降水费，非夜间施工照明费，地上、地下设施、建筑物的临时保护设施费等。

3）其他项目费

① 暂列金额：是指建设单位在工程量清单中暂定并包括在工程合同价款中的一笔款项。用于施工合同签订时尚未确定或者不可预见的所需材料、工程设备、服务的采购，施工中可能发生的工程变更、合同约定调整因素出现时的工程价款调整以及发生的索赔、现场签证确认等的费用。

② 暂估价：是指建设单位在工程量清单中提供的用于支付必然发生但暂时不能确定价格的材料、工程设备的单价以及专业工程的金额。

③ 计日工：是指在施工过程中，施工企业完成建设单位提出的施工图纸以外的零星项目或工作所需的费用。

计日工由建设单位和施工企业按施工过程中的签证计价。

④ 总承包服务费：是指总承包人为配合、协调建设单位进行的专业工程发包，对建设单位自行采购的材料、工程设备等进行保管以及施工现场管理、竣工资料汇总整理等服务所需的费用。

4）规费 与按费用构成要素划分中的内容完全一致，如图1-7所示。

5）税金 与按费用构成要素划分中的内容完全一致，如图1-7所示。

提示：建筑安装工程费用的组成不是一成不变的，有关的费用项目可根据实际情况进行增补和调整，既要满足计价的要求，也要满足成本核算的要求。

首先，建筑安装工程费用的组成一方面要满足计价的要求，另一方面也要满足成本核算的要求，随着社会的发展，其组成也不断变化。其次，建筑安装工程费用的口径与一般意义上的单位工程造价的口径不一定完全一致，单位工程造价的口径依赖于合同内容。第三，各个省、自治区、直辖市或行业发布有更为具体的建筑安装工程费用组成及计算方法。

（3）计价定额中建筑安装工程费用组成

根据鲁建标字〔2016〕40号《关于印发〈山东省建设工程费用项目组成及计算规则〉的通知》，鲁建标字〔2019〕22号《山东省住房和城乡建设厅关于调整建设工程规费项目组成的通知》等文件，现行建筑安装工程费用的组成如下：

① 按费用构成要素划分，见图1-8。

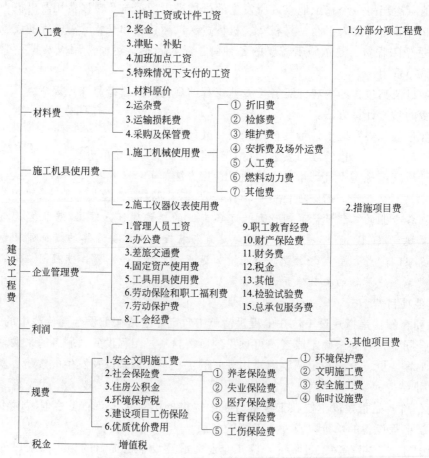

图1-8 建筑安装工程费用项目组成（按费用构成要素划分）

② 按造价形成划分，见图 1-9。

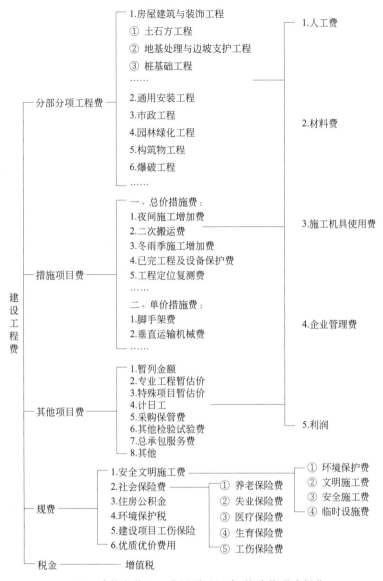

图 1-9　建筑安装工程费用项目组成(按造价形成划分)

提示：上述费用构成中，在规费中增列了环境保护税、建设项目工伤保险(区别于社保保险费中的工伤保险)、优质优价费用等，并将安全文明施工费列入规费核算。

1.3　工程计价概述

1.3.1　工程计价的概念

工程计价是指按照法律法规和标准等规定的程序、方法和依据，对工程造价及其构成内容进行的预测或确定。具体是指工程造价人员在项目实施的各个阶段，根据各个阶段的不同要求，遵循计价原则和程序，采用科学的计价方法，对投资项目最可能实现的合理价格做出科学的计算，从而确定投资项目的工程造价的一系列活动。

1.3.2　工程计价的主要特点

工程计价具有单件性计价、多次性计价、组合性计价等主要特点，如图 1-10 所示。

图 1-10　工程造价的计价特点

1.3.2.1　单件性计价

工程建设产品生产的单件性，决定了其产品计价的单件性。每个工程建设产品都有专门的用途，都是根据业主的要求进行单独设计并在指定的地点建造的，其结构、造型和装饰、体积和面积、所采用的工艺设备和建筑材料等各不相同。因此，建设工程就不能像工业产品那样按品种、规格、质量成批地定价，只能通过特殊的程序(编制估算、概算、预算、合同价、结算价及最后确定竣工决算价格)，就各个工程项目计算工程造价，即单件计价。

1.3.2.2　多次性计价

建设工程的生产过程是按照建设程序逐步展开、分阶段进行的。为满足工程建设过程中不同的计价者(业主、咨询方、设计方和施工方)各阶段工程造价管理的需要，就必须按照设计和建设阶段多次进行工程造价的计算，以保证工程造价确定与控制的合理性，如图 1-11 所示。

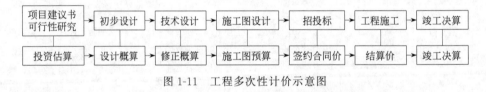

图 1-11　工程多次性计价示意图

(1) 投资估算

投资估算是在投资决策阶段，由业主或其委托的具有相应资质的咨询机构，对拟建项目所需投资进行预先测算和确定的过程。投资估算是决策、筹资和控制造价的主要依据。费用内容包括拟建项目从筹建、施工直至竣工投产所需的全部费用。

(2) 设计概算

设计概算是在初步设计阶段，由设计单位在投资估算的控制下，根据初步设计图纸及说明，概算定额，各项费用定额，设备、材料预算价格等资料，编制和确定的建设项目从筹建到竣工交付使用所需全部费用的文件。设计概算是初步设计文件的重要组成部分，与投资估算相比，准确性有所提高，但要受到估算额的控制。

(3) 修正概算

修正概算是指在技术设计阶段，由设计单位编制的建设工程造价文件，是技术设计文件的组成部分。修正概算对初步设计概算进行了修正调整，比设计概算准确，但要受到概算额的控制。

（4）施工图预算

施工图预算是指在施工图设计阶段由设计单位或施工单位编制的建设工程造价文件，是施工图设计文件的组成部分。它比设计概算或修正概算更为详尽和准确，但同样要受到设计概算或修正概算的控制，其费用内容为建筑安装工程造价。

（5）签约合同价

签约合同价是在招投标阶段经评标中标后，由业主与中标单位对拟建工程价格进行洽商，达成一致意见后，以合同形式确定的工程承发包价格。它是由承发包双方根据市场行情共同议定和认可的成交价格，其费用内容与合同标的有关。

（6）结算价

结算价是指在合同实施阶段，由承包商依据承包合同中关于付款条款的规定和已经完成的工程量，并按照规定的程序向建设单位（业主）收取的工程价款额。结算价反映的是该承发包工程的实际价格，其结算的费用内容为已完工程的建筑安装工程造价。

（7）竣工决算

竣工决算是指在整个建设项目或单项工程竣工验收移交后，由业主的财务部门及有关部门以竣工结算等为依据编制的反映建设项目实际造价和投资效果的义件，是竣工验收报告的重要组成部分。其费用内容包括建设项目从筹建、施工直至竣工投产所实际支出的全部费用。

提示：从投资估算、设计概算、施工图预算到招标投标合同价，再到工程的结算价和最后在结算价基础上编制的竣工决算，整个计价过程是一个由粗到细、由浅到深，最后确定建设工程实际造价的过程。计价过程各环节之间相互衔接，前者制约后者，后者补充前者。

1.3.2.3　组合性计价

工程造价的计算是逐步组合而成的，这一特征和建设项目的分解有关。一个建设项目总造价由各个单项工程造价组成，一个单项工程造价由各个单位工程造价组成，一个单位工程造价按分部分项工程计算得出，这充分体现了计价组合的特点。可见，工程计价过程是从分部分项工程造价、单位工程造价、单项工程造价、建设项目总造价逐步向上汇总组合而成，其计算、组合汇总的顺序如图 1-12 所示。

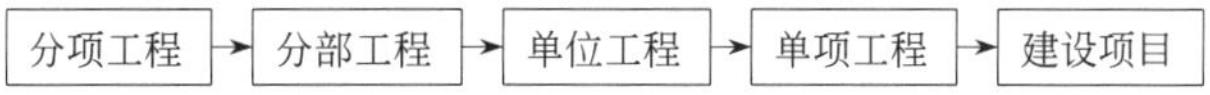

分项工程 → 分部工程 → 单位工程 → 单项工程 → 建设项目

图 1-12　工程计价顺序

1.3.3　工程计价的基本原理

由上述内容可知，工程计价的一个主要特点是多次性计价，具体表现形式为投资估算、设计概算、施工图预算、最高投标限价、投标报价、工程合同价、工程结算价和决算价等，既包括业主方、咨询方和设计方计价，也包括承包方计价，虽然形式不同，但工程计价的基本原理是相同的。即：

$$工程造价 = 工程成本 + 利润$$

不同之处就是对于不同的计价主体，成本和利润的内涵是不同的。

工程计价的另一个主要特点是组合性计价，具体表现形式为先把建设项目按工程结构分解。通过工程结构分解，将整个工程分解至基本子项，以便计算基本子项的工程量和需要消耗的各种资源的量与价。工程分解的层数越多，基本子项越细，计算得到的费用也越准确。然后从基本子项的成本向上组合汇总就可得到上一层的成本费用。

如果仅从成本费用计算的角度分析，影响成本费用的主要因素有两个：基本子项的单位价格和基本子项的工程实物数量，可用下列基本计算公式表达。

$$工程成本费用 = \sum_{i=1}^{n}（单位价格 \times 工程实物量）$$

式中　i——第 i 个基本子项；

n——工程结构分解得到的基本子项数目。

（1）基本子项的工程实物数量计算

基本子项的工程实物数量可以根据设计图纸和相应的计算规则计算得到，它能直接反映工程项目的规模和内容。工程量的计算将在第 5 章中详细介绍。

工程实物量的计量单位取决于单位价格的计量单位。如果单位价格的计量单位是单项工程或单位工程，甚至是一个建设项目，则工程实物量的计量单位也对应地是一个单项工程或一个单位工程，甚至是一个建设项目。计价子项越大，得到的工程造价额就越粗略；如果以一个分项工程为一个基本子项，则得到的造价结果就会更为准确。

工程结构分解的层次越多，基本子项越小，越便于计量，得到的造价越准确。

编制投资估算时，由于所能掌握的影响工程造价的信息资料较少，工程方案还停留在设想或概念设计阶段，计算工程造价时单位价格计量单位的对象较大，可能是一个建设项目，也可能是一个单项工程或单位工程，所以得到的工程造价值较粗略；编制设计概算时，计量单位的对象可以取到扩大分项工程；而编制施工图预算时则可以取到分项工程作为计量单位的基本子项，工程结构分解的层次和基本子项的数目都大大超过投资估算或设计概算的基本子项数目，因而施工图预算值较为准确。

（2）基本子项的单位价格计算

基本子项的单位价格主要由两大要素构成：完成基本子项所需的资源数量和需要资源的价格。资源主要包括人工、材料和施工机械等。单位价格的计算公式可以表示为：

$$单位价格 = \sum_{i=1}^{n}（资源消耗量 \times 资源价格）$$

式中　i——第 i 种资源；

n——完成某一基本子项所需资源的数目。

如果资源消耗量包括人工消耗量、材料消耗量和机械台班消耗量，则资源价格就包括人工价格、材料价格和机械台班价格。

① 资源消耗量：资源消耗量是指完成基本子项单位实物量所需的人工、材料、机械、资金的消耗量，即工程定额，它与一定时期劳动生产率、社会生产力水平、技术和管理水平密切相关。因此，工程定额是计算工程造价的重要依据。建设单位进行工程造价的计算主要依据国家或地方颁布的、反映社会平均生产力水平的指导性定额，如地方编制并实施的概算定额、预算定额等；而建筑施工企业进行投标报价时，则应依据反映本企业劳动生产率、技术和管理水平的企业定额。

② 资源价格的选取：进行工程造价计算时所依据的资源价格应是市场价格，而市场价格会受到市场供求变化和物价变动的影响，从而导致工程造价的变化。如果单位价格仅由资

源消耗量和资源价格形成，则构成工程定额中的直接工程费单位价格。如果单位价格由规费和税金以外的费用形成，则构成清单计价中的综合单位价格。关于综合单位价格即综合单价的计算在第 8 章工程量清单计价中详细介绍。

1.3.4　工程计价的两种模式

根据上述可知，影响工程造价的因素主要有两个，如图 1-13 所示。根据这两种因素计算的依据不同对应的有两种工程计价模式，即定额计价模式和清单计价模式。

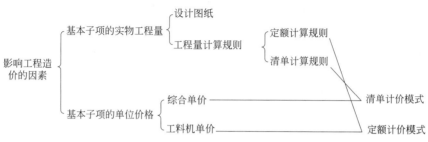

图 1-13　影响工程造价的因素图

（1）定额计价模式

建设工程定额计价模式是指在工程计价过程中以各地的计价定额为依据按其规定的分项工程子目和计算规则，逐项计算各分项工程的工程量，套用计价定额中的工、料、机单价确定分部分项工程费（仅综合了人、材、机费用），然后计算措施项目费（仅综合了人、材、机费用），计取管理费和利润，按规定规费和税金，获得建筑安装工程造价，如图 1-14 所示。

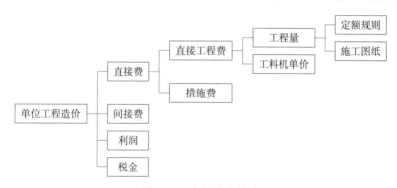

图 1-14　定额计价模式

由于定额中工、料、机的消耗量是根据各地的社会平均水平综合测定的，费用标准也是根据不同地区平均测算的，因此，企业采用这种模式的报价是一种社会平均水平，与企业的技术水平和管理水平无关，体现不了市场公平竞争的基本原则。

（2）清单计价模式

工程量清单计价模式是建设工程招标投标中，招标人或委托具有资质的中介机构按照国家统一的工程量清单计价规范，编制反映工程实体消耗和措施消耗的工程量清单，并作为招标文件的一部分提供给招标人，由投标人依据工程量清单，根据各种渠道所得的工程造价信息和经验数据，结合企业定额自主报价的计价方式，如图 1-15 所示。工程量清单计价在第 6 章做详细的介绍。

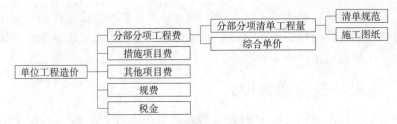

图 1-15　清单计价模式

提示： 从内涵上看清单计价与定额计价的本质区别，前者是通过市场形成交易价格的机制，后者有计划经济的色彩。从形式上看清单计价与定额计价的区别如下：

① 项目划分不同。清单项目是根据设计文件和工程量计算规范进行项目划分列项的，往往是功能单元、内容相对综合；定额计价是根据设计文件和计价定额进行项目划分列项，往往是施工单位、一般定额项目都考虑了施工方法，比如清单列项挖一般土方，而定额列项要明确如何挖一般土方（机械挖一般土方或人工挖一般土方）。

② 单价综合内容不同。一般情况下，清单计价采用综合单价，而定额计价通常采用工料单价。

当然，如果采用相同的信息价、相同的取费标准，不论是用清单计价还是定额计价，最终的计算结果是一致的。

本章小结

工程造价概述是工程计价必备的基础知识，因此，本章对这些基本知识进行了详细介绍。

首先介绍了建设项目的基本概念及其分解，建设项目从上到下分为单项工程、单位工程、分部工程和分项工程，这种分解结构体现了工程计价的组合计价特点。

其次介绍了建设项目的建设程序及其各阶段的主要任务，以及与造价的对应关系，这体现了工程计价多次计价的特点。

再次介绍了工程造价的概念及其构成，尤其是详细介绍了建筑安装工程造价的构成。

最后介绍了工程计价的基本概念、特点及其计价的两种基本模式。

思考题

1. 何为建设项目？建设项目从大到小分解为哪些子项？各有何特点？试举例说明。

2. 简述我国工程建设的程序及各个阶段的主要任务。

3. 与建设程序各个阶段相对应的造价是什么？

4. 何谓工程造价？其费用有哪些构成？

5. 建筑安装工程造价包括哪些内容？

6. 工程计价有哪些主要特点？

7. 从基本子项的实物工程量和基本子项的单位价格阐述定额计价模式与清单计价模式的区别。

第2章

工程定额

 学习目标

1. 了解建筑工程定额的种类及编制原则、编制方法。
2. 熟悉建筑工程定额的概念、作用。
3. 掌握建筑工程计价定额的使用方法。

 学习要求

1. 理解建筑工程定额的概念、种类、作用及编制原则、编制方法。
2. 掌握建筑工程计价定额的使用方法。

 本章内容框架

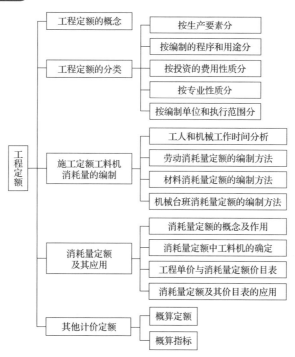

2.1 概　　述

2.1.1　工程定额的概念

(1) 工程定额

工程定额是指在合理的劳动组织、合理地使用材料及机械的条件下，完成一定计量单位的合格建筑产品所必须消耗资源的数量标准。应从以下几方面理解工程定额：

① 工程定额是专门为建设生产而制定的一种定额，是生产建设产品消耗资源的限额规定；

② 工程定额的前提条件是劳动组织合理、材料及机械得到合理的使用；

③ 工程定额是一个综合概念，是各类工程定额的总称；

④ 合格是指建筑产品符合施工验收规范和业主的质量要求；

⑤ 建筑产品是个笼统概念，是工程定额的标定对象；

⑥ 消耗的资源包括人工、材料和机械。

提示：工程定额是一个综合概念，是各类工程定额的总称。

(2) 工程定额的用途

实行工程建设定额的目的是力求用最少的资源，生产出更多合格的建设工程产品，取得更加良好的经济效益。

工程定额是工程计价的主要依据。在编制设计概算、施工图预算、竣工决算时，无论是划分工程项目、计算工程量，还是计算人工、材料和施工机械台班的消耗量，都是以工程定额为标准依据的。

2.1.2　工程定额的分类

工程定额是一个综合概念，是各类工程定额的总称。因此，在工程造价的计价中，需要根据不同的情况套用不同的定额。工程定额的种类很多，根据不同的分类标准可以划分为不同的定额，下面重点介绍几种主要的分类。

2.1.2.1　按生产要素分类

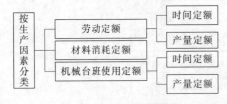

图 2-1　按生产要素分类

按生产要素分，主要分为劳动定额、材料消耗定额和机械台班使用定额三种，如图 2-1 所示。

(1) 劳动定额

劳动定额，又称人工定额，是指在正常生产条件下，完成单位合格产品所需要消耗的劳动力的数量标准。劳动定额反映的是活劳动消耗。按照反映活劳动消耗的方式不同，劳动定额表现为两种形式：时间定额和产量定额，如图 2-1 所示。

① 人工时间定额。人工时间定额是指在一定的生产技术和生产组织条件下，生产单位合格产品所必须消耗的劳动的时间数量标准。其计量单位为：工日。按照我国现行的工作制度，1 工日=8 工时。

② 人工产量定额。人工产量定额是指在一定的生产技术和生产组织条件下，生产工人

在单位时间内生产合格产品的数量标准。其计量单位没有统一的单位，以产品的计量单位为准。

提示： 为了便于综合和核算，劳动定额大多采用时间定额的形式。

（2）材料消耗定额

材料消耗定额是指在节约和合理使用材料的条件下，生产单位合格产品需要消耗的一定品种、一定规格的建筑材料的数量标准。包括原材料、成品、半成品、构配件、燃料及水电等资源。

（3）机械台班使用定额

机械台班使用定额，又称机械使用定额，是指在正常生产条件下，完成单位合格产品所需要消耗的机械的数量标准。按照反映机械消耗的方式不同，机械台班使用定额同样表现为两种形式：时间定额和产量定额，如图 2-1 所示。

① 机械时间定额。机械时间定额是指在一定的生产技术和生产组织条件下，生产单位合格产品所消耗的机械的时间数量标准。其计量单位为：台班。按现行工作制度，1 台班＝1 台机械工作 8 小时。

② 机械产量定额。机械产量定额是指在一定的生产技术和生产组织条件下，机械在单位时间内生产合格产品的数量标准。其计量单位没有统一的单位，以产品的计量单位为准。

提示： 为了便于综合和核算，机械台班使用定额大多采用时间定额的形式。

2.1.2.2 按编制的程序和用途分类

按编制的程序和用途分，可以分为以下几种，如图 2-2 所示。

图 2-2 按编制的程序和用途分类

（1）施工定额

施工定额是以同一施工过程为标定对象，确定一定计量单位的某种建筑产品所需要消耗的人工、材料和机械台班使用的数量标准。

施工定额是施工单位内部管理的定额，是生产、作业性质的定额，属于企业定额的性质。其用途有两个：一是用于编制施工预算、施工组织设计、施工作业计划，考核劳动生产率和进行成本核算的依据；二是编制预算定额的基础资料。

提示： 施工定额是一种计量性定额，即只有工料机消耗的数量标准。

（2）预算定额

预算定额是以分项工程为标定对象，确定一定计量单位的某种建筑产品所必须消耗的人工、材料和机械台班使用的数量及费用标准。

预算定额是以施工定额为基础编制的，它是在施工定额的基础上综合和扩大的。其用途有两个：一是用以编制施工图预算，确定建筑安装工程造价，编制施工组织设计和工程竣工决算的依据；二是编制概算定额和概算指标的基础。

提示： 量价分离编制的定额，定额主要体现人、材、机的消耗标准，这种定额也称之为消耗量定额。

（3）概算定额

概算定额是以扩大分项工程为标定对象，确定一定计量单位的某种建筑产品所必须消耗的人工、材料和施工机械台班使用的数量及费用标准。

概算定额是预算定额的扩大与合并，包括的工程内容很综合，且非常概略。其用途是方案设计阶段编制设计概算的依据。

（4）概算指标

概算指标是以整个建筑物为标定对象，确定每 $100m^2$ 建筑面积所必须消耗的人工、材料和施工机械台班使用的数量及费用标准。

概算指标比概算定额更加综合和扩大，概算指标中各消耗量的确定，主要来自于各种工程的概预算和决算的统计资料。其用途是编制设计概算的依据。

（5）投资估算指标

投资估算指标以独立的单项工程或完整的建设项目为对象，确定的人工、材料和施工机械台班使用的数量及费用标准。

投资估算指标是决策阶段编制投资估算的依据，是进行技术经济分析、方案比较的依据，对于项目前期的方案选定和投资计划编制有着重要的作用。

提示：预算定额、概算定额、概算指标和估算指标都是一种计价性定额。

2.1.2.3 按投资的费用性质分类

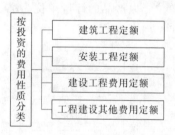

图 2-3 按投资的费用性质分类

按投资的费用性质分，主要分为以下几种定额，如图 2-3 所示。

（1）建筑工程定额

建筑工程定额是建筑工程的施工定额、预算定额、概算定额、概算指标的统称。它是计算建筑工程各阶段造价的主要参考依据。

（2）安装工程定额

安装工程定额是安装工程的施工定额、预算定额、概算定额、概算指标的统称。它是计算安装工程各阶段造价的主要参考依据。

（3）建设工程费用定额

建设工程费用定额是关于建筑安装工程造价中除了直接工程费外的其他费用的取费标准。它是计算措施费、间接费、利润和税金的主要参考依据。

（4）工程建设其他费用定额

工程建设其他费用定额是独立于建筑安装工程、设备和工器具购置之外的其他费用开支的标准，它的发生和整个项目的建设密切相关，其他费用定额按各项费用分别制定。它是计算工程建设其他费用的主要参考依据。

2.1.2.4 按专业性质分类

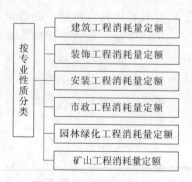

图 2-4 按专业性质分类

按专业性质分，可以分为以下几类，如图 2-4 所示。

（1）建筑工程消耗量定额

建筑工程是指房屋建筑的土建工程。

建筑工程消耗量定额，是指各地区（或企业）编制确定的完成每一建筑分项工程（即每一土建分项工程）所需人工、材料和机械台班消耗量标准的定额。它是业主或建筑施工企业（承包商）计算建筑工程造价的主要参考依据。

(2) 装饰工程消耗量定额

装饰工程是指房屋建筑室内外的装饰装修工程。

装饰工程消耗量定额，是指各地区（或企业）编制确定的完成每一装饰分项工程所需人工、材料和机械台班消耗量标准的定额。它是业主或装饰施工企业（承包商）计算装饰工程造价的主要参考依据。

(3) 安装工程消耗量定额

安装工程是指房屋建筑室内外各种管线、设备的安装工程。

安装工程消耗量定额，是指各地区（或企业）编制确定的完成每一安装分项工程所需人工、材料和机械台班消耗量标准的定额。它是业主或安装施工企业（承包商）计算安装工程造价的主要参考依据。

(4) 市政工程消耗量定额

市政工程是指城市道路、桥梁等公用、公共设施的建设工程。

市政工程消耗量定额，是指各地区（或企业）编制确定的完成每一市政分项工程所需人工、材料和机械台班消耗量标准的定额。它是业主或市政施工企业（承包商）计算市政工程造价的主要参考依据。

(5) 园林绿化工程消耗量定额

园林绿化工程是指城市园林、房屋环境等的绿化统称。

园林绿化工程消耗量定额，是指各地区（或企业）编制确定的完成每一园林绿化分项工程所需人工、材料和机械台班消耗量标准的定额。它是业主或园林绿化施工企业（承包商）计算市政工程造价的主要参考依据。

(6) 矿山工程消耗量定额

矿山工程是指自然矿产资源的开采，矿物分选、加工的建设工程。

矿山工程消耗量定额，是指各地区（或企业）编制确定的完成每一矿山分项工程所需人工、材料和机械台班消耗量标准的定额。它是业主或矿山施工企业（承包商）计算矿山工程造价的主要参考依据。

2.1.2.5　按编制单位和执行范围分类

按编制单位和执行范围分，主要分为以下几类，如图 2-5 所示。

图 2-5　按编制单位和执行范围分类

(1) 全国统一定额

全国统一定额由国家建设行政主管部门制定发布，在全国范围内执行的定额，如《房屋建筑与装饰工程工程量计算规范》(GB 50845—2013)。

(2) 行业统一定额

行业统一定额由国务院行业行政主管部门制定发布，一般只在本行业和相同专业内部使用。如冶金工程定额、水利工程定额、铁路或公路工程定额。

（3）地区统一定额

地区统一定额由省、自治区、直辖市建设行政主管部门制定颁布，一般只在规定的地区范围内使用。如××省建筑工程预算定额、××省装饰工程预算定额、××省安装工程预算定额等。

（4）企业定额

企业定额是由建筑施工企业考虑本企业生产技术和组织管理等具体情况，参照统一部门或地方定额的水平制定的，只在本企业内部使用的定额。

（5）临时补充定额

临时补充定额是指某工程有统一定额和企业定额中未列入的项目，或在特殊施工条件下无法执行统一的定额，由注册造价师和有经验的工作人员根据本工程的施工特点、工艺要求等直接估算的定额。补充定额制定后必须报上级主管部门批准。

提示：临时补充定额是一次性的，只适合本工程项目。

2.2 施工定额工料机消耗量的编制

施工定额是按编制程序和用途分类的一种最基础的定额，由劳动定额、材料消耗定额、机械台班使用定额组成，是一种计量性定额。施工定额是按照社会平均先进生产力水平编制的，反映企业的施工水平、装备水平和管理水平，是考核施工企业劳动生产率水平、管理水平的标尺，是施工企业确定工程成本和投标报价的依据。

2.2.1 工人和机械工作时间分析

编制施工定额工料机消耗量的基础是先将工人和机械的工作时间进行分类，如哪些时间在确定人工和机械消耗量时需要考虑，哪些时间在确定人工和机械消耗量时不予考虑。

工人工作时间是指工人在工作班内消耗的工作时间，按照我国现行的工作制度，工人在一个工作班内消耗的工作时间是8小时。按其性质基本上可以分为定额时间和非定额时间两类，如图2-6所示。

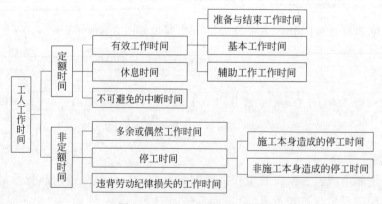

图2-6 工人工作时间的分类

（1）定额时间

定额时间是指在正常施工条件下，工人为完成一定产品所必须消耗的工作时间，包括有效工作时间、休息时间和不可避免的中断时间。如图2-6所示。

1）有效工作时间　有效工作时间是指与完成产品直接有关的时间消耗，包括基本工作时间、辅助工作时间、准备与结束工作时间。如图 2-6 所示。

① 基本工作时间。基本工作时间是指直接与施工过程的技术作业发生关系的时间消耗，如在砌砖工作中，从选砖开始直到将砖铺放到砌体上的全部时间消耗即属于基本工作时间。通过基本工作，其最大的特点是使劳动对象直接发生变化。具体表现如下：

a. 改变材料的外形，如钢管煨弯；

b. 改变材料的结构和性质，如混凝土制品的生产；

c. 改变材料的位置，如构件的安装；

d. 改变材料的外部及表面性质，如油漆、粉刷等。

② 辅助工作时间。辅助工作时间是指与施工过程的技术作业没有直接关系的工序，为保证基本工作能顺利完成而做的辅助工作而消耗的时间。其特点是不直接导致产品的形态、性质、结构位置发生变化，如工具磨快、人字梯移动等。

③ 准备与结束工作时间。准备与结束工作时间是指在正式工作前或结束后为准备工作和收拾整理工作所需要花费的时间。一般分为班内的准备与结束工作时间和任务内的准备与结束工作时间两种。班内的准备与结束工作具有经常性的工作时间消耗特性，如每天上班领取料具、交接班等。任务内的准备与结束工作，由工人接受任务的内容决定，如接受任务书、技术交底等。

2）休息时间　休息时间是工人在工作过程中为恢复体力所必需的短暂休息和生理需要的时间消耗（如喝水、上厕所等）。休息时间的长短和劳动条件有关。

3）不可避免的中断时间　不可避免的中断时间是指由于施工过程中技术或组织的原因，以及独有的特性而引起的不可避免的或难以避免的中断时间，如汽车司机在等待装卸货物和交通信号灯时所消耗的时间。

（2）非定额时间

非定额时间是指一个工作班内因停工而损失的时间，或执行非生产性工作所消耗的时间。非定额时间是不必要的时间消耗，包括多余或偶然工作时间、停工时间和违背劳动纪律损失的时间。如图 2-6 所示。

1）多余或偶然工作时间　多余或偶然工作时间是指在正常施工条件下不应发生的时间消耗，或由于意外情况而引起的工作所消耗的时间，如因质量不符合要求返工造成的多余的时间消耗。

2）停工时间　停工时间是指工人在工作中因某种原因未能从事生产活动而损失的时间。包括施工本身造成的停工时间和非施工本身造成的停工时间两种，如图 2-6 所示。

施工本身造成的停工时间，是由于施工组织和劳动组织不善、材料供应不及时、施工准备工作做得不好而引起的停工。

非施工本身引起的停工时间，如设计图纸不能及时到达，水源、电源临时中断，以及由于气象条件（如大风、风暴、严寒、酷暑等）所引起的停工损失时间，这是由于外部原因的影响，非施工单位的责任而引起的停工。

3）违背劳动纪律损失的工作时间　违背劳动纪律损失的工作时间，是指工人不遵守劳动纪律而造成的时间损失，如上班迟到、早退、擅自离开工作岗位、工作时间内聊天，以及个别人违反劳动纪律而使别的工人无法工作的时间损失。

提示： 非定额时间，在确定定额时均不予考虑。

2.2.2 劳动消耗量定额的编制方法

由上述可知，劳动定额根据其表现形式的不同，分为时间定额和产量定额，而且劳动定额一般采用时间定额形式。因此，确定劳动定额时首先根据工人工作时间的划分确定其时间定额，然后再求倒数确定其产量定额。

(1) 人工时间定额的确定步骤

由上可知，完成一定计量单位的建筑产品所需要的定额时间为完成该产品需要的基本工作时间、辅助工作时间、准备与结束工作时间、休息时间和不可避免的中断时间几项之和，即：

人工时间定额＝基本工作时间＋辅助工作时间＋准备与结束工作时间＋

休息时间＋不可避免的中断时间

其确定步骤如图 2-7 所示。

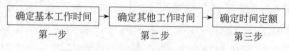

第一步　　　　　　　第二步　　　　　　　第三步

图 2-7　人工时间定额的确定步骤

(2) 确定基本工作时间

基本工作时间在定额时间中占的比重最大。在确定基本工作时间时必须精确、细致。基本工作时间消耗一般根据计时观察资料来确定。其做法是，首先确定工作过程中每一组成部分的工时消耗，然后再综合出工作过程的工时消耗。如果组成部分的产品计量单位不符，就需要先求出不同计量单位的换算系数，进行产品计量单位的换算，然后再相加，求得工作过程的工时消耗。

1) 如果各组成部分的计量单位与最终产品单位一致时的基本工作时间计算。

$$T = \sum_{i=1}^{n} t_i$$

式中　T——单位产品基本工作时间；

t_i——各组成部分的基本工作时间；

n——各组成部分的个数。

2) 如果各组成部分的计量单位与最终产品单位不一致时的基本工作时间计算。

$$T = \sum_{i=1}^{n} k_i t_i$$

式中　k_i——对应于 t_i 的换算系数。

【例 2-1】　砌砖墙勾缝的计算单位是 m^2，但若将勾缝作为砌砖墙施工过程的一个组成部分对待，即将勾缝时间按砌墙厚度和砌体体积计算，设每平方米墙面所需的勾缝时间为 10min，试求 1 砖墙厚每立方米砌体所需的勾缝时间。

【解】　1 砖墙厚每立方米砌体换算成勾缝面积的换算系数为 $1/0.24 = 4.17(m^2)$，则每立方米砌体所需的勾缝时间是

$$4.17 \times 10 = 41.7(min)$$

(3) 确定辅助工作时间、准备与结束工作时间、休息时间和不可避免的中断时间

这几个时间一般根据经验数据来确定，即根据辅助工作时间、准备与结束工作时间、休

息时间和不可避免的中断时间占定额时间的百分比来计算。

（4）确定定额时间

定额时间＝基本工作时间（J）＋定额时间×辅助工作时间占定额时间的百分比（F）＋定额时间×准备与结束工作时间占定额时间的百分比（ZJ）＋定额时间×休息时间占定额时间的百分比（X）＋定额时间×不可避免的中断时间占定额时间的百分比（B）

$$定额时间＝\frac{J}{1-(F+ZJ+X+B)}$$

【例 2-2】 人工挖二类土，由测时资料可知：挖 $1m^3$ 需要消耗基本工作时间 70min，辅助工作时间占定额时间的 2%，准备与结束时间占 1%，不可避免的中断时间占 1%，休息时间占 20%，试确定人工挖二类土的劳动定额。

【解】 定额时间＝基本工作时间＋辅助工作时间＋准备与结束时间＋不可避免的中断时间＋休息时间＝基本工作时间＋定额时间（2%＋1%＋1%＋20%）

定额时间＝基本工作时间/[1-（2%＋1%＋1%＋20%）]
　　　　＝70/[1-（2%＋1%＋1%＋20%）]＝92(min)

时间定额＝92/(60×8)＝0.192(工日/m^3)

产量定额＝1/时间定额＝1/0.192－5.208(m^3/工日)

2.2.3 材料消耗量定额的编制方法

2.2.3.1 材料根据其消耗性质的分类

为了合理地确定材料的消耗量定额，必须区分材料在施工过程中的类别，材料根据其消耗性质分为必需消耗的材料和损失的材料两大类，如图 2-8 所示。

（1）必需消耗的材料

必需消耗的材料是指在合理用料的条件下生产合格单位产品所需要消耗的材料。包括直接用在建筑和安装工程的材料（净用量）、不可避免的施工废料和不可避免的材料损耗，如图 2-9 所示。必需消耗的材料应计入材料消耗量定额中。因此，

材料消耗量定额＝净用量＋损耗量＝净用量＋材料消耗量定额×材料损耗率

材料消耗量定额＝净用量/（1-材料损耗率）

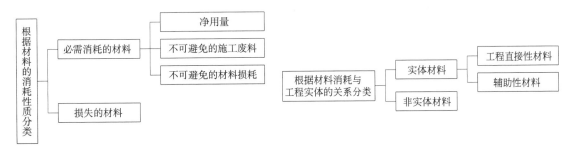

图 2-8　材料按其消耗性质分类　　　　图 2-9　材料按其消耗与工程实体的关系分类图

（2）损失的材料

损失的材料是指在施工过程中可以避免的材料损耗。

提示：损失的材料不能计入材料消耗定额。

2.2.3.2 材料根据其消耗与工程实体的关系分类

材料根据其消耗与工程实体的关系可以分为实体材料和非实体材料两类，如图 2-9 所示。

（1）实体材料

实体材料是指直接构成工程实体的材料，包括工程直接性材料和辅助性材料，如图 2-9 所示。

1）工程直接性材料　工程直接性材料主要是指一次性消耗、直接用于工程上构成建筑物或结构本体的材料。如钢筋混凝土柱中的钢筋、水泥、沙子、碎石等。

2）辅助性材料　辅助性材料主要是指虽也是施工过程中所必需的，却并不构成建筑物或者结构本体的材料。如土石方爆破工程中所需的炸药、引信、雷管等。

（2）非实体材料

非实体材料主要是指在施工中必须使用但又不能构成工程实体的施工措施性材料。如模板、脚手架等。

2.2.3.3 材料消耗量的确定方法

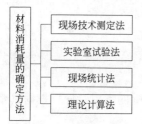

图 2-10　材料消耗量
定额的四种确定方法

确定材料净用量定额和材料损耗量定额的数据，一般是通过以下四种方法获得的，如图 2-10 所示。

（1）现场技术测定法

现场技术测定法也叫观测法，是指根据对材料消耗过程的测定与观察，通过完成产品数量和材料消耗量的计算而确定各种材料消耗定额的一种方法。它主要用于编制材料的损耗定额。采用观测法，首先要选择典型的工程项目。观测中要区分不可避免的材料损耗和可以避免的材料损耗。

（2）实验室试验法

实验室试验法是指在实验室中进行试验和测定工作，这种方法一般用于确定各种材料的配合比，如测定各种混凝土、砂浆、耐腐蚀胶泥等不同强度等级及性能的配合比和配合比中各种材料的消耗量。利用实验法主要是编制材料净用量定额，不能取得在施工现场实际条件下，由于各种客观因素对材料耗用量影响的实际数据。

（3）现场统计法

现场统计法是指通过统计现场各分部分项工程的进料数量、用料数量、剩余数量及完成产品数量，并对大量统计资料进行分析计算，获得材料消耗的数据。由于该方法分不清材料消耗的性质，因此不能作为确定净用量和损耗定额的精确依据。

（4）理论计算法

理论计算法是指根据施工图纸，运用一定的数学公式计算材料的耗用量。该方法只能计算出单位产品的材料净用量，材料的损耗量还要在现场通过实测取得。该方法主要用于板块类材料的计算。

【例 2-3】　计算 $1m^3$ 1 砖墙厚砖和砂浆的净用量和消耗量，已知砖和砂浆的损耗率都为 1%。

【解】　（1）计算 $1m^3$ 1 砖墙厚砖的净用量

由于标准砖尺寸为长×宽×厚＝0.24m×0.115m×0.053m，灰缝的厚度为0.01m。因此，在1m³1砖墙厚砌体中取一块标准砖及灰缝为一个计算单元，其体积为：

$$V = 砖长 × (砖宽 + 灰缝) × (砖厚 + 灰缝)$$
$$= 0.24 × (0.115 + 0.01) × (0.053 + 0.01) = 0.00189(m³)$$

则1m³1砖墙厚砌体中砖的净用量为：

$$砖块数 = \frac{1}{砖长 × (砖宽 + 灰缝) × (砖厚 + 灰缝)} = 1/0.00189$$
$$= 529(块)$$

（2）计算1m³1砖墙厚砂浆的净用量

由于砖的体积与砂浆的体积之和为1m³，因此，砂浆的净用量为：

砂浆＝1－砖块数的体积＝1－529×0.24×0.115×0.053＝1－0.7738＝0.2262(m³)

（3）计算1m³1砖墙厚砖和砂浆的消耗量

$$砖的消耗量 = \frac{砖的净用量}{1 - 砖的损耗率} = 529/(1 - 1\%) = 534(块)$$

$$砂浆的消耗量 = \frac{砂浆的净用量}{1 - 砂浆的损耗率} = 0.2262/(1 - 1\%) = 0.2285(m³)$$

提示：计算1m³1砖墙厚砖的净用量时需要考虑灰缝所占的体积。

【例2-4】　使用1:2水泥砂浆铺500mm×500mm×12mm花岗岩板地面，灰缝宽1mm，水泥砂浆黏结层厚5mm，花岗岩板损耗率2%，水泥砂浆损耗率1%。问题：

（1）计算每100m²地面贴花岗岩板材的消耗量。

（2）计算每100m²地面贴花岗岩板材的黏结层砂浆和灰缝砂浆消耗量。

【分析要点】

（1）计算墙面花岗岩板材消耗量要考虑灰缝所占的面积，其板材净用量计算公式如下。

设每100m²墙面贴板材净用量为Q；每100m²墙面贴板材消耗量为K，则

$$Q = \frac{100}{(块料长 + 灰缝) × (块料宽 + 灰缝)}$$
$$K = Q/(1 - 花岗岩板材损耗率)$$

（2）计算地面铺花岗岩砂浆用量时，要考虑黏结层的用量和灰缝砂浆的用量，计算公式如下。设每100m²地面贴板材砂浆净用量为q；每100m²地面贴花岗岩砂浆消耗量为G，则

$$q = 100 × 黏结层砂浆厚 + (100 - 块料净用量 × 每块面积) × 块料厚$$
$$G = q/(1 - 砂浆损耗率)$$

【解】　（1）计算每100m²地面贴花岗岩板材的消耗量

首先根据上式计算每100m²地面贴花岗岩板材的净用量Q：

$$Q = 100/[(0.50 + 0.001) × (0.50 + 0.001)] = 398.40(块)$$

然后再计算每100m²地面贴花岗岩板材的消耗量K：

$$K = 398.40/(1 - 2\%) = 406.53(块)$$

（2）计算每100m²地面贴花岗岩板材的砂浆消耗量

根据上式，每100m²地面贴花岗岩板材的砂浆净用量q：

$$q = 100 × 0.005 + (100 - 398.40 × 0.5 × 0.5) × 0.012 = 0.505(m³)$$

每 $100m^2$ 地面贴花岗岩板材的砂浆消耗量 G：

$$G=0.505/(1-1\%)=0.510(m^3)$$

提示：计算每 $100m^2$ 地面铺花岗岩板材的净用量时需要考虑灰缝所占的面积；计算每 $100m^2$ 地面铺花岗岩板材的砂浆净用量时需要考虑灰缝和黏结层的砂浆用量。

2.2.4 机械台班消耗量定额的编制方法

由上述可知，机械台班定额根据其表现形式的不同，分为时间定额和产量定额，而且机械台班定额一般采用时间定额形式。但是，确定机械台班消耗量定额时首先确定其产量定额，然后再求倒数确定其时间定额。其确定步骤如图 2-11 所示。

确定机械纯工作 1 小时的正常生产率 → 确定施工机械的正常利用系数 → 确定机械台班产量定额 → 确定机械台班时间定额

图 2-11　机械台班消耗量定额的确定步骤

2.2.4.1 确定机械纯工作 1 小时的正常生产率

机械纯工作 1 小时的正常生产率，就是在正常施工组织条件下，具有必要知识和技能的技术工人操作机械 1 小时的生产率。

根据机械工作的特点不同，机械纯工作 1 小时的正常生产率的确定方法也不同。主要有以下两种。

(1) 循环动作机械

1）确定机械循环一次的正常延续时间　机械循环一次由几部分组成，因此根据现场观察资料和机械说明书确定循环一次各组成部分的延续时间，将各组成部分的延续时间相加，减去各组成部分之间的交叠时间，即可求出机械循环一次的正常延续时间。其计算公式为：

机械循环一次的正常延续时间＝$\sum$（循环各组成部分正常延续时间）－交叠时间

2）计算机械纯工作 1 小时的正常循环次数

$$机械纯工作 1 小时的循环次数＝\frac{60\times60(s)}{一次循环的正常延续时间(s)}$$

3）计算机械纯工作 1 小时的正常生产率

机械纯工作 1 小时的正常生产率＝机械纯工作 1 小时的循环次数×循环一次生产的产品数量

(2) 连续动作机械

对于连续动作机械，要根据机械的类型、结构特征以及工作过程的特点来确定机械纯工作 1 小时的正常生产率，其确定方法如下：

连续动作机械纯工作 1 小时正常生产率＝工作延续时间内生产的产品数量/工作延续时间(h)

工作延续时间内生产的产品数量和工作延续时间的消耗，要通过多次现场观察和机械说明书来取得数据。

2.2.4.2 确定施工机械的正常利用系数

(1) 施工机械的正常利用系数

施工机械的正常利用系数是指机械在工作班内对工作时间的利用率。

（2）施工机械的正常利用系数的计算

$$机械正常利用系数 = \frac{机械在一个工作班内的纯工作时间}{一个工作班延续时间（8h）}$$

2.2.4.3 确定机械台班产量定额

计算施工机械台班产量定额是编制机械使用定额工作的最后一步。其机械产量定额计算公式如下：

$$机械台班产量定额 = 机械纯工作1小时的正常生产率 \times 工作班延续时间 \times$$
$$机械正常利用系数$$

2.2.4.4 确定机械时间定额

$$施工机械时间定额 = \frac{1}{机械台班产量定额}$$

【例 2-5】 某循环式混凝土搅拌机，其设计容量（即投量容量）为 0.4m³，混凝土出料系数为 0.67，混凝土上料、搅拌、出料的时间分别为 60s、120s、60s，搅拌机的时间利用系数为 0.85，求该混凝土搅拌机的产量定额和时间定额为多少？

【解】 循环式混凝土搅拌机每循环一次由混凝土上料、搅拌、出料等工序组成，该搅拌机循环一次的正常延续时间＝60＋120＋60＝4min＝0.067（h）

$$该搅拌机纯工作1小时循环次数＝1/0.067＝15（次）$$
$$该搅拌机循环1次完成的工程量＝0.4 \times 0.67＝0.268（m³）$$
$$该搅拌机纯工作1小时的正常生产量＝15 \times 0.268＝4.02（m³）$$
$$该搅拌机台班产量定额＝4.02 \times 8 \times 0.85＝27.3（m³/台班）$$
$$该搅拌机台班时间定额＝1/27.3＝0.037（台班/m³）$$

2.3 消耗量定额及其应用

2.3.1 消耗量定额的概念及作用

（1）消耗量定额的概念

消耗量定额，是由建设行政（行业）主管部门根据合理的施工工期、施工组织设计，在正常的施工条件下，完成一定计量单位合格分项工程所需的人工、材料、机具台班平均消耗量标准。

消耗量定额是由国家或其授权单位统一组织编制和颁发的一种基础性指标。消耗量定额中的指标应理解为国家允许建筑企业完成工程任务时工料消耗的最高限额，从而使得建设工程有了一个统一的核算尺度。统一的消耗量指标反映的是社会平均消耗水平，是一个综合性的定额，适用于一般设计和施工的情形；对于设计和施工变化多、造价影响较大的情形，在采用消耗量定额时要注意使用上的灵活性。

消耗量定额是工程建设中一项重要的技术经济文件，是编制施工图预算的主要依据，是确定和控制工程造价的基础。

（2）消耗量定额的用途及编制依据

消耗量定额是编制施工图预算、最高投标限价的主要依据，是确定工程造价和控制工程造价的基础。企业也可以参考消耗量定额进行投标报价等活动。

2.3.2 消耗量定额中工料机的确定

2.3.2.1 人工消耗量的确定

消耗量定额中人工消耗量是指完成一定计量单位的分项工程或结构构件所必需的各种用工量，包括基本用工和其他用工。

(1) 基本用工

基本用工指完成分项工程的主要用工量。例如，砌筑各种墙体工程的砌砖、调制砂浆及运输砖和砂浆的用工量。预算定额是一项综合性定额，由组成分项工程内容的各工序综合而成。因此，它包括的工程内容比较多，如墙体砌筑工程中包括门窗洞口、附墙烟囱、垃圾道、墙垛、各种形式的砖碹等，其用工量比砌筑一般墙体的用工量多，需要另外增加的用工也属于基本用工内容。

(2) 其他用工

其他用工是辅助消耗的工日，包括超运距用工、辅助用工和人工幅度差三种。如图 2-12 所示。

1) 超运距用工　超运距是指预算定额中取定的材料及半成品的场内水平运距超过劳动定额规定的水平距离的部分，即：

$$超运距＝预算定额取定的运距－劳动定额已包括的运距$$

超运距用工是指完成材料及半成品的场内水平超运距部分所增加的用工。

2) 辅助用工　辅助用工是指技术工种劳动定额内不包括，而在预算定额内又必须考虑的用工。如机械土方工程配合、材料加工(包括洗石子、筛沙子、淋石灰膏等)、模板整理等用工。

3) 人工幅度差用工　人工幅度差是指预算定额与劳动定额的定额水平不同而产生的差异。它是劳动定额作业时间之外，预算定额内应考虑的、在正常施工条件下所发生的各种工时损失。包括的内容如图 2-13 所示。

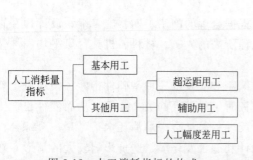

图 2-12　人工消耗指标的构成

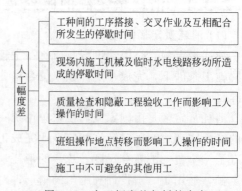

图 2-13　人工幅度差包括的内容

人工幅度差计算公式如下：

$$人工幅度差＝(基本用工＋超运距用工＋辅助用工)×人工幅度差系数$$

人工幅度差系数一般取 $10\%\sim15\%$。

2.3.2.2　材料消耗量的确定

（1）材料消耗量及其分类

消耗量定额中的材料消耗量是指为完成单位合格产品所必须消耗的材料数量。

材料按用途分为主要材料、次要材料、零星材料和周转材料，如图 2-14 所示。

消耗量定额中的材料消耗量指标由材料净用量和材料损耗量构成。如图 2-15 所示。

图 2-14　材料按用途的分类　　　　图 2-15　预算定额中材料消耗量的构成

（2）主要材料

主要材料是指能够计量的消耗量较多、价值较大的直接构成工程实体的材料。

与施工定额的确定方法一样，凡能计量的材料、成品、半成品均按品种、规格逐一列出数量，其主要材料的消耗量为：

材料消耗量＝材料净用量＋材料损耗量＝材料净用量×（1＋材料损耗率）

1) 确定主要材料的净用量　主要材料的净用量应结合分项工程的构造做法、综合取定的工程量及有关资料进行计算。例如砌筑 1 砖墙，经测定计算，每 1m³ 墙体中梁头、板头体积为 0.028m³，预留孔洞体积 0.0063m³，突出墙面砌体 0.00629m³，砖过梁为 0.04m³，则每 1m³ 墙体的砖及砂浆净用量计算为：

实砌 1m³ 墙体不考虑任何因素（既不留洞，也没有梁头、板头等），其砖及砂浆的净用量计算与施工定额中一样。

$$标准砖砖数 = \frac{1}{砖长 \times (砖宽 + 灰缝) \times (砖厚 + 灰缝)}$$

$$砂浆 = 1 - 砖数的体积$$

如果考虑扣除和增加的体积后，砖及砂浆的净用量为：

$$标准砖 = 标准砖砖数 \times (1 - 2.8\% - 0.63\% + 0.629\%)$$

$$砂浆 = 砂浆 \times (1 - 2.8\% - 0.63\% + 0.629\%)$$

其中砌筑砖过梁所用的砂浆强度等级较高，称为附加砂浆，砌筑砖墙的其他部分砂浆为主体砂浆。

$$附加砂浆 = 砂浆 \times 4\%$$

$$主体砂浆 = 砂浆 \times 96\%$$

2) 主材损耗量的确定　主要材料损耗量由施工操作损耗、场内运输损耗、加工制作损耗和场内管理损耗四部分组成，如图 2-16 所示。其计算方法与施工定额一样。

（3）次要和零星材料

次要材料是指直接构成工程实体，但其用量很小，不便计算其用量，如砌砖墙中的木砖、混凝土中的外加剂等。

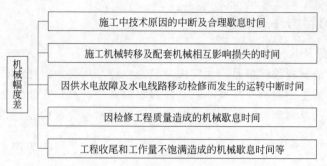

图 2-16　机械幅度差包括的内容

零星材料是指不构成工程实体，但在施工中消耗的辅助材料，如草袋、氧气等。

提示：由于这些次要材料和零星材料用量不多、价值不大，不便在定额中一一列出，有的预算定额采用估算的方法计算其总价值后，以"其他材料费"来表示。

2.3.2.3　机械台班消耗量的编制

（1）机械台班消耗量

消耗量定额中机械台班消耗量是指在正常施工条件下，生产单位合格产品必须消耗的施工机械的台班数量。

机械台班消耗量指标一般是在施工定额的基础上，再考虑一定的机械幅度差进行计算。即：

$$机械台班消耗量＝施工定额机械台班消耗量＋机械幅度差$$

（2）机械幅度差

机械幅度差是指机械台班消耗定额中未包括的，而机械在合理的施工组织条件下不可避免的机械的损失时间。包括的内容如图 2-16 所示。

$$机械幅度差＝施工定额机械台班消耗量×机械幅度差系数$$

提示：机械台班消耗量指标＝施工定额机械台班消耗量×（1＋机械幅度差系数）

2.3.3　工程单价与消耗量定额价目表

2.3.3.1　工程单价的概念及形式

所谓工程单价，一般可理解为完成单位计量单位的假定建筑产品所需要的费用。在现行的计价方法中，采用的工程单价有多种形式，按综合的价格要素可分为工料单价、综合单价和全费用单价等。

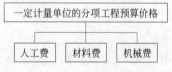

图 2-17　分项工程预算价格的构成

（1）工料单价

工料单价是完成一定计量单位的分项工程或结构构件所需要的人工费、材料费和施工机械使用费之和。如图 2-17 所示。即：一定计量单位的分项工程的预算价格＝人工费＋材料费＋机械费

其中：人工费＝工日消耗量×日工资单价

材料费＝$\sum$（材料消耗量×材料单价）

机械费＝$\sum$(台班消耗量×台班单价)

以现行《山东省建筑工程消耗量定额》(简称《2016定额》)"5-1-14矩形柱"子目为例,说明定额项目的工料单价的编制过程。首先通过消耗量定额查阅"矩形柱"定额子目消耗的人工、材料和机械台班的数量;然后由人工、材料、机械台班单价表可知各要素的单价,然后乘以相应的消耗量得出人工费、材料费和机械台班使用费,再计算管理费和利润,即得到定额单位所对应的单价。见表2-1。

表2-1 "矩形柱"项目工料机单价的确定(除税单价)

	定额编号			5-1-14
	项目名称			矩形柱
	单位			10m³
	工料单价/元			6763.61
其中	人工费/元			1894.20
	材料费/元			4856.83
	机械费/元			12.58
	名称	单位	数量	单价/元
人工	综合工日	工日	17.22	110
材料	C30现浇混凝土 碎石＜31.5	m³	9.8691	475.73
	水泥抹灰砂浆1:2	m³	0.2343	463.65
	塑料薄膜	m²	5	1.82
	阻燃毛毡	m²	1	39.42
	水	m³	0.7913	5.87
机械	灰浆搅拌机	台班	0.04	178.82
	混凝土振捣器	台班	0.6767	8.02

注:表中的价格采用山东省2019年人工、材料、机械台班单价表。表中有两种价格,一为含税价格,一为除税价格,这里采用的是除税价格。C30混凝土的含税价格为490元/m³,税率为3%,则除税价格为490/(1+3%)＝475.73元/m³。

(2) 综合单价

综合单价是完成一定计量单位的分项工程或结构构件所需要的人工费、材料费和施工机械使用费、管理费和利润之和。

以现行《山东省建筑工程消耗量定额》"5-1-14矩形柱"子目为例,说明定额项目综合单价的编制过程。首先通过消耗量定额查阅"矩形柱"定额子目消耗的人工、材料和机械台班的数量;然后由人工、材料、机械台班单价表可知各要素的单价,然后乘以相应的消耗量得出人工费、材料费和机械台班使用费,再计算管理费和利润,即得到定额单位所对应的单价。见表2-2。

表2-2 "矩形柱"项目工料机单价的确定(除税单价)

定额编号	5-1-14
项目名称	矩形柱
单位	10m³
综合单价/元	7047.74

	人工费/元			1894.20
其中	材料费/元			4856.83
	机械费/元			12.58
	管理费/元			284.13
	利润/元			484.92

	名称	单位	数量	单价/元
人工	综合工日	工日	17.22	110
材料	C30 现浇混凝土 碎石＜31.5	m³	9.8691	475.73
	水泥抹灰砂浆 1：2	m³	0.2343	463.65
	塑料薄膜	m²	5	1.82
	阻燃毛毡	m²	1	39.42
	水	m³	0.7913	5.87
机械	灰浆搅拌机	台班	0.04	178.82
	混凝土振捣器	台班	0.6767	8.02

注：表中的利润和管理费按人工费的 15% 和 25.6% 计取。

2.3.3.2 建筑工程价目表

建筑工程价目表又称为地区单位估价汇总表，简称价目表。建筑工程价目表是依据消耗量定额中的人工、材料、施工机械台班消耗数量，乘以某一地区现行人工、材料、施工机械台班单价，计算出以货币形式表现的完成单位子项工程或结构构件合格产品的单位价格。

建筑工程价目表主要由定额编号、工程项目名称、定额单位、直接费单价、人工费、材料费、机械费和地区单价组成。建筑工程价目表分为省价目表和地区价目表两种。省价目表中的人工费、机械费作为企业管理和利润的计算基础，由全省统一调整，适时发布。地区价目表因地区材料价格不同，各地区不一样，发布时间也不统一，一般一个季度调整一次，与市场价格比较接近。如表 2-3 所示。

表 2-3 建筑工程价目表示例

定额编号	项目名称	定额单位	增值税（简易计税）/元				增值税（一般计税）/元			
			单价（含税）	人工费	材料费（含税）	机械费（含税）	单价（除税）	人工费	材料费（除税）	机械费（除税）
1-1-6	推土机推运土方 运距＜20m 普通土	10m³	28.45	6.60		21.85	26.60	6.60		20.00
1-1-7	推土机推运土方 运距＜20m 坚土	10m³	32.31	6.60		25.71	30.12	6.60		23.52
1-1-8	推土机推运土方 运距＜100m，每增运 20m	10m³	15.43			15.43	14.11			14.11
1-1-9	装载机装运土方 运距＜20m	10m³	26.74	6.60		20.14	25.00	6.60		18.40
1-1-10	装载机装运土方 运距＜100m，每增运 20m	10m³	5.22			5.22	4.77			4.77

额号定编	项目名称	定额单位	增值税（简易计税）/元				增值税（一般计税）/元			
			单价（含税）	人工费	材料费（含税）	机械费（含税）	单价（除税）	人工费	材料费（除税）	机械费（除税）
1-1-11	铲运机铲运土方 运距<100m 普通土	10m³	31.83	6.60	0.30	24.93	29.90	6.60	0.29	23.01
1-1-12	铲运机铲运土方 运距<100mm 坚土	10m³	44.16	6.60	0.30	37.26	41.29	6.60	0.29	34.40

2.3.4 消耗量定额及其价目表的应用

2.3.4.1 消耗量定额的主要内容

定额项目表是消耗量定额的核心内容，山东省建筑工程消耗量定额示例（砖基础）如表 2-4 所示。

表 2-4 山东省建筑工程消耗量定额示例（砖基础）

工作内容：清理基槽坑，调、运、铺砂浆，运、砌砖等。　　　　　　　　　　计量单位：10m³

定额编号			4-1-1
项目名称			砖基础
名称		单位	消耗量
人工	综合工日	工日	10.97
材料	烧结煤矸石普通砖 240×115×53	千块	5.3032
	水泥砂浆 M5.0	m³	2.3985
	水	m³	1.0606
机械	灰浆搅拌机 200L	台班	0.3000

同时，与消耗量配套使用的还有山东省建筑工程价目表和人工、材料、机械台班单价表，如表 2-5 和表 2-6 所示。

表 2-5 山东省建筑工程价目表（砖基础）

定额编号	项目名称	定额单位	增值税（简易计税）				增值税（一般计税）			
			单价（含税）	人工费	材料费（含税）	机械费（含税）	单价（除税）	人工费	材料费（除税）	机械费（除税）
一、砖砌体										
4-1-1	M5.0 水泥砂浆砖基础	10m³	5003.00	1206.70	3742.26	54.04	4875.88	1206.70	3615.53	53.65

表 2-6 人工、材料、机械台班单价表

序号	编码	名称	单位	单价（含税）/元	参考税率/%	单价（除税）/元
1	00010010	综合工日（土建）	工日	110		110
2	04130001	烧结煤矸石普通砖 240×115×53	千块	575.00	3	558.25
3	80010011	水泥砂浆 M5.0	m³	286.22		270.50

续表

序号	编码	名称	单位	单价（含税）/元	参考税率/%	单价（除税）/元
4	34110003	水	m³	6.05		5.87
5	990610010	灰浆搅拌机 200L	台班	179.68		178.82

2.3.4.2 消耗量定额及价目表的应用

正确使用消耗量定额首先要学习定额各部分说明、附注和附录，对说明中有关编制原则、适用范围、已考虑因素或未考虑因素、有关问题的说明和使用方法等都要熟悉掌握。其次，对常用项目包括的工作内容、计量单位和定额项目隐含的工艺做法要理解其含义。最后，精通工程量计算规则与方法。要正确理解设计文件要求和施工做法是否与定额一致，只有对设计文化和施工要求有深刻的了解，才能正确使用消耗量定额，防止错套、重套和漏套。消耗量定额的使用一般有直接套用、调整换算后套用或补充新定额项目三种方式。

（1）消耗量定额的直接套用

当设计要求、技术特征和施工方法与定额内容、做法说明完全一致时，可以直接套用消耗量定额，确定分部分项工程的人工、材料、机具消耗量。

在套用定额时还要注意定额单位，方法和步骤如下：

① 根据分部分项工程或措施项目的工作内容，从定额中查出对应的定额子目。

② 判断是否可直接套用定额。

③ 确定定额项目，套取消耗量指标。

④ 确定分项工程或措施项目的消耗量。

【例 2-6】 某现浇混凝土框架结构宿舍楼，楼面抹 1：3 水泥砂浆 20mm 厚进行找平，按定额工程量计算规则计算得出工程量为 1000m²，试确定该找平层人工、材料、机械的消耗量以及人材机费用。

【解】 查《山东省建筑工程消耗量定额》(SD 01-31-2016)，该项目为在混凝土结构层上抹砂浆找平层，与定额做法完全一致，可以直接套用定额项目 11-1-1。可知每 10m² 水泥砂浆（在混凝土或硬基层上厚 20mm）消耗人工 0.76 工日；1：3 水泥抹灰砂浆 0.205m³；素水泥浆 0.0101m³；水 0.06m³；200L 灰浆搅拌机 0.0256 台班。

该找平层的人、材、机消耗量为：

人工消耗量＝100.00×0.76＝76（工日）

1：3 水泥砂浆用量＝100.00×0.2050＝20.50（m³）

素水泥浆用量＝100.00×0.0101＝1.01（m³）

水用量＝100.00×0.0600＝6.00（m³）

灰浆搅拌机用量＝100.00×0.0256＝2.56（台班）

查山东省建筑工程价目表(2019)可知，每 10m² 水泥砂浆的人工费为 91.20 元、材料费（除税）为 92.52 元、机械费（除税）为 4.58 元，单价（除税）为 188.30 元。所以，该找平层人材机费用为：1000/10×188.30＝18830 元，其中人工费 9120 元、材料费 9252 元、机械费 458 元。

(2) 消耗量定额的换算套用

工程做法要求与定额内容不完全相符合，而定额又规定允许调整换算的项目，应根据不同情况进行调整换算。消耗量定额在编制时，对于那些在设计和施工中变化多、影响工程量和价差较大的项目，定额均留有活口，允许其根据实际情况进行调整和换算。调整换算必须按定额规定进行。

消耗量定额的调整换算可以分为配合比调整(强度换算)、用量调整、系数调整、增减费用调整等。在定额换算套用中，最常用的是对价目表中单价的调整换算。

1) 配合比材料换算　当实际使用的配合比材料与定额不符时，一般允许按不同的配合比材料进行换算，其换算的思路是配合比不同的材料其消耗指标是一致的；公式为：

$$配合比材料用量＝工程量×配合比材料定额含量$$

$$各种材料用量＝配合比材料用量×定额配合比材料单位含量$$

$$换算后单价＝原单价＋材料的定额消耗量×(换入材料单价－换出材料单价)$$

【例2-7】 某现浇混凝土框架结构宿舍楼，楼面抹1:2.5水泥砂浆20mm厚进行找平，按定额工程量计算规则计算得出工程量为1000m²，试确定该找平层人工、材料、机械的消耗量(已知：1:2.5水泥砂浆的配合比；每1m³水泥砂浆消耗42.5MPa普通硅酸盐水泥0.485t；黄砂(过筛中砂)1.2m³；水0.3m³)。

【解】 查《山东省建筑工程消耗量定额》(SD 01-31-2016)，套用定额项目11-1-1。但定额项目中采用1:3水泥砂浆，工程做法中采用1:2.5水泥砂浆，需要换算。可知每10m²水泥砂浆(在混凝土或硬基层上厚20mm)消耗1:3水泥抹灰砂浆0.205m³，同样换为1:2.5水泥砂浆后的消耗标准也为0.205m³。即：

$$1:2.5水泥砂浆消耗量＝100.00×0.205＝20.50(m³)$$

根据1:2.5水泥砂浆配合比，可以确定20.50m³水泥砂浆所需要的水泥、黄砂和水的消耗量。

$$42.5MPa普通硅酸盐水泥消耗量＝20.50×0.485＝9.9425(t)$$

$$黄砂(过筛中砂)消耗量＝20.50×1.2＝24.6(m³)$$

$$水消耗量＝20.50×0.3＝6.15(m³)$$

查山东省建筑工程价目表(2019)及人工、材料、机械台班单价表(2019)可知，换算前单价(除税)为188.30元/10m²，1:3水泥砂浆单价(除税)为415.45元/m³，1:2.5水泥砂浆单价(除税)为452.72元/m³。换算后的单价＝188.30＋0.205×(452.72－415.45)＝195.94元/10m²。

人材机费用＝1000/10×195.94＝19594元。

2) 用量调整　在消耗量定额中，定额与实际消耗量不同时，允许调整其数量。在套用定额时要注意定额项目表下的附注，一般给出了情形不同的用量换算。换算时还应注意考虑损耗量，因定额中已考虑了损耗，与定额比较也必须考虑损耗，才有可比性。其换算公式为：

$$换算后的用量＝工程量×(定额用量±人工、材料、机械用量)$$

$$换算后的单价＝原单价±定额消耗量中调整的人工、材料、机械用量×相应单价$$

【例2-8】 某水泥瓦屋面工程，混凝土板上铺水泥瓦并穿铁丝绑扎，工程量为200m²。试确定该屋面工程消耗的人、材、机数量及人材机费用。

【解】 查《山东省建筑工程消耗量定额》(SD 01-31-2016)，混凝土板上铺水泥瓦，定额项目 9-1-5。可知每 10m² 消耗人工 1.96 工日；1∶3 水泥抹灰砂浆 0.4215m³；420×330 水泥平瓦 97.375 块；330 水泥脊瓦 3.9463 块；200L 灰浆搅拌机 0.031 台班。又根据附注信息：屋面瓦若穿铁丝钉圆钉，每 10m² 增加 1.1 工日，增加镀锌低碳钢丝 22♯0.35kg，圆钉 0.25kg。

则 200m² 水泥瓦屋面消耗的人、材、机数量为：

人工消耗量 $=20\times(1.96+1.1)=61.2$（工日）

1∶3 水泥抹灰砂浆消耗量 $=20\times0.4215=8.43$（m³）

420×330 水泥平瓦消耗量 $=20\times97.375=1947.5$（块）

330 水泥脊瓦消耗量 $=20\times3.9463=78.926$（块）

镀锌低碳钢丝 22♯消耗量 $=20\times0.35=7$（kg）

圆钉消耗量 $=20\times0.25=5$（kg）

200L 灰浆搅拌机消耗量 $=20\times0.031=0.62$（台班）

查山东省建筑工程价目表（2019）及人工、材料、机械台班单价表（2019）可知，原单价（除税）为 636.96 元/10m²，综合工日（土建）单价为 110 元/工日，镀锌低碳钢丝 22♯单价（除税）为 7.18 元/kg，圆钉单价（除税）为 4.67 元/kg。

调整后的单价（除税）$=636.96+1.1\times110+0.35\times7.18+0.25\times4.67=761.64$（元/10m²）。

人材机费用 $=200/10\times761.64=15232.8$ 元。

3）系数调整　在消耗量定额中，由于施工条件和方法不同，某些项目可以乘以系数调整。调整系数分定额系数和工程量系数。定额系数是指人工、材料、机械等所乘系数；工程量系数是用于计算工程量的。其换算公式为：

换算后的消耗量＝工程量×定额数量×调整系数

换算后的单价＝原人工费×系数＋原材料费×系数＋原机械费×系数

【例 2-9】　某独立基础工程共 10 个，其垫层采用 C15 素混凝土垫层（商品混凝土）。按定额工程量计算规则计算的每个垫层的工程量为 9.70m³。试确定该基础垫层消耗的人、材、机数量及人材机费用。

【解】　查《山东省建筑工程消耗量定额》（SD 01-31-2016），定额项目 C15 无筋混凝土垫层 2-1-28。每 10m³ 消耗人工 8.3 工日，C15 现浇混凝土（商混）10.1m³，水 3.75m³，混凝土振捣器（平板式）0.826 台班。

根据定额说明，垫层定额按地面垫层编制，若为基础垫层，人工、机械分别乘以系数：条形基础 1.05，独立基础 1.10，满堂基础 1.00；场区道路垫层，人工乘以系数 0.9。

该垫层为独立基础垫层，工程量共计 97m³，人工、机械应分别乘以系数 1.10，则其人、材、机消耗量为：

人工消耗量 $=97/10\times8.3\times1.10=88.561$（工日）

C15 现浇混凝土（商混）消耗量 $=97/10\times10.1=97.97$（m³）

水消耗量 $=97/10\times3.75=36.375$（m³）

混凝土振捣器（平板式）消耗量 $=97/10\times0.826\times1.10=8.81342$（台班）

查山东省建筑工程价目表（2019），定额项目 C15 无筋混凝土垫层 2-1-28 单价（除税）为 5353.99 元/10m³，其中人工费 913.00 元，材料费（除税）4434.60 元，机械费（除税）6.39 元。

换算后的单价（除税）$=913.00\times1.1+4434.60+6.39\times1.1=5445.93$（元/10m³）

或　　　　　　调换算后的单价(除税)＝5353.99＋913.00×0.1＋6.39×0.1
$$＝5445.93(元/10m^3)$$
$$人材机费用＝97/10×5445.93＝52825.52(元)$$

4) 运距换算　在消耗量定额中,对各种项目运输定额,一般分为基础定额和增加定额,即超过基本运距时,另行计算。换算后的消耗量可采用下式计算:

$$换算后的用量＝工程量×(基本运距用量＋超运距用量×倍数)$$
$$换算后的单价＝原单价＋超运距单价×倍数$$

【例 2-10】　某工程一般土方,天然土方的工程量为 2000m³,采用装载机装运,运距 60m。试确定该土方装运工程消耗的人、材、机数量及人材机费用。

【解】　查《山东省建筑工程消耗量定额》(SD 01-31-2016),定额项目 1-2-37 装载机装运一般土方(运距≤20m)和 1-2-38 运距每增运 20m。

由 1-2-37 可知,每 10m³ 消耗人工 0.06 工日,轮胎式装载机 0.0370 台班;由 1-2-38 可知每 10m³ 消耗轮胎式装载机 0.0120 台班。则该项目所消耗的人、机数量为:

$$人工消耗量＝200.00×0.06＝12(工日)$$
$$机械台班消耗量＝200.00×(0.0370＋0.0120×2)＝12.2(台班)$$

查山东省建筑工程价日表(2019),定额项目 1-2-37 的单价(除税)为 27.82 元/10m³,定额项目 1-2-38 的单价(除税)为 6.88 元/10m³。

$$换算后的单价(除税)＝27.82＋(60－20)/20×6.88＝41.58(元/10m^3)$$
$$人材机费用＝2000/10×41.58＝8316.00(元)$$

5) 厚度调整　消耗量定额中以面积为工程量的项目,由于分项工程厚度的不同,消耗量大多规定允许调整其厚度,如雨篷、阳台、楼梯厚度调整,找平层、面层厚度调整和墙面厚度调整等。这种基本厚度＋附加厚度的方法,大量减少了定额项目的同时,也提高了计算的精度。换算后的消耗量可采用下式计算:

$$换算后的用量＝工程量×(基本厚度用量＋超出厚度用量×倍数)$$
$$换算后的单价＝原单价＋超出厚度单价×倍数$$

【例 2-11】　某现浇混凝土框架结构宿舍楼,楼面抹 1∶3 水泥砂浆 30mm 厚进行找平,按定额工程量计算规则计算得出工程量为 1000m²,试确定该找平层人工、材料、机械的消耗量及人材机费用。

【解】　查《山东省建筑工程消耗量定额》(SD 01-31-2016),定额项目 11-1-1 和 11-1-3。由 11-1-1 可知每 10m² 水泥砂浆(在混凝土或硬基层上厚 20mm)消耗人工 0.76 工日;1∶3 水泥抹灰砂浆 0.205m³;素水泥浆 0.0101m³;水 0.06m³;200L 灰浆搅拌机 0.0256 台班。由 11-1-3 可知厚度每增减 5mm,每 10m³ 增加人工 0.08 工日;1∶3 水泥抹灰砂浆 0.0513m³;200L 灰浆搅拌机 0.0064 台班。则该项目人、材、机的消耗量为:

$$人工消耗量＝100.00×(0.76＋0.08×2)＝92(工日)$$
$$水泥抹灰砂浆消耗量＝100.00×(0.205＋0.0513×2)＝30.76(m^3)$$
$$素水泥浆消耗量＝100.00×0.0101＝1.01(m^3)$$
$$水用量＝100.00×0.0600＝6.00(m^3)$$
$$灰浆搅拌机消耗量＝100.00×(0.0256＋0.0064×2)＝3.84(台班)$$

查山东省建筑工程价目表(2019),定额项目 11-1-1 的单价(除税)为 283.42 元/10m²,定额项目 11-1-3 的单价(除税)为 44.00 元/10m²。

换算后的单价＝283.42＋(30－20)/5＝252.40(元/10m²)

人材机费用＝1000/10×252.40＝25240 元。

6) 预拌砂浆换算　根据《山东省建筑工程消耗量定额》(SD01-31-2016)总说明，定额中所有(各类)砂浆均按现场拌制考虑，若实际采用预拌砂浆时，各章定额项目按以下规定进行调整：使用预拌砂浆(干拌)的，除将定额中的现拌砂浆调换成预拌砂浆(干拌)外，另按相应定额中每立方米砂浆扣除人工 0.382 工日、增加预拌砂浆罐式搅拌机 0.041 台班，并扣除定额中灰浆搅拌机台班的数量。使用预拌砂浆(湿拌)的，除将定额中的现拌砂浆调换成预拌砂浆(湿拌)外，另按相应定额中每立方米砂浆扣除人工 0.58 工日，并扣除定额中灰浆搅拌机台班的数量。

【例 2-12】　表 2-4 中砂浆若为预拌砂浆（干拌）时，则定额中人材机消耗量调整后为多少？

【解】

① 人工调整：

$10.97－2.3958×0.382＝10.05(工日/10m³)$

② 材料调整：

将原定额中消耗的水泥砂浆 M5.0 改为预拌砂浆（干拌）M5.0，消耗量不变。

③ 机械调整：

扣除原定额中 0.3 台班的灰浆搅拌机 200L，增加预拌砂浆罐式搅拌机。预拌砂浆罐式搅拌机的消耗量＝$0.041×2.3985＝0.09834$ 台班/10m³。

2.4　其他计价定额

2.4.1　概算定额

(1) 概算定额

概算定额是在预算定额的基础上，确定完成合格的单位扩大分项工程或单位扩大结构构件所需消耗的人工、材料、机械台班和资金的数量标准。

概算定额的作用主要是编制设计概算和编制概算指标的依据。如表 2-7 为山东省建筑工程概算定额(SD 01-21-2018)砖基础项目表。

表 2-7　山东省建筑工程概算定额砖基础定额项目表

工作内容：垫层、基础圈梁、基础构造柱、混凝土浇筑、振捣、找平、养护等，模板制作、安装、拆除等；调、运、铺砂浆，运、砌石、石料加工等。

计量单位：10m³

定额编号			GJ-2-30	GJ-2-31
项目			砖基础	毛石基础
基价/元			7147.71	4139.02
其中		人工费/元	2489.00	1208.40
		材料费/元	4550.94	2432.43
		机械费/元	107.77	498.19

	名称	单位	单价/元	数量	
人工	综合工日(土建)	工日	95.00	26.20	12.72
材料	烧结煤矸石普通砖 240×115×53	千块	368.93	4.2320	—
	水泥砂浆 M5.0	m³	185.09	1.9140	3.9862
	水泥抹灰砂浆 1:2	m³	347.53	1.3985	0.3112
	C15 现浇混凝土碎石<40	m³	300.97	2.2422	2.0503
	C20 现浇混凝土碎石<20	m³	320.39	1.5554	—
	C20 现浇混凝土碎石<31.5	m³	320.39	0.6020	—
	素水泥浆	m³	596.90	0.0675	0.0151
	水	m³	4.27	2.5422	1.8264
	防水粉	kg	1.47	44.7326	10.0418
	毛石	m³	58.25	—	11.2200
	石料切割锯片	片	81.90	—	1.7200
	镀锌低碳钢丝 8#	kg	7.04	13.5627	—
	镀锌低碳钢丝 22#	kg	8.44	0.0329	0.0111
	模板材	m³	1454.74	0.0902	0.0894
	隔离剂	kg	2.39	2.0410	0.6186
	圆钉	kg	5.17	5.8070	1.2205
	草袋	m²	4.56	0.8128	0.3776
	输送钢管	m	136.21	0.0376	0.0175
	弯管	个	325.86	0.0035	0.0016
	橡胶压力管	m	63.31	0.0109	0.0051
	输送管扣件	个	258.62	0.0035	0.0016
	密封圈	个	13.79	0.0144	0.0067
	塑料薄膜	m²	1.75	6.8970	—
	阻燃毛毡	m²	40.74	1.3349	—
	复合木模板	m²	29.31	4.4106	—
	锯成材	m³	1672.41	0.1058	—
	草板纸 80#	张	3.83	4.2510	—
	支撑钢管及扣件	kg	4.74	0.8041	—
机械	灰浆搅拌机 200L	台班	157.82	0.4780	0.5513
	石料切割机	台班	48.17	—	8.2400
	混凝土振捣器 插入式	台班	7.94	0.1788	—
	混凝土振捣器 平板式	台班	7.66	0.1834	0.1677
	木工圆锯机 500mm	台班	27.75	0.0564	0.0099
	木工双面压刨床 600mm	台班	53.57	0.0083	—
	混凝土输送泵车 70m³/h	台班	1309.48	0.0210	0.0097

（2）与预算定额的异同

1）与预算定额的相同点　都是以建（构）筑物各个结构部分和分部分项工程为单位表示的，内容都包括三个基本部分，并列有基准价。概算定额表达的主要内容、主要方式及基本使用方法都与预算定额相近。

2）与预算定额的不同点　在于项目划分和综合扩大程度上的差异，预算定额是按照分项工程划分项目的，比较细；而概算定额是预算定额的合并与扩大，是按照扩大的分项工程划分的，比较粗。概算定额是将预算定额中有联系的若干个分项工程项目综合为一个概算定额项目。如表 2-7 中砖基础概算定额项目，就是以砖基础为主，综合了铺设垫层、基础中的构造柱、圈梁等预算定额中的分项工程项目。

（3）概算定额的组成内容及应用

概算定额的组成内容及应用与预算定额类似，内容包括文字说明部分和定额项目表，应用有直接套用和间接套用，这里就不再赘述。

2.4.2　概算指标

（1）概算指标

概算指标是以整个建筑物或构筑物为对象，以建筑面积、体积为计量单位所规定的人工、材料、机械台班和资金的消耗量标准。

概算指标主要是用来编制设计概算的依据。

（2）概算指标与概算定额的区别

概算指标与概算定额的主要区别见表 2-8。

表 2-8　概算指标与概算定额的主要区别

概算指标、定额	确定各种消耗量指标的对象不同	确定各种消耗量指标的依据不同
概算指标	以整个建筑物或构筑物为标定对象	以各种预算和结算资料为主
概算定额	以单位扩大分项工程或扩大结构构件为标定对象	以现行预算定额为基础

由上表可知：概算指标比概算定额更加综合与扩大，概算定额以现行预算定额为基础，通过计算之后才确定出各种消耗量指标，而概算指标中各种消耗量指标的确定，则主要来自于各种预算和结算资料。

（3）概算指标的主要表现形式

概算指标的主要表现形式有综合概算指标和单项概算指标两种。

综合概算指标是指按照工业或民用建筑及其结构类型而制定的概算指标。综合概算指标的概括性较大，其准确性、针对性不强。

单项概算指标是指为某种建筑物或构筑物编制的概算指标。其针对性较强，故指标中对工程结构形式要做详细介绍。只要工程项目的结构形式及工程内容与单项指标中的工程概况相吻合，编制出的设计概算就比较准确。因此，概算指标主要以单项概算指标为主。

本章小结

　　建设工程定额是指在正常的施工条件下，以及在合理的劳动组织、最优化地使用材料和机械的条件下，完成建设工程单位合格产品所必须消耗的各种资源的数量标准。建设工程定额可按照生产要素、编制程序和定额的用途分别分为不同种类，本章重点介绍了施工定额工料机消耗量的编制方法、预算定额工料机和资金消耗量的编制方法以及应用、概算定额和概算指标的基本概念和应用，尤其是概算指标的应用。

 思考题

　　1. 什么是建设工程定额？按生产要素和编制的程序及用途分类分为哪几类？

　　2. 简述施工定额、预算定额、概算定额、概算指标和投资估算指标分别是以什么为标定对象确定其工料机消耗量的？

　　3. 什么是劳动定额？什么是机械台班使用定额？按照表现形式分为哪两种？二者的关系如何？

　　4. 什么是材料消耗量定额？包括哪两部分？

　　5. 预算定额中人工消耗量包括哪些内容？

　　6. 简述预算定额中人工单价、材料单价和机械台班单价分别包含哪些内容？

　　7. 预算定额、概算定额的套用有哪两种形式？分别应该具备什么条件？

　　8. 概算指标直接套用和间接套用的条件是什么？

　　9. 利用概算指标进行局部结构差异调整时有哪两种调法？

　　10. 什么是人工幅度差？主要包括哪些内容？

第3章

工程量清单及其编制

 学习目标

1. 理解建筑工程工程量清单、工程量清单计价的概念。
2. 熟悉《建设工程工程量清单计价规范》的基本内容。
3. 掌握建筑工程工程量清单的编制方法。
4. 掌握建筑工程工程量清单的计价方法。

 学习要求

1. 熟悉建筑工程工程量清单计价的方法。
2. 掌握建筑工程工程量清单的编制。
3. 掌握建筑工程工程量清单计价编制。

 本章内容框架

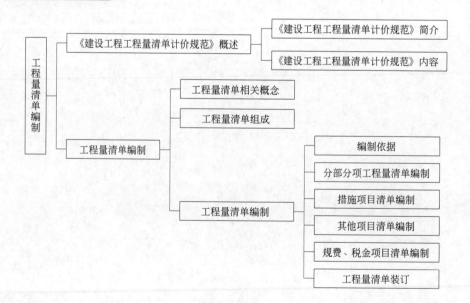

3.1　概　　述

3.1.1　2013 版《建设工程工程量清单计价规范》及相关专业工程量计算规范的适用范围

2013 版《建设工程工程量清单计价规范》（以下简称 2013 版《清单计价规范》）和相关专业工程量计算规范适用于建设工程发承包及实施阶段的计价活动，包括招标工程量清单、招标控制价、投标报价的编制、工程合同价款的约定、竣工结算的办理及施工过程中的工程计量、合同价款支付、施工索赔与现场签证、合同价款调整和合同价款争议的解决等。

2013 版《清单计价规范》规定：① 使用国有资金投资的建设工程发承包，必须采用工程量清单计价；② 非国有资金投资的建设工程，宜采用工程量清单计价。

根据《工程建设项目招标范围和规模标准规定》的规定，国有资金投资的工程建设项目包括使用国有资金投资和国家融资投资的工程建设项目。

使用国有资金投资的项目包括：

① 使用各级财政预算资金的项目；

② 使用纳入财政管理的各种政府性专项建设资金的项目；

③ 使用国有企事业单位自有资金，并且国有资产投资者实际拥有控制权的项目。

使用国家融资资金投资的项目包括：

① 使用国家发行债券所筹资金的项目；

② 使用国家对外借款或者担保所筹资金的项目；

③ 使用国家政策性贷款的项目；

④ 国家授权投资主体融资的项目；

⑤ 国家特许的融资项目。

国有资金（含国家融资资金）为主的工程建设项目是指国有资金占投资总额 50% 以上，或虽不足 50% 但国有投资者实质上拥有控股权的工程建设项目。

对于非国有资金投资的工程建设项目，没有强制规定必须采用工程量清单计价，具体到项目是否采用工程量清单方式计价，由项目业主自主确定，但 2013 版《清单计价规范》鼓励采用工程量清单计价方式。

3.1.2　2013 版清单规范的主要内容

(1) 2013 版清单规范的主要内容

2013 版清单规范是统一工程量清单编制、规范工程量清单计价的国家标准，其主要内容包括两部分：计价规范和计算规范。《建设工程工程量清单计价规范》（GB 50500—2013）共由 16 部分内容组成。计算规范共分 9 个专业，每个专业工程量计算规范基本上由 5 部分内容组成，详见图 3-1。

本书重点讲解《建设工程工程量清单计价规范》（GB 50500—2013）和《房屋建筑与装饰工程工程量计算规范》（GB 50854—2013）两部分内容。

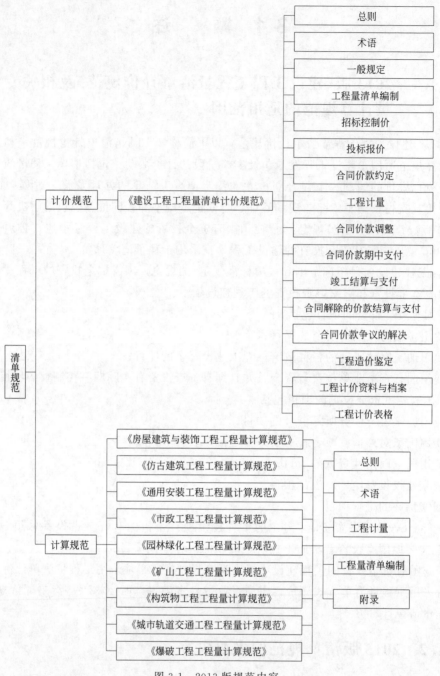

图 3-1　2013 版规范内容

（2）2013 版《清单计价规范》中的强制性条款

《建设工程工程量清单计价规范》（GB 50500—2013）为国家标准，共有 15 条强制性条文，必须严格执行。这 15 条强制性条文分别是：

① 使用国有资金投资的建设工程发承包，必须采用工程量清单计价。

② 工程量清单应采用综合单价计价。

③ 措施项目中的安全文明施工费必须按国家或省级、行业建设主管部门的规定计算，

不得作为竞争性费用。

④ 规费和税金必须按国家或省级、行业建设主管部门的规定计算，不得作为竞争性费用。

⑤ 建设工程发承包，必须在招标文件、合同内明确计价中的风险内容及其范围，不得采用无限风险、所有风险或类似语句规定计价中的风险内容及范围。

⑥ 招标工程量清单必须作为招标文件的组成部分，其准确性和完整性应由招标人负责。

⑦ 分部分项工程项目清单必须载明项目编码、项目名称、项目特征、计量单位和工程量。

⑧ 分部分项工程项目清单必须根据相关工程现行国家计量规范规定的项目编码、项目名称、项目特征、计量单位和工程量计算规则进行编制。

⑨ 措施项目清单必须根据相关工程现行国家计量规范的规定编制。

⑩ 国有资金投资的建设工程招标，招标人必须编制招标控制价。

⑪ 投标报价不得低于工程成本。

⑫ 投标人必须按招标工程量清单填报价格。项目编码、项目名称、项目特征、计量单位、工程量必须与招标工程量一致。

⑬ 工程量必须按照相关工程现行国家计量规范规定的工程量计算规则计算。

⑭ 工程量必须以承包人完成合同工程应予计量的工程量确定。

⑮ 工程完工后，发承包双方必须在合同约定时间内办理工程竣工结算。

3.2　工程量清单

3.2.1　《建设工程工程量清单计价规范》(GB 50500—2013)中与工程量清单相关的术语

《建设工程工程量清单计价规范》(GB 50500—2013)中主要有以下与工程量清单相关的术语：

1) 工程量清单　是指载明建设工程分部分项工程项目、措施项目、其他项目的名称和相应数量及规费、税金项目等内容的明细清单。

2) 招标工程量清单　是指招标人依据国家标准、招标文件、设计文件及施工现场实际情况编制的，随招标文件发布供投标报价的工程量清单，包括其说明和表格。

提示：招标工程量清单是 2013 版《清单计价规范》的新增术语，是招标阶段供投标人报价的工程量清单，是对工程量清单的进一步细化。

3) 已标价工程量清单　是指构成合同文件组成部分的投标文件中已标明价格，经算术性错误修正(如有)且承包人已确认的工程量清单，包括其说明和表格。

提示：已标价工程量清单是 2013 版《清单计价规范》的新增术语，是投标人对招标工程量清单已标明价格，并被招标人接受，构成合同文件组成部分的工程量清单，是对工程量清单的进一步细化。

4) 分部分项工程　分部工程是单项或单位工程的组成部分，是按结构部位、路段长度及施工特点或施工任务将单项或单位工程划分为若干分部的工程，如房屋建筑与装饰工程分为土石方工程、桩基工程、砌筑工程、混凝土及钢筋混凝土工程、楼地面装饰工程、天棚工程等分部工程；分项工程是分部工程的组成部分，是按不同施工方法、材料、工序及路段长度等将分部工程划分为若干个分项或项目的工程，如现浇混凝土基础分为带形基础、独立基础、满堂基础、桩承台基础、设备基础等分项工程。

提示：分部分项工程是 2013 版《清单计价规范》新增术语。"分部分项工程"是"分部工程"和"分项工程"的总称。

5）措施项目　是指为完成工程项目施工，发生于该工程施工准备和施工过程中的技术、生活、安全、环境保护等方面的项目。

6）项目编码　是指分部分项工程和措施项目清单名称的阿拉伯数字标识。

7）项目特征　是指构成分部分项工程项目、措施项目自身价值的本质特征。

8）暂列金额　是指招标人在工程量清单中暂定并包括在合同价款中的一笔款项。用于工程合同签订时尚未确定或者不可预见的所需材料、工程设备、服务的采购，施工中可能发生的工程变更、合同约定调整因素出现时的合同价款调整，以及发生的索赔、现场签证确认等的费用。

9）暂估价　是指招标人在工程量清单中提供的用于支付必然发生但暂时不能确定价格的材料、工程设备的单价及专业工程的金额。

10）计日工　是指在施工过程中，承包人完成发包人提出的工程合同范围以外的零星项目或工作，按合同中约定的单价计价的一种方式。

11）总承包服务费　是指总承包人为配合协调发包人进行的专业工程发包，对发包人自行采购的材料、工程设备等进行保管以及施工现场管理、竣工资料汇总整理等服务所需的费用。

3.2.2　工程量清单、招标工程量清单和已标价工程量清单

2013 版《清单计价规范》提出了三个"工程量清单"概念，即工程量清单、招标工程量清单、已标价工程量清单。这三者之间有何区别？对其三者应如何理解？

①"工程量清单"载明了建设工程分部分项工程项目、措施项目和其他项目的名称和相应数量及规费和税金项目等内容，它是招标工程量清单和已标价工程量清单的基础，招标工程量清单和已标价工程量清单是在工程发承包的不同阶段对工程量清单的进一步具体化。

②"招标工程量清单"必须作为招标文件的组成部分，其准确性和完整性由招标人负责。它是工程量清单计价的基础，应作为编制招标控制价、投标报价、计算或调整工程量、索赔等的依据之一，是招标、投标、签订履行合同、工程价款核算等工作顺利开展的重要依据。它强调其随招标文件发布并供投标报价使用这一作用。因此，无论是招标人还是投标人都应慎重对待。

③"已标价工程量清单"是从工程量清单作用方面细化而来的，强调该清单是为承包人所确认的投标报价所用，是基于招标工程量清单由投标人或受其委托具有相应资质的工程造价咨询人编制的，其项目编码、项目名称、项目特征、计量单位、工程量必须与招标工程量清单一致。

④"招标工程量清单"应由具有编制能力的招标人或受其委托具有相应资质的工程造价咨询人或招标代理人编制。但招标工程量清单和已标价工程量清单不能委托同一工程造价咨询人编制。

3.2.3　招标工程量清单的组成

招标工程量清单作为招标文件的组成部分，最基本的功能是信息载体，使得投标人能对工程有全面的认识。那么，招标工程量清单包括哪些内容呢？

2013 版《清单计价规范》中，招标工程量清单主要包括工程量清单说明和工程量清单表，如图 3-2 所示。

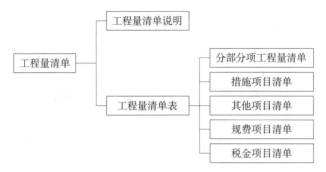

图 3-2　工程量清单的组成

① 工程量清单说明包括工程概况、现场条件、编制工程量清单的依据及有关资料，对施工工艺、材料应用的特殊要求。

② 工程量清单是清单项目和工程数量的载体，合理的清单项目设置和准确的工程数量，是清单计价的前提和基础。

3.2.4　招标工程量清单的作用

招标工程量清单具有以下主要作用：

① 招标工程量清单为投标人的投标竞争提供了一个平等和共同的基础。

招标工程量清单是由招标人负责编制，将要求投标人完成的工程项目及其相应工程实体数量全部列出，为投标人提供拟建工程的基础信息。这样，在建设工程的招标投标中，投标人的竞争活动就有了一个共同的基础，其机会是均等的。

② 招标工程量清单是建设工程计价的依据。

在招标投标过程中，招标人根据招标工程量清单编制招标工程的招标控制价；投标人按照招标工程量清单所表述的内容，依据企业定额计算投标价格，自主填报工程量清单所列项目的单价与合价。

③ 招标工程量清单是工程付款和结算的依据。

招标工程量清单是工程量清单计价的基础。在施工阶段，发包人根据承包人完成的工程量清单中规定的内容及合同单价支付工程款。工程结算时，承发包双方按照工程量清单计价表对已实施的分部分项工程或计价项目，按照合同单价和相关合同条款核算结算价款。

④ 招标工程量清单是调整工程价款、处理工程索赔的依据。

在发生工程变更和工程索赔时，可以选用或参照招标工程量清单中的分部分项工程计价及合同单价来确定变更价款和索赔费用。

3.2.5　编制招标工程量清单的依据

采用工程量清单方式招标，招标工程量清单必须作为招标文件的组成部分，由招标人提供，并对其准确性和完整性负责。一经中标签订合同，招标工程量清单即为合同的组成部分。招标工程量清单应根据以下依据编制：

① 《建设工程工程量清单计价规范》(GB 50500—2013)和相关工程的国家计量规范；

② 国家或省级、行业建设主管部门颁发的计价定额和办法；

③ 建设工程设计文件及相关资料；

④ 与建设工程有关的标准、规范、技术资料；

⑤ 拟订的招标文件；

⑥ 施工现场情况、地勘水文资料、工程特点及常规施工方案；

⑦ 其他相关资料。

3.3　工程量清单的编制

3.3.1　2013 版《清单计价规范》对工程量清单编制的一般规定

2013 版《清单计价规范》对工程量清单编制的一般规定如下：

① 招标工程量清单应由具有编制能力的招标人或受其委托、具有相应资质的工程造价咨询人编制。

② 招标工程量清单必须作为招标文件的组成部分，其准确性和完整性由招标人负责。

③ 招标工程量清单是工程量清单计价的基础，应作为编制招标控制价、投标报价、计价、计算或调整工程量、索赔等的依据之一。

④ 招标工程量清单应以单位(项)工程为单位编制，应由分部分项工程量清单、措施项目清单、其他项目清单、规费和税金项目清单组成。

3.3.2　分部分项工程量清单及其编制

(1) 分部分项工程项目清单

分部分项工程项目清单是指构成拟建工程实体的全部分项实体项目名称和相应数量的明细清单。

(2) 分部分项工程项目清单包括的内容

2013 版《清单计价规范》规定：分部分项工程项目清单必须载明项目编码、项目名称、项目特征、计量单位和工程量，这是一条强制性条文，规定了一个分部分项工程项目清单由上述五个要件构成，在分部分项工程项目清单的组成中缺一不可。分部分项工程项目清单必须根据相关工程现行国家计量规范附录规定的项目编码、项目名称、项目特征、计量单位和工程量计算规则进行编制。具体见表 3-1。

表 3-1　分部分项工程项目清单表

序号	项目编码	项目名称	项目特征	计量单位	工程量

(3) 项目编码

分部分项工程工程量清单的项目编码是以 5 级 12 位阿拉伯数字设置的，1～9 位应按相关专业计量规范中附录的规定统一设置，10～12 位应根据拟建工程的工程量清单项目名称和项目特征设置。同一招标工程的项目编码不得有重码，一个项目只有一个编码，对应一个清单项目的综合单价。

项目编码结构及各级编码的含义见图 3-3。

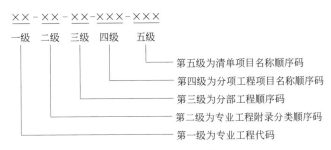

图 3-3 项目编码结构图

第一级为专业工程代码，包括 9 类，分别是：01 为房屋建筑与装饰工程、02 为仿古建筑工程、03 为通用安装工程、04 为市政工程、05 为园林绿化工程、06 为矿山工程、07 为构筑物工程、08 为城市轨道交通工程、09 为爆破工程。

第二级为专业工程附录分类顺序码，例如 0105 表示房屋建筑与装饰工程中之附录 E 混凝土与钢筋混凝土工程，其中三、四位 05 即为专业工程附录分类顺序码。

第三级为分部工程顺序码，例如 010501 表示附录 E 混凝土与钢筋混凝土工程中之 E.1 现浇混凝土基础，其中五、六位 01 即为分部工程顺序码。

第四级为分项工程项目名称顺序码，例如 010501002 表示房屋建筑与装饰工程中之现浇混凝土带形基础，其中七、八、九位即为分项工程项目名称顺序码。

第五级清单项目名称顺序码，由清单编制人编制，并从 001 开始。

例如：一个标段（或合同段）的工程量清单中含有三种规格的泥浆护壁成孔灌注桩，此时工程量清单应分别列项编制，则第一种规格的灌注桩的项目编码为 010302001001，第二种规格的灌注桩的项目编码为 010302001002，第三种规格的灌注桩的项目编码为 010302001003。其中：01 表示该清单项目的专业工程类别为房屋建筑与装饰工程；03 表示该清单项目的专业工程附录顺序码为 C，即桩基工程；02 表示该清单项目的分部工程为灌注桩；001 表示该清单项目的分项工程为泥浆护壁成孔灌注桩；最后三位 001（002、003）表示为区分泥浆护壁成孔灌注桩的不同规格而编制的清单项目顺序码。

（4）项目名称

清单项目名称是工程量清单中表示各分部分项工程清单项目的名称。它必须体现工程实体，反映工程项目的具体特征；设置时一个最基本的原则是准确。

《房屋建筑与装饰工程工程量计算规范》附录 A 至附录 R 中的"项目名称"为分项工程项目名称，是以"工程实体"命名的。在编制分部分项工程项目清单时，清单项目名称的确定有两种方式，一是完全按照规范的项目名称不变，二是以《房屋建筑与装饰工程工程量计算规范》附录中的项目名称为基础，考虑项目的规格、型号、材质等特征要求，结合拟建工程的实际情况，对附录中的项目名称进行适当的调整或细化，使其能够反映影响工程造价的主要因素。这两种方式都是可行的，主要应针对具体项目而定。

下面举例说明清单项目名称的确定。

① 所谓工程实体是指形成产品的生产与工艺作用的主要实体部分。设置项目时不单独

针对附属的次要部分列项。例如，某建筑物装饰装修工程中，根据施工设计图可知：地面为600mm×600mm济南青花岗岩饰面板面层，找平层为40mm厚C20细石混凝土，结合层为1：4水泥砂浆，面层酸洗、打蜡。在编制工程量清单时，分项工程清单项目名称应列为"花岗岩石材楼地面"，找平层等不能再列项，只能把找平层、结合层、酸洗、打蜡等特征在项目特征栏中描述出来，供投标人核算工程量及准确报价使用。

②关于项目名称的理解。在工程量清单中，分部分项工程清单项目不是单纯按项目名称来理解的。应该注意：工程量清单中的项目名称所表示的工程实体，有些是可以用适当的计量单位计算的简单完整的分项工程，如砌筑实心砖墙；还有些项目名称所表示的工程实体是分项工程的组合，如块料楼地面就是由楼地面垫层、找平层、防水层、面层铺设等分项工程组成。

③关于项目名称的细化。例如：某框架结构工程中，根据施工图纸可知，框架梁为300mm×500mm C30现浇混凝土矩形梁。那么，在编制清单项目设置名称时，可将《房屋建筑与装饰工程工程量计算规范》中编号为"010503002"的项目名称"矩形梁"，根据拟建工程的实际情况确定为"C30现浇混凝土矩形梁300×500"。

（5）项目特征

清单项目特征是确定一个清单项目综合单价不可缺少的重要依据，在编制分部分项工程工程量清单时，必须对项目特征进行准确、全面的描述。但有些项目特征用文字往往难以准确和全面地描述清楚。因此，为了达到规范、简捷、准确、全面描述项目特征的要求，项目特征应按相关工程国家计量规范规定，结合拟建工程的实际予以描述。

清单项目特征不同的项目应分别列项。清单项目特征主要涉及项目的自身特征（材质、型号、规格、品牌），项目的工艺特征，以及对项目施工方法可能产生影响的特征。

1）必须描述的内容

①涉及正确计量的内容必须描述。如门窗工程，2013版《清单计价规范》规定既可按"m^2"计量（新增），也可按"樘"计量，无论哪种计量方式，门窗代号及洞口尺寸都必须描述。

②涉及结构要求的内容必须描述。如混凝土构件，因混凝土强度等级不同，其价值也不同，故必须描述其等级（如C20、C30等）。

③涉及材质要求的内容必须描述。如油漆的品种，是调和漆还是硝基清漆等；管材的材质，是碳钢管还是塑料管、不锈钢管等，还需对管材的规格、型号进行描述。

2）可不详细描述的内容

①无法准确描述的可不详细描述。如土壤类别，清单编制人可将其描述为"综合"，但应由投标人根据地质勘察资料自行确定土壤类别，决定报价。

②施工图纸、标准图集标注明确的，可不再详细描述。

对这类项目，其项目特征描述可直接采用"详见××图集××页××号及节点大样"的方式。这样，便于发承包双方形成一致的理解，省时省力，因此，该法应尽量采用。

③有些项目可不详细描述。如取、弃土运距，清单编制人决定运距是困难的，应由投标人根据工程施工实际情况自主决定运距，体现竞争要求。

④有些项目，如清单项目的项目特征与现行定额的规定是一致的，可采用"见××定额项目"的方式予以描述。

总之，清单项目特征的描述应根据附录中有关项目特征的要求，结合技术规范、标准图集、施工图纸，按照工程结构、使用材质及规格等，予以详细而准确的表述和说明。如果是附录中未列的项目特征，拟建工程中有的，编制清单时应补充进去；如果是实际工程中不存在而附录中列出的，编制清单时要删掉。

例如：装饰工程中的"块料墙面"，《房屋建筑与装饰工程工程量计算规范》附录中对其项目特征的描述要求见表3-2。

表 3-2　墙面镶贴块料工程量清单表

项目编码	项目名称	项目特征	计量单位	工程量计算规则	工程内容
011204003	块料墙面	1. 墙体类型； 2. 安装方式； 3. 面层材料品种、规格、颜色； 4. 缝宽、嵌缝材料种类； 5. 防护材料种类； 6. 磨光、酸洗、打蜡要求	m^2	按镶贴表面积计算	1. 基层清理； 2. 砂浆制作、运输； 3. 黏结层铺贴； 4. 面层安装； 5. 嵌缝； 6. 刷防护材料； 7. 磨光、酸洗、打蜡

关于"块料墙面"项目特征，其自身特征为：面层、底层、黏结层等各种材料种类，厚度、规格、配合比等；工艺特征为：安装方式；对项目施工方法可能产生影响的特征为：墙体类型。这些特征对投标人的报价影响很大。

（6）计量单位

清单项目的计量单位应按相应规范附录中规定的计量单位确定。当计量单位有两个或两个以上时，应结合拟建工程项目的实际情况，选择最适宜表述项目特征并方便计量的其中一个为计量单位。同一工程项目的计量单位应一致。

除各专业另有特殊规定外，工程计量时每一项目汇总的有效位数应遵守以下规定：

① 以质量计算的项目——吨或千克（t 或 kg）；

② 以体积计算的项目——立方米（m^3）；

③ 以面积计算的项目——平方米（m^2）；

④ 以长度计算的项目——米（m）；

⑤ 以自然计量单位计算的项目——个、套、块、组、台……

⑥ 没有具体数量的项目——宗、项……

其中：以"t"为计量单位的，应按四舍五入保留小数点后三位数字；以"m^3""m^2""m""kg"为计量单位的，应按四舍五入保留小数点后两位数字；以"个""件""根""组""系统"等为计量单位的，应取整数。

（7）工程量计算规则

工程量计算是指建设工程项目以工程设计图纸、施工组织设计或施工方案及有关技术经济文件为依据，按照相关工程国家标准的计算规则、计量单位等规定，进行工程数量的计算活动，在工程建设中简称工程计量。

2013版《清单计价规范》规定，工程量必须按照相关工程现行国家计量规范规定的工程量计算规则计算。除此之外，还应依据以下文件计算：① 经审定通过的施工设计图纸及其说明；② 经审定通过的施工组织设计或施工方案；③ 经审定通过的其他有关技术经济文件。

工程量计算规则是指对清单项目工程量的计算规定。工程项目清单中所列项目的工程量应按相应工程计算规范附录中规定的工程量计算规则计算。除另有说明外，所有清单项目的工程量以实体工程量为准，并以完成后的净值来计算。因此，在计算综合单价时应考虑施工中的各种损耗和需要增加的工程量，或在措施费清单中列入相应的措施费用。

采用工程量清单计算规则，工程实体的工程量是唯一的。统一的清单工程量，为各投标人提供了一个公平竞争的平台，也方便招标人对比各投标报价。

提示： 关于分部分项工程清单工程量的计算规则将在工程计量章节中详细讲解。

(8) 编制工程量清单时出现规范附录中未包括项目时的处理

编制工程量清单时，如果出现规范附录中未包括的项目，编制人应进行补充，并报省级或行业工程造价管理机构备案，省级或行业工程造价管理机构应汇总报住房和城乡建设部标准定额研究所。

补充项目的编码由相关专业工程量计算规范的代码（如房屋建筑与装饰工程代码01）与B和三位阿拉伯数字组成，并应从××B001（如房屋建筑与装饰工程补充项目编码应为01B001）起顺序编制，同一招标工程的项目不得重码。

补充的工程量清单需附有补充项目的名称、项目特征、计量单位、工程量计算规则、工作内容。

(9) 编制分部分项工程量清单时应注意的事项

① 分部分项工程量清单是不可调整清单（即闭口清单），投标人不得对招标文件中所列分部分项工程量清单进行调整。

② 分部分项工程量清单是工程量清单的核心，一定要编制准确，它关乎招标人编制控制价和投标人投标报价的准确性；如果分部分项工程量清单编制有误，投标人可在投标报价文件中提出说明，但不能在报价中自行修改。

③ 关于现浇混凝土工程项目，2013版《房屋建筑与装饰工程工程量计算规范》对现浇混凝土模板采用两种方式进行编制。本规范对现浇混凝土工程项目，一方面"工作内容"中包括了模板工程的内容，以"m³"计量，与混凝土工程项目一起组成综合单价；另一方面又在措施项目中单列了现浇混凝土模板工程项目，以"m²"计量，单独组成综合单价。对此，有以下三层含义：

招标人应根据工程的实际情况在同一个标段（或合同段）中在两种方式中选择其一；

招标人若采用单列现浇混凝土模板工程，必须按规范所规定的计量单位、项目编码、项目特征描述列出清单，同时，现浇混凝土项目中不含模板的工程费用；

若招标人在措施项目清单中未编列现浇混凝土模板项目清单，即表示现浇混凝土模板项目不单列，现浇混凝土工程项目的综合单价中应包括模板工程费用。

④ 对于预制混凝土构件，2013版《房屋建筑与装饰工程工程量计算规范》是以现场制作编制项目的，"工作内容"中包括模板工程，模板的措施费用不再单列。若采用成品预制混凝土构件时，成品价（包括模板、混凝土等所有费用）计入综合单价中，即成品的出厂价格及运杂费等计入综合单价。

综上所述，对于预制混凝土构件，2013版《房屋建筑与装饰工程工程量计算规范》只列不同构件名称的一个项目编码、项目特征描述、计量单位、工程量计算规则及工作内容，其中已综合了模板制作和安装、混凝土制作、构件运输、安装等内容，布置清单项目时，不得将模板、混凝土、构件运输、安装分开列项，组成综合单价时应包含如上内容。

⑤ 对于金属构件，2013版《房屋建筑与装饰工程工程量计算规范》按照目前市场多以工厂成品化生产的实际，是以成品编制项目的，构件成品价应计入综合单价中。若采用现场制作，包括制作的所有费用应计入综合单价，不得再单列金属构件制作的清单项目。

⑥ 关于门窗工程中的门窗(橱窗除外)，2013 版《房屋建筑与装饰工程工程量计算规范》结合了目前"市场门窗均以工厂成品化生产"的情况，是按成品编制项目的，成品价(成品原价、运杂费等)应计入综合单价。若采用现场制作，包括制作的所有费用应计入综合单价，不得再单列门窗制作的清单项目。

提示： 2013 版《房屋建筑与装饰工程工程量计量规范》中，关于"现浇混凝土模板工程"，进行工程量清单编制时规定了两种编制方式；而"预制混凝土构件"不得将模板、混凝土、构件运输安装分开列项，与"现浇混凝土工程"有区别；对于"门窗工程"中的门窗、金属构件，结合市场实际情况作了新的规定，要特别注意以上几方面。

3.3.3 措施项目清单的编制

(1) 措施项目的种类

措施项目包括两类：一类是单价项目，即能列出项目编码、项目名称、项目特征、计量单位、工程量计算规则的项目；另一类是总价项目，即仅能列出项目编码、项目名称，未列出项目特征、计量单位和工程量计算规则的项目。

各专业工程的措施项目可依据附录中规定的项目选择列项。房屋建筑与装饰工程专业措施项目一览表见表 3-3，安全文明施工及其他措施项目一览表见表 3-4，可依据批准的工程项目施工组织设计(或施工方案)选择列项。

表 3-3 房屋建筑与装饰工程专业措施项目一览表

序 号	项目编码	项目名称
1	011701	脚手架工程
2	011702	混凝土模板及支架(撑)
3	011703	垂直运输
4	011704	超高施工增加
5	011705	大型机械设备进出场及安拆
6	011706	施工排水、降水
7	011707	安全文明施工及其他措施项目

表 3-4 安全文明施工及其他措施项目一览表

序 号	项目编码	项目名称	措施项目发生的条件
1	011707001	安全文明施工	
2	011707002	夜间施工	正常情况下都要发生
3	011707003	非夜间施工照明(新增)	
4	011707004	二次搬运	与提供的场地有关
5	011707005	冬雨季施工	拟建工程工期跨越冬季或雨期时发生
6	011707006	地上、地下设施，建筑物的临时保护设施	正常情况下都要发生
7	011707007	已完工程及设备保护	

(2) 编制措施项目清单

① 对于能列出项目编码、项目名称、项目特征、计量单位、工程量计算规则的措施单价项目，编制工程量清单时应执行相应专业工程工程量计算规范分部分项工程的规定，按照

分部分项工程量清单的编制方式编制。房屋建筑与装饰工程专业措施项目的清单，见表3-5。

表3-5　措施项目清单（一）

序　号	项目编码	项目名称	项目特征	计量单位	工程量

② 对于仅能列出项目编码、项目名称，不能列出项目特征、计量单位和工程量计算规则的措施总价项目，编制工程量清单时，应按相应专业工程工程量计算规范相应附录措施项目规定的项目编码、项目名称确定。对于房屋建筑与装饰工程而言，应按照《房屋建筑与装饰工程工程量计算规范》附录S措施项目规定的项目编码、项目名称确定。安全文明施工及其他措施项目的清单，见表3-6。

表3-6　措施项目清单（二）

序　号	项目编码	项目名称

由于影响措施项目设置的因素比较多，2013版相关专业工程量计算规范不可能将施工中可能出现的措施项目一一列出。在编制措施项目清单时，因工程情况不同，出现相关专业规范及附录中未列的措施项目，可根据工程的具体情况对措施项目清单做补充，且补充项目的有关规定及编码的设置同分部分项工程的规定。不能计量的措施项目，需附有补充项目的名称、工作内容及包含范围。

（3）编制措施项目清单时应该考虑的因素

措施项目清单的编制应考虑多种因素，除了工程本身的因素外，还要考虑水文、气象、环境、安全和施工企业的实际情况。具体而言，措施项目清单的设置，需要考虑以下几方面：

① 参考拟建工程的常规施工技术方案，以确定大型机械设备进出场及安拆、混凝土模板及支架、脚手架、施工排水、施工降水、垂直运输、组装平台等项目；

② 参考拟建工程的常规施工组织设计，以确定环境保护、文明安全施工、临时设施、材料的二次搬运等项目；

③ 参阅相关的施工规范与工程验收规范，以确定施工方案没有表述的但为实现施工规范与工程验收规范要求而必须发生的技术措施；

④ 确定设计文件中不足以写进施工方案，但要通过一定的技术措施才能实现的内容；

⑤ 确定招标文件中提出的某些需要通过一定的技术措施才能实现的要求。

（4）编制措施项目清单应注意的事项

① 措施项目清单为可调整清单（即开口清单），投标人对招标文件中所列措施项目，可根据企业自身特点和工程实际情况作适当的变更增加。

② 投标人要对拟建工程可能发生的措施项目和措施费用作通盘考虑，清单计价一经报出，即被认为是包括了所有应该发生的措施项目的全部费用。如果是报出的清单中没有列项，且施工中又必须发生的项目，业主有权认为其已经综合在分部分项工程量清单的综合单价中，将来措施项目发生时投标人不得以任何借口提出索赔与调整。

提示：山东省计价依据将安全文明施工按规费项目处理，不在措施项目清单中列项；同时，建筑工程和装饰工程措施项目还列有"混凝土泵送""构件吊装机械"等项目。

3.3.4 其他项目清单的编制

3.3.4.1 其他项目清单

其他项目清单应按照 2013 版《清单计价规范》提供的 4 项内容作为列项参考，其不足部分，编制人可根据工程的具体情况进行补充。这 4 项内容如下：

① 暂列金额；

② 暂估价，包括材料暂估单价、工程设备暂估单价、专业工程暂估价；

③ 计日工；

④ 总承包服务费。

其他项目清单与计价汇总见表 3-7。

表 3-7 其他项目清单与计价汇总表

序 号	项目名称	金额/元	结算金额/元	备注
1	暂列金额			详见明细表
2	暂估价			
2.1	材料(工程设备)暂估价/结算价	—		若材料(工程设备)暂估单价计入清单项目综合单价，此处不汇总
2.2	专业工程暂估价/结算价			详见明细表
3	计日工			详见明细表
4	总承包服务费			详见明细表
5	索赔与现场签证			详见明细表
	合　　计			—

其他项目清单中，暂列金额、暂估价、计日工、总承包服务费 4 项内容由招标人填写（包括金额），其他内容应由投标人填写；材料暂估单价列入清单项目综合单价，此处不汇总。

如果工程项目存在 2013 版《清单计价规范》未列的项目，应根据工程实际情况补充。根据《山东省建设工程费用项目组成及计算规则》（鲁建标字〔2016〕40 号），其他项目清单还包括：特殊项目暂估价、其他检验试验费、采购保管费等。

① 特殊项目暂估价。是指未来工程中肯定发生、其他费用项目均未包括，但由于材料、设备或技术工艺的特殊性，没有可参考的计价依据、事先难以准确确定其价格、对造价影响较大的项目费用。

② 其他检验试验费。包括相应规范规定之外要求增加鉴定、检查的费用，新结构、新材料的试验费用，对构件做破坏性试验及其他特殊要求检验试验的费用，建设单位委托检测机构进行检测的费用。要区别于计入管理费中的检验试验费。

③ 采购及保管费。这里的采购及保管费指的是总承包人配合、协调发包人自行采购材料、设备的保管费。即发包人供应材料和设备的保管费从总承包服务费中单独列出。

3.3.4.2 其他项目清单的编制

(1) 暂列金额

1) 暂列金额的相关规定

① 暂列金额是在招投标阶段暂且列定的一项费用，它在项目实施过程中有可能发生，也有可能不发生，只有按照合同约定程序实际发生后，才能成为中标人应得金额，纳入合同结算价款中。

② 暂列金额为招标人所有，只有按照合同约定程序实际发生后，才能成为中标人的应得金额，纳入合同结算价款中。扣除实际发生金额后的暂列金额余额属于招标人所有。

③ 设立暂列金额并不能保证合同结算价格就不会出现超过已签约合同价的情况，是否超出已签约合同价完全取决于对暂列金额预测的准确性，以及工程建设过程是否出现了其他事先未预测到的事件。

提示： 暂列金额属于招标人所有。

2) 暂列金额的编制　为保证工程施工建设的顺利实施，应针对施工过程中可能出现的各种不确定因素对工程造价的影响，在招标控制价中估算一笔暂列金额。

暂列金额可根据工程的复杂程度、设计深度、工程环境条件(包括地质、水文、气候条件等)进行估算，一般可以分部分项工程费和措施项目费的 $10\% \sim 15\%$ 为参考。

暂列金额应依据表 3-8 编制。暂列金额表应由招标人填写，不能详列时可只列暂定金额总额，投标人应将上述暂列金额计入投标总价中。

表 3-8　暂列金额明细表

序　　号	项目名称	计量单位	暂定金额/元	备注
合　　计				—

(2) 暂估价

1) 暂估价的相关规定

① 暂估价是在招投标阶段直至签订合同协议时，招标人在招标文件中提供的用于支付必然要发生但暂时不能确定价格的材料，以及需另行发包的专业工程金额。暂估价类似于 FIDIC 合同条款中的 Prime Cost Items，在招标阶段预见肯定要发生，只是因为标准不明确或需要由专业承包人完成，暂时无法确定其价格或金额。

② 为了便于合同管理和计价，需要纳入工程量清单项目综合单价中的暂估价最好只是材料费，以方便投标人组价。对专业工程暂估价一般应是综合暂估价，包括除规费、税金以外的管理费、利润等。

2) 暂估价的编制　暂估价包括材料暂估单价、工程设备暂估单价和专业工程暂估价。其中材料、工程设备暂估单价应根据工程造价信息或参照市场价格估算，列出明细表；专业工程暂估价应分不同专业，按有关计价规定估算列出明细表。三类暂估价分别依据表 3-9、表 3-10 编制。

表 3-9　材料(工程设备)暂估单价及调整表

序号	材料(工程设备)名称、规格、型号	计量单位	数量		暂估/元		确认/元		差额±/元		备注
			暂估	确认	单价	合价	单价	合价	单价	合价	
											说明材料拟用于的清单项目
合　计											

表 3-10　专业工程暂估价表

序号	工程名称	工程内容	暂估金额/元	结算金额/元	差额±/元	备注
合　计						—

材料(工程设备)暂估单价表由招标人填写"暂估单价",并在备注栏说明暂估价的材料、工程设备拟用在哪些清单项目上,投标人应将上述材料、工程设备暂估单价计入工程量清单综合单价报价中。

专业工程暂估价表由招标人填写"暂估金额",投标人应将上述专业工程暂估金额计入投标总价中,结算时按合同约定结算金额填写。

提示: 2013 版规范中,暂估价的组成由 2008 版规范的两项:"材料暂估单价"和"专业工程暂估价",新增一项"工程设备暂估单价",从而暂估价包括三项,即"材料暂估单价""工程设备暂估单价"和"专业工程暂估价"。根据《山东省建设工程费用项目组成及计算规则》(鲁建标字〔2016〕40 号),专业工程暂估价不计入投标报价中,特殊项目暂估价计入投标报价。

(3) 计日工

1) 计日工的相关规定

① 计日工是为了解决现场发生的零星工作的计价而设立的。计日工适用的零星工作一般是指合同约定之外的或者因变更而产生的、工程量清单中没有相应项目的额外工作,尤其是那些没有时间事先商定价格的额外工作。计日工为额外工作和变更的计价提供了一个方便快捷的途径。

② 计日工以完成零星工作所消耗的人工工时、材料数量、机械台班进行计量,并按照计日工表中填报的适用项目的单价进行计价支付。

③ 编制工程量清单时,计日工表中的人工应按工种,材料和机械应按规格、型号详细列项。其中人工、材料、机械数量,应由招标人根据工程的复杂程度,工程设计质量的优劣及设计深度等因素,按照经验来估算一个比较贴近实际的数量,并作为暂定量写到计日工表中,纳入有效投标竞争,以期获得合理的计日工单价。

④ 理论上讲,计日工单价水平一定是高于工程量清单的价格水平的。这是因为:一是计日工往往是用于一些突发性的额外工作,缺少计划性,客观上造成超出常规的额外投入;二是计日工往往忽略给出一个暂定的工程量,无法纳入有效的竞争。

2) 计日工的编制　计日工应列出项目名称、计量单位和暂估数量。计日工表应依据表 3-11 编制。

表 3-11　计日工表

编　号	项目名称	单　位	暂定数量	实际数量	综合单价/元	合价/元	
						暂定	实际
一	人工						
1							
2							
人工小计							
二	材料						
1							
2							
材料小计							
三	施工机械						
1							
2							
施工机械小计							
四、企业管理费和利润							
总　计							

　　计日工表中项目名称、暂定数量由招标人填写，编制招标控制价时，单价由招标人按有关计价规定确定。投标时，单价由投标人自主报价，按暂定数量计算合价计入投标总价中。结算时，按发承包双方确认的实际数量计算合价。

　　（4）总承包服务费

　　1）总承包服务费的相关规定

　　① 只有当工程采用总承包模式时，才会发生总承包服务费。

　　② 招标人应当预计该项费用并按投标人的投标报价向投标人支付该项费用。

　　2）总承包服务费的编制　总承包服务费计价表应列出服务项目及其内容等，应依据表 3-12 编制。

表 3-12　总承包服务费计价表

序号	项目名称	项目价值/元	服务内容	计算基础	费率/%	金额/元
1	发包人发包专业工程					
2	发包人提供材料					
3						
	合计	—	—	—		—

　　总承包服务费计价表中，项目名称、服务内容由招标人填写。编制招标控制价时，费率及金额由招标人按有关计价规定确定。投标时，费率及金额由投标人自主报价，计入投标总价中。

3.3.4.3　编制其他项目清单需要注意的事项

　　① 其他项目清单中由招标人填写的项目名称、数量、金额，投标人不得随意改动。

　　② 投标人必须对招标人提出的项目与数量进行报价；如果不报价，招标人有权认为投标人就未报价内容提供无偿服务。

　　③ 如果投标人认为招标人编制的其他项目清单列项不全时，可以根据工程实际情况自行增加列项，并确定本项目的工程量及计价。

3.3.5　规费、税金项目清单的编制

　　（1）规费、税金的概念

　　规费是指根据国家法律、法规规定，由省级政府或省级有关权力部门规定施工企业必须

缴纳的、应计入建筑安装工程造价的费用。

税金是指国家税法规定的应计入建筑安装工程造价内的增值税。

(2) 规费项目清单的列项

规费项目清单应按照 2013 版《清单计价规范》提供的内容列项。

如果工程项目存在 2013 版《清单计价规范》未列的项目，应根据省级政府或省级有关部门的规定列项。

(3) 税金项目清单的列项

税金项目清单依据 2013 版《清单计价规范》提供的内容列项。

如果工程项目存在 2013 版《清单计价规范》未列的项目，应根据税务部门的规定列项。当国家税法发生变化或地方政府及税务部门依据职权对税种进行调整时，应对税金项目清单进行相应调整。

3.3.6　工程量清单的装订

3.3.6.1　工程量清单的装订

工程量清单编制结束后，应依据 2013 版《清单计价规范》规定采用统一格式，并按如下顺序进行装订：

① 封面；

② 扉页；

③ 总说明；

④ 分部分项工程和单价措施项目清单与计价表；

⑤ 总价措施项目清单与计价表；

⑥ 其他项目清单与计价汇总表；

⑦ 暂列金额明细表；

⑧ 材料（工程设备）暂估单价及调整表；

⑨ 专业工程暂估价及结算价表；

⑩ 计日工表；

⑪ 总承包服务费计价表；

⑫ 规费、税金项目计价表；

⑬ 发包人提供材料和工程设备一览表；

⑭ 承包人提供主要材料和工程设备一览表。

3.3.6.2　填写工程量清单格式应注意的问题

① 工程量计价表宜采用统一格式。各省、自治区、直辖市建设行政主管部门和行业建设主管部门可根据本地区、本行业的实际情况，在 2013 版《清单计价规范》计价表格的基础上补充完善，但工程计价表格的设置应满足工程计价的需要，方便使用。

② 工程量清单应由招标人填写。

③ 工程量清单编制应按规范使用表格，包括：封-1（招标工程量清单封面）、扉-1（招标工程量清单扉页）、表-01（工程计价总说明）、表-08（分部分项工程和单价措施项目清单与计价表）、表-11（总价措施项目清单与计价表）、表-12〔包括其他项目清单与计价汇总表，暂列

金额明细表，材料（工程设备）暂估单价及调整表，专业工程暂估价及结算价表，计日工表，总承包服务费计价表]（不含表-12-6～表-12-8）、表-13（规费、税金项目计价表）、表-20（发包人提供材料和工程设备一览表）、表-21（承包人提供主要材料和工程设备一览表——适用于造价信息差额调整法）或表-22（承包人提供主要材料和工程设备一览表——适用于价格指数差额调整法）。

④ 扉页应按规定的内容填写、签字、盖章，由造价员编制的工程量清单应有负责审核的造价工程师签字、盖章。受委托编制的工程量清单，应有造价工程师签字、盖章及工程造价咨询人盖章。

⑤ 总说明应按下列内容填写

a. 工程概况：建设规模、工程特征、计划工期、施工现场实际情况、自然地理条件、环境保护要求等。

b. 工程招标和专业工程发包范围。

c. 工程量清单编制依据。

d. 工程质量、材料、施工等的特殊要求。

e. 其他需说明的问题。

本章小结

　　工程量清单计价模式是国际上普遍采用的工程招标方式，而招标工程量清单是工程量清单计价的基础工作。本章重点介绍了工程量清单、招标工程量清单、已标价工程量清单等基本概念，工程量清单的意义，工程量清单的适用情况及工程量清单的组成与编制，在学习的过程中应深刻理解和认识工程量清单的重要意义及其作用，熟练掌握工程量清单的编制。

思考题

1. 什么是工程量清单？

2. 什么是招标工程量清单、已标价工程量清单？其有何作用？

3. 工程量清单文件由哪些表格构成？

4. 何谓项目特征？如何正确描述工程量清单项目特征？

5. 2013 版《清单计价规范》对工程量清单编制有哪些一般规定？

6. 分部分项工程项目清单由哪些内容构成？

7. 分部分项工程项目清单的项目编码是如何设置的？

8. 措施项目包括哪两类？各如何编制？

9. 其他项目清单包括哪几项？各如何编制？

情境二

建筑工程计量与计价实例编制讲解

第4章

建筑面积计算

 学习目标

1. 掌握建筑面积的概念、作用、术语。
2. 掌握建筑面积的计算规则，能准确计算不同建筑的不同部位的面积。

 学习要求

1. 掌握的基础知识点：建筑面积的概念、作用、术语。
2. 结合实际案例——宿舍楼案例工程，掌握案例工程建筑面积计算。

 本章内容框架

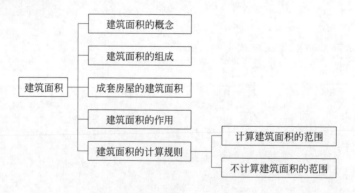

4.1 概　　述

4.1.1 建筑面积的概念及其组成

（1）建筑面积的概念及其组成

建筑面积亦称建筑展开面积，它是指房屋建筑中各层外围结构水平投影面积的总和。它是表示一个建筑物建筑规模大小的经济指标。

建筑面积由使用面积、辅助面积和结构面积三部分组成。

（2）使用面积、辅助面积和结构面积

使用面积是指建筑物各层平面中直接为生产或生活使用的净面积的总和，如居住建筑中的卧室、客厅等。

辅助面积是指建筑物各层平面为辅助生产或生活活动所占的净面积的总和，如居住建筑中的走道、厕所、厨房等。

结构面积是指建筑物各层平面中结构构件所占的面积总和，如居住建筑中的墙、柱等结构所占的面积。

4.1.2　成套房屋的建筑面积

（1）成套房屋的建筑面积及其组成

成套房屋的建筑面积是指房屋权利人所有的总建筑面积，也是房屋在权属登记时的一大要素。其组成为：

成套房屋的建筑面积＝套内建筑面积＋分摊的共有公用建筑面积

（2）套内建筑面积及其组成

房屋的套内建筑面积是指房屋权利人单独占有使用的建筑面积。其组成为：

套内建筑面积＝套内房屋有效面积＋套内墙体面积＋套内阳台建筑面积

1）套内房屋有效面积　套内房屋有效面积是指套内直接或辅助为生活服务的净面积之和，包括使用面积和辅助面积两部分。

2）套内墙体面积　套内墙体面积是指应该计算到套内建筑面积中的墙体所占的面积，包括非共用墙和共用墙两部分。

非共用墙是指套内各房间之间的隔墙，如客厅与卧室之间、卧室与书房之间、卧室与卫生间之间的隔墙，非共用墙均按其投影面积计算。

共用墙是指各套之间的分隔墙、套与公用建筑空间的分隔墙和外墙，共用墙均按其投影面积的一半计算。

3）套内阳台建筑面积　套内阳台建筑面积按照阳台建筑面积计算规则计算即可。

（3）分摊的共有公用建筑面积

分摊的共有公用建筑面积是指房屋权利人应该分摊的各产权业主共同占有或共同使用的那部分建筑面积。包括以下两部分：

第一部分为电梯井、管道井、楼梯间、变电室、设备间、公共门厅、过道、地下室、值班警卫室等，以及为整幢建筑服务的公共用房和管理用房的建筑面积。

第二部分为套与公共建筑之间的分隔墙，以及外墙（包括山墙）公共墙，其建筑面积为水平投影面积的一半。

提示：独立使用的地下室、车棚、车库，为多幢建筑服务的警卫室、管理用房，作为人防工程的地下室通常都不计入共有建筑面积。

1）共有公用建筑面积的处理原则

① 产权各方有合法权属分割文件或协议的，按文件或协议规定执行。

② 无产权分割文件或协议的，按相关房屋的建筑面积比例进行分摊。

2）每套应该分摊的共有公用建筑面积　计算每套应该分摊的共有公用建筑面积时，应该按以下3个步骤进行。

① 计算共有公用建筑面积：

共有公用建筑面积＝整栋建筑物的建筑面积－各套套内建筑面积之和－作为独立使用空间出售或出租的地下室、车棚及人防工程等建筑面积。

②计算共有公用建筑面积分摊系数：

$$共有公用建筑面积分摊系数＝\frac{共有公用建筑面积}{套内建筑面积之和}$$

③计算每套应该分摊的共有公用建筑面积：

每套应该分摊的共有公用建筑面积＝共有公用建筑面积分摊系数×套内建筑面积

4.1.3　建筑面积的作用

建筑面积主要有以下几个作用：

①建筑面积是确定建设规划的重要指标；

②建筑面积是确定各项技术经济指标的基础；

③建筑面积是计算有关分项工程量的依据；

④建筑面积是选择概算指标和编制概算的主要依据。

4.2　建筑面积计算规则

4.2.1　与计算建筑面积相关的几个基本概念

（1）相对标高、建筑标高和结构标高

相对标高是指以建筑物室内首层主要地面高度为零作为标高的起点，所计算的标高称为相对标高。

建筑标高是指装修后的相对标高。例如首层地面建筑标高为±0.000m。

结构标高是指没有装修前的相对标高，是构件安装或施工的高度。

（2）单层建筑物的层高

单层建筑物的层高是指室内地面标高（±0.000）至屋面板板面结构最低处标高之间的垂直距离。如图4-1所示单层建筑物的高度为3.850m。

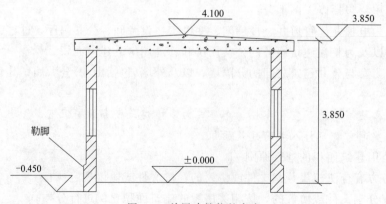

图4-1　单层建筑物的高度

（3）多层建筑物的层高

多层建筑物的层高是指上下两层楼面建筑标高或楼面结构标高之间的垂直距离。如

图 4-2 所示，多层建筑物的层高为 2.800m。

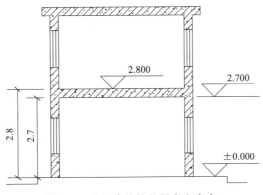

图 4-2　多层建筑物的层高和净高

（4）多层建筑物的净高

多层建筑物的净高是指楼面或地面至上部楼板底面或吊顶底面之间的垂直距离。如图 4-2 所示，多层建筑物的净高为 2.700m。

（5）屋面板找坡

屋面板找坡是指平屋顶为了排水，把屋面板搭成斜的。高度是指地面至最低点的距离。如图 4-1 所示，单层建筑物的高度应该从地面计算到屋面的最低点，即 3.850m。

（6）自然层

自然层是指楼房自然状态有几层，一般是按楼板、地板结构分层的楼层。

（7）跃层和错层

跃层主要用在住宅中，在每一个住户内部以小楼梯上下联系。

错层是指一幢房屋中几部分之间的楼地面高低错开。

4.2.2　建筑面积计算规则

根据《建筑工程建筑面积计算规范》（GB/T 50353—2013）规定建筑面积计算规则包括两部分内容，即计算建筑面积的范围和不计算建筑面积的范围。

4.2.2.1　计算建筑面积的范围

（1）单层建筑物的建筑面积

单层建筑物的建筑面积，以自然层外墙结构水平面积之和计算，并应符合下列规定：

① 单层建筑物高度在 2.20m 及以上者应该计算全面积；高度不足 2.20m 者应计算 1/2 面积。

② 利用坡屋顶内空间时，净高超过 2.10m 的部位应计算全面积；净高在 1.20～2.10m 的部位应计算 1/2 面积；净高不足 1.20m 的部位不计算面积。

③ 单层建筑物内设有局部楼层者，局部楼层（图 4-3）的二层及以上楼层，有围护结构

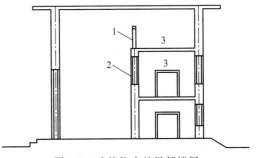

图 4-3　建筑物内的局部楼层
1—围护设施；2—围护结构；3—局部楼层

的应按其围护结构外围水平面积计算，无围护结构的应按其结构地板水平面积计算。层高在2.2m 及以上者应计算全面积；层高不足 2.2m 应计算 1/2 面积。

提示：计算单层建筑物的建筑面积时，要视屋顶类型（平屋顶还是坡屋顶）而定。判定平屋顶还是坡屋顶时，要置身于建筑物内抬头看是平顶还是坡顶（坡度＞10％为坡顶），而不能从外表看。

【**例 4-1**】 某有局部楼层的坡屋顶建筑物，如图 4-4 所示，其中楼梯下方的空间不具备使用功能，请计算该建筑物的建筑面积。

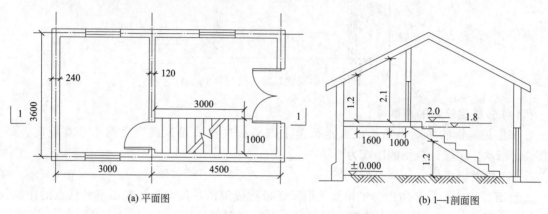

(a) 平面图　　　　　　　　　　　　　(b) 1—1剖面图

图 4-4　有局部楼层的坡屋顶建筑物

【**解**】 ① 计算单层建筑物一层大房间的建筑面积。一层最低层高为 2m＜2.2m，因此，局部楼层下方应计算 1/2 面积，$S_1 = (3+0.12+0.06) \times (3.6+0.24) \div 2 = 6.11(\text{m}^2)$。

② 一层其他部分应计算全面积，$S_2 = (4.5+0.12-0.06)(3.6+0.24) = 17.51(\text{m}^2)$。

③ 一层建筑面积为：$S_3 = S_1 + S_2 = 6.11+17.51 = 23.62(\text{m}^2)$。

④ 计算二层小房间的建筑面积。

由于二层小房间是坡屋顶，所以其建筑面积可分为三部分。

第一部分长度为 $(3+0.12-0.06-1.6-1) = 0.46(\text{m})$，因其净高＜1.2m，所以不计算该部分的建筑面积。

第二部分长度为 1.6m，因其净高介于 1.2m 和 2.1m 之间，所以应计算 1/2 面积，$S_4 = 1.6 \times (3.6+0.24) \div 2 = 3.07(\text{m}^2)$。

第三部分长度为 $1+0.12 = 1.12\text{m}$，因其净高≥2.1m，所以应计算全面积。即：$S_5 = 1.12 \times (3.6+0.24) = 4.3(\text{m}^2)$。

所以，局部楼层的建筑面积为：$S_6 = 3.07+4.3 = 7.37(\text{m}^2)$。

⑤ 该建筑物的总建筑面积 $S = S_3 + S_6 = 23.62+7.37 = 30.99(\text{m}^2)$。

（2）多层建筑物的建筑面积

多层建筑物其首层应按其外墙勒脚以上结构外围水平面积计算，二层及二层以上按外墙结构水平面积计算。层高在 2.2m 及以上者应计算全面积；高度不足 2.2m 者应计算 1/2 面积。

（3）多层建筑坡屋顶内和场馆看台下的空间的建筑面积

多层建筑坡屋顶内和场馆看台下的空间应视为坡屋顶内的空间，设计加以利用时，应按其净高确定其面积的计算。净高超过 2.1m 的部位应计算全面积；净高在 1.2～2.1m 的部位应计算 1/2 面积；当设计不利用的空间或净高不足 1.2m 的部位不应计算面积。如图 4-5 所示。

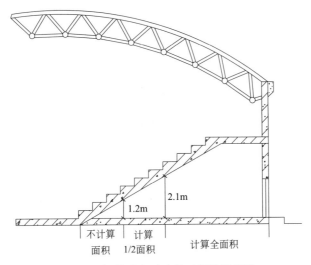

图 4-5　场馆看台下建筑面积计算规则

提示：当多层建筑坡屋顶内和场馆看台下的空间没有使用功能时，尽管其净高超过 1.2m，也不计算它的面积。

(4) 场馆看台的建筑面积

场馆看台下的建筑空间，结构净高在 2.1m 及以上的部位应计算全面积；结构净高在 1.2m 及以上至 2.1m 以下的部位应计算 1/2 面积；结构净高在 1.2m 以下部位不应计算建筑面积。室内单独设置的有围护设施的悬挑看台，应按看台结构底板水平投影面积计算建筑面积。有顶盖无维护结构的场馆看台应按其顶盖水平投影面积的 1/2 计算面积。

(5) 半地下室的概念

半地下室是指地下室的地面低于室外地坪的高度，超过该地下室净高 1/3，且不超过 1/2。如图 4-6 所示，h 表示半地下室房间的净高，H 表示半地下室地面低于室外地坪的高度。从图 4-6 中可以看出，$\dfrac{h}{3} < H < \dfrac{h}{2}$。

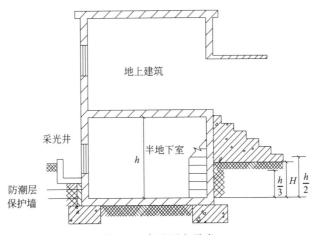

图 4-6　半地下室示意

(6) 地下室、半地下室(车间、商店、车站、车库、仓库等)的建筑面积

地下室、半地下室(车间、商店、车站、车库、仓库等)应按其结构外围水平面积计算。

结构层高在 2.2m 及以上者应计算全面积；层高不足 2.2m 者应计算 1/2 面积。有顶盖的地下室出入口外墙外侧坡道有顶盖部位，应按其外墙结构外围水平面积的 1/2 计算面积，如图 4-7 所示。

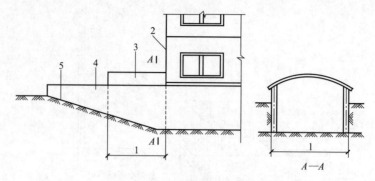

图 4-7　有顶盖的地下室出入口
1—计算 1/2 投影面积；2—主体建筑；3—出入口顶盖；4—封闭出入口侧墙；5—出入口坡道

提示：地下室、半地下室(车间、商店、车站、车库、仓库等)的建筑面积计算规则和单层建筑物的计算规则类似，不同之处在于单层建筑物外墙有保温隔热层的，应按保温隔热层的外边线计算，而地下室则不按防潮层的外边线计算。地上建筑物的阳台计算 1/2 面积，而地下室的采光井不计算面积。

【例 4-2】　请计算图 4-8 所示地下室的建筑面积。

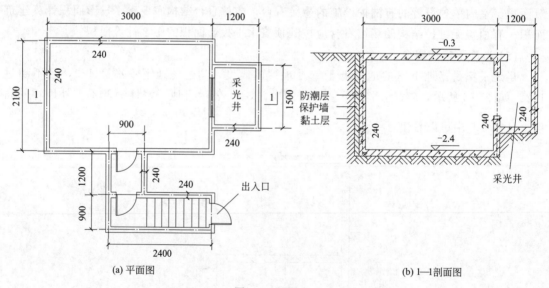

(a) 平面图　　　　　　　　　　　　　　(b) 1—1 剖面图

图 4-8　地下室

【解】　① 首先确定地下室的层高是否大于 2.2m。该地下室层高 2.1m＜2.2m，应计算 1/2 面积。

② 地下室的建筑面积＝1/2×(地下室外墙上口外边线所围水平面积＋相应的有永久性顶盖的出入口外墙上口外边线所围水平面积)＝1/2×[(2.1+0.24)×(3+0.24)+(0.9+0.24)×(1.2−0.24)+(2.4+0.24)×(0.9+0.24)]=5.84(m²)

（7）坡地的建筑物吊脚架空层和深基础架空层的建筑面积

建筑物架空层及坡地吊脚架空层，应按其顶板水平投影计算建筑面积。层高（h）在 2.2m 以上的部位，应计算全面积；层高不足 2.2m 的部位应计算 1/2 面积。建筑物吊脚架空层如图 4-9 所示。坡地的建筑物吊脚架空层如图 4-10 所示。

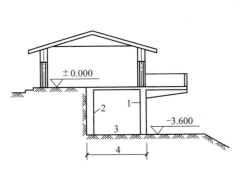

图 4-9　建筑物吊脚架空层
1—柱；2—墙；3—吊脚架空层；
4—计算建筑面积部位

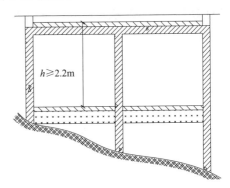

图 4-10　坡地的建筑物吊脚架空层

（8）门厅、大厅内走廊的建筑面积

建筑物的门厅、大厅，按一层计算建筑面积。门厅、大厅内设置的走廊应按走廊结构底板水平投影面积计算建筑面积。层高在 2.2m 及以上的部位应计算全面积；层高不足 2.2m 的部位，应计算 1/2 面积。

【例 4-3】　计算图 4-11 所示三层建筑物的建筑面积。其中，一层设有门厅并带回廊，建筑物外墙轴线尺寸为 21600mm×10200mm，墙厚 240mm。

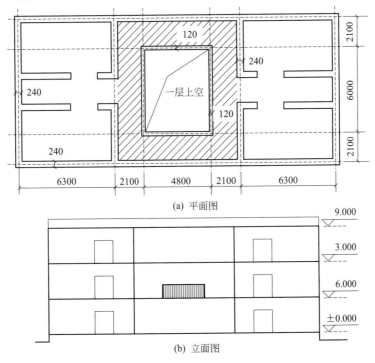

(a) 平面图

(b) 立面图

图 4-11　三层建筑物示意图

【解】 ① 三层建筑面积之和＝[4.8＋(6.3＋2.1)×2＋0.24]×(6＋2.1×2＋0.24)×
3＝684.03(m²)

② 应扣减的部分＝(4.8－0.12)×(6－0.12)＝27.52(m²)

③ 该建筑物的建筑面积＝684.03－27.52＝656.51(m²)

(9) 建筑物间的架空走廊的建筑面积

建筑物间的架空走廊有顶盖和围护结构的，应按其围护结构外围水平面积计算全面积；无围护结构有围护设施的，应按其结构底板水平面积计算1/2面积，如图4-12所示。

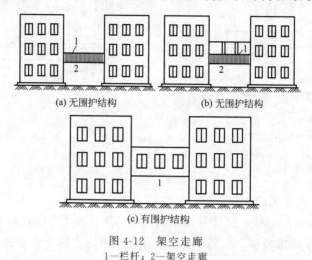

(a) 无围护结构　　　　　(b) 无围护结构

(c) 有围护结构

图 4-12　架空走廊
1—栏杆；2—架空走廊

提示： 架空走廊是建筑物之间的水平交通空间，在医院的门诊大楼和住院部之间常见架空走廊。如果建筑物之间的架空走廊没有永久性顶盖，则不计算其建筑面积。

(10) 立体书库、立体仓库、立体车库的建筑面积

立体书库、立体仓库、立体车库，有围护结构的，应按其围护结构外围水平面积计算建筑面积；无围护结构有围护设施的，应按其结构底板水平投影面积计算建筑面积。无结构层的应按一层计算，有结构层的应按其结构层面积分别计算。结构层高在2.2m及以上的，应计算全面积；结构层高在2.2m以下的，应计算1/2面积。

【例4-4】 试计算如图4-13所示立体仓库的建筑面积。

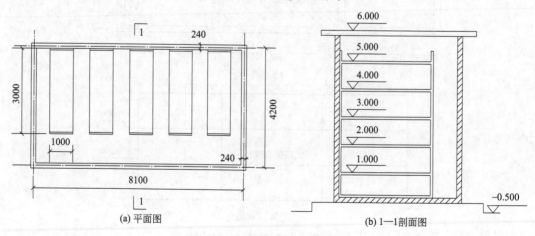

(a) 平面图　　　　　　　　　　　　(b) 1—1剖面图

图 4-13　立体仓库的建筑面积

【解】 ① 货台的层高为 $1m<2.2m$，所以应计算 $1/2$ 面积。

货台的建筑面积为：$S_{货台}=3\times1\times0.5\times6\times5=45(m^2)$

② 除货台外其余部分应按一层计算其建筑面积，其建筑面积为：
$$S_{余}=(8.1+0.24)\times(4.2+0.24)-3\times1\times5=22.03(m^2)$$

③ 立体仓库的建筑面积为：$S=S_{货台}+S_{余}=45+22.03=67.03(m^2)$

(11) 落地橱窗的建筑面积

附属在建筑物外墙的落地橱窗，应按其围护结构外围水平面积计算。结构层高在 $2.2m$ 及以上的，应计算全面积；结构层高在 $2.2m$ 以下的，应计算 $1/2$ 面积。

(12) 飘窗的建筑面积

窗台与室内楼面高差在 $0.45m$ 以下且结构净高在 $2.1m$ 及以上的凸（飘）窗，应按其围护结构外围水平面积计算 $1/2$ 面积。

提示： 建筑物顶部的楼梯间、水箱间、电梯房等，如果没有围护结构，不应计算面积，而不是计算 $1/2$ 面积。不过，这些建筑物通常都设有围护结构。

(13) 挑廊、檐廊的建筑面积

有围护设施的室外走廊（挑廊），应按其结构底板水平投影面积计算 $1/2$ 面积；有围护设施（或柱）的檐廊，应按其围护设施（或柱）外围水平面积计算 $1/2$ 面积，如图 4-14 所示。

图 4-14　走廊、檐廊、挑廊示意图

(14) 门斗的建筑面积

门斗应按其围护结构外围水平面积计算建筑面积。结构层高在 $2.2m$ 及以上的，应计算全面积，结构层高在 $2.2m$ 以下的，应计算 $1/2$ 面积。如图 4-15 所示。

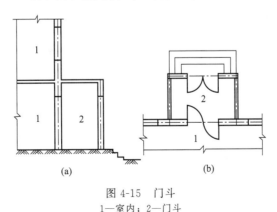

图 4-15　门斗
1—室内；2—门斗

(15) 门廊及雨篷的建筑面积

门廊应按其顶板水平投影面积的 $1/2$ 计算建筑面积；有柱雨篷应按其结构板水平投影面

积的 1/2 计算建筑面积；无柱雨篷外边线至外墙结构外边线的宽度在 2.1m 及以上的，应按雨篷结构板的水平投影面积的 1/2 计算建筑面积。

【例 4-5】 求图 4-16 所示有柱雨篷的建筑面积。

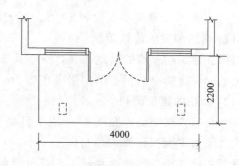

图 4-16　无柱雨篷

【解】 ① 有柱雨篷应按其结构板水平投影面积的 1/2 计算建筑面积。

② $S = 4 \times 2.2 \times 0.5 = 4.4 (\mathrm{m}^2)$

(16) 建筑物顶部，有围护结构的楼梯间、水箱间、电梯机房等的建筑面积

设在建筑物顶部，有围护结构的楼梯间、水箱间、电梯机房等，结构层高在 2.2m 及以上的应计算全面积；结构层高在 2.2m 以下的，应计算 1/2 面积。

提示：建筑物顶部的楼梯间、水箱间、电梯房等，如果没有围护结构，不应计算面积，而不是计算 1/2 面积。不过，这些建筑物通常都设有围护结构。

(17) 围护结构不垂直于水平面的楼层的建筑面积

围护结构不垂直于水平面的楼层，应按其地板面的外墙外围水平面积计算。结构层高在 2.1m 及以上的部位，应计算全面积；结构层高在 1.2m 及以上至 2.1m 以下的部位应计算 1/2 面积；结构层高在 1.2m 以下部位，不应计算建筑面积，如图 4-17 及图 4-18 所示。

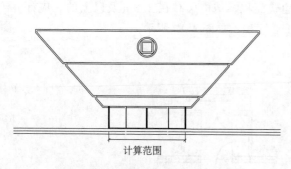
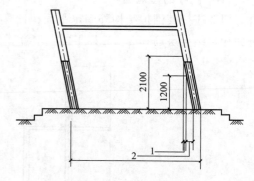

图 4-17　围护结构不垂直于水平面
而超出底板外沿的建筑物

图 4-18　斜围护结构
1—计算 1/2 建筑面积；2—不计算建筑面积

(18) 建筑物内的电梯井、垃圾道的建筑面积

建筑物的室内楼梯、电梯井、提物井、管道井、通风排气竖井、烟道，应并入建筑物的自然层计算建筑面积，如图 4-19 所示。有顶盖的采光井应按一层计算建筑面积，结构净高在 2.1m 及以上的，应计算全面积；结构净高在 2.1m 以下的，应计算 1/2 面积。

（19）室外楼梯的建筑面积

室外楼梯（图4-20）应并入所依附的建筑物自然层，并按其水平投影面积的1/2计算建筑面积。

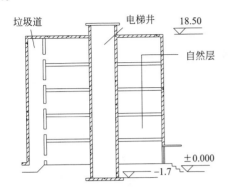

图 4-19　室内电梯井、垃圾道剖面示意图

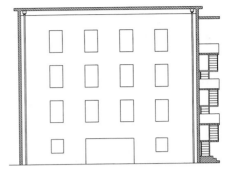

图 4-20　室外楼梯

（20）阳台的建筑面积

在主体结构内的阳台，应按其结构外围水平面积计算全面积；在主体结构外的阳台，应按其结构底板水平投影面积计算1/2面积，如图4-21所示。

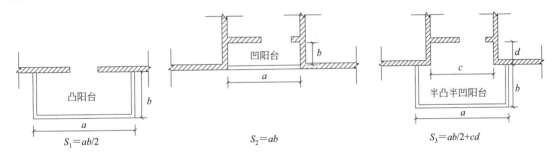

图 4-21　阳台建筑面积计算示意

提示：建筑物的阳台，不论其形式如何，均以建筑物主体结构为界分别计算建筑面积。

（21）车棚、货棚、站台、加油站、收费站的建筑面积

有顶盖无围护结构的车棚、货棚、站台、加油站、收费站等，应按其顶盖水平投影面积的1/2计算建筑面积。

【例4-6】 求图4-22所示火车站单排桩站台的建筑面积。

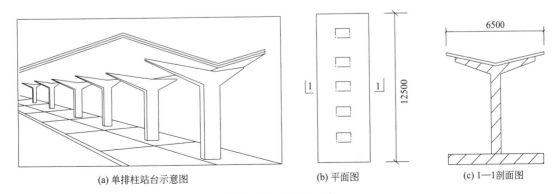

(a) 单排柱站台示意图　　　(b) 平面图　　　(c) 1—1剖面图

图 4-22　单排柱站台

【解】　$S=12.5 \times 6.5 \times 0.5=40.63(\mathrm{m}^2)$

（22）以幕墙作为围护结构、有外保温层的建筑物的建筑面积

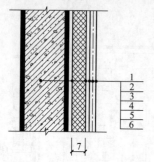

图4-23　建筑外墙外保温层

1—墙体；2—黏结胶浆；3—保温材料；
4—标准网；5—加强网；6—抹胶面浆；
7—计算建筑面积部位

以幕墙作为围护结构的建筑物，应按幕墙外边线计算建筑面积；建筑物的外墙外保温层，应按其保温材料的水平截面积计算，并计入自然层建筑面积，如图4-23所示。

（23）高低联跨的建筑物的建筑面积

与室内相同的变形缝，应按其自然层合并在建筑物建筑面积内计算。对于高低联跨的建筑物，当高低跨内部连通时，其变形缝应计算在低跨面积内。

提示： 变形缝是伸缩缝（温度缝）、沉降缝和抗震缝的总称。伸缩缝是将基础以上的建筑构件全部分开，并在两个部分之间留出适当缝隙，以保证伸缩缝两侧的建筑构件能在水平方向自由伸缩。沉降缝主要应满足建筑物各部分在垂直方向的自由沉降变形，故应将建筑物从基础到屋顶全部断开。抗震缝一般从基础顶面开始，沿房屋全高设置。

【**例4-7**】　计算图4-24所示高低联跨的建筑物的建筑面积。

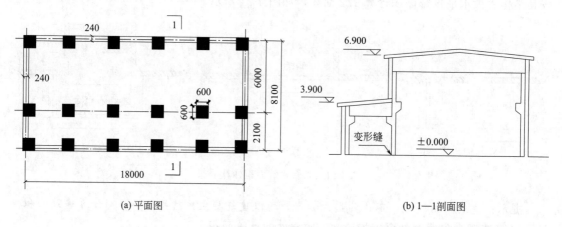

(a) 平面图　　　　　　　　　　　　　(b) 1—1剖面图

图4-24　高低联跨的建筑物

【解】　① 低跨的高度3.9m＞2.2m；高跨的高度6.9m＞2.2m。所以此建筑应计算全面积。

② $S_{\text{高跨}}=(18+0.24) \times (6+0.12+0.3)=117.10(\mathrm{m}^2)$

③ $S_{\text{低跨}}=(18+0.24) \times (2.1+0.12-0.3)=35.02(\mathrm{m}^2)$

④ 高低联跨建筑物的建筑面积：$S=S_{\text{高跨}}+S_{\text{低跨}}=152.12(\mathrm{m}^2)$

（24）设备层、管道层、避难层等的建筑面积

对于建筑物内的设备层、管道层、避难层等有结构层的楼层，结构层高在2.2m及以上的，应计算全面积；结构层高在2.2m以下的，应计算1/2面积。

4.2.2.2　不计算建筑面积的范围

① 与建筑物内不相连通的建筑部件；

② 骑楼、过街楼底层的开放公共空间和建筑物通道，如图 4-25 所示；

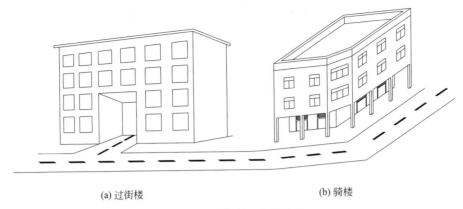

(a) 过街楼   (b) 骑楼

图 4-25   过街楼、骑楼示意

③ 舞台及后台悬挂幕布和布景的天桥、挑台等；

④ 露台、露天游泳池、花架、屋顶的水箱及装饰性结构构件；

⑤ 建筑物内的操作平台、上料平台、安装箱和罐体的平台；

⑥ 勒脚、附墙柱、垛、台阶、墙体抹灰、装饰面、镶贴块料面层、装饰性幕墙，主体结构外的空调室外机隔板（箱）、构件、配件，挑出宽度在 2.1m 以下的无柱雨篷和顶盖高度达到或超过两个楼层的无柱雨篷，如图 4-26 所示；

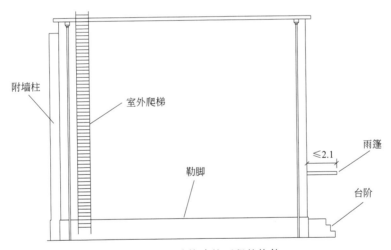

图 4-26   不计算建筑面积的构件

⑦ 窗台与室内地面高差在 0.45m 以下且结构净高在 2.1m 以下的凸（飘）窗，窗台与室内地面高差在 0.45m 及以上的凸（飘）窗；

⑧ 室外爬梯、室外专用消防钢楼梯；

⑨ 无围护结构的观光电梯；

⑩ 建筑物以外的地下人防通道，独立的烟囱、烟道、地沟、油（水）罐、气柜、水塔、贮油（水）池、贮仓、栈桥等构筑物。

4.3 建筑面积计算工程实例

4.3.1 阶段任务

按照《BIM算量一图一练》中专用宿舍楼图纸的内容，根据《建筑工程建筑面积计算规范》（GB/T 50353—2013）的规定，完成建筑面积的计算。

4.3.2 任务分析

建筑面积的计算应从以下两个方面着手：

① 不同楼层分别进行；

② 注意计算规则中针对建筑面积计算时的特殊情况的处理。

经过识图（《BIM算量一图一练》中专用宿舍楼图纸），得出表4-1的结论。

表4-1 案例工程建筑面积计算规则分析

序号	项目	本工程情况		识图	计算规则分析
1	层数、层高及使用功能	首层（宿舍）	层高3.6m	平面图、立面图、剖面图等	《建筑工程建筑面积计算规范》（GB/T 50353—2013）：3.0.1 建筑物的建筑面积应按自然层外墙结构外围水平面积之和计算。结构层高在2.20m及以上的，应计算全面积；结构层高在2.20m以下的，应计算1/2面积
		二层（宿舍）	层高3.6m		
		三层（楼梯间）	层高3.6m		
2	外墙保温及厚度	本工程无外墙保温		—	《建筑工程建筑面积计算规范》（GB/T 50353—2013）：3.0.24 建筑物的外墙外保温层，应按其保温材料的水平截面积计算，并计入自然层建筑面积
3	阳台	封闭式阳台		立面图、建施10	《建筑工程建筑面积计算规范》（GB/T 50353—2013）：3.0.21 在主体结构内的阳台，应按其结构外围水平面积计算全面积；在主体结构外的阳台，应按其结构底板水平投影面积计算1/2面积
4	雨篷	首层门厅入口处		首层、二层平面图	《建筑工程建筑面积计算规范》（GB/T 50353—2013）：3.0.16 有柱雨篷应按其结构板水平投影面积的1/2计算建筑面积；无柱雨篷的结构外边线至外墙结构外边线的宽度在2.10m及以上的，应按雨篷结构板的水平投影面积的1/2计算建筑面积
		屋顶楼梯间处		屋顶层建筑平面图	

提示：雨篷是指建筑物出入口上方、凸出墙面、为遮挡雨水而单独设立的建筑部件。雨篷分为有柱雨篷（包括独立柱雨篷、多柱雨篷、柱墙混合支撑雨篷、墙支撑雨篷）和无柱雨篷（悬挑雨篷）。如凸出建筑物，且不单独设立顶盖，利用上层结构板（如楼板、阳台底板）进行遮挡，则不视为雨篷，不计算建筑面积。对于无柱雨篷，如顶盖高度达到或超过两个楼层时，也不视为雨篷，不计算建筑面积。本例中应不视为雨篷。

4.3.3 任务实施

专用宿舍楼建筑面积计算见表4-2。

表 4-2　案例工程建筑面积计算

构件名称	算量类别	清单编码	项目特征	算量名称	计算公式	工程量	单位	备注
首层								
建筑面积	清单	—		面积	首层建筑面积 （46.8 ＋ 0.2）×（16.8 ＋ 0.2 ＋ 0.7）－0.25×2.2×2－3.6×2.4×2－32.2×0.5	797.42	m²	1. 外墙按净长线计算； 2. 首层"有柱雨篷"为上层楼板，因此该"雨篷"不计算建筑面积
二层（请练习以下建筑面积的计算）								
建筑面积	清单	—		面积	二层建筑面积		m²	
屋顶层								
建筑面积	清单	—		面积	屋面层建筑面积		m²	

4.3.4　任务总结

通过本章节学习，在建筑面积计算方面，应掌握如下内容：

① 认真分析并掌握建筑面积计算规范，针对规范中较特殊情况更要掌握牢固。

② 在拿到实际图纸时，面对建筑面积的计算，应区分一般情况与对应图纸的特殊情况，分别分析计算。

③ 为便于分析、检查与工程量应用，建筑面积建议区分不同楼层、不同的特殊部位（如阳台、雨篷）计算。

④ 手工计算建筑面积时，注意数学几何计算方式的巧妙运用。

⑤ 建筑面积可以作为建筑指标分析、分部分项工程量、措施等使用，因此应引起造价工作者的高度重视。建筑面积工程量计算汇总表见表 4-3。

表 4-3　建筑面积工程量计算汇总

序号	部位	单位	汇总工程量	注意事项
1	首层	m²	797.42	1. 台阶不计算建筑面积； 2. 凸出外墙皮的柱不计算建筑面积；
2	二层	m²	811.10	3. 在主体结构内的阳台，按全面积计算建筑面积； 4. 门廊按其水平投影面积的1/2计算建筑面积。
3	屋顶层	m²	60.80	设在屋顶处，层高在2.2m以上的楼梯间应按全面积计算建筑面积
	合计	m²	1669.32	—

注意：计算规则详见《建筑工程建筑面积计算规范》（GB/T 50353—2013）。

本章小结

1. 凡有围护结构的建筑物，建筑面积均以围护结构外围水平面积计算。

2. 虽无围护结构，但有顶盖的建筑物，建筑面积均按顶盖水平投影面积的1/2计算。

3. 凡无顶盖（露天）或设计不利用的建筑物（采光井）均不计算建筑面积。

4. 外墙外侧有保温隔热层的，应以保温隔热层的外边线计算建筑面积。

5. 建筑面积的计算基本分为三种情况：计算全面积、计算1/2面积以及不计算面积，下表（表4-4）从建筑类型、层高、有无围护结构和有无顶盖四个方面进行了简单的归纳：

表4-4　计算建筑面积的不同情况

建 筑 类 型	层高或净高	围护结构	顶盖	面积计算规则
单层平屋顶建筑、地下室、半地下室、坡地建筑吊脚架空层、门厅内回廊、橱窗、门斗、檐廊、挑廊、（架空）走廊、屋顶楼梯间、屋顶电梯机房、屋顶水箱间	层高≥2.2m	有		计算全面积
	层高<2.2m			
坡地建筑吊脚架空层	层高≥2.2m		有	计算1/2面积
橱窗、门斗、檐廊、挑廊、（架空）走廊、车棚、站台、加油站、收费站、场馆看台、室外楼梯		无		
阳台、挑出宽度＞2.1m的雨篷				
坡屋顶内空间	1.2m≤净高≤2.1m	有	有	全面积
	净高＞2.1m			
	净高<1.2m			
室外楼梯（爬梯）、架空走廊			无	不计算面积
建筑物通道、装饰性阳台和挑廊、挑出宽度≤2.1m的雨篷、台阶、屋顶水箱				

 思考题

1. 什么是建筑面积？有什么作用？

2. 计算建筑面积的主要规则有哪些？

3. 试总结哪些无围护结构的建筑物或构筑物，应该计算其全面积；哪些应该计算一半；哪些不计算建筑面积。

习 题

1. 如图 4-27 所示，计算独立柱雨篷的建筑面积。

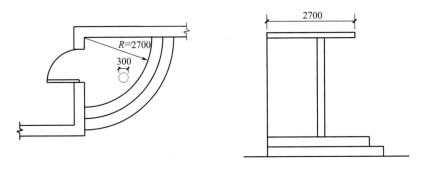

图 4-27　习题 1 图

2. 如图 4-28 所示为某 5 层砖混结构办公楼的首层平面图，2～5 层除无台阶以外，其余均与首层相同，无地下室，内外墙厚均为 240mm，层高均为 3m，试计算该办公楼的建筑面积。

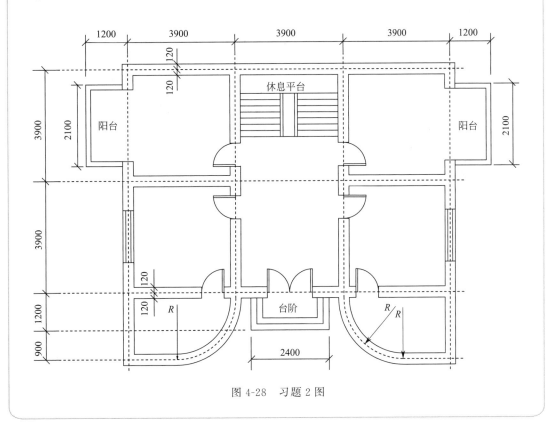

图 4-28　习题 2 图

3. 根据《建筑工程建筑面积计算规范》(GB/T 50353—2013)，计算如图 4-29 所示的部分建筑面积。（建筑物地下室外墙 A 向 D 方向外墙中心线间长度 32m，混凝土外墙厚度 400mm，防潮层厚度 100mm，层高 2.2m）

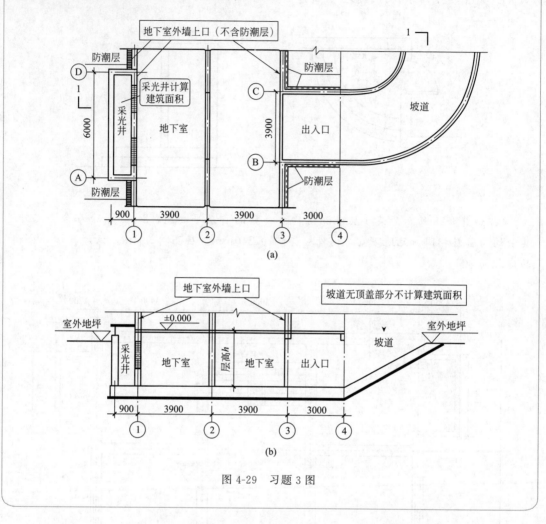

图 4-29 习题 3 图

第5章

建筑工程工程量计算

学习目标

1. 了解建筑工程工程量的计算方法。

2. 掌握建筑工程各分部分项工程量计算规则。

3. 掌握建筑工程工程量的清单与定额量的计算。

学习要求

1. 掌握工程量的基本概念及其列项的基本步骤。

2. 掌握土石方工程、桩基工程、砌筑工程、混凝土及钢筋混凝土工程、门窗工程、屋面防水、保温隔热工程量的计算。

3. 结合实际案例——宿舍楼案例工程，掌握案例工程各分部分项清单及定额工程量的计算。

本章内容框架

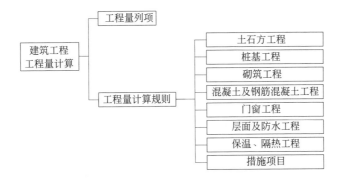

5.1 工程计量概述

5.1.1 工程计量计价业务操作过程

工程计量计价业务操作过程主要包括以下七个步骤，如图 5-1 所示。

识图 → 列项 → 算量 → 对量 → 计价 → 调价 → 报价

图 5-1 工程计价过程

1）识图 工程识图是工程计价的第一步，如果连工程图纸都看不懂，就无从进行工程量的计算和工程计价。虽然识图是在前期课程工程制图或工程识图中就应该解决的问题，但是在工程计价时大多数同学拿到图纸仍然是"眼前一抹黑""搞不懂"。因此，我们从实践中总结出来的观点是：在工程量计算的过程中学会识图。

2）列项 在计算工程量（不管是清单工程量还是计价工程量）时遇到的第一个问题不是怎么计算的问题，而是计算什么的问题。计算什么的问题在这里就叫作列项。列项不准确会直接影响后面工程量的计算结果。因此，计算工程量时不要拿起图纸就计算，这样很容易漏算或者重算，在计算工程量之前首先要学会列项，即弄明白整个工程要计算哪些工程量，然后再根据不同的工程量计算规则计算所列项的工程量。

3）算量 这里所说的算量包括根据最新国家标准《房屋建筑与装饰工程工程量计算规范》（GB 50854—2013）中的工程量计算规则计算房屋建筑与装饰工程的分部分项清单工程量，和根据各地定额中的工程量计算规则计算与清单项目工作内容相配套的计价工程量两部分。

4）对量 对量是工程计价过程中最重要的一个环节，包括自己和自己对，自己和别人对。先根据相关计算规则人工做出一个标准答案来，再和用软件做出来的答案对照，如果能对上就说明软件做对了，对不上的要找出原因，今后在实践中想办法避免或者修正。通过这个过程才能做到心里有底。

5）计价 把前面的算量做对了，接下来的工作就是计价，计价要求熟悉最新国家标准《房屋建筑与装饰工程工程量计算规范》（GB 50854—2013）、企业定额、当地建筑装饰工程预算定额及建设工程费用定额。

6）调价 并不是算出来多少就报多少，往往根据具体的施工方案、报价技巧及当时的具体环境对计价作相应的调整，这也需要有经验的造价师和单位领导协商来做，新手要积极向老造价师学习，多问几个为什么，遇到的工程多了，就能报出一个有竞争力的价格。

7）报价 前面的一切都做好了，报价实际上就是一个打印装订的问题了。

5.1.2 工程量列项

5.1.2.1 工程量

工程量是根据设计的施工图纸，按清单分项或定额分项，并按照《房屋建筑与装饰工程工程量计算规范》或《建筑工程、装饰工程预算定额》计算规则进行计算，以物理计量单位表示的一定计量单位的清单分项工程或定额分项工程的实物数量。其计量单位一般为分项工程的长度、面积、体积和质量等。

（1）清单工程量

《建设工程工程量清单计价规范》（GB 50500—2013）规定：清单项目是综合实体，其工作内容除了主项工程还包括若干附项工程，清单工程量的计算规则只针对主项工程。

清单工程量是根据设计的施工图纸及《房屋建筑与装饰工程工程量计算规范》计算规则，以物理计量单位表示的某一清单主项实体的工程量，并以完成后的净值计算，不一定反映全部工程内容。因此，承包商在根据工程量清单进行投标报价时，应在综合单价中考虑主项工程量需要增加的工程量和附项工程量。

（2）计价工程量

计价工程量也称报价工程量，它是计算工程投标报价的重要基础。清单工程量作为统一各承包商报价的口径是十分重要的。但是，承包商不能根据清单工程量直接进行报价。这是因为清单工程量只是清单主项的实体工程量，而不是施工单位实际完成的施工工程量。因此，承包商在根据清单工程量进行投标报价时，各承包商应根据拟建工程施工图、施工方案、所用定额及工程量计算规则计算出的用以满足清单项目工程量计价的主项工程和附项工程实际完成的工程量，就叫计价工程量。

5.1.2.2　列项的目的

列项的目的是计算工程量时不漏项、不重项，学会自查或查别人。图纸有很多内容，而且很杂，如果没有一套系统的思路，计算工程量时将无从下手，很容易漏项。为了不漏项，且对图纸有一个系统、全面的了解，我们就需要列项。

5.1.2.3　建筑物的列项步骤

列项是一个从粗到细，从宏观到微观的过程。通过以下 4 个步骤对建筑物进行工程量列项，可以达到不重项、不漏项的目的，如图 5-2 所示。

图 5-2　建筑物列项分解图

（1）分层

针对建筑物的工程量计算而言，列项的第一步就是先把建筑物分层，建筑物从下往上一般分为七个基本层，分别是：基础层、$-n \sim -2$ 层、-1 层、首层、$2 \sim n$ 层、顶层和屋面层，如图 5-3 所示。

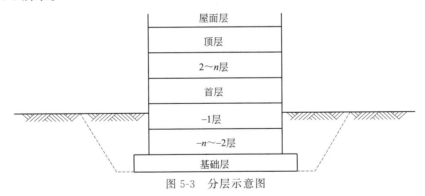

图 5-3　分层示意图

这七个基本层每层都有其不同的特点。其中：

① 基础层与房间（无论是地下房间还是地上房间）列项完全不同，因此，单独作为一层。

② $-n \sim -2$ 层与首层相比，全部埋在地下，外墙不是装修，而是防潮、防水，而且没有室外构件，由于 $-n \sim -2$ 层列项方法相同，因此将 $-n \sim -2$ 层看作是一层。

③ -1 层与首层相比部分在地上，部分在地下。因此，外墙既有外墙装修又有外墙防水。

④ 首层与其他层相比有台阶、雨篷、散水等室外构件。

⑤2～n层不管是不是标准层，与首层相比没有台阶、雨篷、散水等室外构件，由于2～n层其列项方法相同，因此将2～n层看作是一层。

⑥顶层与2～n的区别是有挑檐。

⑦屋面层与其他层相比，没有顶部构件、室内构件和室外构件。

分层以后还不能计算每一层的工程量，需要进行第二步：分块。

（2）分块

对于建筑物分解的每一层建筑，一般分解为六大块：围护结构、顶部结构、室内结构、室外结构、室内装修以及室外装修，如图5-4～图5-7所示。

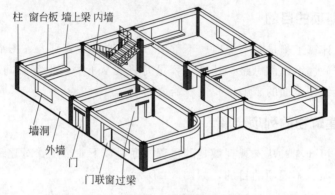

图 5-4　围护结构

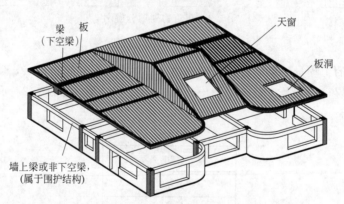

图 5-5　顶部结构

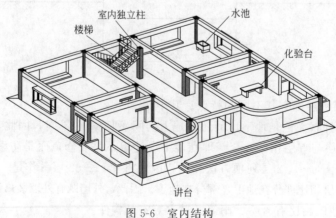

图 5-6　室内结构

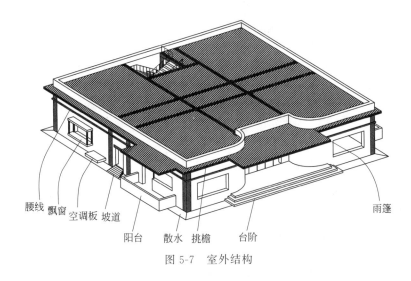

腰线　飘窗　空调板　坡道

阳台　　散水　挑檐　　台阶

雨篷

图 5-7　室外结构

分块之后，仍不能计算每一块的工程量，这时需要进行第三步：分构件。

（3）分构件

1）围护结构包含的构件　柱子、梁（墙上梁或非下空梁）、墙（内外）、门、窗、门联窗、墙洞、过梁、窗台板及护窗、栏杆等，如图 5-4 所示。

2）顶部结构包含的构件　梁（下空梁）、板（含斜）、板洞及天窗，如图 5-5 所示。

3）室内结构包含的构件　楼梯、独立柱、水池、化验台以及讲台，如图 5-6 所示。其中楼梯、水池、化验台属于复合构件，需要再往下进行分解。

例如：楼梯再往下分解为休息平台、楼梯斜跑、楼梯梁、楼梯栏杆、楼梯扶手及楼层平台。水池再往下分解为水池和水池腿。化验台再往下分解为化验台板和化验台腿。

4）室外结构包含的构件　腰线、飘窗、门窗套、散水、坡道、台阶、阳台、雨篷、挑檐、遮阳板以及空调板等，如图 5-7 所示。

其中飘窗、坡道、台阶、阳台、雨篷和挑檐属于复合构件，需要再往下分解。例如，飘窗再往下分解，如图 5-8 所示。台阶再往下分解，如图 5-9 所示。雨篷再往下分解，如图 5-10 所示。

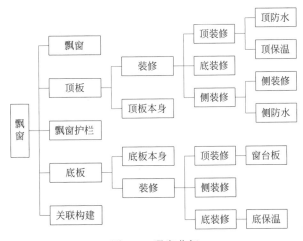

图 5-8　飘窗分解

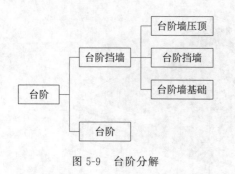

图 5-9　台阶分解

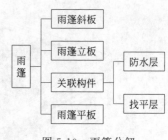

图 5-10　雨篷分解

5）室内装修包含的构件　室内装修包括以下几种构件：地面、踢脚、墙裙、墙面、天棚、天棚保温及吊顶。

6）室外装修包含的构件　室外装修包括以下几种构件：外墙裙、外墙面、外保温、装饰线和玻璃幕墙。

分构件之后，仍不能根据《房屋建筑与装饰工程工程量计算规范》和各地的建筑工程、装饰工程预算定额计算每一类构件的工程量，这时需要进行第四步：工程量列项。

（4）每一类构件的列项

对以上分解的每一类构件，根据《房屋建筑与装饰工程工程量计算规范》和各地的建筑工程、装饰工程预算定额，思考以下五个问题来进行工程量列项：

① 查看图纸中每一类构件包含哪些具体构件；

② 这些具体构件有什么属性；

③ 这些具体构件应该套什么清单分项或定额分项；

④ 清单或者定额分项的工程量计量单位是什么；

⑤ 计算规则是什么。

5.1.3　工程量清单计算的原理和方法

5.1.3.1　工程量计算的依据

工程量计算的主要依据有以下三个：

① 经审定的施工设计图纸及设计说明。设计施工图是计算工程量的基础资料，因为施工图纸反映工程的构造和各部位尺寸，是计算工程量的基本依据。在取得施工图和设计说明等资料后，必须全面、细致地熟悉和核对有关图纸和资料，检查图纸是否齐全、正确。经过审核、修正后的施工图才能作为计算工程量的依据。

②《房屋建筑与装饰工程工程量计算规范》和各地的建筑工程、装饰工程预算定额。《房屋建筑与装饰工程工程量计算规范》（GB 50854—2013）及各省、自治区颁发的地区性建筑工程和装饰工程预算定额中比较详细地规定了各个清单分项和定额分项工程量的计算规则。计算工程量时必须严格按照工程适用的相应计算规则中规定的计量单位和计算规则进行计算，否则将可能出现计算结果的数据和单位等不一致。

③ 审定的施工组织设计、施工技术措施方案和施工现场情况。计算工程量时，还必须参照施工组织设计或施工技术措施方案进行。例如计算土方工程时，只依据施工图是不够的，因为施工图上并未标明实际施工场地土壤的类别，以及施工中是否采取放坡或是否用挡土板的方式进行。对这类问题就需要借助于施工组织设计或者施工技术措施加以解决。工程

量中有时还要结合施工现场的实际情况进行。例如平整场地和余土外运工程量，一般在施工图纸上是不反映的，应根据建设基地的具体情况予以计算确定。

5.1.3.2　计算工程量应遵循的原则

计算工程量时，应遵循以下六条原则：

① 工程量计算所用原始数据必须和设计图纸相一致。

② 计算口径（工程子目所包括的工作内容）必须与《房屋建筑与装饰工程工程量计算规范》(GB 50854—2013)和各地的建筑工程、装饰工程预算定额相一致。

③ 工程量计算规则必须与《房屋建筑与装饰工程工程量计算规范》(GB 50854—2013)和各地的建筑工程、装饰工程预算定额相一致。

④ 工程量的计量单位必须与《房屋建筑与装饰工程工程量计算规范》(GB 50854—2013)和各地的建筑工程、装饰工程预算定额相一致。

⑤ 工程量计算的准确度要求。工程量的数字计算一般应精确到小数点后三位，汇总时其准确度取值要达到：立方米(m^3)、平方米(m^2)及米(m)，取两位小数，第三位四舍五入；吨(t)以下取三位小数；件（台或套）等取整数。

⑥ 按图纸结合建筑物的具体情况进行计算。一般应做到主体结构分层计算；内装修按分层分房间计算；外装修分立面计算，或按施工方案的要求分段计算。

5.1.3.3　工程量计算的方法

工程量计算的一般方法实际上就是工程量计算的顺序问题，正确的工程量计算方法既可以节省看图时间，加快计算进度，又可以避免漏算或重复计算。

1）单位工程计算顺序：按分层、分块、分构件和工程量列项四步来进行计算。

2）单个分项工程的计算顺序：对于同一层中同一个清单编号或定额编号的分项工程，在计算工程量时为了不重项、不漏项，单个分项工程的计算顺序一般遵循以下四种顺序中的某一种。

① 按照顺时针方向计算；

② 按照先横后竖、先上后下、先左后右的顺序计算；

③ 按轴线编号顺序计算；

④ 按图纸构配件编号分类依次进行计算。

5.2　土石方工程计量

5.2.1　清单计量规则及解析

《房屋建筑与装饰工程工程量计算规范》(GB 50854—2013)对土石方工程主要有以下相关解释说明。

① 挖土应按自然地面测量标高至设计地坪标高的平均厚度确定。竖向土方、山坡切土开挖深度应按基础垫层底表面标高至交付施工场地标高确定，无交付施工场地标高时，应按自然地面标高确定。

② 建筑物场地厚度在±300mm 以内的挖、填、运、找平，应按计算规范中平整场地项

目编码列项。厚度超过±300mm的竖向布置挖土或山坡切土应按计算规范中挖一般土方项目编码列项。

③沟槽、基坑、一般土方的区别　底宽≤7m且底长＞3倍底宽为沟槽；底长≤3倍底宽且底面积≤150m² 为基坑；超出上述范围则为一般土方。

提示：省计价定额与清单规则项目划分不同，a. 底宽（设计图示垫层或基础的底宽，下同）≤3m，且底长＞3倍底宽为沟槽；b. 坑底面积≤20m²，且底长≤3倍底宽为地坑；c. 超出上述范围，又非平整场地的，为一般土石方。

④挖土方如需截桩头时，应按桩基工程相关项目编码列项。

提示：截桩头在《建设工程工程量清单计价规范》（GB 50500—2013）附录A建筑工程工程量清单项目及计算规则中，是包括在挖土方或挖基础土方的工程内容中的，不单独列项计算其工程量。

⑤桩间挖土不扣除桩的体积，并在项目特征中加以描述。

⑥弃、取土运距可以不描述，但应注明由投标人根据施工现场实际情况自行考虑，决定报价。

⑦土壤的分类应按表5-1确定，如土壤类别不能准确划分时，招标人可注明为综合，由投标人根据地勘报告决定报价。

表5-1　土壤分类表

土壤分类	土壤名称	开挖方法
一、二类土	粉土、砂土（粉砂、细砂、中砂、粗砂、砾砂）、粉质黏土、弱中盐渍土、软土（淤泥质土、泥炭、泥炭质土）、软塑红黏土、冲填土	用锹，少许用镐、条锄开挖。机械能全部直接铲挖满载者
三类土	黏土、碎石土（圆砾、角砾）混合土、可塑红黏土、硬塑红黏土、强盐渍土、素填土、压实填土	主要用镐、条锄、少许用锹开挖。机械需部分刨松方能铲挖满载者或可直接铲挖但不能满载者
四类土	碎石土（卵石、碎石、漂石、块石）、坚硬红黏土、超盐渍土、杂填土	全部用镐、条锄挖掘，少许用撬棍挖掘。机械须普遍刨松方能铲挖满载者

注：本表土的名称及其含义按国家标准《岩土工程勘察规范》（GB 50021—2009）定义。

⑧土方体积应按挖掘前的天然密实体积计算。非天然密实土方应按表5-2折算。

表5-2　土方体积折算系数表

天然密实度体积	虚方体积	夯实后体积	松填体积
1.00	1.30	0.87	1.08
0.77	1.00	0.67	0.83
1.15	1.49	1.00	1.24
0.93	1.20	0.81	1.00

提示：在计算土方工程量时，土方开挖、运输，均按开挖前的天然密实体积计算。土方回填，按回填后的竣工体积计算。要注意不同体积的换算。

⑨挖沟槽、基坑、一般土方因工作面和放坡增加的工程量（管沟工作面增加的工程量），是否并入各土方工程量中，按各省、自治区、直辖市或行业建设主管部门的规定实施，如并入各土方工程量中，办理工程结算时，按经发包人认可的施工组织设计规定计算，编制工程量清单时，可按表5-3～表5-5规定计算。

表 5-3 放坡系数表

土类别	放坡起点/m	人工挖土	机械挖土		
			在坑内作业	在坑上作业	顺沟槽在坑上作业
一、二类土	1.20	0.5	0.33	0.75	0.5
三类土	1.50	0.33	0.25	0.67	0.33
四类土	2.00	0.25	0.10	0.33	0.25

注：1. 沟槽、基坑中土类别不同时，分别按其放坡起点、放坡系数，依不同土类别厚度加权平均计算。

2. 计算放坡时，在交接处的重复工程量不予扣除，原槽、坑作基础垫层时，放坡自垫层上表面开始计算。

表 5-4 基础施工所需工作面宽度计算表

基础材料	每边各增加工作面宽度/mm	基础材料	每边各增加工作面宽度/mm
砖基础	200	混凝土基础支模板	400
毛石、方整石基础	150	基础垂直面做砂浆防潮层	400(自防潮层面)
混凝土基础垫层支模板	150	基础垂直面做防水(腐)层	1000(自防水(腐)层面)

注：本表按《房屋建筑与装饰工程消耗量定额》(TY 01-31-2015)整理；有挡土板时每边另加 100mm。

表 5-5 管沟施工每侧所需工作面宽度计算表

管沟材料	管道结构宽/mm			
	≤500	≤1000	≤2500	>2500
混凝土及钢筋混凝土管道/mm	400	500	600	700
其他材质管道/mm	300	400	500	600

注：1. 本表按《房屋建筑与装饰工程消耗量定额》(TY 01-31-2015)整理。

2. 管道结构宽：有管座的按基础外缘，无管座的按管道外径计算。

　　a. 放坡。放坡是施工中较常用的一种措施，当土方开挖深度超过一定限度时，将上口开挖宽度增大，将土壁做成具有一定坡度的边坡，在土方工程中称为放坡。其目的是防止土壁坍塌。

　　b. 放坡起点。放坡起点就是指某类别土壤边壁直立不加支撑开挖的最大深度，一般是指设计室外地坪标高至基础底标高的深度。其决定因素是土壤类别，如表 5-3 所示。

　　c. 放坡系数。将土壁做成一定坡度的边坡时，土方边坡的坡度以其高度 H 与边坡宽度 B 之比来表示。如图 5-11 所示。即

$$土方坡度 = H/B$$

$$放坡系数 K = B/H$$

　　放坡系数的大小不仅与挖土方式(人工挖土还是机械挖土)有关，而且机械挖土的放坡系数还与机械的施工位置有关。如表 5-3 所示。

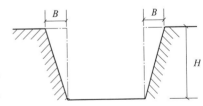

图 5-11 放坡系数计算示意图

　　【例 5-1】 已知某基坑开挖深度 $H = 10$m。其中表层土为一、二类土，厚 $h_1 = 2$m，中层土为三类土，厚 $h_2 = 5$m；下层土为四类土，厚 $h_3 = 3$m。采用正铲挖土机在坑底开挖。试确定其放坡系数。

　　【解】 由表 5-3 可知：由于是采用正铲挖土机在坑底开挖，所以表层土的放坡系数为 $K_1 = 0.33$；中层土的放坡系数 $K_2 = 0.25$；下层土的放坡系数 $K_3 = 0.10$。

根据不同土壤厚度加权平均计算其放坡系数：

$$K=[h_1K_1+h_2K_2+h_3K_3]/H=[2\times0.33+5\times0.25+3\times0.10]/10=0.221$$

d. 工作面。根据基础施工的需要，挖土时按基础垫层的双向尺寸向周边放出一定范围的操作面积，作为工人施工时的操作空间，这个单边放出的宽度，就称为工作面。

其决定因素是基础材料，如表 5-4 所示。

⑩ 挖方出现流沙、淤泥时，应根据实际情况由发包人与承包人双方现场签证确认工程量。

⑪ 管沟土方项目适用于管道(给排水、工业、电力、通信)、光(电)缆沟(包括人孔桩、接口坑)及连接井(检查井)等。

⑫ 在《房屋建筑与装饰工程工程量计算规范》(GB 50854—2013)附录 A(土石方工程)中，对土方工程工程量清单的项目设置、项目特征描述的内容、计量单位及工程量计算规则等做出了详细的规定。表 5-6、表 5-7 列出了部分常用项目的相关内容。

表 5-6　土方工程(编号：010101)

项目编码	项目名称	项目特征	计量单位	工程量计算规则	工作内容
010101001	平整场地	1. 土壤类别； 2. 弃土运距； 3. 取土运距	m^2	按设计图示尺寸以建筑物首层建筑面积计算	1. 土方挖填； 2. 场地找平； 3. 运输
010101002	挖一般土方	1. 土壤类别； 2. 挖土深度； 3. 弃土运距	m^3	按设计图示尺寸以体积计算	1. 排地表水； 2. 土方开挖； 3. 围护(挡土板)及拆除； 4. 基底钎探； 5. 运输
010101003	挖沟槽土方			按设计图示尺寸以基础垫层底面积乘以挖土深度计算	
010101004	挖基坑土方				
010101007	管沟土方	1. 土壤类别； 2. 管外径； 3. 挖沟深度； 4. 回填要求	1. m； 2. m^3	1. 以米计量，按设计图示以管道中心线长度计算； 2. 以立方米计量，按设计图示管底垫层面积乘以挖土深度计算；无管底垫层按管外径的水平投影面积乘以挖土深度计算。不扣除各类井的长度，井的土方并入	1. 排地表水； 2. 土方开挖； 3. 围护(挡土板)、支撑； 4. 运输； 5. 回填

提示：清单项目工作内容中的运输，指的是土方现场内运输，注意区别余土外运。

表 5-7　回填(编号：010103)

项目编码	项目名称	项目特征	计量单位	工程量计算规则	工作内容
010103001	回填方	1. 密实度要求； 2. 填方材料品种； 3. 填方粒径要求； 4. 填方来源、运距	m^3	按设计图示尺寸以体积计算。 1. 场地回填：回填面积乘以平均回填厚度； 2. 室内回填：主墙间面积乘以回填厚度，不扣除间隔墙； 3. 基础回填：按挖方清单项目工程量减去自然地坪以下埋设的基础体积(包括基础垫层及其他构筑物)	1. 运输； 2. 回填； 3. 压实

5.2.2 工程量计算规则

5.2.2.1 平整场地

(1) 平整场地

平整场地是指为了便于进行建筑物的定位放线，在基础土方开挖前，对建筑场地垂直方向处理厚度在±30cm以内的就地挖、填、找平工作。如图5-12所示。

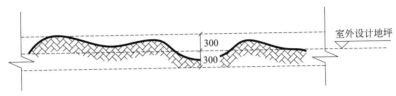

图 5-12 平整场地范围示意图

(2) 平整场地的清单工程量计算规则

《房屋建筑与装饰工程工程量计算规范》(GB 50854—2013)规定：平整场地的工作内容包括土方挖填、场地找平和运输。

其清单工程量计算规则为：按设计图示尺寸以建筑物首层建筑面积以平方米计算。

(3) 平整场地的计价定额工程量计算规则

平整场地，按设计图示尺寸，以建筑物首层建筑面积(或构筑物首层结构外围内包面积)计算。建筑物(构筑物)地下室结构外边线突出首层结构外边线时，其突出部分的建筑面积(结构外围内包面积)合并计算。

提示：建筑物首层外围，若计算1/2面积、或不计算建筑面积的构造需要配置基础，且需要与主体结构同时施工时，计算了1/2面积的(如主体结构外的阳台、有柱混凝土雨篷等)，应补齐全面积；不计算建筑面积的(如装饰性阳台等)，应按其基准面积合并于首层建筑面积内，一并计算平整场地。基准面积，是指同类构件计算建筑面积(含1/2面积)时所依据的面积。如，主体结构外阳台的建筑面积，以其结构底板水平投影面积为基准，计算1/2面积，那么，装饰性阳台也按其结构底板水平投影面积计算平整场地等。

5.2.2.2 沟槽、基坑土方

(1) 沟槽和基坑土方的清单工程量计算规则

《房屋建筑与装饰工程工程量计算规范》(GB 50854—2013)规定，沟槽和基坑的工作内容包括排地表水、土方开挖、围护(挡土板)、支撑、基底钎探和运输。

其计算规则为：房屋建筑按设计图示尺寸以基础垫层底面积乘以挖土深度(设计室外地坪至垫层底高度)以体积计算。

(2) 沟槽和基坑土方的计价定额工程量计算规则

1) 沟槽土石方 按设计图示沟槽长度乘以沟槽断面面积，以体积计算。可采用人工开挖或机械开挖。根据《山东省建筑工程消耗量定额》(SD 01-31-2016)，机械挖土需要配合人工清理修整。即采用机械挖土时，要考虑机械挖土和人工清理和修整分为两项，均以挖方总量乘以相应系数分别套定额计价。机械挖土及人工清理修整系数见表5-8。

表 5-8　机械挖土及人工清理修整系数表

基础材料	机械挖土		人工清理修整	
	执行子目	系数	执行子目	系数
一般土方	相应子目	0.95	1-2-3	0.063
沟槽土方		0.90	1-2-8	0.125
地坑土方		0.85	1-2-13	0.188

注：人工挖土方，不计算人工清底修边。

① 沟槽断面积。沟槽的断面面积，应包括工作面、土方放坡或石方允许超挖量的面积。其大小与土方开挖方式有关。如图 5-13 所示。

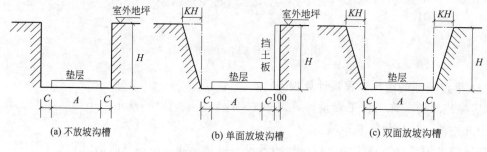

(a) 不放坡沟槽　　　　　(b) 单面放坡沟槽　　　　　(c) 双面放坡沟槽

图 5-13　沟槽开挖方式

$$不放坡沟槽断面面积 = (A + 2C)H$$
$$单面放坡沟槽断面面积 = (A + 2C + 100 + 0.5KH)H$$
$$双面放坡沟槽断面面积 = (A + 2C + KH)H$$

式中　A——垫层宽度；

　　　C——工作面宽度；

　　　K——放坡系数；

　　　H——挖土深度，一律以设计室外地坪标高为准计算。

基础土石方开挖深度，按基础(含垫层)底标高至设计室外地坪之间的高度计算。交付施工场地标高与设计室外地坪不同时，应按交付施工场地标高计算。

土方放坡的起点深度和放坡坡度，设计、施工组织设计无规定时，按表 5-9 计算。基础土方放坡，自基础(含垫层)底标高起算。混合土质的基础土方，其放坡的起点深度和放坡系数，按不同土类厚度加权平均计算。基础土方支挡土板时，土方放坡不另计算。

表 5-9　土方放坡起点深度和放坡坡度表

土壤类别	起点深度 (＞m)	放坡坡度			
		人工挖土	机械挖土		
			基坑内作业	基坑上作业	槽坑上作业
普通土	1.20	1：0.50	1：0.33	1：0.75	1：0.50
坚土	1.70	1：0.30	1：0.20	1：0.50	1：0.30

提示：定额土壤类别中普通土对应一、二类土，坚土对应三、四类土。

基础施工的工作面宽度，按设计规定计算；设计无规定时，按施工组织设计(经过批准，下同)规定计算;设计、施工组织设计均无规定时,自基础(含垫层)外沿向外计算。基础材料不同或做法不同时,其工作面宽度按表 5-10 计算。

表 5-10 基础施工单面工作面宽度计算表

基础材料	单面工作面宽度/mm
砖基础	200
毛石、方整石基础	250
混凝土基础(支模板)	400
混凝土基础垫层(支模板)	150
基础垂直面做砂浆防潮层	400(自防潮层外表面)
基础垂直面做防水层或防腐层	1000(自防水、防腐层外表面)
支挡土板	100(在上述宽度外另加)

构成基础的各个台阶(各种材料),均应按相应规定,满足其各自工作面宽度的要求(见图 5-14)。基础的工作面宽度,是指基础的各个台阶(各种材料)要求的工作面宽度的"最大者"(使得土方边坡最外者)。在考查基础上一个台阶的工作面宽度时,要考虑到由于下一个台阶的厚度所带来的土方放坡宽度。土方的每一面边坡(含直坡),均应为连续坡(边坡上不出现错台)。

② 沟槽长度。条形基础的沟槽长度,设计无规定时,按垫层长度计算,不扣除工作面(见图 5-15)。

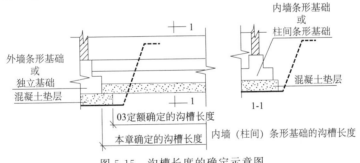

图 5-14 工作面宽度示意图

图 5-15 沟槽长度的确定示意图

提示:计算放坡挖土时,交接处重复的工程量不予扣除,如图 5-16 所示。在交接处重复工程量不予扣除。

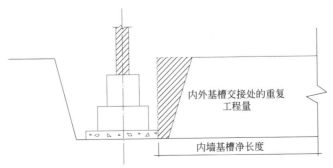

图 5-16 交接处重复计算部分示意图

　　2) 地坑土石方　按设计图示基础（含垫层）尺寸，另加工作面宽度、土方放坡宽度或石方允许超挖量乘以开挖深度，以体积计算。

　　① 方形不放坡基坑的工程量为：

$$V = 坑底面积(ab) \times 基坑深度(H)$$

式中　a——基坑长度；

　　　b——基坑宽度；

　　　H——挖土深度。

　　② 圆形不放坡基坑的工程量为：

$$V = 坑底面积(\pi R^2) \times 基坑深度(H)$$

式中　R——圆形基坑的半径。

　　③ 方形放坡基坑［如图 5-17(a) 所示］的工程量为：

$$V = \frac{1}{3}K^2H^3 + (A+2C+KH)(B+2C+KH)H$$

或：$$V = \frac{H}{6}[ab + (a+a_1)(b+b_1) + a_1b_1]$$

或：$$V = \frac{1}{3}H \times (S_{上+})$$

式中　A、B——垫层的长度、宽度，m；

　　　C——工作面宽度，m；

　　　H——基坑深度，m；

　　　K——放坡系数；

　　　a、b——基坑下底的长度、宽度，m；

　　　a_1、b_1——基坑上底的长度、宽度，m。

　　④ 圆形放坡基坑［如图 5-17(b) 所示］的工程量计算公式为：

$$V = \frac{1}{3}\pi H(r^2 + R^2 + rR)$$

式中　r——基坑底的半径；

　　　R——基坑口的半径。

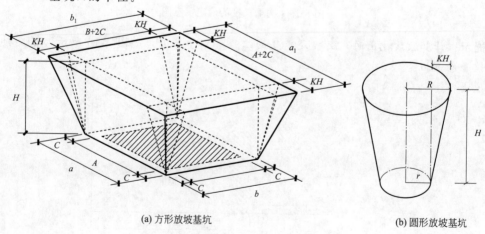

(a) 方形放坡基坑　　　　　　　(b) 圆形放坡基坑

图 5-17　放坡基坑工程量计算示意图

3）基底钎探　基底钎探是指对槽或坑底的土层进行钎探的操作方法，即将钢钎打入基槽底的土层中，根据每打入一定深度（一般为 300mm）的锤击数，间接地判断地基的土质变化和分布情况，以及是否有空穴和软土层等。

其工程量计算规则按垫层（或基础）底面积计算。

4）土方运输　清单项目中的土方运输一般指现场土方运输，按施工组织设计以开挖前天然密实体积计算。

【例 5-2】　已知某混凝土独立基础底面长度为 1900mm，宽度为 1500mm。其垫层每边宽出基底 100mm，设计室外地坪标高为 −0.3m，垫层底部标高为 −1.6m，两边需留工作面，如图 5-18 所示，坑内土质为三类土，采用挖掘机挖装土方。请列出有关挖土方的清单项目和定额项目，并分别计算土方的清单工程量和计价定额工程量。

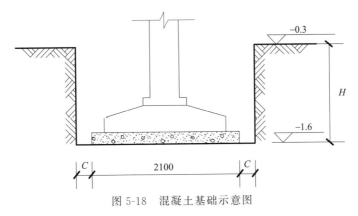

图 5-18　混凝土基础示意图

【解】　（1）清单项目及清单工程量

由题目可知，清单项目为挖基坑土方（010101004），根据挖基坑土方的清单工程量计算规则，该基坑土方的工程量为：

$$V = 基础垫层底面积 \times 基坑挖土深度 = 2.1 \times 1.5 \times (1.6 - 0.3) = 4.10 (m^3)$$

其工程量清单见表 5-11。

表 5-11　挖基坑土方工程量清单表

项目编码	项目名称	项目特征描述	计量单位	工程量
010101004001	挖基坑土方	三类土，挖土深度 1.3m	m^3	4.10

（2）定额项目及定额工程量

由题目可知采用挖掘机挖装土方，要考虑人工清理修整，所以涉及的挖土方定额子目有 1-2-44 挖掘机挖装沟槽土方（坚土）和 1-2-13 人工挖地坑土方。

① 挖土深度 $H = 1.3m$；三类土对于计价定额中的坚土，根据计价定额坚土的放坡起点深度为 1.70m。

因为 1.3m < 1.70m，所以应垂直开挖，如图 5-18 所示。

② 混凝土基础（支模板）单面工作面宽 400mm，混凝土基础垫层（支模板）单面工作面宽度 150mm，综合考虑，按垫层向外宽出 300mm 均能满足要求。即图中 $C = 0.3m$。

③ 坑底面积（S_2）= $(A + 2C) \times (B + 2C) = (1.5 + 0.6) \times (2.1 + 0.6) = 5.67 (m^2)$

④ 地坑定额工程量（V_2）= 坑底面积 × 挖土深度 = $5.67 \times 1.3 = 7.37 (m^3)$

所以，1-2-44挖掘机挖装沟槽土方（坚土）的工程量和1-2-13人工挖地坑土方均为7.37m³。套用定额时，定额项目1-2-44乘以系数0.85，定额项目1-2-13乘以系数0.188。

【例5-3】 某建筑物的基础如图5-19所示，基础垫层的宽度均为1.4m，工作面宽度为0.3m，沟槽深度为2.6m，土壤类别为三类土（坚土），采用人工开挖，请分别计算挖沟槽的清单工程量和定额工程量（注：轴线居中）。

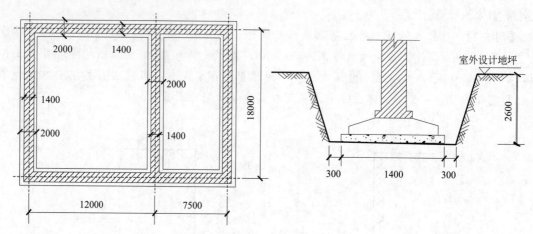

图5-19 地槽开挖放坡示意图

【解】 （1）计算清单工程量

① 沟槽长度＝(12＋7.5＋18)×2＋(18－1.4)＝91.6(m)

② 垫层底面积＝1.4×91.6＝128.24(m²)

③ 清单工程量＝挖土深度×垫层底面积＝2.6×128.24＝333.42(m³)

其清单工程量计算表见表5-12。

表5-12 清单工程量计算表

项目编码	项目名称	项目特征描述	计量单位	工程量
010101003001	挖沟槽土方	三类土，条形基础，垫层宽度1.4m，挖土深度2.6m	m³	333.42

（2）计算定额工程量

① 沟槽长度＝(12＋7.5＋18)×2＋(18－1.4)＝91.6(m)

② 人工挖土深度为2.60m＞坚土的放坡起点深度1.70m，所以应当放坡。

③ 人工挖坚土的放坡系数 $K＝0.30$；$KH＝2.6×0.30＝0.78(m)$；$2C＝0.3×2＝0.6(m)$

④ 沟槽断面面积＝$(A＋2C＋KH)H＝(1.4＋0.6＋0.78)×2.6＝7.228(m²)$

⑤ 定额工程量＝沟槽长度×沟槽断面面积＝91.6×7.228＝662.08(m³)

5.2.2.3 一般土方

（1）土方的清单工程量计算规则

《房屋建筑与装饰工程工程量计算规范》（GB 50854—2013）规定，挖一般土方的工作内容包括：排地表水、土方开挖、围护（挡土板）、支撑、基底钎探和运输。

其清单工程量计算规则为：按设计图示尺寸以体积计算。

(2)土方的计价工程量计算规则

一般土石方,按设计图示基础(含垫层)尺寸,另加工作面宽度、土方放坡宽度或石方允许超挖量乘以开挖深度,以体积计算。机械施工坡道的土石方工程量,并入相应工程量内计算。可采用人工挖土方和机械挖土方。

当采用机械挖土方时,需要考虑人工清理修整理(人工清理修整,系指机械挖土后,对于基底和边坡遗留厚度≤0.30m 的土方,由人工进行的基底清理与边坡修整)。机械挖土以及机械挖土后的人工清理修整,按机械挖土相应规则一并计算挖方总量。其中,机械挖土按挖方总量执行相应子目,乘以下表规定的系数;人工清理修整,按挖方总量执行下表规定的子目并乘以相应系数(见表 5-13)。

表 5-13 机械挖土及人工清理修整系数表

基础类型	机械挖土		人工清理修整	
	执行子目	系数	执行子目	系数
一般土方	相应子目	0.95	1-2-3	0.063
沟槽土方		0.9	1-2-8	0.125
地坑土方		0.85	1-2-13	0.188

注:人工挖土方,不计算人工清底修边。该表中人工清理修整随着计价依据的动态调整而调整。

5.2.2.4 管沟土方

(1)管沟土方的清单工程量计算规则

其清单工程量计算规则有两种:

① 以米计量,按设计图示以管道中心线长度计算;

② 以立方米计量,按设计图示管底垫层面积乘以挖土深度计算;无管底垫层按管外径的水平投影面积乘以挖土深度计算。不扣除各类井的长度,井底土方并入。

提示:清单规范中管沟土方与挖基槽土方、基坑土方和一般土方的工作内容相比最大的区别是没有基底钎探附项工程,但增加了回填土附项工程。

(2)管沟土方的计价工程量计算规则

1)管沟土方 按设计图示尺寸以体积计算。

$$管沟土方体积＝沟底宽度×管沟深度×管沟长度$$

式中,管沟长度,按设计规定计算;设计无规定时,以设计图示管道垫层(无垫层时,按管道)中心线长度(不扣除下口直径或边长≤1.5m 的井池)计算。下口直径或边长>1.5m 的井池的土石方,另按地坑的相应规定计算。

2)回填土 管道沟槽回填工程量以挖方体积减去管道基础和下表管道折合回填体积计算。如表 5-14 所示。

表 5-14 管道折合回填体积表 单位:m^3/m

管道	管道公称直径(mm 以内)					
	500	600	800	1000	1200	1500
混凝土钢筋混凝土管道	—	0.33	0.60	0.92	1.15	1.45
其他材质管道	—	0.22	0.46	0.74	—	—

5.2.2.5 回填土

(1) 回填土的清单工程量计算规则

《房屋建筑与装饰工程工程量计算规范》(GB 50854—2013)规定，回填土的工作内容包括运输、回填和压实。余方弃置指由余方点装料运至弃置点。

1) 回填土的工程量计算分为三种。

① 场地回填。按场地的面积乘以平均回填厚度以体积计算。

② 室内回填。是指室内地坪以下，由室外设计地坪标高填至地坪垫层底标高的夯填土，按主墙间面积乘以回填厚度，不扣除间隔墙。

$$室内回填土体积 = 主墙间净面积 \times 回填土厚度$$

其中，回填土厚度=设计室内外地坪高差-地面面层和垫层的厚度。

提示：间壁墙指墙厚≤120mm 的墙。

③ 基础回填 是指在基础施工完毕以后，将槽、坑四周未做基础的部分回填至室外设计地坪标高。挖方体积减去自然地坪以下埋设的基础体积(包括基础垫层及其他构筑物)。

清单基础回填土体积=清单槽、坑挖土体积-设计室外地坪标高以下埋设的基础体积

2) 余方弃置的工程量按挖方清单项目工程量减去利用回填方体积(正数)计算。

(2) 回填土的计价工程量计算规则

1) 回填土的计价工程量 按设计图示尺寸以体积计算，具体分为两种。

① 房心(含地下室)回填。是指室外地坪和室内地坪垫层之间的土方回填，如图 5-21 所示。按主墙间的净面积(扣除连续底面积>2m² 的设备基础等面积)乘以平均回填厚度计算。

$$房心回填土体积 = 室内净面积 \times 回填土厚度$$

② 沟槽、基坑回填。是指设计室外地坪以下的土方回填。按挖方体积减去设计室外地坪以下的地下建筑物(构筑物)、基础(含垫层)的体积计算。

定额基础回填土体积=定额槽、坑挖土体积-设计室外地坪标高以下埋设的基础体积，如图 5-20 所示。

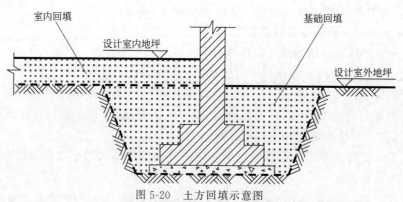

图 5-20 土方回填示意图

2) 土方运输 按挖土总体积减去回填土(折合天然密实)总体积，以体积计算。计算结果为正值时，为余土外运；为负值时取土内运。

提示：省计价定额中的土方运输项目，按施工现场范围内运输编制。在施工现场范围之外的市政道路上运输，不适用本定额。弃土外运以及弃土处理等其他费用，按各地市有关规定执行。

5.2.2.6　竣工清理

竣工清理，系指建筑物(构筑物)内、四周外围 2m 范围内建筑垃圾的清理、场内运输和场内指定地点的集中堆放，建筑物(构筑物)竣工验收前的清理、清洁等工作内容。任何情况下，总包单位均应全额计算一次竣工清理。

《房屋建筑与装饰工程工程量计算规范》(GB 50854—2013)中无竣工清理清单项目，在项目列项时可补充清单项目，计算规则执行计价定额中的规则。

定额工程量计算规则：竣工清理，按设计图示尺寸，以建筑物(构筑物)结构外围(四周结构外围及屋面板顶坪)内包的空间体积计算。

具体地说，建筑物内、外，凡产生建筑垃圾的空间，均应按其全部空间体积计算竣工清理。这主要包括：

① 建筑物按全面积计算建筑面积的建筑空间，如：建筑物的自然层等，按下式计算：

$$竣工清理 1 = \sum (建筑面积 \times 相应结构层高)$$

② 建筑物按 1/2 面积计算建筑面积的建筑空间，如：有顶盖的出入口坡道等，按下式计算：

$$竣工清理 2 = \sum (建筑面积 \times 2 \times 相应结构层高)$$

③ 建筑物不计算建筑面积的建筑空间，如：挑出宽度在 2.10m 以下的无柱雨篷，窗台与室内地面高差 ≥0.45m 的飘窗等，按下式计算：

$$竣工清理 3 = \sum (基准面积 \times 相应结构层高)$$

④ 不能形成建筑空间的设计室外地坪以上的花坛、水池、围墙、屋面顶坪以上的装饰性花架、水箱、风机和冷却塔配套基础、信号收发柱塔(以上仅计算主体结构工程量)、道路、停车场、厂区铺装(以上仅计算面层工程量)等，应按其主要工程量乘以系数 2.5，计算竣工清理。即

$$竣工清理 4 = \sum (主要工程量 \times 2.5)$$

⑤ 构筑物，如：独立式烟囱、水塔、贮水(油)池、贮仓、筒仓等，应按建筑物竣工清理的计算原则，计算竣工清理。

⑥ 建筑物(构筑物)设计室内、外地坪以下不能计算建筑面积的工程内容，不计算竣工清理。

【例 5-4】　某工程如图 5-21 所示，计算竣工清理工程量并确定定额项目。

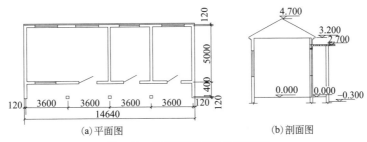

图 5-21　某工程平面图及剖面图

【解】

定额工程量 $= 14.64 \times (5.00 + 0.24) \times (3.2 + 1.50 \div 2) + 14.64 \times 1.40 \times 2.70 = 358.36 (m^3)$

竣工清理　套 1-4-3

5.3 土石方工程计量工程实例

5.3.1 阶段任务

根据《BIM算量一图一练》专用宿舍楼图纸内容，根据2013版清单规范规定，完成土石方分部中关于平整场地、基底钎探、挖土方、回填土方的工程量计算。

5.3.2 任务分析

针对民用建筑，土石方分部的工程量计算需要对施工技术及现场条件、土方施工机械应用、识图及术语、工程量计算规则、定额子目使用等几个方面加以分析。对于本工程，需要先分析以下几个问题，见表5-15。

表5-15 土石方工程问题分析

序号	项目		本工程情况	识图	计算规则分析	
1	平整场地		—	首层平面图	《2016定额》P8：按设计图示尺寸以建筑物首层建筑面积计算；建筑物地下室结构外边线突出首层结构外边线时，其突出部分的建筑面积与首层建筑面积合并计算	清单计算规则同定额
2	基底钎探		—	基础平面图	《2016定额》P8：以垫层（或基础）底面计算	
3	挖土方	挖土形式	独立基础部分：挖基坑土方	基础平面图－0.05标高处梁平面图	《2016定额》P3第五条：沟槽、基坑、一般土石方的划分原则；P7第五条、第八条关于挖土工程量的计算规则	清单计算规则同定额
		挖土深度	2.1m	基础平面图、室外地坪标高	—	—
		土壤类别	二类土（普通土）	结构总说明	—	—
		工作面	225mm		定额计算规则考虑工作面和放坡（按机械挖土，坑上作业考虑，放坡系数 $K = 0.75$；工作面按垫层底向外宽出225mm计算，均能满足垫层和基础的工作面）	清单规则可以按净量计算，也可以考虑工作面和放坡。此处考虑工作面及放坡，执行计价定额上的放坡和工作面
		是否需放坡，放坡系数	需要放坡，放坡系数为0.75		《2016定额》第7页：放坡系数取0.75	2013《计算规范》第8页表A.1－3：放坡系数取0.75

序号	项目	本工程情况		识图	计算规则分析	
4	回填土方	基础回填土	独立基础回填	—	《2016定额》第8页：基础回填体积即挖方体积减去设计室外地坪以下埋设的基础体积（包括基础垫层及以下构筑物）	2013《计算规范》第10页：按挖方清单项目工程量减去自然地坪以下埋设的基础体积（包括基础垫层及以下构筑物）
		房心回填土	首层房心回填	—	《2016定额》第8页：主墙间净面积（扣除连续底面积2m²以上的设备基础等面积）乘以回填厚度以体积计算	2013《计算规范》第10页：主墙间面积乘以回填厚度，不扣除间隔墙
5	余土弃置	余土弃置		—	《2016定额》第8页：余土外运体积=挖土总体积−回填土总体积（折合天然密实体积），总体积为正，则为余土外运；总体积为负，则为取土内运。	2013《计算规范》第10页：按挖方清单项目工程量减去回填方体积（正数）计算

5.3.3 任务实施

独立基础土方计算见表5-16。

坡道沟槽计算见表5-17。

土方回填计算见表5-18。

5.3.4 任务总结

通过本章节学习，应着重注意如下几点：

1）平整场地工程量为建筑物首层建筑面积，因此，此项工程量不再详细赘述，可详见本书"建筑面积"相关章节。

2）基底钎探工程量，按设计图示垫层（或基础）底面积计算。为提高计算效率，应在计算基础垫层的同时计算钎探工程量。

3）定额中对于挖土工程量的计算，注意计算放坡时交接处的重复工程量不予扣除，单位工程中如内墙过多、交接处重复计算量过大，已超出大开口所挖土方量时，应按大开口规定计算土方工程量。

4）掌握土方计算四棱台公式。

5）基础挖土深度按垫层底标高与室外地坪标高之间的差值计算。

6）坡度系数的选择。

7）基础施工工作面选择

① 定额规定：混凝土基础支模板工作面为400mm，混凝土基础垫层支模板工作面为150mm，在确定自垫层边外宽出部分时应同时满足基础和垫层工作面的要求。

② 2013版《清单计价规范》规定：混凝土垫层支模板工作面为300mm（此实例中未采用，因规范上采用的是1995年统一定额中的数据，2015年已修订。实例中采用的依然是山东省定额中的数据）。

8）房心回填土厚度应扣减首层地面装饰层厚度。房心回填土面积与首层室内地面积相同，在进行工程量计算时应注意工程量的重复应用，以便提高工作效率。

表 5-16　独立基础土方工程量计算表

构件名称	算量类别	清单编码	项目名称	项目特征	算量名称	计算公式	工程量	单位
DJj01	清单	010101004	挖基坑土方	1. 土壤类别：二类土；2. 挖土深度：2.1m；3. 弃土运距：场内运输 运距≤1km	挖基坑土方	$[(A+KH)(B+KH)H+1/3K^2H^3] \times$ 数量 $[(2.9+0.45+0.75\times2.1)^2\times2.1+1/3\times0.75^2\times2.1^3]\times5$	263.37	m³
	定额	1-2-13×0.188	人工挖地坑坚土 坑深≤2m 子目乘以系数 0.188		基坑土方体积	263.37/10	26.34	10m³
	定额	1-2-45×0.85	挖掘机挖装槽坑土方 普通土 地坑土石方 单价×0.85		基坑土方体积	263.37/10	26.34	10m³
	定额	1-2-58	自卸汽车运土方 运距≤1km		场内运土体积	263.37/10	26.34	10m³
DJj02	清单	010101004	挖基坑土方	1. 土壤类别：二类土；2. 挖土深度：2.1m；3. 弃土运距：场内运输 运距≤1km；4. 部位：独立基础	挖基坑土方	$[(A+KH)(B+KH)H+1/3K^2H^3] \times$ 数量 $[(3.4+0.45+0.75\times2.1)^2\times2.1+1/3\times0.75^2\times2.1^3]\times1$	63.54	m³
	定额	1-2-13×0.188	人工挖地坑坚土 坑深≤2m 子目乘以系数 0.188		基坑土方体积	63.54/10	6.35	10m³
	定额	1-2-45×0.85	挖掘机挖装槽坑土方 普通土 地坑土石方 单价×0.85		基坑土方体积	63.54/10	6.35	10m³
	定额	1-2-58	自卸汽车运土方 运距≤1km		场内运土体积	63.54/10	6.35	10m³
DJj03	清单	010101004	挖基坑土方	1. 土壤类别：二类土；2. 挖土深度：2.1m；3. 弃土运距：场内运输 运距≤1km；4. 部位：独立基础	挖基坑土方	$[(A+KH)(B+KH)H+1/3K^2H^3] \times$ 数量 $[(3.0+0.45+0.75\times2.1)\times(4.1+0.45+0.75\times2.1)\times2.1+1/3\times0.75^2\times2.1^3]\times2$	132.74	m³
	定额	1-2-13×0.188	人工挖地坑坚土 坑深≤2m 子目乘以系数 0.188		基坑土方体积	132.74/10	13.27	10m³
	定额	1-2-45×0.85	挖掘机挖装槽坑土方 普通土 地坑土石方 单价×0.85		基坑土方体积	132.74/10	13.27	10m³
	定额	1-2-58	自卸汽车运土方 运距≤1km		场内运土体积	132.74/10	13.27	10m³

续表

构件名称	算量类别	清单编码	项目名称	算量名称	项目特征	计算公式	工程量	单位
DJj04	清单	010101004	挖基坑土方	挖基坑土方	1. 土壤类别：二类土；2. 挖土深度：2.1m；3. 弃土运距：场内运输 运距≤1km；4. 部位：独立基础	$[(A+KH)(B+KH)H+1/3K^2H^3]\times$数量 $[(3.8+0.45+0.75\times2.1)^2\times2.1+1/3\times0.75^2\times2.1^3]\times10$	729.91	m³
	定额	1-2-13 ×0.188	人工挖地坑坚土 坑土深≤2m 子目乘以系数 0.188	基坑土方体积		729.91/10	72.99	10m³
	定额	1-2-45 ×0.85	挖掘机挖装槽坑土方 普通土 地坑土石方 单价×0.85	基坑土方体积		729.91/10	72.99	10m³
	定额	1-2-58	自卸汽车运土方 运距≤1km	场内运土体积		729.91/10	72.99	10m³
DJj05	清单	010101004	挖基坑土方	挖基坑土方	1. 土壤类别：二类土；2. 挖土深度：2.1m；3. 弃土运距：场内运输 运距≤1km；4. 部位：独立基础	$[(A+KH)(B+KH)H+1/3K^2H^3]\times$数量 $[(3.3+0.45+0.75\times2.1)\times(4.0+0.45+0.75\times2.1)\times2.1+1/3\times0.75^2\times2.1^3]\times4$	276.44	m³
	定额	1-2-13 ×0.188	人工挖地坑坚土 坑土深≤2m 子目乘以系数 0.188	基坑土方体积		276.44/10	27.64	10m³
	定额	1-2-45 ×0.85	挖掘机挖装槽坑土方 普通土 地坑土石方 单价×0.85	基坑土方体积		276.44/10	27.64	10m³
	定额	1-2-58	自卸汽车运土方 运距≤1km	场内运土体积		276.44/10	27.64	10m³
DJj06	清单	010101004	挖基坑土方	挖基坑土方	1. 土壤类别：二类土；2. 挖土深度：2.1m；3. 弃土运距：场内运输 运距≤1km；4. 部位：独立基础	$[(A+KH)(B+KH)H+1/3K^2H^3]\times$数量 $[(3.1+0.45+0.75\times2.1)\times(5.0+0.45+0.75\times2.1)\times2.1+1/3\times0.75^2\times2.1^3]\times1$	77.34	m³
	定额	1-2-13 ×0.188	人工挖地坑坚土 坑土深≤2m 子目乘以系数 0.188	基坑土方体积		77.34/10	7.73	10m³
	定额	1-2-45 ×0.85	挖掘机挖装槽坑土方 普通土 地坑土石方 单价×0.85	基坑土方体积		77.34/10	7.73	10m³
	定额	1-2-58	自卸汽车运土方 运距≤1km	场内运土体积		77.34/10	7.73	10m³

续表

构件名称	算量类别	清单编码	项目名称	项目特征	算量名称	计算公式	工程量	单位
DJj07	清单	010101004	挖基坑土方	1. 土壤类别：二类土； 2. 挖土深度：2.1m； 3. 弃土运距：场内运输 运距≤1km； 4. 部位：独立基础	挖基坑土方	$[(A+KH)(B+KH)H+1/3K^2H^3]\times$数量 $[(3.8+0.45+0.75\times2.1)\times(5.8+0.45+0.75\times2.1)\times2.1+1/3\times0.75^2\times2.1^3]\times1$	97.46	m³
	定额	1-2-13 ×0.188	人工挖地坑坚土 坑深≤2m 子目乘以系数0.188		基坑土方体积	97.46/10	9.75	10m³
	定额	1-2-45 ×0.85	挖掘机挖装槽坑土方 普通土 单价×0.85		基坑土方体积	97.46/10	9.75	10m³
	定额	1-2-58	自卸汽车运土方		场内运土体积	97.46/10	9.75	10m³
DJj08	清单	010101004	挖基坑土方	1. 土壤类别：二类土； 2. 挖土深度：2.1m； 3. 弃土运距：场内运输 运距≤1km；	挖基坑土方	$[(A+KH)\times(B+KH)\times H+1/3K^2H^3]\times$数量 $[(4.6+0.45+0.75\times2.1)\times(6.6+0.45+0.75\times2.1)\times2.1+1/3\times0.75^2\times2.1^3]\times5$	608.66	m³
	定额	1-2-13 ×0.188	人工挖地坑坚土 坑深≤2m 子目乘以系数0.188		基坑土方体积	608.66/10	60.87	10m³
	定额	1-2-45 ×0.85	挖掘机挖装槽坑土方 普通土 地坑土石方 单价×0.85		基坑土方体积	608.66/10	60.87	10m³
	定额	1-2-58	自卸汽车运土方 运距≤1km		场内运土体积	608.66/10	60.87	10m³

表5-17 坡道沟槽工程量计算表

构件名称	算量类别	清单编码	项目名称	项目特征	算量名称	计算公式	工程量	单位
沟槽土方	清单	010101003	挖沟槽土方	1. 土壤类别：一般土； 2. 挖土深度：2m以内； 3. 弃土运距：场内运输 运距≤1km	挖沟槽土方	长×（宽+工作面）×高 $(1.22+7.46+0.27+5.8)$ $\times(0.36+0.2\times2)\times0.55$	6.17	m³
	定额	1-2-6	人工挖沟槽普通土 深度2m以内		基槽土方体积	6.17/10	0.61	10m³

表5-18 回填土工程量计算表

构件名称	算量类别	清单编码	项目名称	项目特征	算量名称	部位	计算公式	工程量	单位
独立基础回填土	清单	010103001	回填方	1. 密实度要求：夯填；2. 填方材料品种：满足要求；3. 部位：独立基础基坑土方回填	回填土体积		挖方体积－独立基础垫层整体体积－独立基础体积－扣柱 2249.457－46.475－235.2725－15.155	1952.55	m³
	定额	1-4-13	机械夯填槽坑		回填土体积		同上	195.26	100m³
坡道基础回填土	清单	010103001	回填方	1. 密实度要求：夯填；2. 填方材料品种：满足要求；3. 部位：砖基础土方回填	回填土体积		挖方体积－独立基础垫层基层体积－独立基础体积 6.17－(0.36×0.55－0.12×0.35)×(1.22+7.46+0.27+5.8)	3.87	m³
	定额	1-4-13	机械夯填槽坑		回填土体积		同上	0.39	100m³
房心回填土	清单	010103001	回填方	1. 密实度要求：夯填；2. 填方材料品种：满足要求；3. 部位：房心回填	回填土体积		房间净面积×回填土厚度×个数	(233.121)	m³
						B-C/1-2、B-C/13-14	[管理室净面积×回填土厚度]×数量 [(3.6－0.2)×(5.4－0.2)－0.3×0.3]×0.36×2	12.66	
						B-C/2-13	(宿舍净面积×回填土厚度)×数量 (宿舍净面积×板厚)×数量 [(3.6－0.2)×(5.4－0.2)－0.175×0.4]×0.34×11	65.86	
						D-E/3-7、D-E/10-12	(宿舍净面积×回填土厚度)×数量 [(3.6－0.2)×(5.4－0.2)－0.175×0.4]×0.34×6	35.92	
						D-E/7-8、D-E/9-10	(宿舍净面积×回填土厚度)×数量 [(3.6－0.2)×(5.4－0.2)－0.175×0.4]×0.34×2	11.97	
						D-E/1-2、D-E/13-14	(门厅处净面积×回填土厚度)×数量 [(3.6－0.2)×(5.4－0.2)－0.3×0.3]×0.34×2	11.96	

续表

构件名称	算量类别	清单编码	项目名称	项目特征	算量名称	部位	计算公式	工程量	单位
房心回填土	清单	010103001	回填方	1. 密实度要求：夯填；2. 填方材料品种：满足要求；3. 部位：房心回填	回填土体积	D-E/8-9	（盥洗室净面积×回填土厚度）×数量 [(3.6−0.25)×(7.2−2.25)−0.175×0.4]×0.325×1	7.54	（233.121）m³
						C-D/1-14	（走道净面积×回填土厚度）×数量 (46.8−0.34×2)×(2.4−0.2)×0.34×1	34.50	
						D-F/2-3、D-F/12-13	（楼梯间净面积×回填土厚度）×数量 [(3.6−0.2)×(7.8−0.4)−0.3×0.3−0.3×0.6]×0.21×2	10.45	
						A-B/1-13/、E-F/3-8、E-F/9-12	（阳台净面积×回填土厚度）×数量 (3.6−0.2)×(1.8−0.2)×0.325×21	37.13	
	定额	1-4-13	机械夯填槽坑		回填土体积		同上	228.01	10m³
平整场地	清单	010101001	平整场地	1. 土壤类别：满足要求	面积		首层建筑面积 (46.8+0.1×2)×(16.8+0.2×2) +3.8×0.5×2−3.6×1.9×2−0.25×2.2×2	797.42	m²
	定额	1-4-2	机械平整场地		面积		同上	79.74	10m²

注：请在上表中练习计算宿舍、门厅、盥洗室、走道、楼梯间、阳台的室内回填土工程量。

9）基础回填土体积计算方法为"挖方体积减去自然地坪以下埋设的基础体积"，因此在进行基础回填土工程量计算前，应先计算室外地坪以下埋设的构件工程量，再进行回填土工程量的计算，从而避免工作重复。

10）根据造价的编制要求及现场情况，决定是否计算土方运输。本造价暂按不计算土方运输考虑。土石方工程工程量计算汇总表见表 5-19。

表 5-19　土石方工程工程量计算汇总表

清单/定额编号	项目名称	项目特征		单位	工程量
010101001001	平整场地	1. 土壤类别：一般土； 2. 工作内容：±30cm 挖填找平		m²	797.42
1-4-2	机械场地平整			10m²	79.74
010101004001	挖基坑土方	1. 土壤类别：一、二类土； 2. 挖土深度：2.1m； 3. 弃土运距：场内运输 运距≤1km		m³	2249.46
1-2-45×0.85	挖掘机挖装槽坑土方 普通土 土坑土石方 单价×0.85			10m³	224.946
1-2-13×0.188	人工挖地坑坚土 坑深≤2m 子目乘以系数 0.188 坚土 坑深≤2m 单价×0.188			10m³	224.946
1-2-58	自卸汽车运土方 运距≤1km			10m³	224.946
010103001001	回填方	1. 密实度要求：夯填； 2. 填方材料品种：素土； 3. 填方来源、运距：坑边堆放； 4. 部位：独立基础回填		m³	1952.55
1-4-13	机械夯填槽坑			10m³	195.255
010103001002	回填方	1. 密实度要求：夯填； 2. 填方材料品种：素土； 3. 部位：房心回填		m³	228.01
1-4-13	机械夯填槽坑			10m³	22.801
010101003001	挖沟槽土方	1. 土壤类别：一般土； 2. 挖土深度：1m 以内； 3. 弃土运距：坑边堆放； 4. 部位：坡道处		m³	6.17
1-2-6	人工挖沟槽土方（槽深）普通土 ≤2m			10m³	0.617
010103001003	回填方	1. 密实度要求：夯填； 2. 填方材料品种：一般土； 3. 部位：坡道处		m³	3.87
1-4-13	机械夯填槽坑			10m³	0.387

注：不再考虑土方运输。

5.4　桩基工程

5.4.1　清单计量规则及解析

《房屋建筑与装饰工程工程量计算规范》（GB 50854—2013）对桩基工程主要有以下相关解释说明：

① 桩基工程包括打桩和灌注桩两部分。

② 地层情况按表 5-1 的规定，并根据岩土工程勘察报告按单位工程各地层所占比例（包括范围值）进行描述。对无法准确描述的地层情况，可注明由投标人根据岩土工程勘察报告

自行决定报价。

③ 项目特征中的桩截面、混凝土强度等级、桩类型等可直接用标准图代号或设计桩型进行描述。

④ 预制钢筋混凝土方桩、预制钢筋混凝土管桩项目以成品桩编制，应包括成品桩购置费，如果用现场预制桩，应包括现场预制的所有费用。

⑤ 打试验桩和打斜桩应按相应项目编码单独列项，并应在项目特征中注明试验桩或斜桩（斜率）。

⑥ 灌注桩项目特征中的桩长应包括桩尖，空桩长度＝孔深－桩长，孔深为自然地面至设计桩底的深度。

⑦ 泥浆护壁成孔灌注桩是指在泥浆护壁条件下成孔，采用水下灌注混凝土的桩。

⑧ 干作业成孔灌注桩是指不用泥浆护壁和套管护壁的情况下，用钻机成孔后，下钢筋笼，灌注混凝土的桩，适用于地下水位以上的土层使用。

⑨ 混凝土灌注桩的钢筋笼制作、安装，按附录 E 钢筋工程中相关项目编码列项。

⑩ 在《房屋建筑与装饰工程工程量计算规范》（GB 50854—2013）附录 C（桩基工程）中，对打桩和灌注桩工程量清单的项目设置、项目特征描述的内容、计量单位及工程量计算规则等做出了详细的规定。表 5-20 列出了部分常用项目的相关内容。

表 5-20　打桩和灌注桩规则

打桩（编号：010301）					
项目编码	项目名称	项目特征	计量单位	工程量计算规则	工作内容
010301001	预制钢筋混凝土方桩	1. 地层情况； 2. 送桩深度、桩长； 3. 桩截面； 4. 桩倾斜度； 5. 沉桩方法； 6. 接桩方式； 7. 混凝土强度等级	1. m； 2. m³； 3. 根	1. 以米计量，按设计图示尺寸以桩长（包括桩尖）计算； 2. 以立方米计量，按设计图示截面积乘以桩长（包括桩尖）以实体积计算； 3. 以根计量，按设计图示数量计算	1. 工作平台搭拆； 2. 桩机竖拆、移位； 3. 沉桩； 4. 接桩； 5. 送桩
010301002	预制钢筋混凝土管桩	1. 地层情况； 2. 送桩深度、桩长； 3. 桩外径、壁厚； 4. 桩倾斜度； 5. 沉桩方法； 6. 桩尖类型； 7. 混凝土强度等级； 8. 填充材料种类； 9. 防护材料种类			1. 工作平台搭拆； 2. 桩机竖拆、移位； 3. 沉桩； 4. 接桩； 5. 送桩； 6. 桩尖制作安装； 7. 填充材料、刷防护材料
010301003	钢管桩	1. 地层情况； 2. 送桩深度、桩长； 3. 材质； 4. 管径、壁厚； 5. 桩倾斜度； 6. 沉桩方法； 7. 填充材料种类； 8. 防护材料种类	1. t； 2. 根	1. 以吨计量，按设计图示尺寸以质量计算； 2. 以根计量，按设计图示数量计算	1. 工作平台搭拆； 2. 桩机竖拆、移位； 3. 沉桩； 4. 接桩； 5. 送桩； 6. 切割钢管、精割盖帽； 7. 管内取土； 8. 填充材料、刷防护材料

续表

项目编码	项目名称	项目特征	计量单位	工程量计算规则	工作内容
010301004	截（凿）桩头	1. 桩类型； 2. 桩头截面、高度； 3. 混凝土强度等级； 4. 有无钢筋	1. m³； 2. 根	1. 以立方米计量，按设计桩截面乘以桩头长度以体积计算； 2. 以根计量，按设计图示数量计算	1. 截（切割）桩头； 2. 凿平； 3. 废料外运

灌注桩（编号：010302）

项目编码	项目名称	项目特征	计量单位	工程量计算规则	工作内容
010302002	沉管灌注桩	1. 地层情况； 2. 空桩长度、桩长； 3. 复打长度； 4. 桩径； 5. 沉管方法； 6. 桩尖类型； 7. 混凝土类别、强度等级	1. m； 2. m³； 3. 根	1. 以米计量，按设计图示尺寸以桩长（包括桩尖）计算； 2. 以立方米计量，按不同截面在桩长范围内以体积计算； 3. 以根计量，按设计图示数量计算	1. 打（沉）拔钢管； 2. 桩尖制作、安装； 3. 混凝土制作、运输、灌注、养护

5.4.2　工程量计算规则

桩基工程在《房屋建筑与装饰工程工程量计算规范》中主要包括打桩和灌注桩。打桩包括预制钢筋混凝土方桩、预制钢筋混凝土管桩、钢管桩和截（凿）桩头。灌注桩主要包括泥浆护壁成孔灌注桩、沉管灌注桩和干作业成孔灌注桩。

5.4.2.1　预制钢筋混凝土方桩

（1）预制钢筋混凝土方桩的清单工程量计算规则

1）以米计量　按设计图示尺寸以桩长（包括桩尖）计算，如图 5-22 所示；

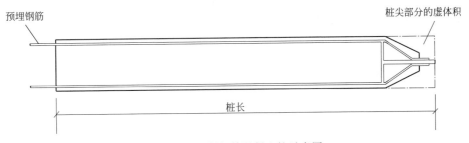

预埋钢筋　　　　　　　　　　　　桩尖部分的虚体积

桩长

图 5-22　预制钢筋混凝土桩示意图

2）以立方米计量　按图示截面积乘以桩长（包括桩尖）以实体积计算；

3）以根计量　按设计图示数量计算。

（2）预制钢筋混凝土方桩的计价工程量计算规则

1）方桩。打、压预制钢筋混凝土方桩按设计桩长度（包括桩尖）乘以截面面积以体积计算。

2）接桩

① 接桩。有些桩基设计很深，而预制桩因吊装、运输、就位等原因，不能将桩预制很长，从而需要接头，这种连接的过程就叫作接桩，如图 5-23 所示。

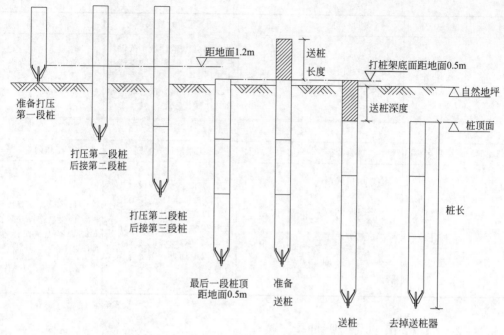

图 5-23 接桩、送桩示意图

② 接桩的工程量计算规则。电焊接桩按设计接头以个数计算；预制钢筋混凝土接桩按设计接头以根计算。

3）送桩

① 送桩。打桩有时要求将桩顶面送到自然地面以下，这时桩锤就不可能直接触击到桩头，因而需要另一根"冲桩"（也叫送桩），接到该桩顶上以传递桩锤的力量，使桩锤将桩打到要求的位置，最后再去掉"冲桩"，这一过程即为送桩，如图 5-23 所示。

② 送桩的工程量计算规则。按送桩长度乘以桩截面面积以 m³ 计算，其中送桩长度是按打桩架底至桩顶面高度，或按自桩顶面至自然地坪面另加 0.5m 计算的，如图 5-23 所示。

提示： 打桩工程，如遇送桩时，可按打桩响应定额人工、机械乘以表 5-21 中的系数。

表 5-21 送桩深度系数表

送桩深度	系数
≤2m	1.25
>2m，≤4m	1.43
>4m	1.67

5.4.2.2 预应力钢筋混凝土管桩

（1）预应力钢筋混凝土管桩的清单工程量计算规则

预应力钢筋混凝土管桩的清单工程量计算规则与预制钢筋混凝土方桩的不同之处在于：多了桩尖制作安装和填充材料、刷防护材料工作内容。

（2）预应力钢筋混凝土管桩的定额工程量计算规则

1）预应力钢筋混凝土管桩 按设计桩长度（不包括桩尖）乘以截面面积以长度计算。钢桩尖按设计图示尺寸以质量计算。如管桩的空心部分按要求加注填充材料时，则应另行计算

（执行钢管桩填芯相应定额项目）。桩头灌芯按设计尺寸以灌注体积计算。

2）接桩、送桩　与预制钢筋混凝土方桩相同。

5.4.2.3　钢管桩

（1）钢管桩的清单工程量计算规则

1）以吨计量，按设计图示尺寸以质量计算。

2）以根计量，按设计图示数量计算。

（2）钢管桩的定额工程量计算规则

钢管桩按设计要求的桩体质量计算。钢管桩内切割、精割盖帽按设计要求的数量计算。钢管桩管内钻孔取土、填芯，按设计桩长（包括桩尖）乘以填芯截面积，以体积计算。

5.4.2.4　截（凿）桩头

（1）截（凿）桩头的清单工程量计算规则

① 以立方米计量，按设计桩截面乘以桩头长度以体积计算。

② 以根计量，按设计图示数量计算。

（2）截（凿）桩头的定额工程量计算规则

按截（凿）桩长度乘以设计桩截面面积以体积计算。凿桩头长度设计无规定时，桩头长度按桩体高 $40d$（d 为桩体主筋直径，主筋直径不同时取大者）计算；灌注混凝土桩凿桩头按设计超灌高度（设计有规定按设计要求，设计无规定按 0.5m）乘以桩截面积，以体积计算。

【例 5-5】　某工程需要打设 $400\text{mm}\times400\text{mm}\times24000\text{mm}$ 的预制钢筋混凝土方桩，共计 300 根。预制桩的每节长度为 8m，送桩深度为 5m，桩的接头采用焊接接头。试求预制方桩的清单工程量和定额工程量、送桩和接桩的定额工程量。

【解】　① 按照清单规范的计算规则，预制方桩的清单工程量为：

如果按米计算：$24\times300=7200(\text{m})$

如果按立方米计算：$0.4^2\times24\times300=1152(\text{m}^3)$

如果按根计算：300 根

② 按照定额计算规则，预制方桩的定额工程量 $=0.4\times0.4\times24\times300=1152(\text{m}^3)$

③ 按照定额计算规则，预制方桩的接桩工程量为：$2\times300=600(\text{个})$

④ 按照定额计算规则，预制方桩的送桩工程量为：

桩截面面积×送桩长度×个数 $=(0.4\times0.4)\times(5+0.5)\times300=264(\text{m}^3)$

5.4.2.5　沉管灌注桩

（1）沉管灌注桩

沉管灌注桩是将带有活瓣的桩尖（打时合拢，拔时张开）的钢管打入土中到设计深度，然后将拌好的混凝土浇灌到钢管内，灌到需要量时立即拔出钢管。这种在现场灌注的混凝土桩叫灌注桩，常见的是砂石桩和混凝土桩。如图 5-24 所示。

（2）沉管灌注桩的清单工程量计算规则

① 以米计量，按设计图示尺寸以桩长（包括桩尖）计算。

② 以立方米计量，按不同截面在桩上范围内以体积计算。

③ 以根计量，按设计图示数量计算。

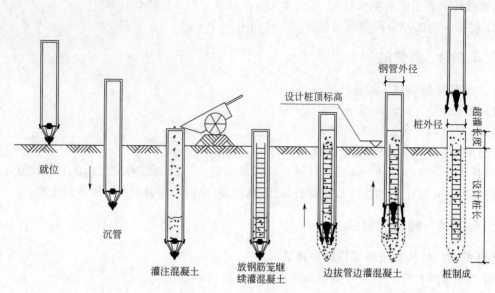

图 5-24　沉管灌注桩施工示意图

(3) 沉管灌注桩的定额工程量计算规则

分为两类定额子目，一类是成孔，一类是灌注混凝土，分别列项计算工程量。

① 沉管成孔工程量按打桩前自然地坪标高至设计桩底标高（不包括预制桩尖）的成孔长度乘以钢管外径截面积，以体积计算。如图 5-24 所示。

② 沉管桩灌注混凝土工程量按钢管外径截面积乘以设计桩长（不包括预制桩尖）另加加灌长度，以体积计算。加灌长度设计有规定者，按设计要求计算；无规定者，按 0.5m 计算。

提示：混凝土灌注桩的清单工程量和计价工程量中不包含钢筋笼制作、安装的工程量。

【例 5-6】 某工程需打设 60 根沉管混凝土灌注桩。钢管内径为 350mm，管壁厚度为 50mm，设计桩身长度为 8000mm，桩尖长 600mm。设计超灌长度为 0.5m。请分别计算沉管混凝土灌注桩的计价工程量和清单工程量。

【解】（1）计算定额工程量：

① 成孔工程量 $=\pi\times0.225^2\times8.6\times60=82.02(\text{m}^3)$

② 灌注混凝土的工程量 $=\pi\times0.225^2\times9.1\times60=86.79(\text{m}^3)$

（2）计算清单工程量：

① 以米计量，其清单工程量 $=(8+0.6)\times60=516(\text{m})$

② 以立方米计量，其清单工程量 $=\pi\times[(0.35+0.05\times2)\div2]^2\times(8+0.6+0.5)\times60=86.79(\text{m}^3)$

③ 以根计量，其清单工程量 $=60$ 根

5.5　砌筑工程

5.5.1　《房屋建筑与装饰工程工程量计算规范》相关解释说明

在《房屋建筑与装饰工程工程量计算规范》（GB 50854—2013）附录 D（砌筑工程）中，对砖

砌体工程量清单的项目设置、项目特征描述的内容、计量单位及工程量计算规则等做出了详细的规定。表 5-22 列出了砖砌体部分常用项目的相关内容。

表 5-22　砖砌体(编号：010401)

项目编码	项目名称	项目特征	计量单位	工程量计算规则	工作内容
010401001	砖基础	1. 砖品种、规格、强度等级； 2. 基础类型； 3. 砂浆强度等级； 4. 防潮层材料种类	m^3	按设计图示尺寸以体积计算。 包括附墙垛基础宽出部分体积，扣除地梁(圈梁)、构造柱所占体积，不扣除基础大放脚 T 形接头处的重叠部分及嵌入基础内的钢筋、铁件、管道、基础砂浆防潮层和单个面积≤0.3m² 的孔洞所占体积，靠墙暖气沟的挑檐不增加。 基础长度：外墙按外墙中心线，内墙按内墙净长线计算	1. 砂浆制作、运输； 2. 砌砖； 3. 防潮层铺设； 4. 材料运输
010401003	实心砖墙	1. 砖品种、规格、强度等级； 2. 墙体类型； 3. 砂浆强度等级、配合比	m^3	按设计图示尺寸以体积计算。 扣除门窗、洞口、嵌入墙内的钢筋混凝土柱、梁、圈梁、挑梁、过梁及凹进墙内的壁龛、管槽、暖气槽、消火栓箱所占体积，不扣除梁头、板头、檩头、垫木、木楞头、沿缘木、木砖、门窗走头、砖墙内加固钢筋、木筋、铁件、钢管及单个面积≤0.3m² 的孔洞所占体积。凸出墙面的腰线、挑檐、压顶、窗台线、虎头砖、门窗套的体积亦不增加。凸出墙面的砖垛并入墙体体积内计算。 1. 墙长度：外墙按中心线、内墙按净长计算。 2. 墙高度 (1) 外墙：斜(坡)屋面无檐口天棚者算至屋面板底；有屋架且室内外均有天棚者算至屋架下弦底另加 200mm；无天棚者算至屋架下弦底另加 300mm，出檐宽度超过 600mm 时按实砌高度计算；与钢筋混凝土楼板隔层者算至板顶。平屋顶算至钢筋混凝土板底。 (2) 内墙：位于屋架下弦者，算至屋架下弦；无屋架者算至天棚底另加 100mm；有钢筋混凝土楼板隔层者算至楼板顶；有框架梁时算至梁底。 (3) 女儿墙：从屋面板上表面算至女儿墙顶面(如有混凝土压顶时算至压顶下表面)。 (4) 内、外山墙：按其平均高度计算。 3. 框架间墙：不分内外墙按墙体净尺寸以体积计算。 4. 围墙：高度算至压顶上表面(如有混凝土压顶时算至压顶下表面)，围墙柱并入围墙体积内	1. 砂浆制作、运输； 2. 砌砖； 3. 刮缝； 4. 砖压顶砌筑； 5. 材料运输
010401012	零星砌砖	1. 零星砌砖名称、部位； 2. 砖品种、规格、强度等级； 3. 砂浆强度等级、配合比	1. m^3； 2. m^2； 3. m； 4. 个	1. 以立方米计量，按设计图示尺寸截面积乘以长度计算。 2. 以平方米计量，按设计图示尺寸水平投影面积计算。 3. 以米计量，按设计图示尺寸长度计算。 4. 以个计量，按设计图示数量计算	1. 砂浆制作、运输； 2. 砌砖； 3. 缝缝； 4. 材料运输

5.5.2 工程量计算规则

5.5.2.1 砖基础

（1）基础和墙身的分界线划分

1）基础与墙身使用同一种材料时，以设计室内地面为界（有地下室者，以地下室室内设计地面为界），以下为基础，以上为墙身，如图 5-25 所示。

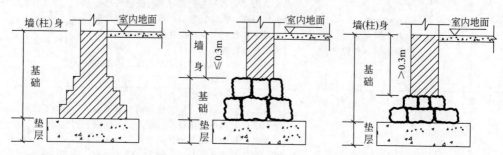

(a) 同种材料墙与基础的划分　(b) 不同材料墙与基础的划分（≤300mm）　(c) 不同材料墙与基础的划分（>300mm）

图 5-25　基础与墙身（柱身）划分示意图

2）基础与墙身使用不同材料时，位于设计室内地面±300mm 以内时，以不同材料为分界线；超过±300mm 时，以设计室内地面为分界线，如图 5-25 所示。

3）砖、石围墙，以设计室外地坪为界，以下为基础，以上为墙身。

（2）砖基础的清单工程量计算规则

工作内容包括：砂浆制作、运输、砌砖、防潮层铺设、材料运输。

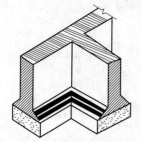

图 5-26　基础大放脚 T 形接头处的重叠部分示意图

砖基础的清单工程量是按图示尺寸以体积计算，包括附墙垛基础宽出部分体积，扣除地梁（圈梁）、构造柱所占体积，不扣除基础大放脚 T 形接头处的重叠部分及嵌入基础内的钢筋、铁件、管道、基础砂浆防潮层和单个面积≤0.3m² 的孔洞所占体积，靠墙暖气沟的挑檐不增加。基础大放脚 T 形接头处的重叠部分如图 5-26 所示。基础防潮层示意图如图 5-27 所示。计算公式为：

$$砖基础的清单工程量＝砖基础的断面面积×砖基础长度$$

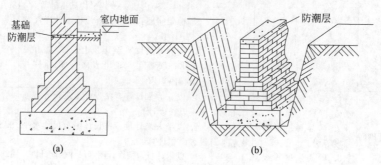

图 5-27　基础防潮层示意图

1）标准砖墙的厚度　标准砖尺寸应为 240mm×115mm×53mm。标准砖墙厚度应按表 5-23 计算。

表 5-23　标准砖墙计算厚度表

砖数（厚度）	1/4	1/2	3/4	1	1.5	2	2.5	3
计算厚度/mm	53	115	180	240	365	490	615	740

2）砖基础的断面面积　砖基础多为大放脚形式，大放脚有等高式与间隔式两种，如图 5-28 所示。

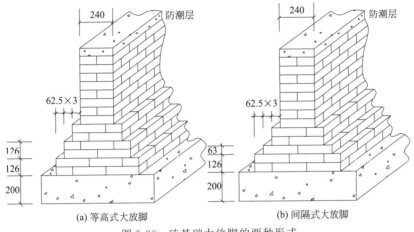

(a) 等高式大放脚　　　　　　　(b) 间隔式大放脚

图 5-28　砖基础大放脚的两种形式

由于砖基础的大放脚具有一定的规律性，所以可将各种标准砖墙厚度的大放脚增加断面面积按墙厚折成高度。预先把砖基础大放脚的折加高度及大放脚增加的断面积编制成表格，计算基础工程量时，就可直接查折加高度和大放脚增加的断面积表，如表 5-24 所示。

$$折加高度 = \frac{大放脚增加的面积}{墙厚} = \frac{2S_1}{D}$$

表 5-24　砖基础等高、间隔大放脚折加高度和大放脚增加断面积表

	放脚层数		一	二	三	四	五	六	七	八	九	十
折加高度/m	半砖 0.115	等高	0.137	0.411								
		间隔	0.137	0.342								
	一砖 0.240	等高	0.066	0.197	0.394	0.656	0.984	1.378	1.838	2.363	2.953	3.61
		间隔	0.066	0.164	0.328	0.525	0.788	1.083	1.444	1.838	2.297	2.789
	1.5 砖 0.365	等高	0.043	0.129	0.259	0.432	0.647	0.906	1.208	1.553	1.942	2.372
		间隔	0.043	0.108	0.216	0.345	0.518	0.712	0.949	1.208	1.51	1.834
	两砖 0.490	等高	0.032	0.096	0.193	0.321	0.482	0.672	0.90	1.157	1.447	1.768
		间隔	0.032	0.08	0.161	0.253	0.38	0.53	0.707	0.90	1.125	1.366
	2.5 砖 0.615	等高	0.026	0.077	0.154	0.256	0.384	0.538	0.717	0.922	1.153	1.409
		间隔	0.026	0.064	0.128	0.205	0.307	0.419	0.563	0.717	0.896	1.088
	三砖 0.740	等高	0.021	0.064	0.128	0.213	0.319	0.447	0.596	0.766	0.958	1.171
		间隔	0.021	0.053	0.106	0.17	0.255	0.351	0.468	0.596	0.745	0.905
增加断面面积/m²		等高	0.016	0.047	0.095	0.158	0.236	0.236	0.331	0.441	0.567	0.709
		间隔	0.016	0.039	0.079	0.126	0.189	0.260	0.347	0.441	0.551	0.669

折加高度计算方法示意图如图 5-29 所示。

① 等高式大放脚：按标准砖双面放脚每层等高 12.6cm，砌出 6.25cm 计算。

② 间隔式大放脚：按标准砖双面放脚，最底下一层放脚高度为 12.6cm，往上为 6.3cm 和 12.6cm 间隔放脚。

③ 砖基础断面面积的计算公式如下：

砖基础的断面面积(S)＝标准墙厚面积＋大放脚增加的面积

＝标准墙厚×(设计基础高度＋大放脚折加高度)

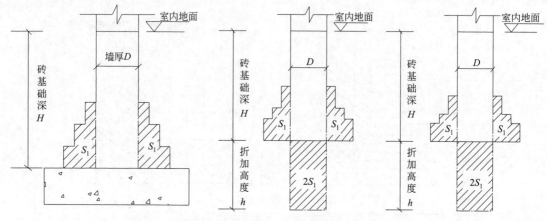

图 5-29 折加高度计算方法示意图

3）砖基础的长度 砖基础的外墙墙基按外墙中心线的长度计算；内墙墙基按内墙的净长度计算。

(3) 砖基础的计价工程量计算规则

砖基础的计价工程量与清单工程量的计算方法基本相同。所不同的是清单中砖基础的工程内容包括防潮层的铺设，而计价中防潮层的工程量要单独列项计算。

【例 5-7】 如图 5-30 所示，求砖基础的计价工程量和清单工程量。

提示：计算砖基础长度时，墙厚按370mm计算；计算砖基础工程量时，墙厚按365mm计算。

【解】（1）计算计价工程量

① 外墙中心线长度：

$L_{中}$＝[(2.1＋4.5＋0.25×2－0.37)＋(2.1＋2.4＋1.5＋0.25×2－0.37)]×2＝25.72(m)

② 内墙的净长度：

$L_{内}$＝(6－0.24)＋(6.6－0.24×2)＋(4.5－0.24)＋(2.1－0.24)＝18(m)

③ 外墙砖基础的深度：H_1＝1.7－0.2＝1.5(m)

④ 内墙砖基础的深度：H_2＝1.2－0.2＝1(m)

⑤ 外墙砖基础的断面面积：$S_{外}$＝(1.5＋0.518)×0.365＝0.737(m²)

⑥ 内墙砖基础的断面面积：$S_{内}$＝(1＋0.394)×0.24＝0.335(m²)

⑦ 外墙砖基础计价工程量：$V_{外}$＝$S_{外}$$L_{中}$＝0.737×25.72＝18.96(m³)

⑧ 内墙砖基础计价工程量：$V_{内}$＝$S_{内}$$L_{内}$＝0.335×18＝6.03(m³)

⑨ 防潮层的定额工程量需单独列项计算。

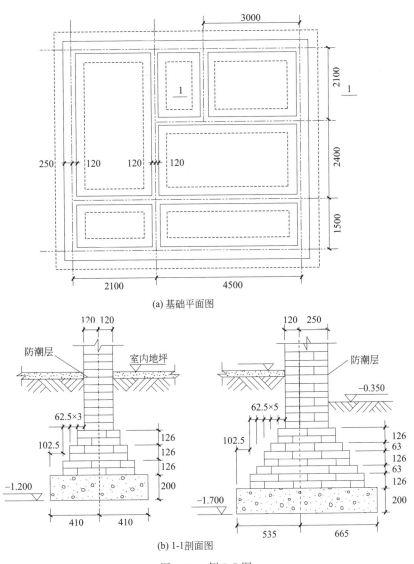

图 5-30　例 5-7 图

（2）计算清单工程量

清单工程量的计算方法与定额工程量相同，见表 5-25。

表 5-25　清单工程量计算表

项目编码	项目名称	项目特征描述	计量单位	工程量
010401001001	砖基础	条形基础，内墙基础深度 1m	m³	6.03
010401001002	砖基础	条形基础，外墙基础深度 1.5m	m³	18.96

5.5.2.2　实心砖墙

（1）实心砖墙的清单工程量计算规则

砖墙的清单工程量＝（墙长×墙高－∑嵌入墙身的门窗洞孔的面积）×墙厚－∑嵌入墙身的构件的体积

其中：

1）外墙墙身高度　斜（坡）屋面无檐口天棚者算至屋面板底；有屋架且室内外均有天棚者算至屋架下弦底另加 200mm；无天棚者算至屋架下弦底另加 300mm，出檐宽度超过 600mm 时按实砌高度计算；有钢筋混凝土楼板隔层者算至板顶。平屋面算至钢筋混凝土板顶，如图 5-31 所示。

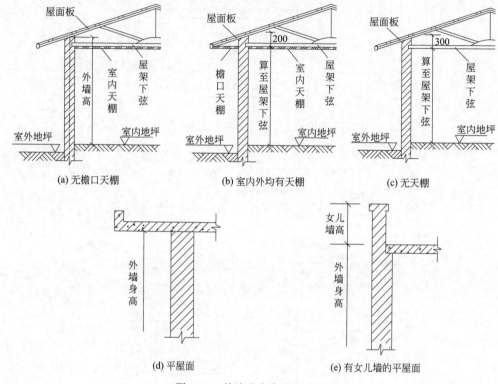

图 5-31　外墙墙身高度示意图

提示：檐口是指结构外墙体和屋面结构板交界处的屋面结构板顶，檐口高度就是檐口标高处，到室外设计地坪标高的距离。

檐口天棚是从坡屋面檐挑出的为保证檩木、屋架端部不受雨水的侵蚀而做的较大的天棚，有平、斜之分。

2）内墙墙身高度　位于屋架下弦者，算至屋架下弦底；无屋架者算至天棚底另加 100mm；有钢筋混凝土楼板隔层者算至板底；有框架梁时算至梁底面。如图 5-32 所示。

3）女儿墙的高度　自外墙顶面（屋面板顶面）至图示女儿墙顶面高度，分别以不同墙厚并入外墙计算，如图 5-33 所示。

4）内、外山墙的高度　按其平均高度计算，如图 5-34 所示，外山墙的高度：

$$H = 0.5H_1 + H_2$$

5）围墙的高度　高度算至压顶上表面（如有混凝土压顶时算至压顶下表面），围墙柱并入围墙体积内。

（2）实心砖墙的计价工程量计算规则

实心砖墙计价工程量的计算方法与清单基本相同，不同的是清单中砖砌体包括了砖墙勾缝，而计价中的砖砌体勾缝要单独列项计算。

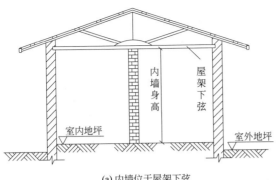

(a) 内墙位于屋架下弦

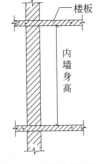

(b) 钢筋混凝土楼板隔层间的内墙

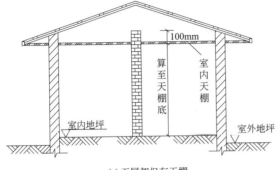

(c) 无屋架但有天棚

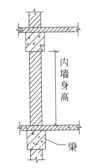

(d) 有框架梁的钢筋混凝土隔层

图 5-32 内墙墙身高度示意图

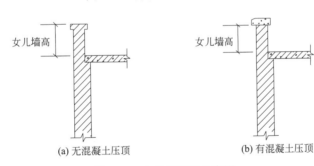

(a) 无混凝土压顶　　　　　　(b) 有混凝土压顶

图 5-33 女儿墙高度示意图

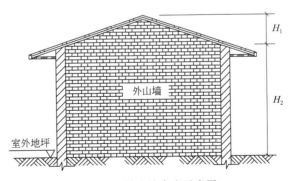

图 5-34 外山墙高度示意图

　　【例 5-8】 某单层建筑物平面如图 5-35 所示。内墙为一砖墙，外墙为一砖半墙，板顶标高为 3.3m，板厚 0.12m。门窗统计表见表 5-26。请根据图示尺寸分别计算内、外墙的计价工程量和清单工程量。

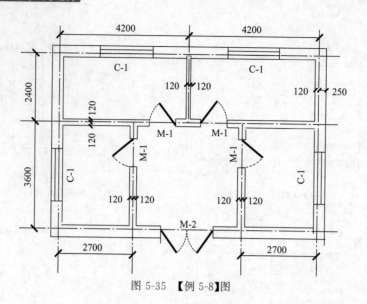

图 5-35 【例 5-8】图

表 5-26 门窗统计表

类别	代号	宽/m×高/m=面积/m²	数 量	面积/m²
门	M-1	0.9×2.1=1.89	4	7.56
	M-2	2.1×2.4=5.04	1	5.04
	合计		12.6	
窗	C-1	1.5×1.5=2.25	4	9
总计			21.6	

【解】（1）计算清单工程量

① 外墙中心线长度：

$$L_{\text{中}}=[(3.6+2.4-0.24+0.37)+(4.2\times2-0.24+0.37)]\times2=29.32(\text{m})$$

② 外墙高度：$H_{\text{外}}=3.3\text{m}$；

③ 应扣外墙上门窗洞的面积：$S_{\text{外门窗}}=9+5.04=14.04(\text{m}^2)$

④ 外墙的清单工程量：$V_{\text{外墙}}=(L_{\text{中}}\times H_{\text{外}}-S_{\text{外门窗}})\times$外墙厚$=(29.32\times3.3-14.04)\times$

$0.365=30.19(\text{m}^3)$

⑤ 内墙净长度：$L_{\text{内}}=(4.2\times2-0.24)+(2.4-0.24)+(3.6-0.24)\times2=17.04(\text{m})$

⑥ 内墙净高：$H_{\text{内}}=3.3-0.12=3.18(\text{m})$

⑦ 应扣内墙上门窗洞的面积：$S_{\text{内门窗}}=7.56\text{m}^2$

⑧ 内墙的清单工程量：

$$V_{\text{内墙}}=(L_{\text{内}}\times H_{\text{内}}-S_{\text{内门窗}})\times\text{内墙厚}=(17.04\times3.18-7.56)\times0.24=11.19(\text{m}^3)$$

内外墙工程量清单表见表 5-27。

表 5-27 内外墙工程量清单表

项目编码	项目名称	项目特征描述	计量单位	工程量
010401003001	实心砖墙	外墙，墙体厚365mm，墙体高3.3m	m³	30.19
010401003002	实心砖墙	内墙，墙体厚240mm，墙体高3.18m	m³	11.19

（2）计算计价工程量

内外墙的计价工程量与清单完全相同。

5.5.3 零星砌砖与砌块砌体

(1) 零星砌砖的清单工程量计算规则

零星砌砖的清单工程量按设计图示尺寸以体积计算，应扣除混凝土及钢筋混凝土梁垫、梁头、板头所占的体积。零星砌砖项目适用于台阶、台阶挡墙、梯带、锅台、炉灶、蹲台、池槽、池槽腿、花台、花池、楼梯栏板、阳台栏板、地垄墙、屋面隔热板下的砖墩、$\leqslant 0.3\text{m}^2$ 的孔洞填塞等。

砖砌锅台与炉灶可按外形尺寸以个计算，砖砌台阶可按水平投影面积以平方米计算，小便槽、地垄墙可按长度计算，其他工程量按立方米计算。

(2) 零星砌体的计价工程量计算规则

零星砌体包括台阶、台阶挡墙、厕所蹲台、小便池槽、水池槽腿、花台、花池、地垄墙、屋面隔热板下的砖墩等，其工程量均按实砌体积以立方米计算。

砖砌炉灶不分大小，均按图示外形尺寸以立方米计算，不扣除各种空洞的体积，套用炉灶定额。

(3) 砌块砌体的清单工程量和计价工程量计算规则

砌块砌体的清单、计价工程量与实心砖墙的计算方法相同。

5.6 砌筑工程计量工程实例

5.6.1 阶段任务

根据《BIM 算量一图一练》专用宿舍楼图纸内容，根据 2013 版清单规范的规定，完成加气混凝土砌块墙的工程量计算。

5.6.2 任务分析

在计算工程量之前，应先进行识图及列项，见表 5-28。

表 5-28 列项

序号	楼层	项目	具体位置	识图	计算规则分析	
1	首层、二层	200mm 厚 M5.0 混合砂浆加气混凝土砌块墙	除阳台、卫生间其余内墙墙体	首层、二层及屋面层建筑平面图	《2016 定额》第 85 页第三条：墙的体积按设计图示尺寸以体积计算。应扣除门窗、洞口、嵌入墙内的钢筋混凝土柱、梁、圈梁、挑梁、过梁及凹进墙内的壁龛、管槽、暖气槽、消火栓箱所占体积。不扣除梁头、外墙板头、檩头、垫木、木楞头、沿椽木、木砖、门窗走头、墙内的加固钢筋、木筋、铁件、钢管及每个面积≤0.3m²孔洞等所占体积。凸出墙面的窗台虎头砖、压顶线、山墙泛水、烟囱根、门窗套及三皮砖以内的腰线和挑檐等体积亦不增加。凸出墙面的砖垛、三皮砖以上的腰线和挑檐等体积，并入所附墙体体积内计算	清单计算规则基本同定额规则
		300mm 厚 M5.0 水泥砂浆加气混凝土砌块墙	阳台处外墙墙体			
		200mm 厚 M5.0 水泥砂浆加气混凝土砌块墙	卫生间四周墙体			
		100mm 厚 M5.0 水泥砂浆加气混凝土砌块墙	卫生间隔墙墙体			
2	屋顶	200mm 厚 M5.0 混合砂浆加气混凝土砌块墙	机房四周墙体			

5.6.3 任务实施

首层、屋面砌体墙工程量计算表见表 5-29。

表5-29 首层砌体墙工程量计算表

构件名称	算量类别	清单编码	项目特征	算量名称	墙位置	计算公式	工程量	单位	备注
砌块墙200	清单	010402001	砌块墙	体积	1轴	（外墙中心线长×墙高×墙厚）-圈梁所占体积（素混凝土条带A-B轴之间）-构造柱所占体积 [（5.4+1.8-0.4-0.1）<柱间墙净长度>×（3.6-0.6）<墙高>×0.2-1.6×0.2×0.2<扣圈梁>-（0.2×0.2+0.2×0.06）×（3.6-0.6）<扣构造柱占位>]×2	7.60	m³	（1）1轴与14轴相同，外墙按中心线计算（工程量×2）；（2）具体位置：1轴A-C之间
	定额	4-2-1	M5.0混合砂浆加气混凝土砌块墙	体积		同上	0.76	10m³	
	清单	010402001	砌块墙	体积	1轴	（外墙中心线长×墙高-窗洞口）×墙厚 （（2.4-0.1）×（3.6-0.6）-2.2×2.55）×0.2×2	0.40	m³	（1）1轴与14轴相同，外墙按中心线计算（工程量×2）；（2）具体位置：1轴C-D之间
	定额	4-2-1	M5.0混合砂浆加气混凝土砌块墙	体积		同上	0.0396	10m³	

请在下表中练习计算本工程其他部位加气混凝土砌块墙的工程量，注意区分不同厚度，区分不同砂浆分别计算。（下列表格可根据工程实际扩展）

分项	清单编码	项目特征	算量名称	部位	计算公式	工程量	单位	备注
砌块墙200	清单	010402001	砌块墙	体积	1轴	（外墙中心线长×墙高×墙厚）-构造柱所占体积	0	m³	（1）1轴与14轴相同，外墙按中心线计算（工程量×2）；（2）具体位置：1轴D-E之间
	定额	4-2-1	M5.0混合砂浆加气混凝土砌块墙	体积		同上	0	10m³	

注："同上"者的是定额与相对应的清单计算公式一致。

5.6.4 任务总结

① 砌体墙工程量计算规则中，需扣除墙体中大于 0.3m² 的孔洞、嵌在墙体中的混凝土构件等，因此，为避免重复工作，砌块墙工程量的计算应在洞口及混凝土构件计算完毕后进行，以便数据重复运用。关于门窗洞口面积、混凝土构件体积已在其他章节中计算，因此在进行砌体墙工程量计算用到时，可从相应章节中摘取。

② 加气混凝土墙体工程量计算虽很烦琐，但难度不大，重点在于结合组价规定，综合考虑墙体材质、厚度、砌筑砂浆类型及强度等级等列项，因此在本章节应从以上"任务分析"中找到列项的工作方法。砌筑工程工程量计算汇总表见表 5-30。

表 5-30 砌筑工程工程量计算汇总表

序号	算量类别	清单/定额编码	项目名称	项目特征	单位	工程量
1	清单	010401001001	砖基础	1. 砖品种、规格、强度等级：烧结煤矸石普通砖 240×115×53； 2. 砂浆强度等级：水泥砂浆 M5； 3. 垫层种类：80 厚碎石垫层	m³	3.36
	定额	4-1-1	砖基础		10m³	0.34
2	清单	010402001001	砌块墙	1. 砌块品种、规格、强度等级：加气混凝土砌块； 2. 墙体厚度：200mm； 3. 砂浆强度等级：混合砂浆 M5.0	m³	412.94
	定额	4-2-1	M5.0 混合砂浆加气混凝土砌块墙		10m³	41.29
3	清单	010402001003	砌块墙	1. 砌块品种、规格、强度等级：加气混凝土砌块； 2. 墙体厚度：100mm； 3. 砂浆强度等级：现拌水泥砂浆 M5.0； 4. 部位：卫生间	m³	17.28
	定额	4-2-1(换)	M5.0 混合砂浆加气混凝土砌块墙（换 M5.0 水泥砂浆）		10m³	1.73
4	清单	010402001004	砌块墙	1. 砌块品种、规格、强度等级：加气混凝土砌块； 2. 墙体厚度：300mm； 3. 砂浆强度等级：混合砂浆 M5.0	m³	16.72
	定额	4-2-1	M5.0 混合砂浆加气混凝土砌块墙		10m³	1.67

5.7 混凝土及钢筋混凝土工程

5.7.1 现浇混凝土基础

(1)《房屋建筑与装饰工程工程量计算规范》中现浇混凝土基础的清单表格

在《房屋建筑与装饰工程工程量计算规范》(GB 50854—2013)附录 E(混凝土及钢筋混凝

土工程)中，对现浇混凝土基础工程量清单的项目设置、项目特征描述的内容、计量单位及工程量计算规则等做出了详细的规定。表5-31列出了部分常用项目的相关内容。

表5-31 现浇混凝土基础(编号：010501)

项目编码	项目名称	项目特征	计量单位	工程量计算规则	工作内容
010501001	垫层	1. 混凝土类别； 2. 混凝土强度等级	m³	按设计图示尺寸以体积计算。不扣除伸入承台基础的桩头所占体积	1. 模板及支撑制作、安装、拆除、堆放、运输及清理模内杂物、刷隔离剂等； 2. 混凝土制作、运输、浇筑、振捣、养护
010501002	带形基础				
010501003	独立基础				
010501004	满堂基础				

(2)混凝土基础和墙、柱的分界线

混凝土基础和墙、柱的分界线：以混凝土基础的扩大顶面为界，以下为基础，以上为柱或墙。如图5-36所示。

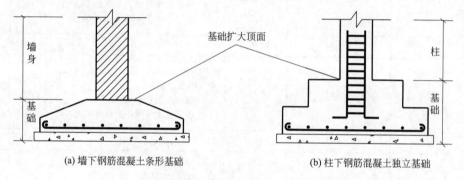

(a)墙下钢筋混凝土条形基础　　　　(b)柱下钢筋混凝土独立基础

图5-36　混凝土基础和墙、柱划分示意图

提示： 在GB 50854—2013的附录E中，现浇混凝土及钢筋混凝土实体工程项目"工作内容"中增加了模板及支架的内容，同时又在措施项目中单列了现浇混凝土模板及支架工程项目。对此，招标人应根据工程实际情况选用。若招标人在措施项目清单中未编列模板项目清单，即模板及支架不再单列，按混凝土及钢筋混凝土实体项目执行，综合单价应包含模板及支架。

(3)钢筋混凝土带形基础的清单工程量与计价工程量计算规则

钢筋混凝土带形基础的清单工程量和计价工程量的计算规则相同，均按设计图示尺寸以体积计算。不扣除构件内钢筋、预埋铁件和伸入承台基础的桩头所占体积。

1)带形基础的形式　带形基础按其形式不同可分为无肋混凝土带形基础和有肋混凝土带形基础两种。如图5-37所示。

2)带形混凝土基础的工程量计算

带形混凝土基础的工程量＝基础断面积($S_断$)×基础长度(L)＋T形搭接部分体积($V_搭接$)

基础长度：外墙为其中心线长度($L_中$)；内墙为基础间净长度($L_内$)。如图5-38所示。

① 无肋混凝土带形基础的工程量。

$$S_{基础} = Bh_2 + \frac{B+b}{2} \times h_1$$

$$L = L_中 + L_内$$

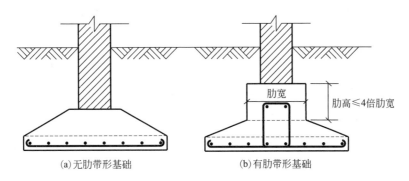

(a)无肋带形基础　　　　　　(b)有肋带形基础

图 5-37　带形混凝土基础

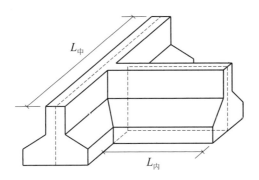

图 5-38　带形混凝土基础长度

$$V_{\text{无肋基础}} = S_{\text{基础}}\, L + nV_{\text{搭接}} = \left[Bh_2 + \frac{B+b}{2} \times h_1\right](L_{\text{中}} + L_{\text{内}}) + nV_{\text{搭接}}$$

其中，$V_{\text{搭接}} = \dfrac{bch_1}{2} + \dfrac{(B-b)ch_1}{6} = \dfrac{B+2b}{6}ch_1$；$n$ 为 T 形接头的个数。

无肋式带形基础 T 形搭接部分的体积计算示意图见图 5-39。

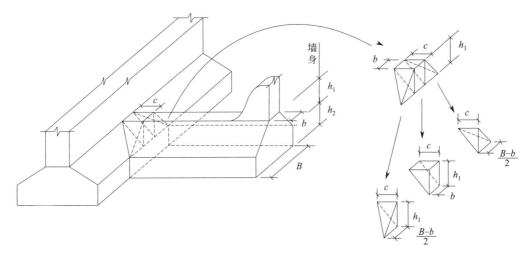

图 5-39　无肋式带形基础 T 形搭接部分的体积计算示意图

提示：当对工程量计算精度要求不高时，可用以下方法简便计算无肋式内墙下混凝土带形基础的工程量。无肋式带形基础 T 形搭接部分简便计算图见图 5-40。

$$V_{\text{无肋}}=S_{\text{梯形}}\ L_{\text{斜中}}+S_{\text{矩形}}\ L_{\text{基净}}$$

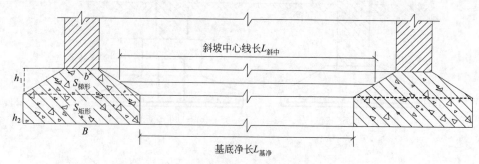

图 5-40　无肋式带形基础 T 形搭接部分简便计算图

【例 5-9】　某现浇钢筋混凝土无肋式带形基础，如图 5-41 所示，混凝土强度等级为 C20，试计算该带形基础混凝土的工程量。

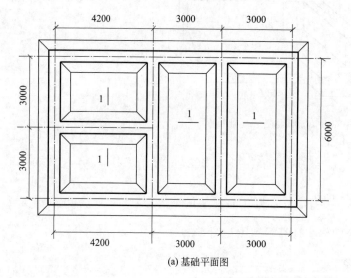

(a) 基础平面图

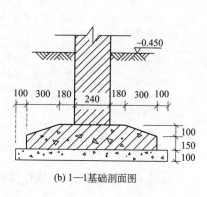

(b) 1—1基础剖面图

图 5-41　【例 5-9】图

【解】　无肋式混凝土带形基础的断面积：

$$S_{\text{基础}}=Bh_2+\frac{B+b}{2}\times h_1=1.2\times0.15+0.5\times(1.2+0.6)\times0.1=0.27(\text{m}^2)$$

外墙中心线长度：$L_{\text{中}}=(10.2+6)\times2=32.4(\text{m})$

内墙基间净长度：$L_{\text{内}}=(6-0.6\times2)\times2+4.2-0.6\times2=12.6(\text{m})$

基础长度：$L=L_{\text{中}}+L_{\text{内}}=32.4+12.6=45(\text{m})$

T 形搭接部分体积：

$$V_{\text{搭接}}=\frac{B+2b}{6}ch_1=\frac{1.2+2\times0.6}{6}\times\frac{1.2-0.6}{2}\times0.1=0.012(\text{m}^3)$$

T 形接头的个数：$n=6$

$S_{\text{基础}}\ L=0.27\times45=12.15(\text{m}^3)$

$$V_{\text{无梁式基础}}=S_{\text{基础}}\ L+nV_{\text{搭接}}=\left[Bh_2+\frac{B+b}{2}\times h_1\right](L_{\text{中}}+L_{\text{内}})+nV_{\text{搭接}}=12.22(\text{m}^3)$$

② 有肋式混凝土带形基础的工程量。计算有肋式混凝土带形基础的工程量时，应将肋并入到带形基础计算。

$$S_{基础}=Bh_3+bh_1+\frac{B+b}{2}\times h_2$$

$$L=L_{中}+L_{内}$$

$$V_{有肋式基础}=S_{基础}\,L+nV_{搭接}=\left[Bh_3+bh_1+\frac{B+b}{2}\times h_2\right](L_{中}+L_{内})+nV_{搭接}$$

式中，$V_{搭接}=\left[bh_1+\frac{(B+2b)h_2}{6}\right]\times c=\left[bh_1+\frac{(B+2b)h_2}{6}\right]\times\frac{B-b}{2}$；$c=\frac{B-b}{2}$；$n$ 为 T 形接头的个数。

有肋式带形基础 T 形搭接部分的体积计算示意图如图 5-42 所示。

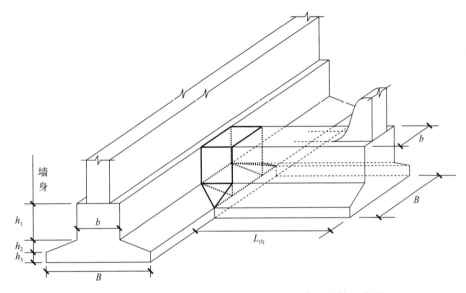

图 5-42　有肋式带形基础 T 形搭接部分的体积计算示意图

提示： 当对工程量计算精度要求不高时，可用以下方法简便计算有梁式内墙下混凝土带形基础的工程量。有梁式带形基础 T 形搭接部分简便计算图见图 5-43。

$$V_{有梁}=S_{矩形1}L_{梁净}+S_{梯形}\,L_{斜中}+S_{矩形2}L_{基净}$$

图 5-43　有梁式带形基础 T 形搭接部分简便计算图

【例 5-10】 如图 5-44 所示为某现浇钢筋混凝土房屋的有肋式带形基础平面及剖面图，

基础混凝土强度等级 C25，垫层混凝土强度等级为 C15，试计算该带形基础混凝土的工程量。

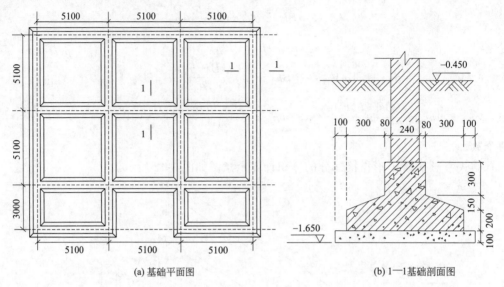

(a) 基础平面图　　　　　　　　　(b) 1—1基础剖面图

图 5-44 【例 5-10】图

【解】 ① 有肋式混凝土带形基础的断面积：

$$S_{基础}=Bh_3+bh_1+\frac{B+b}{2}\times h_2=1\times0.2+0.4\times0.3+0.5\times(1+0.4)\times0.15=0.425(\text{m}^2)$$

② 外墙中心线长度：$L_中=(5.1\times3+5.1\times2+3)\times2+3\times2=63(\text{m})$

③ 内墙基间净长度：$L_内=(5.1\times3-0.5\times2)+(5.1-0.5\times2)\times6=38.9(\text{m})$

④ 基础长度：$L=L_中+L_内=63+38.9=101.9(\text{m})$

⑤ T 形搭接部分体积：

$$V_{搭接}=\left[bh_1+\frac{(B+2b)h_2}{6}\right]\times\frac{B-b}{2}=\left(0.4\times0.3+\frac{1+2\times0.4}{6}\times0.15\right)\times0.3=0.0495(\text{m}^3)$$

⑥ T 形接头的个数：$n=14$

⑦ $S_{基础}L=0.425\times101.9=43.3075(\text{m}^3)$

⑧ $V_{有肋式基础}=S_{基础}L+nV_{搭接}=\left(Bh_3+bh_1+\frac{B+b}{2}\times h_2\right)(L_中+L_内)+nV_{搭接}=44.00(\text{m}^3)$

(4) 钢筋混凝土柱下独立基础的清单工程量和计价定额工程量计算

常见的钢筋混凝土独立基础按其断面形状可分为四棱锥台形、阶台形（踏步形）和杯形独立基础等，其清单工程量的计算规则与定额工程量的计算规则相同，均按设计图示尺寸以体积计算，不扣除构件内钢筋、预埋铁件和伸入承台基础的桩头所占体积。

1）四棱锥台形独立基础的工程量计算

$$V_{锥台形基础}=abh_1+\frac{h_2}{6}[ab+(a+a_1)(b+b_1)+a_1b_1]$$

或：

$$V_{锥台形基础}=abh_1+\frac{h_2}{3}(ab+\sqrt{aa_1bb_1}+a_1b_1)$$

钢筋混凝土柱下独立基础如图 5-45 所示。

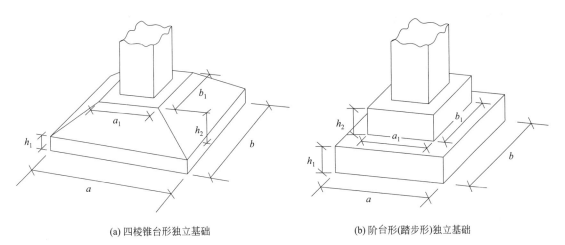

(a) 四棱锥台形独立基础　　　　　(b) 阶台形(踏步形)独立基础

图 5-45　钢筋混凝土柱下独立基础

2) 阶台形(踏步形)独立基础的工程量计算

$$V_{阶台形基础}=abh_1+a_1b_1h_2$$

3) 杯形独立基础的工程量计算

杯形基础属于柱下独立基础，但须留有连接装配式柱的孔洞，计算工程量时应扣除孔洞的体积，如图 5-46 所示。

$$V_{杯形基础}=a_4b_4h_3+a_3b_3h_2$$
$$-\frac{h_1}{6}[a_1b_1+a_2b_2+(a_1+a_2)(b_1+b_2)]$$

(5) 满堂基础

1) 满堂基础　满堂基础是指用梁、基础板、柱组合浇筑而成的基础。简单来讲，满堂基础就是把柱下独立基础或条形基础用梁联系起来，然后在下面整体浇筑地板，使得底板和梁成为整体。

满堂基础包括板式(无梁式)、梁板式(片筏式)和箱形满堂基础三种主要形式。

2) 满堂基础的清单工程量计算规则　满堂基础的工程量应按不同构造形式分别计算。

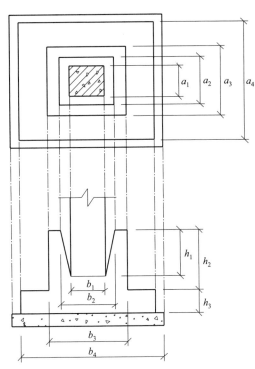

图 5-46　杯形独立基础示意图

① 板式(无梁式)满堂基础如图 5-47 所示。板式(无梁式)满堂基础的工程量：

$$V=基础底板体积+柱墩体积$$

图 5-47　板式(无梁式)满堂基础

② 梁板式(片筏式)满堂基础如图 5-48 所示。梁板式(片筏式)满堂基础的工程量：

$$V = 基础底板体积 + 梁体积$$

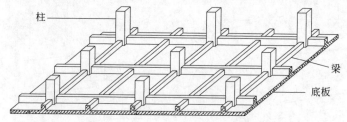

图 5-48　梁板式(片筏式)满堂基础

③ 箱形满堂基础如图 5-49 所示。

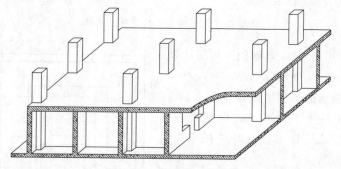

图 5-49　箱形满堂基础

箱形满堂基础的清单工程量，应分别按板式(无梁式)满堂基础、柱、墙、梁、板有关规定计算。关于满堂基础的列项，可按清单附录 E.1、E.2、E.3、E.4、E.5 中的满堂基础、柱、梁、墙、板分别编码列项；也可利用 E.1 的第五级编码分别列项。

3) 满堂基础的定额工程量计算规则　满堂基础的定额工程量计算规则与清单规则相同。

(6) 垫层的清单工程量和计价定额工程量计算规则

垫层的清单工程量计算规则与定额工程量的计算规则相同，均按照图示尺寸以实体体积计算。但在执行定额项目时要注意，垫层定额按地面垫层编制，若为基础垫层，人工、机械分别乘以下列系数：条形基础 1.05，独立基础 1.10，满堂基础 1.00；若为场区道路垫层，人工乘以系数 0.9。

【例 5-11】 分别计算【例 5-10】内、外墙下混凝土垫层的工程量。

【解】 ① 垫层的断面积：$S_垫 = 0.1 \times 1.2 = 0.12 (m^2)$

② 外墙基础垫层中心线长度：$L_中 = (5.1 \times 3 + 5.1 \times 2 + 3) \times 2 + 3 \times 2 = 63 (m)$

③ 内墙基础垫层间的净长度：$L_内 = (5.1 \times 3 - 0.6 \times 2) + (5.1 - 0.6 \times 2) \times 6 = 37.5 (m)$

④ 外墙基础垫层的工程量：$S_垫 L_中 = 0.12 \times 63 = 7.56 (m^3)$

⑤ 内墙基础垫层的工程量：$S_垫 L_内 = 0.12 \times 37.5 = 4.5 (m^3)$

定额项目为 2-1-28C15 无筋混凝土垫层，并乘以系数 1.05。

提示： 现浇混凝土定额子目中一般综合了混凝土浇筑、振捣、养护等，不含混凝土输送，当采用泵送时，需要计算泵送混凝土的工程量。如某现浇混凝土梁工程量为 100m³，根据定额中混凝土的消耗量为 10.1m³/10m³，则 100m³ 的现浇混凝土梁消耗的混凝土的量为 $10.1 \times 100 \div 10 = 101m^3$，泵送混凝土的量即为 101m³。

5.7.2　现浇混凝土柱

(1)《房屋建筑与装饰工程工程量计算规范》中关于现浇混凝土柱的解释说明

在《房屋建筑与装饰工程工程量计算规范》(GB 50854—2013)附录 E (混凝土及钢筋混凝土工程)中,对现浇混凝土柱工程量清单的项目设置、项目特征描述的内容、计量单位及工程量计算规则等做出了详细的规定。表 5-32 列出了现浇混凝土柱部分常用项目的相关内容。

表 5-32　现浇混凝土柱(编号:010502)

项目编码	项目名称	项目特征	计量单位	工程量计算规则	工作内容
010502001	矩形柱	1. 混凝土类别; 2. 混凝土强度等级	m³	按设计图示尺寸以体积计算。 柱高按以下规定确定: 1. 有梁板的柱高,应自柱基上表面(或楼板上表面)至上一层楼板上表面之间的高度计算。 2. 无梁板的柱高,应自柱基上表面(或楼板上表面)至柱帽下表面之间的高度计算。 3. 框架柱的柱高:应自柱基上表面至柱顶高度计算。 4. 构造柱按全高计算,嵌接墙体部分(马牙槎)并入柱身体积。 5. 依附柱上的牛腿和升板的柱帽,并入柱身体积计算	1. 模板及支架(撑)制作、安装、拆除、堆放、运输及清理模内杂物、刷隔离剂等; 2. 混凝土制作、运输、浇筑、振捣、养护
010502002	构造柱				
010502003	异形柱	1. 柱形状; 2. 混凝土类别; 3. 混凝土强度等级			

(2) 现浇混凝土柱的清单工程量和计价定额工程量计算规则

工作内容包括:模板及支架(撑)制作、安装、拆除、堆放、运输及清理模内杂物、刷隔离剂、混凝土制作、运输、浇筑、振捣、养护等。

现浇混凝土柱的清单工程量和定额工程量相同,均按图示断面尺寸乘以柱高以体积计算。其中,柱高按下列规定确定,如图 5-50 所示。

① 有梁板的柱高,应自柱基上表面(或楼板上表面)至上一层楼板上表面之间的高度计算。

② 无梁板的柱高,应自柱基上表面(或楼板上表面)至柱帽下表面之间的高度计算。

③ 框架柱的柱高应自柱基上表面至柱顶的高度计算。

④ 构造柱按全高计算,嵌入墙体部分(马牙槎)并入柱身体积。

⑤ 依附柱上的牛腿和升板的柱帽,并入柱身体积计算。

在执行定额时,现浇钢筋混凝土柱定额项目,定额综合了底部灌注 1:2 水泥砂浆的用量。

【例 5-12】　某工程使用带牛腿的钢筋混凝土柱 15 根,如图 5-51 所示,下柱高 $H_{下柱} = 6m$,断面尺寸为 $600mm \times 500mm$;上柱高 $H_{上柱} = 2.3m$,断面尺寸为 $400mm \times 500mm$;牛腿参数:$h = 700mm$,$c = 200mm$,$\alpha = 45°$。试计算该柱的清单工程量。

【解】　① 上柱的工程量:$V_{上柱} = H_{上柱} S_{上柱} = 2.3 \times 0.4 \times 0.5 = 0.46 (m^3)$

② 下柱的工程量:$V_{下柱} = H_{下柱} S_{下柱} = 6 \times 0.6 \times 0.5 = 1.8 (m^3)$

③ 牛腿的工程量:$V_{牛腿} = \left[\dfrac{(0.7 - 0.2\tan45°) + 0.7}{2} \times 0.2 \right] \times 0.5 = 0.06 (m^3)$

④ 15 根柱总的工程量:$V_{柱} = 15(V_{上柱} + V_{下柱} + V_{牛腿}) = 34.8 (m^3)$

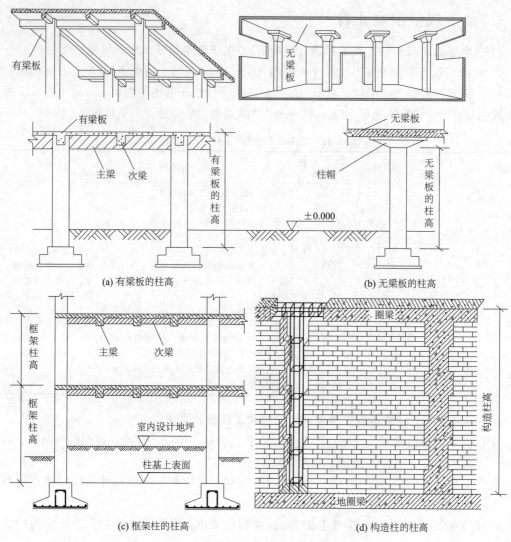

图 5-50 各种现浇混凝土柱高的确定

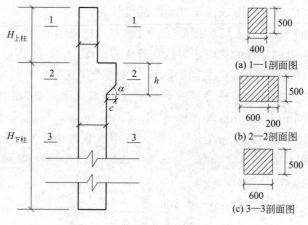

图 5-51 带牛腿的钢筋混凝土柱

(3) 构造柱的清单工程量和定额工程量计算规则

构造柱的清单工程量计算规则和定额工程量的计算规则相同,均按设计图示尺寸以体积计算。不扣除构件内钢筋,预埋铁件所占体积。型钢混凝土构造柱扣除构件内型钢所占体积。构造柱按全高计算,嵌接墙体部分(马牙槎)并入柱身体积内。

1) 构造柱高 由于构造柱根部一般锚固在地圈梁内,因此,柱高应自地圈梁的顶部至柱顶部的高度计算。

提示:框架结构,填充墙内设置的构造柱,构造柱的高度可为在两层框架梁间的净高度。

2) 构造柱横截面积 构造柱一般是先砌砖后浇混凝土。在砌砖时一般每隔五皮砖(约300mm)两边各留一马牙槎。如果是砖砌体,槎口宽度一般为60mm,如果是砌块,槎口宽度一般为100mm。计算构造柱体积时,与墙体嵌接部分的体积应并入到柱身的体积内计算。因此,可按基本截面宽度两边各加30mm计算。不同横截面积的具体计算方法如下。

① 一字形构造柱的横截面积:
$$S = d_1 d_2 + 2 \times 0.03 d_2 = (d_1 + 0.06) d_2$$

② 十字形构造柱的横截面积:
$$S = d_1 d_2 + 2 \times 0.03 d_1 + 2 \times 0.03 d_2 = (d_1 + 0.06) d_2 + 0.06 d_1$$

③ L形构造柱的横截面积:
$$S = d_1 d_2 + 0.03 d_1 + 0.03 d_2 = (d_1 + 0.03) d_2 + 0.03 d_1$$

④ T形构造柱的横截面积:
$$S = d_1 d_2 + 0.03 d_1 + 2 \times 0.03 d_2 = (d_1 + 0.06) d_2 + 0.03 d_1$$

构造柱的四种断面示意图如图5-52所示。

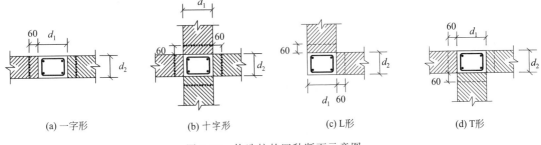

(a) 一字形　　　　(b) 十字形　　　　(c) L形　　　　(d) T形

图5-52 构造柱的四种断面示意图

3) 构造柱的工程量 V=构造柱的折算横截面积×构造柱高

5.7.3 现浇混凝土梁

(1) 现浇混凝土梁的种类

现浇混凝土梁可分为基础梁、矩形梁、异形梁、圈梁和过梁等。

① 基础梁:独立基础间承受墙体荷载的梁,多用于工业厂房中,如图5-53所示。

② 矩形梁:断面为矩形的梁。

③ 异形梁:断面为梯形或其他变截面的梁。

④ 圈梁:砌体结构中加强房屋刚度的水平封闭梁。

⑤ 过梁:门、窗、孔洞上设置的横梁。

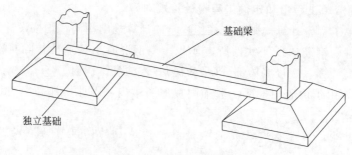

图 5-53　基础梁示意图

（2）《房屋建筑与装饰工程工程量计算规范》中关于现浇混凝土梁的解释说明

在《房屋建筑与装饰工程工程量计算规范》(GB 50854—2013)附录 E(混凝土及钢筋混凝土工程)中，对现浇混凝土梁工程量清单的项目设置、项目特征描述的内容、计量单位及工程量计算规则等做出了详细的规定。表 5-33 列出了现浇混凝土梁部分常用项目的相关内容。

表 5-33　现浇混凝土梁(编号：010503)

项目编码	项目名称	项目特征	计量单位	工程量计算规则	工作内容
010503001	基础梁	1. 混凝土种类； 2. 混凝土强度等级	m³	按设计图示尺寸以体积计算。伸入墙内的梁头、梁垫并入梁体积内。 梁长： 1. 梁与柱连接时，梁长算至柱侧面； 2. 主梁与次梁连接时，次梁长算至主梁侧面	1. 模板及支架(撑)制作、安装、拆除、堆放、运输及清理模内杂物、刷隔离剂等； 2. 混凝土制作、运输、浇筑、振捣、养护
010503002	矩形梁				
010503003	异形梁				
010503004	圈梁				
010503005	过梁				

（3）现浇混凝土梁的清单工程量和定额工程量计算规则

现浇混凝土梁的清单工程量和定额工程量计算规则一样，均按设计图示尺寸以体积计算。不扣除构件内钢筋、预埋铁件所占体积，伸入墙内的梁头、梁垫并入梁体积内。型钢混凝土梁扣除构件内型钢所占体积。即：

$$梁体积 = 梁的截面面积 \times 梁长$$

（4）梁的长度确定

1）梁与柱连接时，梁长算至柱侧面，如图 5-54 所示。

2）主梁与次梁连接时，次梁长算至主梁侧面，如图 5-54 所示。

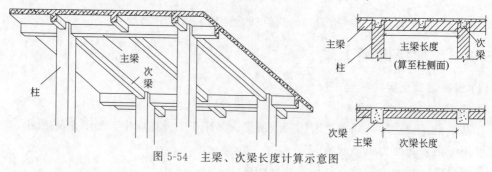

图 5-54　主梁、次梁长度计算示意图

3）圈梁与过梁连接时，分别套用圈梁、过梁清单项目，圈梁与过梁不易划分时，其过梁长度按门窗洞口外围两端共加 500mm 计算，其他按圈梁计算，如图 5-55 所示。

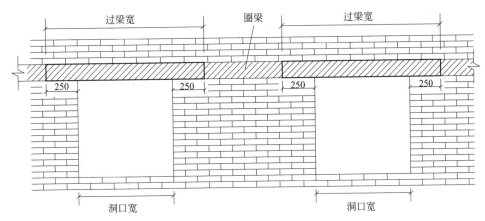

图 5-55　圈梁、过梁划分示意图

4）当梁与混凝土墙连接时，梁长算到混凝土墙的侧面。

5）对于圈梁的长度，外墙上按外墙中心线计算，内墙按净长线计算。

提示： 圈梁和过梁连接时应该分开列项，工程量分别为：

① 圈梁：$V_{圈梁}=($圈梁长度－过梁长度$)\times$截面面积

② 过梁：$V_{过梁}=($门窗洞口宽$+0.5)\times$截面面积

5.7.4　现浇混凝土墙

(1)《房屋建筑与装饰工程工程量计算规范》中关于现浇混凝土墙的解释说明

在《房屋建筑与装饰工程工程量计算规范》(GB 50854—2013)附录 E(混凝土及钢筋混凝土工程)中，对现浇混凝土墙工程量清单的项目设置、项目特征描述的内容、计量单位及工程量计算规则等做出了详细的规定。表 5-34 列出了现浇混凝土墙部分常用项目的相关内容。

表 5-34　现浇混凝土墙(编号：010504)

项目编码	项目名称	项目特征	计量单位	工程量计算规则	工作内容
010504001	直形墙	1. 混凝土类别；2. 混凝土强度等级	m³	按设计图示尺寸以体积计算。扣除门窗洞口及单个面积＞0.3m² 的孔洞所占体积，墙垛及突出墙面部分并入墙体体积内计算	1. 模板及支架(撑)制作、安装、拆除、堆放、运输及清理模内杂物、刷隔离剂等；2. 混凝土制作、运输、浇筑、振捣、养护
010504002	弧形墙				
010504003	短肢剪力墙				
010504004	挡土墙				

(2) 现浇混凝土墙的清单工程量和定额工程量计算规则

现浇混凝土墙的清单工程量和定额工程量计算规则完全一样，均是按设计图示长度(外墙按中心线，内墙按净长线计算)乘以墙高及厚度以立方米计算，应扣除门窗洞口及单个面积 0.3m² 以上孔洞的体积，柱、梁与墙相连时，柱、梁突出墙面部分并入墙体积内。

5.7.5　现浇混凝土板

(1)《房屋建筑与装饰工程工程量计算规范》中关于现浇混凝土板的解释说明

现浇混凝土板包括：有梁板、无梁板、平板、拱板、薄壳板、栏板、天沟(檐沟)、挑檐板、雨篷、悬挑板、阳台板和其他板等。在《房屋建筑与装饰工程工程量计算规范》(GB 50854—2013)附录E(混凝土及钢筋混凝土工程)中，对现浇混凝土板工程量清单的项目设置、项目特征描述的内容、计量单位及工程量计算规则等做出了详细的规定。表5-35列出了现浇混凝土板部分常用项目的相关内容。

表5-35　现浇混凝土板(编号：010505)

项目编码	项目名称	项目特征	计量单位	工程量计算规则	工作内容
010505001	有梁板			按设计图示尺寸以体积计算，不扣除单个面积≤0.3m² 的柱、垛以及孔洞所占体积。压形钢板混凝土楼板扣除构件内压形钢板所占体积。有梁板(包括主、次梁与板)按梁、板体积之和计算，无梁板按板和柱帽体积之和计算，各类板伸入墙内的板头并入板体积内，薄壳板的肋、基梁并入薄壳体积内计算	
010505002	无梁板				1. 模板及支架(撑)制作、安装、拆除、堆放、运输及清理模内杂物、刷隔离剂等；2. 混凝土制作、运输、浇筑、振捣、养护
010505003	平板	1. 混凝土种类；2. 混凝土强度等级	m³		
010505008	雨篷、悬挑板、阳台板			按设计图示尺寸以墙外部分体积计算。包括伸出墙外的牛腿和雨篷反挑檐的体积	
010505009	空心板			按设计图示尺寸以体积计算。空心板(GBF高强薄壁蜂巢芯板等)应扣除空心部分体积	
010505010	其他板			按设计图示尺寸以体积计算	

(2) 现浇混凝土各种板的清单工程量和定额工程量计算规则

现浇混凝土各种板的清单工程量和定额工程量计算规则基本一样，现浇混凝土各种板的清单工程量均是按设计图示尺寸以体积计算的，不扣除构件内钢筋、预埋铁件及单个面积≤0.3m² 的柱、垛以及孔洞所占体积(定额中仅不扣除≤0.3m² 的孔洞所占体积)，压形钢板混凝土楼板扣除构件内压形钢板所占体积。具体又分为以下几种情况。

1)有梁板(包括主、次梁与板)　其工程量按梁、板体积之和计算，如图5-56所示。

2)无梁板　是指不带梁，直接用柱头支撑的板，其工程量按板和柱帽体积之和计算，如图5-56所示。

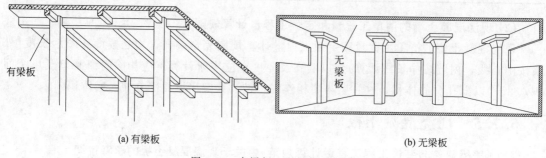

(a) 有梁板　　　　　　　　　　　　　(b) 无梁板

图5-56　有梁板、无梁板示意图

3）平板 是指无梁无柱，四边直接搁在圈梁或承重墙上的板，其工程量按板实体体积计算。有多种板连接时，应以墙中心线划分。

4）雨篷、悬挑板和阳台板 按设计图示尺寸以墙外部分体积计算，包括伸出墙外的牛腿和雨篷反挑檐的体积。

现浇挑檐、天沟板、雨篷、阳台与板（包括屋面板、楼板）连接时，以外墙外边线为分界线；与圈梁（包括其他梁）连接时，以梁外边线为分界线。外边线以外为挑檐、天沟、雨篷或阳台。如图 5-57 所示。

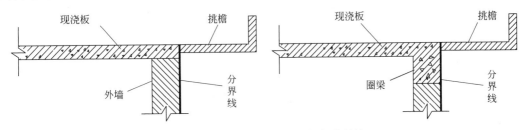

图 5-57 挑檐与现浇混凝土板的分界线

5）各类板伸入墙内的板头并入板体积内，薄壳板的肋、基梁并入薄壳体积内计算。

提示：有梁板是列项中容易产生争议的项目。定额中给出了有梁板及平板的区分，见图 5-58。如果某梁不与板相连，则该梁执行梁项目。

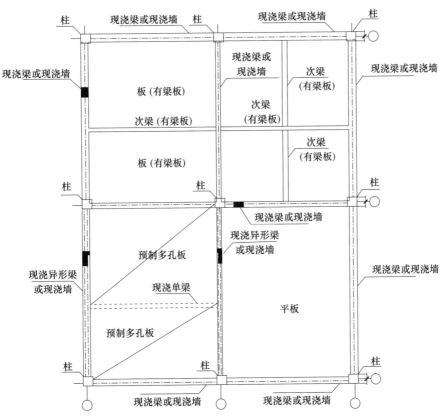

图 5-58 有梁板区分示意图

【例 5-13】 如图 5-59 所示，若屋面设计为挑檐排水，挑檐混凝土强度等级为 C25，试计算挑檐混凝土的工程量。

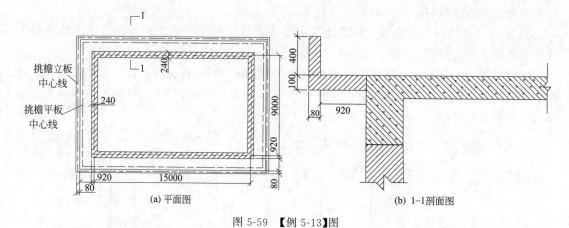

图 5-59 【例 5-13】图

【解】 ① 挑檐平板中心线长：$L_{平板} = [(15+0.24+1)+(9+0.24+1)] \times 2 = 52.96(\text{m})$

② 挑檐立板中心线长：$L_{立板} = [15+0.24+(1-0.08 \div 2) \times 2 + 9 + 0.24 + (1-0.08 \div 2) \times 2] \times 2 = 56.64(\text{m})$

③ 挑檐平板断面积：$S_{平板} = 0.1 \times 1 = 0.1(\text{m}^2)$

④ 挑檐立板断面积：$S_{立板} = 0.4 \times 0.08 = 0.032(\text{m}^2)$

⑤ 挑檐的工程量：$V = S_{平板} L_{平板} + S_{立板} L_{立板} = 0.1 \times 52.96 + 0.032 \times 56.64 = 7.11(\text{m}^3)$

5.7.6 整体楼梯

(1)《房屋建筑与装饰工程工程量计算规范》中关于现浇混凝土楼梯的解释说明

在《房屋建筑与装饰工程工程量计算规范》(GB 50854—2013)附录 E(混凝土及钢筋混凝土工程)中，对现浇混凝土楼梯工程量清单的项目设置、项目特征描述的内容、计量单位及工程量计算规则等做出了详细的规定。表 5-36 列出了现浇混凝土楼梯部分常用项目的相关内容。

表 5-36 现浇混凝土楼梯(编号：010506)

项目编码	项目名称	项目特征	计量单位	工程量计算规则	工作内容
010506001	直形楼梯	1. 混凝土种类；2. 混凝土强度等级	1. m²；2. m³	1. 以平方米计量，按设计图示尺寸以水平投影面积计算。不扣除宽≤500mm 的楼梯井，伸入墙内部分不计算。2. 以立方米计量，按设计图示尺寸以体积计算	1. 模板及支架(撑)制作、安装、拆除、堆放、运输及清理模内杂物、刷隔离剂等；2. 混凝土制作、运输、浇筑、振捣、养护
010506002	弧形楼梯				

(2) 现浇混凝土楼梯的清单工程量计算规则

现浇混凝土楼梯的清单工程量有两种计量方法。

1) 以平方米计量 按设计图示尺寸以水平投影面积计算。不扣除宽度(c)≤500mm 的楼梯井，伸入墙内部分不计算。如图 5-60 所示整体楼梯的工程量为：

① 当 $c \leq 500$mm 时，整体楼梯的工程量 $S = BL$；

② 当 $c>500\text{mm}$ 时，整体楼梯的工程量 $S=BL-cx$。

式中 B——楼梯间的净宽；

       L——楼梯间的净长；

       c——楼梯井的宽度；

       x——楼梯井的水平投影长度。

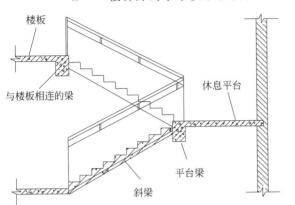 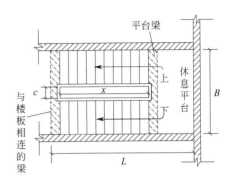

图 5-60   有楼梯-楼板相连梁的整体楼梯

提示： 整体楼梯(包括直形楼梯、弧形楼梯)的水平投影面积包括休息平台、平台梁、斜梁和楼梯的连接梁。当整体楼梯与现浇楼板无梯梁连接时，以楼梯的最后一个踏步边缘加300mm 为界，如图 5-61 所示。

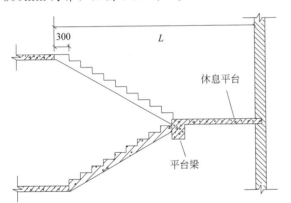 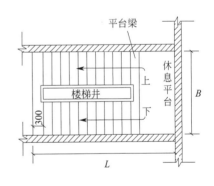

图 5-61   无楼梯-楼板相连梁的整体楼梯

2) 以立方米计量   按设计图示尺寸以体积计算。

(3) 现浇混凝土楼梯的定额工程量计算规则

楼梯应分层按其水平投影面积计算。楼梯井宽度超过 500mm 时，其面积应扣除。伸入墙内部分的体积已包括在定额内，不另计算。但楼梯基础、栏杆、扶手，应另列项目套用相应定额计算。楼梯水平投影面积包括踏步、休息平台、平台梁、斜梁及楼梯与楼板连接的梁。

5.7.7   现浇混凝土其他构件

(1)《房屋建筑与装饰工程工程量计算规范》中关于现浇混凝土其他构件的解释说明

在《房屋建筑与装饰工程工程量计算规范》(GB 50854—2013)附录 E(混凝土及钢筋混凝土工程)中，对现浇混凝土其他构件工程量清单的项目设置、项目特征描述的内容、计量单位及工程量计算规则等做出了详细的规定。表 5-37 列出了现浇混凝土其他构件部分常用项目的相关内容。

表 5-37 现浇混凝土其他构件（编号：010507）

项目编码	项目名称	项目特征	计量单位	工程量计算规则	工作内容
010507001	散水、坡道	1. 垫层材料种类、厚度； 2. 面层厚度； 3. 混凝土类别； 4. 混凝土强度等级； 5. 变形缝填塞材料种类	m²	按设计图示尺寸以水平投影面积计算。不扣除单个 ≤0.3m² 的孔洞所占面积	1. 地基夯实； 2. 铺设垫层； 3. 模板及支撑制作、安装、拆除、堆放、运输及清理模内杂物、刷隔离剂等； 4. 混凝土制作、运输、浇筑、振捣、养护； 5. 变形缝填塞
010507002	室外地坪	1. 地坪厚度； 2. 混凝土强度等级			
010507004	台阶	1. 踏步高、宽； 2. 混凝土种类； 3. 混凝土强度等级	1. m² 2. m³	1. 以平方米计量，按设计图示尺寸水平投影面积计算； 2. 以立方米计量，按设计图示尺寸以体积计算	1. 模板及支撑制作、安装、拆除、堆放、运输及清理模内杂物、刷隔离剂等； 2. 混凝土制作、运输、浇筑、振捣、养护
010507005	扶手、压顶	1. 断面尺寸； 2. 混凝土种类； 3. 混凝土强度等级	1. m 2. m³	1. 以米计量，按设计图示的中心线延长米计算； 2. 以立方米计量，按设计图示尺寸以体积计算	1. 模板及支架（撑）制作、安装、拆除、堆放、运输及清理模内杂物、刷隔离剂等； 2. 混凝土制作、运输、浇筑、振捣、养护

（2）现浇混凝土其他构件的清单工程量

1）散水、坡道、室外地坪的清单工程量　按设计图示尺寸以水平投影面积计算，不扣除单个在 0.3m² 以下孔洞所占面积。

2）台阶的清单工程量　台阶的清单工程量计算规则有两种：

① 以平方米计量，按设计图示尺寸以水平投影面积计算。

② 以立方米计量，按设计图示尺寸以体积计算。

提示：① 台阶与平台连接时，其分界线以最上层踏步外沿加 300mm 计算。

② 架空式混凝土台阶，按现浇楼梯计算。

3）扶手、压顶的清单工程量计算规则

① 以米计量，按设计图示尺寸的中心线延长米计算。

② 以立方米计量，按设计图示尺寸以体积计算。

5.7.8　预制混凝土

（1）《房屋建筑与装饰工程工程量计算规范》中关于预制混凝土的解释说明

在《房屋建筑与装饰工程工程量计算规范》（GB 50854—2013）附录 E（混凝土及钢筋混凝土工程）中，对预制混凝土工程量清单的项目设置、项目特征描述的内容、计量单位及工程量计算规则等做出了详细的规定。表 5-38～表 5-47 列出了预制混凝土部分常用项目的相关内容。

表 5-38　预制混凝土柱（编号：010509）

项目编码	项目名称	项目特征	计量单位	工程量计算规则	工作内容
010509001	矩形柱	1. 图代号； 2. 单件体积； 3. 安装高度； 4. 混凝土强度等级； 5. 砂浆（细石混凝土）强度等级、配合比	1. m³； 2. 根	1. 以立方米计量，按设计图示尺寸以体积计算； 2. 以根计量，按设计图示尺寸以数量计算	1. 模板制作、安装、拆除、堆放、运输及清理模内杂物、刷隔离剂等； 2. 混凝土制作、运输、浇筑、振捣、养护； 3. 构件运输、安装； 4. 砂浆制作、运输； 5. 接头灌缝、养护

表 5-39　预制混凝土梁（编号：010510）

项目编码	项目名称	项目特征	计量单位	工程量计算规则	工作内容
010510001	矩形梁	1. 图代号； 2. 单件体积； 3. 安装高度； 4. 混凝土强度等级； 5. 砂浆（细石混凝土）强度等级、配合比	1. m³； 2. 根	1. 以立方米计量，按设计图示尺寸以体积计算； 2. 以根计量，按设计图示尺寸以数量计算	1. 模板制作、安装、拆除、堆放、运输及清理模内杂物、刷隔离剂等； 2. 混凝土制作、运输、浇筑、振捣、养护； 3. 构件运输、安装； 4. 砂浆制作、运输； 5. 接头灌缝、养护
010510002	异形梁				
010510003	过梁				

表 5-40　预制混凝土板（编号：010512）

项目编码	项目名称	项目特征	计量单位	工程量计算规则	工作内容
010512001	平板	1. 图代号； 2. 单件体积； 3. 安装高度； 4. 混凝土强度等级； 5. 砂浆（细石混凝土）强度等级、配合比	1. m³； 2. 块	1. 以立方米计量，按设计图示尺寸以体积计算。不扣除单个面积≤300mm×300mm 的孔洞所占体积，扣除空心板空洞体积。 2. 以块计量，按设计图示尺寸以数量计算	1. 模板制作、安装、拆除、堆放、运输及清理模内杂物、刷隔离剂等； 2. 混凝土制作、运输、浇筑、振捣、养护； 3. 构件运输、安装； 4. 砂浆制作、运输； 5. 接头灌缝、养护
010512002	空心板				

表 5-41　预制混凝土楼梯（编号：010513）

项目编码	项目名称	项目特征	计量单位	工程量计算规则	工作内容
010513001	楼梯	1. 楼梯类型； 2. 单件体积； 3. 混凝土强度等级； 4. 砂浆（细石混凝土）强度等级	1. m³； 2. 段	1. 以立方米计量，按设计图示尺寸以体积计算。扣除空心踏步板空洞体积。 2. 以段计量，按设计图示数量计算	1. 模板制作、安装、拆除、堆放、运输及清理模内杂物、刷隔离剂等； 2. 混凝土制作、运输、浇筑、振捣、养护； 3. 构件运输、安装； 4. 砂浆制作、运输； 5. 接头灌缝、养护

表 5-42　其他预制构件(编号：010514)

项目编码	项目名称	项目特征	计量单位	工程量计算规则	工作内容
010514001	垃圾道、通风道、烟道	1. 单件体积； 2. 混凝土强度等级； 3. 砂浆强度等级	1. m³； 2. m²； 3. 根（块、套）	1. 以立方米计量，按设计图示尺寸以体积计算。不扣除单个面积≤300mm×300mm的孔洞所占体积，扣除烟道、垃圾道、通风道的孔洞所占体积。	1. 模板制作、安装、拆除、堆放、运输及清理模内杂物、刷隔离剂等； 2. 混凝土制作、运输、浇筑、振捣、养护； 3. 构件运输、安装； 4. 砂浆制作、运输； 5. 接头灌缝、养护
010514002	其他构件	1. 单件体积； 2. 构件的类型； 3. 混凝土强度等级； 4. 砂浆强度等级		2. 以平方米计量，按设计图示尺寸以面积计算。不扣除单个面积≤300mm×300mm的孔洞所占面积。 3. 以根计量，按设计图示尺寸以数量计算	

注：1. 以块、根计量，必须描述单件体积。
　　2. 预制钢筋混凝土小型池槽、压顶、扶手、垫块、隔热板、花格等，应按本表中其他构件项目编码列项。

（2）预制混凝土的定额工程量计算规则

预制混凝土的定额工程量按图示尺寸实体体积以立方米计算，不扣除构件内钢筋、铁件及小于 0.3m² 以内孔洞的面积，扣除空心板空洞体积。

预制桩按桩全长(包括桩尖)乘以桩断面(空心柱应扣除孔洞体积)以立方米计算。

5.8　混凝土工程计算工程实例

5.8.1　基础工程

5.8.1.1　阶段任务

根据《BIM 算量一图一练》专用宿舍楼图纸内容，以及 2013 版清单规范，完成本工程独立基础、基础垫层的工程量计算。

5.8.1.2　任务分析

在计算基础工程量前，应通过识图回答表 5-43 中的几个问题。

表 5-43　基础工程问题

序号	问题	本工程情况		识图	计算规则分析	
1	本工程的基础类型是什么？	阶梯状独立基础		基础平面布置图、混凝土结构施工图平面整体表示方法制图规则和构造详图 16G101-3 第 7 页	《2016 定额》第 166 页：现浇混凝土构件，除另有规定者外，均按设计图示尺寸以体积计算。不扣除构件内钢筋、预埋铁件和伸入承台的桩头所占体积，不扣除伸入承台基础的桩头所占的体积	《计算规范》第 30 页：按设计图示尺寸以体积计算。不扣除伸入承台基础的桩头所占体积
2	基础与柱的分界线在哪里？	基础顶面				
3	基础垫层位置、面积、厚度分别是多少？	基础垫层位置	独基底板下	基础平面布置图		
		基础垫层面积	每边宽出基础边 100mm			
		基础垫层厚度	100mm			

5.8.1.3　任务实施

见表 5-44～表 5-47。

表 5-44　独立基础混凝土工程量计算表

构件名称	算量类别	清单编码	项目名称	项目特征	算量名称	计算公式	工程量	单位
DJj01	清单	010501003	独立基础	1. 混凝土种类：商品混凝土； 2. 混凝土强度等级：C30(20)	独立基础体积	(长×宽×高+长×宽×高)×数量 (2.7×2.7×0.25+2.3×2.3×0.2)×5	14.4025	m³
	定额	5-1-6	现浇混凝土 独立基础 混凝土 C30		独立基础体积	同上	1.4025	10m³
	清单	011702001	基础	普通模板	模板与混凝土接触面积	(底边周长×高)×数量 (2.7×4×0.25+2.3×4×0.2)×5	22.7	m²
	定额	18-1-5	现浇混凝土模板 独立基础 复合模板 木支撑		模板与混凝土接触面积	同上	0.227	100m²
DJj02	清单	010501003	独立基础	1. 混凝土种类：商品混凝土； 2. 混凝土强度等级：C30(20)	独立基础体积	(长×宽×高+长×宽×高)×数量 (3.2×3.2×0.3+2.8×2.8×0.25)×1	5.032	m³
	定额	5-1-6	现浇混凝土 独立基础 混凝土 C30		独立基础体积	同上	0.5032	10m³
	清单	011702001	基础	普通模板	模板与混凝土接触面积	(底边周长×高)×数量 (3.2×4×0.3+2.8×4×0.25)×1	6.64	m²
	定额	18-1-5	现浇混凝土模板 独立基础 复合模板 木支撑		模板与混凝土接触面积	同上	0.0664	100m²

请在下表中练习计算 DJj03、DJj04、DJj05、DJj06、DJj07、DJj08 的工程量。（下列表格中可根据工程实际扩展）

构件名称	算量类别	清单编码	项目名称	项目特征	算量名称	计算公式	工程量	单位
DJj03	清单	010501003	独立基础	1. 混凝土种类：商品混凝土； 2. 混凝土强度等级：C30(20)	独立基础体积	(长×宽×高+长×宽×高)×数量		m³
	定额	5-1-6	现浇混凝土 独立基础 混凝土 C30		独立基础体积			10m³
	清单	011702001	基础	普通模板	模板与混凝土接触面积	(底边周长×高)×数量		m²
	定额	18-1-5	现浇混凝土模板 独立基础 复合模板 木支撑		模板与混凝土接触面积			100m²
DJj04	清单	010501003	独立基础	1. 混凝土种类：商品混凝土； 2. 混凝土强度等级：C30(20)	独立基础体积	(长×宽×高+长×宽×高)×数量		m³
	定额	5-1-6	现浇混凝土 独立基础 混凝土 C30		独立基础体积			10m³
	清单	011702001	基础	普通模板	模板与混凝土接触面积	(底边周长×高)×数量		m²
	定额	18-1-5	现浇混凝土模板 独立基础 复合模板 木支撑		模板与混凝土接触面积			100m²

表 5-45　坡道砖基础工程量计算表

构件名称	算量类别	清单编码	项目名称	项目特征	算量名称	计算公式	工程量	单位
坡道基础砖基础及垫层	清单	010401001	砖基础	1. 砖品种、规格、强度等级：烧结煤矸石普通砖 240×115×53；2. 砂浆强度等级：干混砌筑砂浆 DM M5；4. 垫层种类：80厚碎石垫层；5. 部位：坡道基础	砖基础体积	截面积×坡道长度 (0.36×0.12+0.24×0.72+0.14×0.1)×(7.37+1.22+0.3+5.74)	3.36	m³
	定额	4-1-1			砖基础体积	3.36/10	0.34	10m³
	定额	2-1-5		M5.0水泥砂浆砖基础（干铺碎石垫层（机械振动））	砖基础垫层体积	0.36×0.08×14.8×0.1	0.04	10m³

表 5-46　独立基础垫层工程量计算表

构件名称	算量类别	清单编码	项目名称	项目特征	算量名称	计算公式	工程量	单位
DJj01	清单	010501001	垫层	1. 混凝土种类：商品混凝土；2. 混凝土强度等级：C15(20)	独立基础垫层体积	(长×宽×高)×数量 2.9×2.9×0.1×5	4.205	m³
	定额	2-1-18		现浇混凝土基础垫层C15	独立基础垫层体积	同上	0.4205	10m³
	清单	011702001	基础	1. 现浇独立基础垫层复合模板；2. 工作内容：模板及支撑制作、安装、拆除，堆放、运输及清理模板内杂物、刷隔离剂等	模板与混凝土接触面积	2.9×4×0.1×5	5.8	m²
	定额	18-1-1		现浇混凝土基础垫层复合模板	模板与混凝土接触面积	同上	0.058	100m²
DJj02	清单	010501001	垫层	1. 混凝土种类：商品混凝土；2. 混凝土强度等级：C15(20)	独立基础垫层体积	(长×宽×高)×数量 3.4×3.4×0.1×1	1.156	m³
	定额	2-1-18		现浇混凝土基础垫层C15	独立基础垫层体积	同上	0.1156	10m³
	清单	011702001	基础	1. 现浇独立基础垫层复合模板；2. 工作内容：模板及支撑制作、安装、拆除，堆放、运输及清理模板内杂物、刷隔离剂等	模板与混凝土接触面积	3.4×4×0.1×1	1.36	m²
	定额	5-171		现浇混凝土基础垫层复合木模板	模板与混凝土接触面积	同上	0.0136	100m²

续表

构件名称	算量类别	清单编码	项目名称	项目特征	算量名称	计算公式	工程量	单位
DJj03	清单	010501001001	垫层	1. 混凝土种类:商品混凝土; 2. 混凝土强度等级:C15(20)	独立基础垫层体积	(长×宽×高)×数量		m³
	定额	2-1-18		现浇混凝土基础垫层C15	独立基础垫层体积	(底边周长×高)×数量		10m³
	清单	011702001	基础	1. 现浇独立基础垫层复合模板; 2. 工作内容:模板及支撑制作、安装、拆除、堆放、运输及清理模板内杂物、刷隔离剂等	模板与混凝土接触面积	(底边周长×高)×数量		m²
	定额	5-171		现浇混凝土基础垫层复合木模板	模板与混凝土接触面积			100m²
DJj04	清单	010501001001	垫层	1. 混凝土种类:商品混凝土; 2. 混凝土强度等级:C15(20)	独立基础垫层体积	(长×宽×高)×数量		m³
	定额	2-1-18		现浇混凝土基础垫层C15	独立基础垫层体积			10m³
	清单	011702001	基础	1. 现浇独立基础垫层复合模板; 2. 工作内容:模板及支撑制作、安装、拆除、堆放、运输及清理模板内杂物、刷隔离剂等	模板与混凝土接触面积	(底边周长×高)×数量		m²
	定额	5-171		现浇混凝土基础垫层复合木模板	模板与混凝土接触面积			100m²

表 5-47 坡道砖基础垫层工程量计算表

构件名称	算量类别	清单编码	项目名称	项目特征	算量名称	计算公式	工程量	单位
坡道砖基础垫层	清单	010404001	垫层	80厚碎石垫层	碎石垫层体积	(长×宽×高)×数量 0.36×0.08× (7.37+1.22+0.3+5.74)	0.42	m³
	定额	2-1-5	地面垫层碎(砾)石干铺	干铺碎石垫层 (机械振动)	碎石垫层体积	0.42/10	0.042	10m³

5.8.1.4 任务总结

基础工程量的计算应注意以下几点：

① 通体读图，弄清楚基础与上层建筑的标高关系。如本工程，通过识图就可以了解到，框柱的生根部位是独立基础，首层墙体的生根部位有两种，一种是标高为－0.05处的DL，另一种直接生根在首层地面混凝土垫层上。

② 基础计算规则方面，注意基础与柱的分界线为独基上表面，参见《山东省建筑工程消耗量定额》（SD 01-31-2016）第104页、《房屋建筑与装饰工程工程量计算规范》（GB 50584—2013）第30页，分界线以下为独基，以上为柱。

③ 基础垫层工程量相对简单，关键在于识图。另外，由于基础垫层与基底钎探、挖基础土方工程量有关联，因此在进行计算时，注意前后联系，减少重复工作量，从而提高工作效率。

5.8.2 混凝土柱

5.8.2.1 阶段任务

根据《BIM算量一图一练》专用宿舍楼图纸内容，以及2013版清单规范，完成框架柱、构造柱、梯柱的工程量计算。

5.8.2.2 任务分析

在计算柱子工程量前，应通过识图，分析表5-48中的问题。

表 5-48 柱子问题分析

序号	项目	本工程情况	识图	计算规则分析	
1	柱高	框架柱	结施-04 见柱表	1.《山东省建筑工程消耗量定额》（SD 01-31-2016）第104页：现浇柱，按设计图示尺寸以体积计算。不扣除构件内钢筋、预埋铁件所占体积。柱高按以下规定计算： ① 有梁板的柱高，应自柱基上表面（或楼板上表面）至上一层楼板上表面的高度计算。 ② 无梁板的柱高，应自柱基上表面（或楼板上表面）至柱帽下表面的高度计算。 ③ 框架柱的柱高，应自柱基上表面至柱顶高度计算。 ④ 构造柱按全高计算，嵌接墙体部分并入柱身计算。 ⑤ 依附柱上的牛腿和升板的柱帽，并入柱身体积计算。 2.《山东省建筑工程消耗量定额》（SC 01-31-2016）第520页，现浇混凝土柱模板，按柱四周展开宽度乘以柱高，以面积计算。① 柱、梁相交时，不扣除梁头所占柱模板面积；② 柱、板相交时，不扣除板厚所占柱模板面积	清单计算规则同定额
		构造柱	结构说明第6条		
		梯柱	楼梯结构详图		

5.8.2.3 任务实施

柱工程量计算表见表5-49。

表5-49 柱工程量计算表

构件名称	算量类别	清单编码	项目名称	项目特征	算量名称	计算公式	工程量	单位
KZ1（部位：±0.00以下）	清单	010502001	矩形柱	1. 混凝土种类：商品混凝土；2. 混凝土强度等级：C30(20)	柱本积	截面积×高×数量 / 0.5×0.5×1.85×1	0.4625	m³
	定额	5-1-14	矩形柱	现浇混凝土 矩形柱 C30	柱体积	同上	0.0463	10m³
	清单	011702002	矩形柱	1. 现浇混凝土模板 矩形柱 复合模板 钢支撑；2. 工作内容：模板及支撑制作、安装、拆除、堆放、运输及清理模板内杂物、刷隔离剂等	模板与混凝土接触面积	柱截面周长×柱高×数量 / 0.5×4×1.85×1	3.7	m²
	定额	18-1-36	矩形柱	现浇混凝土 矩形柱 模板 复合木模板 钢支撑	模板与混凝土接触面积	同上	0.037	100m²
KZ2（部位：±0.00以下）	清单	010502001	矩形柱	1. 混凝土种类：商品混凝土；2. 混凝土强度等级：C30(20)	柱体积	截面积×高×数量 / 0.5×0.5×1.85	0.4625	m³
	定额	5-1-14	矩形柱	现浇混凝土 矩形柱 C30	柱体积	同上	0.0463	10m³
	清单	011702002	矩形柱	1. 现浇混凝土模板 矩形柱 复合模板 钢支撑；2. 工作内容：模板及支撑制作、安装、拆除、堆放、运输及清理模板内杂物、刷隔离剂等	模板与混凝土接触面积	柱截面周长×柱高×数量 / 0.5×4×1.85×1	3.7	m²
	定额	18-1-36	矩形柱	现浇混凝土 矩形柱 模板 复合木模板 钢支撑	模板与混凝土接触面积	同上	0.037	100m²
TZ1（部位：1~2层）	清单	010502001	矩形柱	1. 混凝土种类：商品混凝土；2. 混凝土强度等级：C30(20)；3. 部位：±0.00以上；4. 截面周长：1.2m以内	柱体积	截面积×高×数量 / 0.2×0.4×1.8×8	1.152	m³
	定额	5-1-14	矩形柱	现浇混凝土 矩形柱 C30	柱体积	同上	0.0463	10m³
	清单	011702002	矩形柱	1. 现浇混凝土模板 矩形柱 复合模板 钢支撑；2. 工作内容：模板及支撑制作、安装、拆除、堆放、运输及清理模板内杂物、刷隔离剂等	模板与混凝土接触面积	柱截面周长×柱高×数量 / (0.2+0.4)×2×1.8×8	17.28	m²
	定额	18-1-36	矩形柱	现浇混凝土 矩形柱 模板 复合木模板 钢支撑	模板与混凝土接触面积	同上	0.1728	100m²

请在下表中练习计算基础层中KZ3~KZ24的工程量。（下列表格可根据工程实际扩展）

续表

		分项			计算公式	工程量	单位
KZ3 （部位： ±0.00 以下）	清单	010502001	矩形柱	1. 混凝土种类：商品混凝土； 2. 混凝土强度等级：C30(20)； 3. 部位：±-0.00 以下； 4. 截面周长：1.8m 以上	柱体积	截面积×高×数量	m³
	定额	5-1-14	矩形柱	现浇混凝土 矩形柱 C30	柱体积	同上	10m³
	清单	011702002	矩形柱	1. 现浇混凝土模板柱 矩形柱 复合模板 钢支撑； 2. 工作内容：模板及支撑制作、安装、拆除、堆放、运输及清理模板内杂物、刷隔离剂等	模板与混凝土接触面积	柱截面周长×柱高×数量	m²
	定额	18-1-36	矩形柱	现浇混凝土模板 矩形柱 复合木模板 钢支撑	模板与混凝土接触面积	同上	100m²
KZ4 （部位： ±0.00 以下）	清单	010502001	矩形柱	1. 混凝土种类：商品混凝土； 2. 混凝土强度等级：C30(20)； 3. 部位：±0.00 以下； 4. 截面周长：1.8m 以上	柱体积	截面积×高×数量	m³
	定额	5-1-14	矩形柱	现浇混凝土 矩形柱 C30	柱体积	同上	10m³
	清单	011702002	矩形柱	1. 现浇混凝土模板柱 矩形柱 复合模板 钢支撑； 2. 工作内容：模板及支撑制作、安装、拆除、堆放、运输及清理模板内杂物、刷隔离剂等	模板与混凝土接触面积	柱截面周长×柱高×数量	m²
	定额	18-1-36	矩形柱	现浇混凝土模板 矩形柱 复合木模板 钢支撑	模板与混凝土接触面积	同上	100m²

5.8.2.4　任务总结

从本工程的混凝土柱工程量计算中，应学会如下计算思路：

① 混凝土柱的工程量计算应区分不同楼层、混凝土强度等级、截面及类型计算。

② 混凝土柱子的工程量计算中，关于框架柱高度及构造柱高度的规定是有区别的，需特别注意。

③ 特别注意需要掌握构造柱马牙槎的计算方法。

④ 由于混凝土构件均必须与模板结合考虑，因此在计算混凝土柱时，应对模板超高的柱子单列项目计算。

5.8.3　混凝土梁

5.8.3.1　阶段任务

根据《BIM 算量一图一练》专用宿舍楼图纸内容，以及 2013 版清单规范，完成标高为 −0.05m 处 DL、标高 3.55m 处 KL16、标高 7.20m 处 KL3、梁的工程量计算。

5.8.3.2　任务分析

在计算混凝土梁工程量前，应通过识图分析表 5-50 中的问题。

表 5-50　梁问题分析

序号	分类	位置	识图	计算规则解读	
1	矩形梁	标高 −0.05m 处的梁	结施-05	《山东省建筑工程消耗量定额》（SD 01-31-2016）第 104 页。梁按图示断面尺寸乘以梁长以体积计算。梁长及梁高按下列规定确定： ① 梁与柱连接时，梁长算至柱侧面。② 主梁与次梁连接时，次梁长算至主梁侧面。伸入墙体内的梁头、梁垫体积并入梁体积内计算。③ 过梁长度按设计规定计算，设计无规定时，按门窗洞口宽度，两端各加 250mm 计算	2013 版《计算规范》同定额规则
2		标高 3.55m 处 KL	结施-06		
3		标高 7.2m 处 WKL、KL	结施-07		
4		标高 10.8m 处 WKL	结施-10		
5	有梁板（本章节仅对矩形梁计算，对于有梁板的计算则在"现浇混凝土板"相关的章节中进行）	标高 3.55m 处次梁	结施-06	（1）《山东省建筑工程消耗量定额》（SD 01-31-2016）第 104 页，板工程量按设计尺寸以体积计算，不扣除单个面积 0.3m² 以内的柱、垛及孔洞所占的体积，其中有梁板包括梁与板，按梁、板体积之和计算。 （2）《山东省建筑工程消耗量定额》（SD 01-31-2016）第 102 页，有梁板与平板的区分	—
6		标高 7.2m 处次梁	结施-07		

注：本章节仅对单梁连续梁计算，对于有梁板的计算则在"现浇混凝土板"相关的章节中进行。

5.8.3.3　任务实施

屋面层——有梁板工程量计算表见表 5-51。

表 5-51 屋面层——有梁板工程量计算表

构件名称	算量类别	清单编码	项目特征	算量名称	计算公式	工程量	单位
WKL1 有梁板	清单	010505001	1：C30；2：商混凝土	梁体积	宽×高×(中心线扣主梁)×数量	2.1776	m³
	定额	5-1-31		梁体积	(0.25×0.65×7.725-0.1665)×2	0.2178	10m³
	清单	011702006	普通模板	梁模板	宽×高×(中心线扣主梁)×数量	2.1776	m³
	定额	18-1-56		梁模板体积	(0.25×0.65×7.725-0.1665)×2	0.2178	10m³
WKL2 有梁板	清单	010505001	1：C30；2：商混凝土	梁体积	宽×高×(中心线扣主梁)×数量	2.1524	m³
	定额	5-1-31		梁体积	(0.25×0.65×7.725-0.1791)×2	0.2152	10m³
	清单	011702006	普通模板	梁模板体积	宽×高×(中心线扣主梁)×数量	2.1524	m³
	定额	18-1-56		梁模板体积	(0.25×0.65×7.725-0.1791)×2	0.2152	10m³

请在下表中练习计算有梁板中其他梁的工程量（下列表格可根据工程实际扩展）

构件名称	算量类别	清单编码	项目特征	算量名称	计算公式	工程量	单位
	分项						
WKL3 有梁板	清单	010505001	1：C30；2：商混凝土	梁体积	宽×高×(中心线扣主梁)×数量		m³
	定额	5-1-31		梁体积			10m³
	清单	011702006	普通模板	梁模板体积	宽×高×(中心线扣主梁)×数量		m³
	定额	18-1-56		梁模板体积			10m³
WKL4 有梁板	清单	010505001	1：C30；2：商混凝土	梁体积	宽×高×(中心线扣主梁)×数量		m³
	定额	5-1-31		梁体积			10m³
	清单	011702006	普通模板	梁模板体积	宽×高×(中心线扣主梁)×数量		m³
	定额	18-1-56		梁模板体积			10m³

续表

基础层—单梁

构件名称	算量类别	清单编码	项目特征	算量名称	计算公式	工程量	单位	计算规则
DL1单梁	清单	010503002	1. 混凝土种类：预拌；2. 混凝土强度等级：C30(20)；3. 部位：梁顶标高－0.05m，3.55m、7.22m、10.8m处	梁体积	(宽×高×中心线－柱所占体积)×数量 (0.3×0.6×3.85－0.09)×2	1.206	m³	2016《山东省建筑工程消耗量定额》第104页：梁按图示断面尺寸乘以梁长以体积计算。梁长及梁高按下列规定确定：(1)梁与柱连接时，梁长算至柱侧面；(2)主次梁连接时，次梁长算至主梁侧面，伸入墙内的梁头、梁垫体积并入梁体积内计算。
	定额	5-1-19	现浇混凝土 矩形梁 C30	梁体积	同上	0.1206	10m³	
	清单	011702006	现浇混凝土 矩形梁复合模板 钢支撑；2. 工作内容：模板及支撑制作、安装、拆除、堆放、运输及清理模板内杂物、刷隔离剂等	模板与混凝土接触面积	(宽+高×2)×净长线×数量 (0.3+0.6×2)×3.35×2	10.05	m²	2016《山东省建筑工程消耗量定额》第520页：现浇梁、板模板按混凝土与模板的接触面积计算。(1)矩形梁、支座处的模板不扣除，端头处的模板不增加。
	定额	18-1-56	现浇混凝土 矩形梁复合木模板 钢支撑	模板与混凝土接触面积	同上	1.005	100m²	
DL2单梁	清单	010503002	1. 混凝土种类：预拌；2. 混凝土强度等级：C30(20)；3. 部位：梁顶标高－0.05m，3.55m、7.22m、10.8m处	梁体积	(宽×高×中心线－柱所占体积)×数量 (0.3×0.6×3.55－0.135)×2	1.008	m³	
	定额	5-1-19	现浇混凝土 矩形梁 C30	梁体积	同上	0.1008	10m³	
	清单	011702006	现浇混凝土 矩形梁复合模板 钢支撑；2. 工作内容：模板及支撑制作、安装、拆除、堆放、运输及清理模板内杂物、刷隔离剂等	模板与混凝土接触面积	(宽+高×2)×净长线×数量 (0.3+0.6×2)×2.8×2	8.4	m²	
	定额	5-232	现浇混凝土 矩形梁复合模板 钢支撑	模板与混凝土接触面积	同上	0.084	100m²	

续表

构件名称	算量类别	清单编码	项目特征	算量名称	计算公式	工程量	单位	计算规则
DL.3 单梁	清单	010503002	1.混凝土种类：预拌；2.混凝土强度等级：C30(20)；3.部位：梁顶标高-0.05m，3.55m，7.22m，10.8m处	梁体积	（宽×高×中心线-柱所占体积）×数量 （0.3×0.6×32.7-0.45）×1	5.436	m³	（2）梁、梁相交时，不扣除次梁梁头所占面积。（3）梁、梁侧连接模板算至板下坪。壁模算至梁至板下坪。（4）过梁与圈梁连接时，其过梁长度按洞口两端共加50cm计算
	定额	5-1-19	现浇混凝土 矩形梁 复合模板 钢支撑	梁体积	同上	0.5436	10m³	
	清单	011702006	1.工作内容：模板及支撑制作、安装、拆除、堆放、运输及清理模板内杂物、刷隔离剂等	模板与混凝土接触面积	（宽+高×2)×净长线×数量 (0.3+0.6×2)×30.2×1	45.3	m²	
	定额	5-232	现浇混凝土模板 矩形梁 复合木模板 钢支撑	梁模板体积	同上	0.453	100m²	

注：清练习基础层其他单梁的工程量。

构件名称	算量类别	清单编码	项目特征	算量名称	计算公式
DL.4 单梁	清单	010503002	1.混凝土种类：预拌；2.混凝土强度等级：C30(20)；3.部位：梁顶标高-0.05m，3.55m，7.22m，10.8m处	梁体积	（宽×高×中心线-柱所占体积）×数量
	定额	5-1-19	现浇混凝土 矩形梁 复合模板 钢支撑	梁体积	同上
	清单	011702006	1.工作内容：模板及支撑制作、安装、拆除、堆放、运输及清理模板内杂物、刷隔离剂等	模板与混凝土接触面积	（宽+高×2)×净长线×数量
	定额	5-232	现浇混凝土模板 矩形梁 复合木模板 钢支撑	模板与混凝土接触面积	

续表

构件名称	算量类别	清单编码	项目特征	算量名称	计算公式
DL.5 单梁	清单	010503002	1. 混凝土种类：预拌； 2. 混凝土强度等级：C30 (20)； 3. 部位：梁顶标高−0.05m，3.55m、7.22m、10.8m处	梁体积	（宽×高×中心线−柱所占体积）×数量
	定额	5-1-19	现浇混凝土 矩形梁　C30	梁体积	
	清单	011702006	现浇混凝土 矩形梁复合模板、钢支撑； 1. 工作内容：模板及支撑制作、安装、拆除、堆放、运输及清理模板内杂物、刷隔离剂等	模板与混凝土接触面积	（宽+高×2）×净长线×数量
	定额	5-232	现浇混凝土模板 矩形梁复合木模板钢支撑	模板与混凝土接触面积	

5.8.3.4　任务总结

从本工程的混凝土梁工程量计算中，应学会如下计算思路：

① 在梁的体积计算中，梁长度的计算是关键。关于梁长度计算的规定为：梁与柱连接时，梁长算至柱侧面；主梁与次梁连接时，次梁长算至主梁侧面。参见《房屋建筑与装饰工程工程量计算规范》（GB 50584—2013）第 31 页。

② 由于在建筑物中梁较多，为避免计算混乱，应于计算过程中在图纸上做好标记。

③ 梁与楼板、阳台板、雨篷板、挑檐板、楼梯、柱等混凝土构件均有联系，在工程量计算前应首先做判别分类，以免列项错误。

④ 由于混凝土构件均必须与模板结合考虑，因此在计算混凝土梁时，应对模板超高的梁单列项目计算。

5.8.4　混凝土板

5.8.4.1　阶段任务

根据《BIM 算量一图一练》专用宿舍楼图纸内容，以及 2013 版清单规范，完成标高 3.55m 处有梁板、标高 7.20m 处有梁板、平台板的工程量计算。

5.8.4.2　任务分析

在计算混凝土有梁板工程量前，由于梁与板关系密切，因此应先复习本书关于"混凝土梁"的相关章节，掌握了"有梁板"的定义之后，再分析表 5-52 中的问题。

表 5-52　有梁板的问题分析

序号	疑问	分析	识图	计算规则解读	
1	有梁板的工程量计算规则是什么？	结合《山东省建筑工程消耗量定额》（SD 01-31-2016）第 102 页"现浇梁、板区分示意图"进行分析；	结施 06、结施 07、结施 08、结施 09、结施 10	结合《山东省建筑工程消耗量定额》（SD 01-31-2016）第 104～106 页计算规则进行分析：本工程应按不同楼层及标高处的有梁板分别计算，有梁板工程量为梁与板体积之和	2013 清单计算规则同定额
2	阳台板的计算规则是什么？	结合《山东省建筑工程消耗量定额》（SD 01-31-2016）第 105 页"阳台、雨篷按伸出外墙部分的水平投影面积计算，伸出外墙的牛腿不另计算，其嵌入墙内的梁另按梁有关规定单独计算；雨篷的翻檐按展开面积，并入雨篷内计算。井字梁雨篷，按有梁板计算规则计算。"	首层建筑平面图、二层建筑平面图、阳台处节点详图、梁及板结施平面图	结合《山东省建筑工程消耗量定额》（SD 01-31-2016）第 166～168 页计算规则进行分析：（1）混凝土部分：凸阳台（凸出外墙外侧用悬挑梁悬挑的阳台）按阳台项目计算；凹进墙内的阳台，按梁、板分别计算，阳台栏板、压顶分别按栏板、压顶项目计算。	2013 清单计算规则同定额

序号	疑问	分析	识图	计算规则解读
2	阳台板的计算规则是什么?	结合《山东省建筑工程消耗量定额》(SD 01-31-2016)第 105 页"阳台、雨篷按伸出外墙部分的水平投影面积计算,伸出外墙的牛腿不另计算,其嵌入墙内的梁另按梁有关规定单独计算;雨篷的翻檐按展开面积,并入雨篷内计算。井字梁雨篷,按有梁板计算规则计算。"	首层建筑平面图、二层建筑平面图、阳台处节点详图、梁及板结施平面图	(2)模板部分:当执行阳台板项目时,现浇混凝土阳台模板按图示外挑部分尺寸的水平投影面积计算;挑出墙外的悬臂梁及板边不另计算 2013 清单计算规则同定额
3	本工程混凝土板分类	标高 3.55m 处,D 轴、C 轴之间的楼板判断为平板;其余位置楼板判断为有梁板	结施 06、结施 08	— —
		标高 7.2m 处:① A 轴、C 轴、1 轴、13 轴围合区域楼板判断为有梁板;② D 轴、F 轴、2 轴、11 轴围合区域判断为有梁板;③ 楼梯平台板判断为有梁板;④ 除以上 3 种情况外,均判断为平板	结施 07、结施 09	— —
		标高 10.8m 处,判断为平板	结施 10	— —
		标高 3.55m 处,空调板可执行"悬挑板"项目	建施 03、结施 08	— —
		阳台梁、阳台板均不属于"三面悬挑的凸阳台",故随主楼板分类方法判断计算	—	— —

注:在本章节仅对有梁板工程量进行计算。

5.8.4.3 任务实施

首层板、二层板工程量计算见表 5-53、表 5-54。

请在表 5-54 中练习计算二层及楼梯间有梁板中板的工程量。(下列表格可根据工程实际扩展)

表5-53 首层板工程量计算表

构件名称	算量类别	清单编码	项目特征	算量名称	位置	计算公式	工程量	单位
首层有梁板：B100（注：本表仅表现有梁板中板的工程量的工程量计算，梁的工程量计算详见相关章节）	清单	010505001	1. 混凝土种类：预拌；2. 混凝土强度等级：C30(20)；3. 板厚：100mm	有梁板体积	A-C/1-3, A-C/12-14, D-F/1-2, D-F/13-14	[板净面积×板厚]×数量；(3.6-0.25)×(7.2-0.45)×0.1×6	13.57	(55.81)m³
					A-C/4-12, D-F/10-12, D-F/4-7	[板净面积×(7.2-0.45)×板厚]×数量；(3.6-0.225)×(7.2-0.45)×0.1×13	29.62	
					A-C/3-4, D-F/3-4	[板净面积×板厚]×数量；(3.6-0.2)×(7.2-0.45)×0.1×2	4.59	
					D-F/7-9	[板净面积×板厚]×数量；(3.6-0.25)×(7.2-0.25)×0.1×2	4.66	
					D-F/9-10	[板净面积×板厚]×数量；(3.6-0.25)×(7.2-0.275)×0.1×1	2.32	
					楼梯平台板	[楼梯平台板净面积×板厚]×数量；(2.0-0.25-0.15)×(3.6-0.15-0.15)×0.1×2	1.06	
	定额	5-1-31	现浇混凝土有梁板 C30	有梁板体积	/	同清单汇总	5.58	10m³
	清单	011702014	1. 现浇有梁板复合模板 钢支撑；2. 工作内容：模板及支撑制作、安装、拆除、堆放、运输及清理模板内杂物、刷隔离剂等	模板与混凝土接触面积	/	略	556.41	m²
	定额	18-1-92	现浇混凝土有梁板 有梁板复合木模板 钢支撑	模板与混凝土接触面积	/	同清单汇总	5.56	100m²
首层平板：B100	清单	010505003	1. 混凝土种类：预拌；2. 混凝土强度等级：C30(20)；3. 板厚：100mm	平板体积	C-D/1-14	[板净面积×板厚]×数量；(2.4-0.2)×(46.8-0.4×2-0.25×6)×0.1	9.79	m³
	定额	5-1-33	现浇混凝土平板 C30	平板体积	C-D/1-14	同清单工程量	0.98	10m³
	清单	011702016	1. 现浇平板复合模板 钢支撑；2. 工作内容：模板及支撑制作、安装、拆除、堆放、运输及清理模板内杂物、刷隔离剂等	模板与混凝土接触面积	C-D/1-14	板底部模板面积+侧边模板面积；(2.4-0.2)×(46.8-0.4×2-0.25×6)+0	97.90	m²
	定额	18-1-100	现浇混凝土平板 平板复合木模板 钢支撑	模板与混凝土接触面积	C-D/1-14	同清单汇总	0.98	100m²

注：板厚（mm）100以内为定额计价规范。

表 5-54 二层板工程量计算表（参考结施-9）

构件名称	算量类别	清单编码	项目特征	算量名称	位置	计算公式	工程量	单位
二层有梁板：B100	清单	010505001	1. 混凝土种类：预拌； 2. 混凝土强度等级：C30(20)； 3. 板厚：100mm	有梁板体积				m^3
	定额	5-1-31	现浇混凝土 有梁板 C30	有梁板体积				$10m^3$
	清单	011702014	有梁板模板	模板与混凝土接触面积				m^2
	定额	18-1-92	现浇混凝土模板 有梁板 复合木模板 钢支撑	模板与混凝土接触面积				$100m^2$
二层平板：B100	清单	010505003	1. 混凝土种类：预拌； 2. 混凝土强度等级：C30(20)； 3. 板厚：100mm	平板体积				m^3
	定额	5-1-33	现浇混凝土平板 C30	平板体积				$10m^3$
	清单	011702016	1. 现浇平板复合模板、钢支撑； 2. 工作内容：模板及支撑制作、安装、拆除、堆放、运输及清理模板内杂物、刷隔离剂等	模板与混凝土接触面积				m^2
	定额	18-1-100	现浇混凝土模板 平板 复合木模板 钢支撑	模板与混凝土接触面积				$100m^2$

5.8.4.4 任务总结

① 混凝土板工程量的计算应首先区分有梁板、平板、无梁板，针对特殊情况的阳台、雨篷是否作为有梁板计算也应掌握其判断方法。

② 由于混凝土构件均必须与模板结合考虑，因此在计算混凝土板时，应对模板超高的板单列项目计算。

5.8.5 构造柱与圈梁

5.8.5.1 阶段任务

根据《BIM算量一图一练》专用宿舍楼图纸内容，以及2013版清单规范，完成本工程构造柱及圈梁的工程量计算。

5.8.5.2 任务分析

构造柱与圈梁均属于填充墙构造措施内容，构造柱的设置原则往往在图纸的建施说明及结施说明中以文字的形式说明，因此，文字理解与图纸的关系尤为重要，见表5-54。

5.8.5.3 任务实施

见表5-55、表5-56。

表5-55 构造柱及圈梁分析

序号	项目	分析		识图	备注
1	构造柱位置	各层平面图所示	仅"标高为7.20m处的屋面板配筋图中注明构造柱具体位置"	结施-01第6.2条	
		悬墙端头处	此种情况在本工程中不存在		
		墙体转角及交接处（100mm厚墙体除外）需修改图纸	见图纸标注		
		墙长超过墙长两倍的墙中	此种情况在本图中不存在		
	构造柱截面	200mm×200mm（墙厚×200）			
	构造柱高度	首层	-0.05～首层单梁底		
		二层	3.55～屋顶单梁底		
		屋面	7.20～女儿墙压顶底	"基础平面图"中压顶详图	
2	圈梁位置、圈梁截面、圈梁长度	当填充墙高度超过4m时，应在填充墙高度的中部或门窗洞口顶部设置墙厚×墙厚并与混凝土柱连接的通长钢筋混凝土水平系梁	由于本工程层高为3.6m，因此填充墙的砌筑高度无超过4m的情况，因此本工程无圈梁	结施-01第6.1条	

表 5-56　构造柱计算

构件名称	算量类别	清单编码	项目名称	项目特征	算量名称	部位	计算公式	工程量	单位
首层									
GZ1	清单	010502002	构造柱	1. 混凝土种类：预拌混凝土；2. 混凝土强度等级：C25(20)	构造柱体积	首层：1/B轴，14/B轴	(构造柱长×构造柱宽×净高×圈梁体积－马牙槎体积)×数量	0.34	m³
	定额	5-1-17 换	现浇混凝土 构造柱 换为【预拌混凝土 C25】		构造柱体积		(0.2×0.2×(3.6-0.6)+0.2×0.06×(3.6-0.6)×3/2-0.2×0.2×0.03×2)×2	0.03	10m³
	清单	011702003	构造柱	普通模板	模板与混凝土接触面积		按模板接触面积计算（马牙槎宽度按 60mm 计）	3.26	m²
	定额	18-1-40	现浇混凝土模板 构造柱 复合木模板 钢支撑		模板与混凝土接触面积		同上 [(0.2+0.06×2)×(3.6-0.6)-0.06×1×0.2+0.06×2×(3.6-0.6)×2-0.06×2×(3.6-0.5-0.2)]×2	0.03	10m²
GZ1	清单	010502002	构造柱	1. 混凝土种类：预拌混凝土；2. 混凝土强度等级：C25(20)	构造柱体积	部位：标高 7.2m 屋面 女儿墙边	(构造柱长×构造柱宽×原始高＋圈梁体积－马牙槎体积)×数量	2.16	m³
	定额	5-1-17 换	现浇混凝土 构造柱 换为【预拌混凝土 C25】		构造柱体积		((1.3×0.2×0.2)+0.06×1.3×0.2)×32	0.22	10m³
	清单	011702003	构造柱	普通模板	模板与混凝土接触面积		按模板接触面积计算（马牙槎宽度按 60mm 计）	26.62	m²
	定额	18-1-40	现浇混凝土模板 构造柱 复合木模板 钢支撑		模板与混凝土接触面积		同上 (0.2+0.06+0.2+0.06+0.06×2)×1.3×4+(0.2+0.06×2)×2×1.3×28	2.66	10m²

续表

结合图纸，请参考下表格式计算首层其他位置构造柱工程量。

构件名称	算量类别	清单编码	项目名称	项目特征	算量名称	部位	计算公式	工程量	单位
GZ1	清单	010502002	构造柱	1. 混凝土种类：预拌混凝土；2. 混凝土强度等级：C25(20)	构造柱体积		(构造柱长×构造柱宽×原始高＋马牙槎体积)×数量－马牙槎扣圈梁体积		m³
	定额	5-1-17换	现浇混凝土构造柱 换为【预拌混凝土C25】		构造柱体积	9/E轴	同上		10m³
	清单	011702003	构造柱	普通模板	模板与混凝土接触面积	7、9轴之间 与E轴相交	按模板接触面积计算（马牙槎接触宽度按60mm计）		m²
	定额	18-1-40	现浇混凝土模板 构造柱 复合木模板 钢支撑		模板与混凝土接触面积		同上		10m²
GZ1	清单	010502002	构造柱	1. 混凝土种类：预拌混凝土；2. 混凝土强度等级：C25(20)	构造柱体积		(构造柱长×构造柱宽×原始高＋马牙槎体积)×数量－马牙槎扣圈梁体积		m³
	定额	5-1-17换	现浇混凝土构造柱 换为【预拌混凝土C25】		构造柱体积	D、E轴之间 与9轴相交 D、E轴之间 与7、9轴	同上		10m³
	清单	011702003	构造柱	普通模板	模板与混凝土接触面积	7、9轴 之间相交处	按模板接触面积计算（马牙槎接触宽度按60mm计）		m²
	定额	18-1-40	现浇混凝土模板 构造柱 复合木模板 钢支撑		模板与混凝土接触面积		同上		10m²
GZ1	清单	010502002	构造柱	1. 混凝土种类：预拌混凝土；2. 混凝土强度等级：C25(20)	构造柱体积	机房层 女儿墙处	(构造柱长×构造柱宽×原始高＋马牙槎体积)×数量－马牙槎扣圈梁体积		m³
	定额	5-1-17换	现浇混凝土构造柱 换为【预拌混凝土C25】		构造柱体积		同上		10m³
	清单	011702003	构造柱	普通模板	模板与混凝土接触面积		按模板接触面积计算（马牙槎接触宽度按60mm计）		m²
	定额	18-1-40	现浇混凝土模板 构造柱 复合木模板		模板与混凝土接触面积		同上		10m²

注：请练习其他构造柱工程量。

5.8.5.4 任务总结

在本章的学习过程中,学习重点如下所述。

(1) 构造柱与圈梁的识图

① 构造柱与圈梁均为填充墙构造方面内容,在识图时,有时图纸会在平面图中将构造柱与圈梁的位置很具体地画出来,更多情况下则需要从结施说明及建施说明中的文字中读出来,且加上识图者的判断与分析,才能更准确地分析构造柱及圈梁的情况。也正因此,建议造价工作者应多与设计人员沟通确认,以避免因识图不清造成造价失误。

② 在定额组价时,常常会规定一些虽不属于圈梁但仍按圈梁组价的构件,例如有防水要求的房间砌体墙根部的混凝土止水带、飘窗或雨篷在砌体墙上生根的梁等,因此工程量的计算应与组价规定结合进行。本图纸中此种情况将在相关章节中分析学习,本章节未考虑。

(2) 构造柱与圈梁的工程量计算规则

① 注意构造柱马牙槎的工程量计算方法。

② 注意构造柱柱高在计算规则中的理解。

③ 注意圈梁的不同叫法,图中的"水平系梁"即为圈梁。

④ 注意圈梁长度在计算规则中的理解。

5.8.6 门窗及过梁、止水带、窗台压顶、门垛

5.8.6.1 阶段任务

根据《BIM算量一图一练》专用宿舍楼图纸内容,以及2013版清单规范,完成本工程门窗、过梁、混凝土止水带、窗台压顶、门垛的工程量计算。

5.8.6.2 任务分析

门窗、过梁、窗台压顶见表5-57。混凝土止水带见表5-58。

表 5-57 门窗、过梁、窗台压顶

序号	部位	分析							识图
		类型	名称	数量	洞口尺寸/mm	过梁尺寸/m	窗台压顶/m	门垛/m	
1	首层200厚外墙	门	M5	2	3300×2700	3.4×0.2×0.12	无	无	首层、二层及屋面层平面图
		窗	C3	22	600×1750	无	0.2×0.2×0.6	无	
		窗	C4	2	2200×2550	无	0.2×0.2×2.2	无	
	首层300厚外墙	门	无	—	—	—	—	—	
		窗	C2	22	1750×2850	无	无	无	
	首层200厚内墙	门	M1	19	1000×2700	1.5×0.2×0.12	无	无	
		门	M2	2	1500×2700	2×0.2×0.12	无	无	
		门	M4	21	1750×2700	2.25×0.2×0.12	无	无	
		门	FHM乙	2	1000×2100	无	无	无	
		门	FHM乙-1	2	1500×2100	无	无	无	
		窗	FHC	2	1200×1800	无	无	无	
		墙洞	JD1	1	1800×2700	无	无	无	

续表

序号	部位	分析								识图
		类型	名称	数量	洞口尺寸 /mm	过梁尺寸 /m	窗台压顶 /m	门垛 /m		
1	首层100 厚内墙	门	M3	21	800×2100	1.3×0.1×0.12	无	无		首层、二层及屋面层平面图
		窗	无	—	—	—	—	—		
		墙洞	JD2	1	1500×2700	无	无	无		
2	二层200 厚外墙	窗	C1	2	1200×1350	无	无	无		
			C3	24	600×1750	无	0.2×0.2×0.6	无		
			C4	2	2200×2550	无	0.2×0.2×2.2	无		
	二层300 厚外墙	门	无	—	—	—	—	—		
		窗	C2	24	1750×2850	无	无	无		
	二层200 厚内墙	门	M2	2	1500×2700	2×0.2×0.12	无	无		
			M1	22	1000×2700	1.5×0.2×0.12	无	无		
			M4	23	1750×2700	2.25×0.2×0.12	无	无		
		窗	无	—	—	—	—	—		
		墙洞	JD1	1	1800×2700	无	无	无		
	二层100 厚内墙	门	M3	22	800×2100	1.3×0.1×0.12	无	无		
		窗	无	—	—	—	—	—		
		墙洞	JD2	1	1500×2700	无	无	无		
3	顶层楼梯间 200厚外墙	门	M2	2	1500×2700	2×0.2×0.12	无	无		
		窗	C1	2	1200×1350	无	无	无		

表5-58 混凝土止水带

序号	部位	截面/mm	识图	计算注意事项
1	阳台	200×200（位于200厚加气混凝土墙上）	（1）建施说明第4.2条：有地漏房间隔墙根部应先做200高C20素混凝土带，遇门断开； （2）建施-10节点3：300厚加气混凝土墙止水带为150高，且起到固定阳窗及阳台栏杆作用，混凝土强度等级为C25	（1）止水带长度应扣减相应位置洞口宽度； （2）300厚加气混凝土墙中由于窗离地高度原因，止水带高度为150
		100×200（位于100厚加气混凝土墙上）		
		300×150（位于300厚加气混凝土墙上）		
2	卫生间及盥洗室	200×200（位于200厚加气混凝土墙上）		
		100×200（位于100厚加气混凝土墙上）		
		300×150（位于300厚加气混凝土墙上）		

5.8.6.3　任务实施

门窗、过梁、止水带工程量计算表见表5-59。

表5-59 门窗、过梁、止水带工程量计算表（部分工程量）（参考建施-03 和建施-04、建施-09）

构件名称	算量类别	编码	项目特征	算量名称	计算公式	工程量	单位	工程量描述
M-1	清单	010802001	1. 门代号及洞口尺寸：M1； 2. 门框、扇材质：单开成品塑钢平开门（含五金）	洞口面积	洞口面积×数量 1×2.7×41	110.70	m²	200厚内墙含洞口面积110.7m²
	定额	8-2-4	塑钢成品门安装 平开	洞口面积	同上	11.07	10m²	
M-2	清单	010802001	1. 门代号及洞口尺寸：M2； 2. 门框、扇材质：双开成品塑钢平开门（含五金）	洞口面积	洞口面积×数量 (1.5×2.7×4)+(1.5×2.2×2)	22.80	m²	200厚内墙含洞口面积22.8m²
	定额	8-2-4	塑钢成品门安装 平开	洞口面积	同上	2.28	10m²	
C-1	清单	010807001	1. 窗代号及洞口尺寸：C1、C3、C4； 2. 框、扇材质：墨绿色塑钢平开窗； 3. 玻璃品种、厚度：中空玻璃5+9A+5	洞口面积	洞口面积×数量 1.2×1.35×4	6.48	m²	200厚外墙含洞口面积6.48m²
	定额	8-7-7	塑钢成品窗安装 平开	洞口面积	同上	0.65	10m²	
C-2	清单	010807001	1. 窗代号及洞口尺寸：C2； 2. 框、扇材质：墨绿色塑钢推拉窗； 3. 玻璃品种、厚度：中空玻璃5+9A+5	洞口面积	洞口面积×数量 1.75×2.85×46	229.43	m²	200厚外墙含洞口面积229.425m²
	定额	8-7-6	塑钢成品窗安装 推拉	洞口面积	同上	22.94	10m²	
GL120（过梁）	清单	010503005	1. 混凝土种类：预拌混凝土； 2. 混凝土强度等级：C25(20)； 3. 部位：现浇混凝土过梁	过梁体积	长×宽×高×数量 M-1 (1+0.5)×0.2×0.12×41 M-2 (1.5+0.5)×0.2×0.12×6	1.48 0.29	m³ m³	(1.764)m³
	定额	5-1-22	现浇混凝土过梁换为【预拌混凝土C25】	过梁体积	同上	0.18	10m³	—
	清单	011702009	1. 工作内容：模板及支撑制作、安装、拆除、堆放、运输及清理模板内杂物、刷隔离剂等	混凝土与模板接触面积	(过梁长×高×2+洞口净宽×过梁宽)×数量 M-1 (1.5×0.12×2+1×0.2)×41 M-2 (1.5×0.12×2+1.5×0.2)×6	22.96 4.68	m² m²	(27.64)m²
	定额	18-1-65	现浇混凝土模板 过梁复合木模板 钢支撑	混凝土与模板接触面积	同上	2.76	10m²	

续表

构件名称	算量类别	编码	项目特征	算量名称	计算公式	工程量	单位	工程量描述
300×150 止水带（部位：首层300厚墙体下方）	清单	010503004	1. 混凝土种类：商品混凝土； 2. 混凝土强度等级：C20（20）； 3. 部位：有地漏隔房间隔墙根部应200高C20素混凝土条带	混凝土止水带体积	长×宽×高×数量 A轴管理室阳台处 $(0.6+1.75-0.15)×0.3×0.15$	0.10	m³	（2.09）m³
					A/3轴两侧、A/5轴两侧、A/7轴两侧、A/9轴两侧、A/11轴两侧、A/13轴两侧 $(0.6+1.75-0.25)×0.3×0.15×2×6$	1.13	m³	
					F/3轴右侧 $(0.6+1.75-0.1)×0.3×0.15$	0.10	m³	
					F/5轴、F/7轴、F/9轴、F/11轴 $(0.6+1.75-0.25)×0.3×0.15×2×4$	0.76	m³	
	定额	5-1-21	现浇混凝土圈梁 换为【预拌混凝土C25】	混凝土止水带体积	同上	0.21	10m³	—
	清单	11702008	1. 现浇混凝土模板圈梁 直形 复合模板 钢支撑； 2. 工作内容：模板及支架制作、安装、拆除、堆放、运输及清理模内杂物、刷隔离剂等	混凝土与模板接触面积	（长×高×2）×数量 A轴管理室阳台处 $(0.6+1.75-0.15)×0.15×2$	0.66	m²	（13.94）m²
					A/3轴两侧、A/5轴两侧、A/7轴两侧、A/9轴两侧、A/11轴两侧、A/13轴两侧 $(0.6+1.75-0.25)×0.15×2×12$	7.56	m²	
					F/3轴右侧 $(0.6+1.75-0.1)×0.15×2$	0.68	m²	
					F/5轴、F/7轴、F/9轴、F/11轴 $(0.6+1.75-0.25)×0.15×2×8$	5.04	m²	
	定额	18-1-61	现浇混凝土模板圈梁 直形 复合木模板 木支撑	混凝土与模板接触面积	同上	1.39	10m²	—

5.8.6.4　任务总结

在本章的学习过程中，主要应从以下两方面引起注意。

（1）计算顺序方面

在手工计算工程量时，计算效率的提高除表现在运算的熟练程度方面之外，另外一个更为重要的就是计算顺序与方法，如何在计算一个构件的同时"顺便"计算与之相关的若干个工程量，则需要统筹安排。

而计算顺序方面较为具有代表性的就是门窗及洞口了。门窗洞口的计算看似简单，但如果详细分析，与之相关的内容有过梁、窗台压顶、门垛、墙体根部的止水带、砌体墙体积、墙面装饰面积等，因此，如果在手工计算之前，能够较好地对门窗进行科学的分类统计，那么就能够大大提高计算效率。

（2）识图及列项方面

结合本工程图纸，以下几个方面应引起识图及列项的注意。

① 门窗及墙洞应结合定额组价的规定分别列项计算。

② 有防水房间的混凝土止水带的识图，首先从平面图判断止水带存在的位置，而后再区分不同的墙厚，结合不同位置的节点详图列项计算。（本工程的止水带就有三种截面）

5.8.7　压顶

5.8.7.1　阶段任务

根据《BIM 算量一图一练》专用宿舍楼图纸内容，以及 2013 版清单规范，完成压顶的工程量计算。

5.8.7.2　任务分析

压顶常常位于女儿墙顶部、窗台处等，必须区分不同部位分别计算，因此仔细读图做到不丢不漏尤为重要。压顶分析表见表 5-60。

表 5-60　压顶分析表

序号	压顶位置	截面尺寸 /mm	长度	识图	备注
1	标高 7.2m 处屋面女儿墙压顶	200×200	同女儿墙长	（1）建施-05：屋顶层平面图；（2）相应位置节点详图；（3）结施-04	—
2	标高 10.8m 处楼梯间屋顶女儿墙压顶	200×200	同女儿墙长		
3	窗台压顶（C3、C4）	200×200	图中不详，暂按洞口宽计算	建施-10 节点大样图	

5.8.7.3　任务实施

窗台压顶、女儿墙压顶工程量计算表见表 5-61、表 5-62。

表 5-61 首层窗台压顶工程量计算表

构件名称	算量类别	清单编码	项目名称	项目特征	算量名称	部位	计算公式	工程量	单位	备注
	清单	010507005	压顶	1. 混凝土种类：预拌混凝土 C25(20)； 2. 部位：窗台压顶	压顶体积		（压顶宽×压顶高×长度）×数量 0.2×0.2×2.2×2	0.176	m³	—
	定额	5-1-21 换	现浇混凝土 压顶 换为【预拌混凝土 C25】		压顶体积		同上 （压顶高×长度）×2×数量	0.0176	10m³	
	清单	011702028	扶手（压顶）	1. 现浇混凝土模板 扶手压顶 复合模板木支撑； 2. 工作内容：模板及支撑制作、安装、拆除、堆放、运输及清理模板内杂物、刷隔离剂等	混凝土与模板接触面积	1 轴与 D、C 轴相交处（C4 下面） 14 轴与 D、C 轴相交处（C4 下面）	0.2×2.2×2×2×2	1.76	m²	—
	定额	18-1-116	现浇混凝土模板 扶手压顶 复合木模板木支撑		混凝土与模板接触面积		同上	0.176	10m²	
窗台压顶	清单	010507005	扶手、压顶	1. 混凝土种类：预拌混凝土 C25(20)； 2. 部位：窗台压顶	压顶体积		（压顶宽×压顶高×长度）×数量 0.2×0.2×0.6×2×22	0.528	m³	—
	定额	5-1-21 换	现浇混凝土 扶手、压顶 换为【预拌混凝土 C25】		压顶体积		同上 （压顶高×长度）×2×数量	0.0528	10m³	
	清单	011702028	扶手（压顶）	1. 现浇混凝土模板 扶手压顶 复合模板木支撑； 2. 工作内容：模板及支撑制作、安装、拆除、堆放、运输及清理模板内杂物、刷隔离剂等	混凝土与模板接触面积	C3 下面	0.2×0.6×2×22	5.28	m²	—
	定额	18-1-116	现浇混凝土模板 扶手压顶 复合木模板木支撑		混凝土与模板接触面积		同上	0.528	10m²	

表 5-62　女儿墙压顶工程量计算表

构件名称	算量类别	清单编码	项目名称	项目特征	算量名称	部位	计算公式	工程量	单位
大屋面女儿墙压顶	清单	010507005	压顶	1.混凝土种类:预拌混凝土C25(20); 2.部位:女儿墙压顶	压顶体积		压顶高×压顶宽×中心线长度 0.2×0.2×(18+47.3+18+3.8507+32.2+3.75)	4.92	m³
	定额	5-1-12	现浇混凝土扶手压顶,压顶换为【预拌混凝土C25】		压顶体积		同上	0.49	10m³
	清单	011702028	扶手(压顶)	1.现浇混凝土模板扶手压顶复合模板木支撑; 2.工作内容:模板及支撑制作、安装、拆除、堆放、运输及清理模板内杂物、刷隔离剂等	混凝土与模板接触面积	女儿墙处	压顶高×中心线长度×2 0.2×(18+47.3+18+3.8507+32.2+3.75)×2	49.24	m²
	定额	18-1-116	现浇混凝土模板压顶复合木模板支撑		混凝土与模板接触面积		同上	4.92	10m²

请结合本工程图纸,参考以上大屋面女儿墙压顶的计算方法和思路,在下表中计算机房层女儿墙压顶的工程量。

构件名称	算量类别	清单编码	项目名称	项目特征	算量名称	部位	计算公式	工程量	单位
机房层女儿墙压顶	清单	010507005	扶手、压顶	1.混凝土种类:预拌混凝土C25(20); 2.部位:女儿墙压顶	压顶体积		压顶高×压顶宽×中心线长度－构造柱体积		m³
	定额	5-1-21	现浇混凝土扶手压顶,压顶换为【预拌混凝土C25】		压顶体积		同上		10m³
	清单	011702028	扶手(压顶)	1.现浇混凝土模板扶手压顶复合模板木支撑; 2.工作内容:模板及支撑制作、安装、拆除、堆放、运输及清理模板内杂物、刷隔离剂等	混凝土与模板接触面积	女儿墙处	压顶高×中心线长度×2－构造柱体积		m²
	定额	18-1-116	现浇混凝土模板压顶复合木模板支撑		混凝土与模板接触面积		同上		10m²

5.8.7.4 任务总结

在本章的学习过程中，以下三方面应作为学习重点。

① 本工程压顶均与墙同宽，因此在计算时也可以圈梁列项。

② 压顶识图需注意从建筑说明、结构说明及相应节点详图中全面读图，防止漏项。

③ 压顶与构造柱相交时，压顶长度通算，构造柱高度计算至压顶底面。

5.8.8 挑檐

5.8.8.1 阶段任务

根据《BIM算量—图—练》专用宿舍楼案例图纸内容，以及2013版清单规范，完成标高7.2m处挑檐的工程量计算。

5.8.8.2 任务分析

见表5-63。

表 5-63 挑檐分析

序号	位置	挑檐外边距轴线距离	挑出外墙皮长度	识图	备注
1	F轴以北	0.6m	0.4m		—
2	1轴以西、14轴以东C4顶部	0.35m	0.45m	结施-09二层板配筋图、建施-10节点2、节点4	—
3	1轴以西、14轴以东其他部位	0.35m	0.25m		—
4	1轴以南	0.8m	0.6m		—

注：排水系统、挑檐防水、保温、装饰等在"其他"章节中计算。

5.8.8.3 任务实施

挑檐工程量计算表见表5-63。

5.8.8.4 任务总结

① 挑檐是指屋面挑出外墙的部分，一般挑出宽度不大于50cm，主要是为了方便做屋面排水，对外墙也起到保护作用。

② 挑檐在图纸的显示方式，往往没有以文字明确表示出来，需要根据组价规定、施工方法、作用等判断后，列项计算。因此，挑檐的列项需结合识图、施工工艺、组价规定等方面综合考虑。

③ 挑檐的防水、保温、装修等作为挑檐构造做法的组成部分，需另列项目计算。

挑檐、雨篷、空调板工程量计算汇总表见表5-64。

混凝土及模板工程工程量计算汇总表见表5-65。

表 5-64　挑檐、雨蓬、空调板工程量计算表

构件名称	算量类别	清单编码	项目名称	项目特征	算量名称	算量部位	计算公式	工程量	单位
挑檐	清单	010505007	天沟(檐沟)、挑檐板	1.混凝土种类:预拌; 2.混凝土强度等级:C30(20)	挑檐体积	A/1~14 轴	挑檐长×挑檐宽×挑檐板厚－柱的体积 (46.8+0.35×2)×0.6×0.1－0.5×0.2×0.1×2－0.5×0.3×0.1×6 = 2.74	5.20	m³
						1/A~C 轴 14/A~C 轴	(挑檐长×挑檐宽×挑檐板厚－柱的体积)×数量 ((5.4+1.8)×0.25×0.1－0.25×0.1×0.1)×2 = 0.36		
						1/C~D 轴 14/C~D 轴	(挑檐净面积×厚度)×数量 (2.2×0.5×0.1+0.25×0.1×0.1×2)×2 = 0.23		
						1/D~F 轴 14/D~F 轴	(挑檐净面积×厚度)×数量 (7.2×0.25×0.1)×2 = 0.36		
						F/1~2 轴 F/13~14 轴	(挑檐长×挑檐宽×挑檐板厚－柱的体积)×数量 ((3.6+0.35×2)×0.4×0.1－0.5×0.2×0.1－0.4×0.1×0.1)×2 = 0.29		
						F/3~12 轴	挑檐长×挑檐宽×挑檐板厚－柱的体积 (3.6×9)×0.4×0.1×2－0.3×0.5×0.1×4 = 1.23		
	定额	5-1-49	现浇混凝土天沟、挑檐板 预拌混凝土 C30		挑檐体积	同上	同清单工程量	0.52	10m³
	清单	011702023	天沟、檐沟(挑檐板)支撑	1.现浇混凝土模板天沟挑檐复合模板钢支撑; 2.工作内容:模板及支撑制作、安装、拆除、堆放、运输及清理模板内杂物、刷隔离剂等	混凝土与模板接触面积	挑檐底部抹灰	底部模板面积+侧面模板面积 51.95+12.74 = 64.69	64.69	m²
	定额	18-1-108	现浇混凝土模板天沟挑檐复合木模板木支撑		混凝土与模板接触面积	同清单	同上	0.65　6.47	10m²

续表

构件名称	算量类别	清单编码	项目名称	项目特征	算量名称	算量部位	计算公式	工程量	单位
挑檐底部抹灰	清单	011301001	天棚抹灰	1. 做法：20厚干混 DS M20 砂浆面压光；2. 部位：挑檐底部抹灰、二层阳台底部抹灰	底部面积+侧向面积+梁侧面积	挑檐处	同模板接触面积 51.95+12.74	64.69 89.11	m²
						二层阳台底	二层阳台底面积 (3.35×1.6+(0.25+0.6+0.5)×1.6+(0.3+0.6+0.5)×3.35)×2	24.42	
	定额	13-1-2换	天棚抹灰 混凝土天棚 水泥砂浆(5+3mm) 实际厚度(mm)：20		底部面积+侧向面积	同清单	同清单工程量	0.89 8.91	10m²
挑檐底部涂料	清单	011406001	抹灰面油漆	具体做法：(1) 白色乳胶漆涂料，刷底漆一遍；(2) 满刮腻子一遍、乳胶漆两遍。2. 部位：挑檐底部抹灰、二层阳台底部抹灰	底部面积+侧向面积+梁侧面积	挑檐处	同模板接触面积 51.95+12.74	64.69 89.11	m²
						二层阳台底	二层阳台底面积 (3.35×1.6+(0.25+0.6+0.5)×1.6+(0.3+0.6+0.5)×3.35)×2	24.42	
	定额	14-3-4	乳胶漆 室外抹灰面两遍，换为室外乳胶漆		底部面积+侧向面积	同清单	同清单工程量	0.89 8.91	10m²
	定额	14-4-4	刮腻子每增减一遍		底部面积+侧向面积	同清单	同清单工程量	8.91	10m²
空调板	清单	010505008	雨篷、悬挑板、阳台板（空调板）	1. 混凝土种类：预拌；2. 混凝土强度等级：C30(20)；3. 部位：空调板100mm	空调板体积		空调板净长×空调板净宽×空调板厚×数量 0.65×1.5×0.10×20	1.95	m³
	定额	5-1-46	现浇混凝土 悬挑板 预拌混凝土 C30 空调板		空调板体积		同上	0.195	10m³

续表

构件名称	算量类别	清单编码	项目名称	项目特征	算量名称	计算公式	工程量	单位
空调板	清单	011702023	雨篷、悬挑板、阳台板（空调板）	1. 现浇混凝土模板 空调板 直形 复合木模板钢支撑；2. 工作内容：模板 制作、安装、拆除、堆放、运输及清理模板内杂物、刷隔离剂等	空调板水平投影面积	雨篷净长×雨篷净宽×数量 0.65×1.5×20	19.5	m²
	定额	18-1-108	现浇混凝土模板 悬挑板 直形 复合木模板木支撑 空调板		空调板水平投影面积	同上	1.95	10m²
雨篷板	清单	010505008	雨篷、悬挑板、阳台板（雨篷板）	1. 混凝土种类：预拌；2. 混凝土强度等级：C30（20）；3. 部位：屋顶雨篷板	雨篷板体积	雨篷板净长×雨篷板净宽×雨篷板厚×数量 2.1×1.0×0.10×2	0.42	m³
	定额	5-1-46	现浇混凝土 雨篷板 预拌混凝土 C30		雨篷板体积	同上	0.042	10m³
	清单	011702023	雨篷、悬挑板、阳台板（空调板）	1. 现浇混凝土模板 雨篷板 直形 复合木模板钢支撑；2. 工作内容：模板 制作、安装、拆除、堆放、运输及清理模板内杂物、刷隔离剂等	雨篷板水平投影面积	雨篷净长×雨篷净宽×数量 2.1×1.0×2	4.2	m²
	定额	18-1-108	现浇混凝土模板 雨篷板 直形 复合木模板木支撑		雨篷板水平投影面积	同上	0.042	100m²

表 5-65　混凝土及模板工程工程量汇总表

序号	算量类别	清单/定额编码	项目名称	特征描述	单位	工程量
1	清单	010501001001	垫层	1. 混凝土种类：预拌； 2. 混凝土强度等级：C15(20)	m³	46.4
	定额	2-1-28		现浇混凝土 垫层	10m³	4.6395
2	清单	010501003001	独立基础	1. 混凝土种类：预拌； 2. 混凝土强度等级：C30(20)	m³	235.27
	定额	5-1-6		现浇混凝土 独立基础 混凝土 预拌混凝土 C30	10m³	23.5273
3	清单	010502001001	矩形柱	1. 混凝土种类：预拌； 2. 混凝土强度等级：C30(20)	m³	108.19
	定额	5-1-14		现浇混凝土 矩形柱 预拌混凝土 C30	10m³	10.8187
4	清单	010502001001	矩形柱	1. 混凝土种类：预拌； 2. 混凝土强度等级：C30(20)； 3. 部位：梯柱	m³	1.15
	定额	5-1-14		现浇混凝土 矩形柱 预拌混凝土 C30	10m³	0.1152
5	清单	010502002001	构造柱	1. 混凝土种类：预拌； 2. 混凝土强度等级：C25(20)	m³	19.16
	定额	5-1-17 换		现浇混凝土 构造柱 换为【预拌混凝土 C25】	10m³	1.9158
6	清单	010503002001	矩形梁	1. 混凝土种类：预拌； 2. 混凝土强度等级：C30(20)； 3. 部位：梁顶标高—0.05m、3.55m、7.22m、10.8m 处	m³	170.21
	定额	5-1-19		现浇混凝土 矩形梁 预拌混凝土 C30	10m³	17.0214
7	清单	010503004001	圈梁	1. 混凝土种类：预拌； 2. 混凝土强度等级：C25(20)； 3. 部位：卫生间墙体根部止水带	m³	14.98
	定额	5-1-21 换		现浇混凝土 圈梁 换为【预拌混凝土 C25】	10m³	1.498
8	清单	010503005001	过梁	1. 混凝土种类：预拌； 2. 砼强度等级：C25(20)； 3. 部位：现浇混凝土过梁	m³	5.42
	定额	5-1-22 换		现浇混凝土 过梁 换为【预拌混凝土 C25】	10m³	0.5417
9	清单	010505001001	有梁板	1. 混凝土种类：预拌； 2. 混凝土强度等级：C30(20)	m³	23.39
	定额	5-1-31		现浇混凝土 有梁板 预拌混凝土 C30	10m³	2.3386
10	清单	010505001001	有梁板	1. 混凝土种类：预拌； 2. 混凝土强度等级：C30(20)； 3. 板厚：100mm	m³	103.68
	定额	5-1-31		现浇混凝土 有梁板 预拌混凝土 C30	10m³	10.3683
11	清单	010505003001	平板	1. 混凝土种类：预拌； 2. 混凝土强度等级：C30(20)； 3. 板厚：100mm	m³	33.79
	定额	5-1-33		现浇混凝土 平板 预拌混凝土 C30	10m³	3.3794

续表

序号	算量类别	清单/定额编码	项目名称	特征描述	单位	工程量
12	清单	010505007001	天沟(檐沟)、挑檐板	1. 混凝土种类：预拌； 2. 混凝土强度等级：C30(20)	m³	5.2
	定额	5-1-49	现浇混凝土 天沟、挑檐板 预拌混凝土 C30		10m³	0.5196
13	清单	010505008001	雨篷、悬挑板、阳台板(雨篷板)	1. 混凝土种类：预拌； 2. 混凝土强度等级：C30(20)； 3. 部位：屋顶雨篷板	m³	0.42
	定额	5-42 换	现浇混凝土 雨篷板 换为【预拌混凝土 C30】		10m³	0.042
14	清单	010505008002	雨篷、悬挑板、阳台板(空调板)	1. 混凝土种类：预拌； 2. 混凝土强度等级：C30(20)； 3. 部位：空调板	m³	1.95
	定额	5-1-46	现浇混凝土 雨篷 预拌混凝土 C30		10m³	0.195
15	清单	010506001001	直形楼梯	1. 混凝土种类：预拌； 2. 混凝土强度等级：C30； 3. 类型：一个自然层双跑	m²	78.32
	定额	5-1-39	现浇混凝土 楼梯 直形 预拌混凝土 C30		10m²	7.832
16	清单	010507004001	台阶	1. 混凝土种类：商品混凝土； 2. 混凝土强度等级：C15(20)	m²	8.96
	定额	5-1-52 换	现浇混凝土 台阶 换为【预拌混凝土 C15】		10m³	0.8955
17	清单	010507001001	散水	1. 60 厚 C15 混凝土面层，水泥砂浆随打随抹光； 2. 150 厚 3：7 灰土宽出面层 300mm； 3. 素土夯实，向外坡 4%； 4. 沥青砂浆嵌缝	m²	106.41
	定额	16-6-80 换	混凝土散水垫层 3：7 灰土 换为【预拌混凝土 C15】		10m²	15.9615
18	清单	010507001002	坡道	1. 干混地面砂浆 DS M20 抹面压光； 2. 60 厚 C15 混凝土； 3. 300 厚 3：7 灰土； 4. 素土夯实	m²	9
	定额	16-6-79 换	现浇混凝土 散水 换为【预拌混凝土 C15】坡道		10m²	0.9002
19	清单	010507005001	扶手、压顶	1. 混凝土种类：预拌混凝土 C25(20)； 2. 部位：窗台压顶	m³	1.46
	定额	5-1-21 换	现浇混凝土 扶手、压顶 换为【预拌混凝土 C25】		10m³	0.1456
20	清单	010507005001	扶手、压顶	1. 混凝土种类：预拌混凝土 C25(20)； 2. 部位：女儿墙压顶	m³	6.74
	定额	5-1-21 换	现浇混凝土 扶手、压顶 换为【预拌混凝土 C25】		10m³	0.6744
21	清单	010516002001	预埋铁件	1. 钢材种类：预埋铁件； 2. 部位：栏杆	t	0.1
	定额	5-4-64	铁件制作		t	0.1
	定额	5-4-65	铁件安装		t	0.1

序号	算量类别	清单/定额编码	项目名称	特征描述	单位	工程量
22	清单	010515009001	支撑钢筋（铁马）	1. 钢筋种类：马凳筋； 2. 规格：现浇构件带肋钢筋 带肋钢筋 HRB400 以内 直径≤10mm	t	0.269
	定额	5-4-75		现浇构件带肋钢筋 带肋钢筋 HRB400 以内 直径≤10mm	t	0.269
23	清单	010515001001	现浇构件钢筋	1. 钢筋种类：砌体内加固钢筋； 2. 规格：带肋钢筋 HRB400 以内 直径≤10mm	t	3.189
	定额	5-4-5		砌体内加固钢筋	t	3.189
24	清单	10515001002	现浇构件钢筋	现浇构件圆钢筋 钢筋 HPB300 直径≤10mm	t	0.015
	定额	5-4-1		现浇构件圆钢筋 钢筋 HPB300 直径≤10mm	t	0.015
25	清单	010515001003	现浇构件钢筋	箍筋 圆钢 HPB300 直径≤10mm	t	0.557
	定额	5-4-30		箍筋 圆钢 HPB300 直径≤10mm	t	0.557
26	清单	010515001004	现浇构件钢筋	现浇构件带肋钢筋 带肋钢筋 HRB400 以内 直径≤10mm	t	14.859
	定额	5-4-5		现浇构件带肋钢筋 带肋钢筋 HRB400 以内 直径≤10mm	t	14.859
27	清单	010515001005	现浇构件钢筋	现浇构件带肋钢筋 带肋钢筋 HRB400 以内 直径≤18mm	t	25.07
	定额	5-4-6		现浇构件带肋钢筋 带肋钢筋 HRB400 以内 直径≤18mm	t	25.07
28	清单	010515001006	现浇构件钢筋	现浇构件带肋钢筋 带肋钢筋 HRB400 以内 直径≤25mm	t	25.584
	定额	5-4-7		现浇构件带肋钢筋 带肋钢筋 HRB400 以内 直径≤25mm	t	25.584
29	清单	010515001007	现浇构件钢筋	箍筋 带肋钢筋 HRB400 以内 直径≤10mm	t	14.567
	定额	5-4-30		箍筋 带肋钢筋 HRB400 以内 直径≤10mm	t	14.567
30	清单	010515001008	现浇构件钢筋	箍筋 带肋钢筋 HRB400 以内 直径＞10mm	t	1.461
	定额	5-4-31		箍筋 带肋钢筋 HRB400 以内 直径＞10mm	t	1.461
31	清单	010516003001	电渣压力焊接	钢筋焊接、机械连接、植筋 电渣压力焊接≤φ18	个	500
	定额	5-4-59		钢筋焊接、机械连接、植筋 电渣压力焊接≤φ18	10 个	50
32	清单	010516003002	电渣压力焊接	钢筋焊接、机械连接、植筋 电渣压力焊接≤φ32	个	694
	定额	5-4-63		钢筋焊接、机械连接、植筋 电渣压力焊接≤φ28	10 个	69.4
33	清单	011702001001	基础垫层模板	1. 现浇独立基础垫层复合模板； 2. 工作内容：模板及支撑制作、安装、拆除、堆放、运输及清理模板内杂物、刷隔离剂等	m²	42.54
	定额	18-1-1		现浇混凝土模板 基础垫层复合木模板	10m²	4.254

序号	算量类别	清单/定额编码	项目名称	特征描述	单位	工程量
34	清单	011702001002	基础	1. 现浇独立基础复合模板、木支撑； 2. 工作内容：模板及支撑制作、安装、拆除、堆放、运输及清理模板内杂物、刷隔离剂等	m²	248.45
	定额	18-1-5	现浇混凝土模板 独立基础 复合模板 木支撑		10m²	24.845
35	清单	011702002001	矩形柱	1. 现浇混凝土模板 矩形柱 复合模板 钢支撑； 2. 工作内容：模板及支撑制作、安装、拆除、堆放、运输及清理模板内杂物、刷隔离剂等	m²	802.66
	定额	18-1-36	现浇混凝土模板 矩形柱 复合木模板 钢支撑		10m²	80.266
36	清单	011702003001	构造柱	1. 现浇混凝土模板 构造柱 复合模板 钢支撑； 2. 工作内容：模板及支撑制作、安装、拆除、堆放、运输及清理模板内杂物、刷隔离剂等	m²	176.44
	定额	18-1-40	现浇混凝土模板 构造柱 复合模板 钢支撑		10m²	17.644
37	清单	011702006001	矩形梁	1. 现浇矩形梁复合模板、钢支撑； 2. 工作内容：模板及支撑制作、安装、拆除、堆放、运输及清理模板内杂物、刷隔离剂等	m²	1607.86
	定额	18-1-56	现浇混凝土模板 矩形梁 复合木模板 钢支撑		10m²	160.786
38	清单	011702008001	圈梁	1. 现浇混凝土模板 圈梁 直形 复合模板 钢支撑； 2. 工作内容：模板及支撑制作、安装、拆除、堆放、运输及清理模板内杂物、刷隔离剂等	m²	146.77
	定额	18-1-61	现浇混凝土模板 圈梁 直形 复合木模板 木支撑		10m²	14.677
39	清单	011702009001	过梁	1. 现浇混凝土模板 过梁 复合模板 钢支撑； 2. 工作内容：模板及支撑制作、安装、拆除、堆放、运输及清理模板内杂物、刷隔离剂等	m²	92.04
	定额	18-1-65	现浇混凝土模板 过梁 复合木模板 木支撑		10m²	9.204
40	清单	011702014001	有梁板	1. 现浇有梁板复合模板、钢支撑； 2. 工作内容：模板及支撑制作、安装、拆除、堆放、运输及清理模板内杂物、刷隔离剂等	m²	1303.9
	定额	18-1-92	现浇混凝土模板 有梁板 复合木模板 钢支撑		10m²	130.39
41	清单	011702016001	平板	1. 现浇平板复合模板、钢支撑； 2. 工作内容：模板及支撑制作、安装、拆除、堆放、运输及清理模板内杂物、刷隔离剂等	m²	336.88
	定额	18-1-100	现浇混凝土模板 平板 复合模板 钢支撑		10m²	33.688

续表

序号	算量类别	清单/定额编码	项目名称	特征描述	单位	工程量
42	清单	011702022001	天沟、檐沟（挑檐板）	1. 现浇混凝土模板 天沟挑檐 复合模板钢支撑； 2. 工作内容：模板及支撑制作、安装、拆除、堆放、运输及清理模板内杂物、刷隔离剂等	m²	64.7
	定额	18-1-107		现浇混凝土模板 天沟挑檐 复合模板钢支撑	10m²	6.47
43	清单	011702023001	雨篷、悬挑板、阳台板(空调板)	1. 现浇混凝土模板 空调板 直形 复合模板钢支撑； 2. 工作内容：模板及支撑制作、安装、拆除、堆放、运输及清理模板内杂物、刷隔离剂等	m²	19.5
	定额	18-1-108		现浇混凝土模板 悬挑板 直形 复合模板钢支撑	10m²	1.95
44	清单	011702023002	雨篷	1. 现浇混凝土模板 雨篷板 直形 复合模板钢支撑； 2. 工作内容：模板及支撑制作、安装、拆除、堆放、运输及清理模板内杂物、刷隔离剂等	m²	4.2
	定额	18-1-108		现浇混凝土模板 雨篷板 直形 复合模板钢支撑	10m²	0.42
45	清单	011702027001	台阶	1. 现浇混凝土模板 台阶 复合模板木支撑； 2. 工作内容：模板及支撑制作、安装、拆除、堆放、运输及清理模板内杂物、刷隔离剂等	m²	8.96
	定额	18-1-115		现浇混凝土模板 台阶 复合模板木支撑	10m²	0.896
46	清单	011702028001	扶手(压顶)	1. 现浇混凝土模板 扶手压顶 复合模板木支撑； 2. 工作内容：模板及支撑制作、安装、拆除、堆放、运输及清理模板内杂物、刷隔离剂等	m²	82
	定额	18-1-116		现浇混凝土模板 扶手压顶 复合模板木支撑	10m²	8.2
47	清单	011702029001	坡道	1. 现浇坡道复合模板、钢支撑； 2. 工作内容：模板制作、安装、拆除、堆放、运输及清理模板内杂物、刷隔离剂等	m²	1.76
	定额	18-1-115		现浇混凝土模板 基础垫层复合模板	10m²	0.176
48	清单	011702024001	楼梯	1. 现浇混凝土模板 楼梯 直形 复合模板钢支撑； 2. 工作内容：模板及支撑制作、安装、拆除、堆放、运输及清理模板内杂物、刷隔离剂等	m²	78.32
	定额	18-1-110		现浇混凝土模板 楼梯 直形 复合模板钢支撑	10m²	7.832

5.8.9　钢筋工程

(1)钢筋及其种类

钢筋是配置在钢筋混凝土及预应力钢筋混凝土构件中的钢条或钢丝的总称，其横截面为圆形，有时为带有圆角的方形。

钢筋种类很多，按轧制外形可分为光圆钢筋、带肋钢筋和扭转钢筋；按在结构中的用途可分为现浇混凝土钢筋、预制构件钢筋、钢筋网片和钢筋笼等。

(2)《房屋建筑与装饰工程工程量计算规范》中关于钢筋工程的解释说明

钢筋在混凝土中主要承受拉应力，变形钢筋由于肋的作用，和混凝土有较大的黏结能力，因而能更好地承受外力的作用。在《房屋建筑与装饰工程工程量计算规范》(GB 50854—2013)附录 E(混凝土及钢筋混凝土工程)中，对钢筋工程工程量清单的项目设置、项目特征描述的内容、计量单位及工程量计算规则等做出了详细的规定。表 5-66 列出了部分常用项目的相关内容。

表 5-66　钢筋工程(编号：010515)

项目编码	项目名称	项目特征	计量单位	工程量计算规则	工作内容
010515001	现浇构件钢筋	钢筋种类、规格	t	按设计图示钢筋(网)长度(面积)乘单位理论质量计算	1. 钢筋制作、运输； 2. 钢筋安装； 3. 焊接(绑扎)
010515002	预制构件钢筋				
010515003	钢筋网片				1. 钢筋网制作、运输； 2. 钢筋网安装； 3. 焊接(绑扎)
010515004	钢筋笼				1. 钢筋笼制作、运输； 2. 钢筋笼安装； 3. 焊接(绑扎)

(3)钢筋的保护层

钢筋的保护层是指从受力筋的外边缘到构件外表面之间的距离。钢筋最小保护层厚度应符合设计图中的要求，如表 5-67 所示。

表 5-67　纵向受力钢筋的混凝土保护层最小厚度表　　　　单位：mm

环境		板、墙、壳			梁			柱		
		≤C20	C25~C45	≥C50	≤C20	C25~C45	≥C50	C20	C25~C45	≥C50
一类		20	15	15	30	25	25	30	30	30
二类	a	—	20	20	—	30	30	—	30	30
	b	—	25	20	—	35	30	—	35	30
三类		—	30	25	—	40	35	—	40	35

注：1. 基础中纵向受力钢筋的混凝土保护层的厚度不应小于 40mm，当无垫层时不应小于 70mm。

2. 一类环境指室内正常环境。二类 a 环境指室内潮湿环境、非严寒和非寒冷地区的露天环境及严寒和寒冷地区冰冻线以下与无侵蚀性的水或土壤直接接触的环境；二类 b 环境是指严寒和寒冷地区的露天环境及严寒和寒冷地区冰冻线以上与无侵蚀性的水或土壤直接接触的环境；三类环境指使用除冰盐的环境、严寒和寒冷地区冬季水位变动的环境及滨海室外环境。

(4)钢筋的清单工程量计算规则

现浇构件钢筋、预制构件钢筋、钢筋网片和钢筋笼的清单工程量应区别不同种类和规格，按设计图示钢筋（网）长度（面积）乘以单位理论质量以吨计算，钢筋单位理论质量如表 5-68 所示。

表 5-68　钢筋理论质量表

品种	圆钢筋		螺纹钢筋	
直径/mm	截面/100mm^2	理论质量/(kg/m)	截面/100mm^2	理论质量/(kg/m)
4	0.126	0.099	—	—
5	0.196	0.154	—	—
6	0.283	0.222	—	—
6.5	0.332	0.260	—	—
8	0.503	0.395	—	—
10	0.785	0.617	0.785	0.062
12	1.131	0.888	1.131	0.089
14	1.539	1.21	1.54	1.21
16	2.011	1.58	2.0	1.58
18	2.545	2.00	2.54	2.00
20	3.142	2.47	3.14	2.47
22	3.801	2.98	3.80	2.98
25	4.909	3.85	4.91	3.85
28	6.158	4.83	6.16	4.83
30	7.069	5.55	—	—
32	8.042	6.31	8.04	6.31
40	12.561	9.865	—	—

提示：① 现浇构件中伸出构件的锚固钢筋应并入钢筋工程量内。除设计（包括规范规定）标明的搭接外，其他施工搭接不计算工程量，在综合单价中综合考虑。

② 现浇构件中固定位置的支撑钢筋、双层钢筋用的"铁马"在编制工程量清单时，如果设计未明确，其工程数量可为暂估量，结算时按现场签证数量计算。

钢筋长度的计算分为以下几种情况。

1）两端无弯钩的直钢筋

钢筋长度＝构件长度－两端保护层的厚度

2）有弯钩的直钢筋

钢筋长度＝构件长度－两端保护层的厚度＋两端弯钩的长度

① 钢筋的弯钩。钢筋弯钩形式有三种，分别为直弯钩、斜弯钩和半圆弯钩。钢筋弯曲后，弯曲处内皮收缩、外皮延伸、轴线长度不变，弯曲处形成圆弧。由于下料尺寸大于弯起后尺寸，所以应考虑钢筋弯钩增加的长度。

② 弯钩增加的长度。弯钩增加的长度与钢筋弯钩的形式有关，对于Ⅰ级钢筋而言，钢筋弯心直径为 $2.5d$，平直部分为 $3d$。一个直弯钩增加长度的理论计算值为 $3.5d$，一个斜弯钩增加长度的理论计算值为 $4.9d$，一个半圆弯钩增加长度的理论计算值为 $6.25d$，如图 5-62 所示。

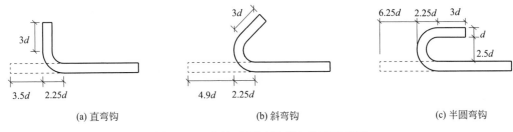

(a) 直弯钩　　　　　　　(b) 斜弯钩　　　　　　　(c) 半圆弯钩

图 5-62　（Ⅰ级）钢筋弯钩增加长度示意图

3）有弯起的钢筋

钢筋长度＝构件长度－两端保护层厚度＋弯起钢筋增加的长度＋两端弯钩的长度

由于钢筋带有弯起，造成钢筋弯起段长度大于平直段长度，如图 5-63 所示。

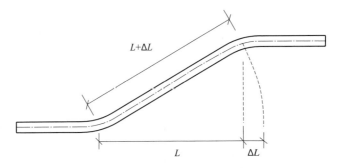

图 5-63　弯起钢筋增加长度示意图

钢筋弯起段增加的长度可按表 5-69 计算。

表 5-69　弯起钢筋增加长度

弯起角度	$\theta=30°$	$\theta=45°$	$\theta=60°$
示意图			
弯起增加长度	$\Delta L=0.268h$	$\Delta L=0.414h$	$\Delta L=0.577h$

4）箍筋

① 箍筋的长度。

$$箍筋长度＝每一构件箍筋根数×每箍长度$$

② 箍筋根数计算。箍筋根数取决于箍筋间距和箍筋配置的范围，而配置范围为构件长度减去两端保护层厚度。此外，考虑到实际施工时柱和梁的两头都需要放置钢筋，因此，对于直构件：

$$箍筋个数＝（构件长－2×保护层）/间距＋1$$

对于环形构件：

$$箍筋个数＝（构件长－2×保护层）/间距$$

③ 每箍长度计算。

$$每箍长度＝每根箍筋的外皮尺寸周长＋箍筋两端弯钩的增加长度$$

$$每根箍筋的外皮尺寸周长＝构件断面周长－8×（主筋混凝土保护层厚度－箍筋直径）$$

$$＝构件断面周长－8×箍筋保护层厚度$$

按照设计要求，箍筋的两端均有弯钩，箍筋末端每个弯钩增加的长度按表 5-70 取定。

表 5-70　箍筋弯钩增加长度

弯钩形式		90°	135°	180°
弯钩增加值	一般结构	5.5d	6.87d	8.25d
	抗震结构	10.5d	11.87d	13.25d

提示：为简便计算，每箍长度也可以近似地按梁柱的外围周长计算。

【例 5-14】　如图 5-64 所示为某现浇 C25 混凝土矩形梁的配筋图，各号钢筋均为 I 级圆钢筋。①、②、③、④号钢筋两端均有半圆弯钩，箍筋弯钩为抗震结构的斜弯钩。③、④号钢筋的弯起角度为 45°。主筋混凝土保护层厚度为 25mm。矩形梁的两端均设箍筋。试求该矩形梁的钢筋清单工程量。

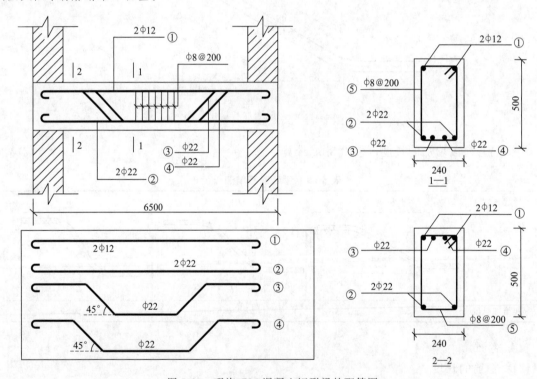

图 5-64　现浇 C25 混凝土矩形梁的配筋图

【解】　①Φ12：$(6.5-0.025×2+8.25×0.012×2)×2×0.888=11.72(kg)$

②Φ22：$(6.5-0.025×2+8.25×0.022×2)×2×2.98=40.08(kg)$

③Φ22：$[6.5-0.025×2+8.25×0.022×2+0.41×(0.5-0.025×2)×2]×2.98=21.14(kg)$

④Φ22：$[6.5-0.025×2+8.25×0.022×2+0.41×(0.5-0.025×2)×2]×2.98=21.14(kg)$

⑤Φ8：$[(0.24+0.5)×2-(0.025-0.008)×8+11.87×0.008×2]×[(6.5-0.025×$

$2) \div 0.2 + 1] \times 0.395 = 20.15 (\text{kg})$

清单工程量计算表见表 5-71。

表 5-71 清单工程量计算表

序号	项目编码	项目名称	项目特征描述	计量单位	工程量
1	010515001001	现浇构件钢筋	Φ12	t	0.012
2	010515001002	现浇构件钢筋	Φ22	t	0.040
3	010515001003	现浇构件钢筋	Φ22	t	0.021
4	010515001004	现浇构件钢筋	Φ22	t	0.021
5	010515001005	现浇构件钢筋	Φ8	t	0.020

提示：在计算清单工程量时，关于最后结果的保留位数有以下三点规定。

① 以 t 为单位，应保留三位小数，第四位小数四舍五入；

② 以 m^3、m^2、m、kg 为单位，应保留两位小数，第三位小数四舍五入；

③ 以个、件、根、项、组、系统等为单位，应取整数。

(5) 钢筋的定额工程量计算规则

钢筋的定额工程量与清单工程量计算规则的主要区别在于：

① 清单规则中施工搭接不计算工程量，在综合单价中综合考虑。而预算定额计算钢筋工程量时，应按施工图或规范要求，计算搭接长度。

② 施工用的钢筋支架(马凳)，清单规定在编制工程量清单时，如果设计未明确，其工程数量可为暂估量，结算时按现场签证数量计算。预算定额则按施工组织设计的规定计算。

(6) 平法钢筋工程量计算

建筑结构施工图平面整体表示设计方法(简称平法)是把结构构件的尺寸和配筋等，按照平面整体表示法制图规则，整体直接表达在各类构件的结构平面布置图上，再与标准构造详图相配合，即构成一套新型完整的结构设计。目前的平法图集主要为 16G 平面系列。

1) 框架梁钢筋的计算　框架梁中钢筋主要包括：

纵向受力筋、弯起筋、架立筋、箍筋、吊筋(当主梁上有次梁时，在次梁下的主梁中布置吊筋，承担次梁集中荷载产生的剪力)和腰筋(指受扭钢筋和构造钢筋，需用拉筋来固定)等。下面结合例题来学习框架梁钢筋的计算。

【例 5-15】 计算如图 5-65 所示现浇框架梁钢筋工程量。已知，混凝土强度等级为 C30，抗震类型为三级，保护层厚度为 25mm，采用焊接连接，钢筋选用规范 16G101-1。

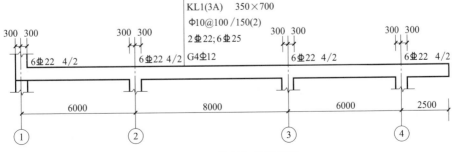

图 5-65　现浇框架梁配筋图

为使初学者进一步了解平法框架梁的计算原理，现绘制该现浇框架梁配筋计算简图如图 5-66 所示。

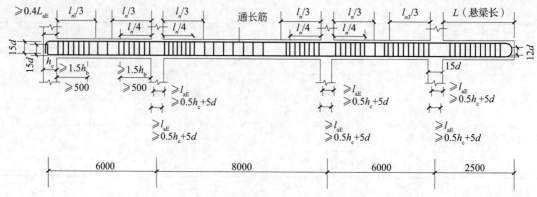

图 5-66　现浇框架梁配筋计算简图

① 上部通长筋的计算。

$$上部通长筋长度 = 各跨净长之和 + 首尾端支座锚固值$$

支座锚固长度的取值判断如下（见图 5-66）。

当钢筋的端支座宽 $(h_c - 保护层) \geqslant l_{aE}$ 且 $\geqslant 0.5h_c + 5d$，为直锚，取 $\max\{l_{aE}, 0.5h_c + 5d\}$。

当钢筋的端支座宽 $(h_c - 保护层) < l_{aE}$ 或 $< 0.5h_c + 5d$，必须弯锚，取 $h_c - 保护层 + 15d$。

中间支座锚固长度取值为 $\max\{l_{aE}, 0.5h_c + 5d\}$。

② 下部通长钢筋的计算。

$$下部通长钢筋长度 = 净跨长 + 左右支座锚固值$$

式中，支座锚固值的取值同上部通长筋。

③ 支座负筋的计算（如图 5-66 所示）。

端支座负筋长度：第一排钢筋长度 = 本跨净跨长/3 + 端支座锚固值

第二排钢筋长度 = 本跨净跨长/4 + 端支座锚固值

中间支座负筋长度：第一排钢筋长度 = $2 \times l_n/3$ + 支座宽度

第二排钢筋长度 = $2 \times l_n/4$ + 支座宽度

式中，l_n 为相邻梁跨大跨的净跨长；端支座锚固值的取值同上部通长筋。

注：当梁的支座负筋有三排时，第三排钢筋的长度计算同第二排。

④ 腰筋的计算。当梁的腹板高度 $h_w \geqslant 450mm$ 时，需要在梁的两个侧面沿高度配置纵向构造钢筋（如图 5-67 所示），间距 $a \leqslant 200$；梁侧面构造筋的搭接与锚固长度可取为 $15d$，侧面受扭筋的搭接长度为 l_1 或 l_{lE}，其锚固长度与方式同框架梁下部纵筋。

$$侧面构造钢筋长度 = 净跨长 + 2 \times 15d$$

$$侧面纵向抗扭钢筋长度 = 净跨长度 + 2 \times 锚固长度$$

⑤ 拉筋的计算。

$$拉筋长度 = (梁宽 - 2 \times 保护层) + \max(75 + 1.9d, 11.9d) \times 2(抗震弯钩值) + 2d$$

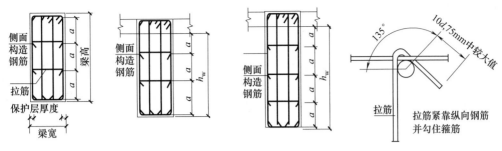

图 5-67　腰筋和拉筋构造示意图

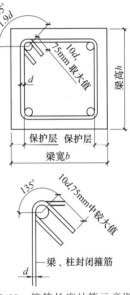

拉筋的根数＝布筋长度/布筋间距，拉筋间距为非加密区箍筋间距的两倍，当设有多排拉筋时，上下两排竖向错开设置。

当梁宽≤350mm 时，拉筋直径为 6mm；梁宽＞350mm 时，拉筋直径为 8mm。拉筋示意如图 5-67 所示。

⑥ 箍筋的计算。如图 5-68 所示。

$$箍筋长度＝(梁宽－2×保护层＋梁高－2×保护层)＋$$
$$2\max(75＋1.9d，11.9d)＋8d$$
$$箍筋根数＝[(加密区长度－50)/加密区间距＋1]×2＋$$
$$(非加密区长度/非加密区间距－1)$$

梁箍筋加密区：如图 5-69、图 5-70 所示。

梁箍筋的起步距离是 50mm，一级抗震时梁箍筋加密区≥$2h_b$≥500。

二～四级抗震：梁箍筋加密区≥$1.5h_b$≥500。其中，h_b 表示梁高。

图 5-68　箍筋长度计算示意图

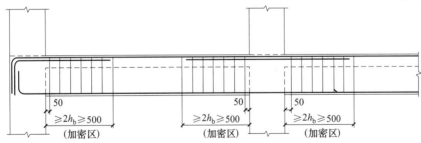

图 5-69　一级抗震框架梁箍筋布置示意图

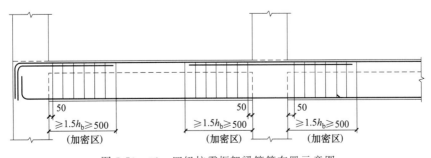

图 5-70　二～四级抗震框架梁箍筋布置示意图

【解】 依据以上所述，本例钢筋工程量计算见表 5-72。

表 5-72 现浇框架梁钢筋计算表

序号	钢筋名称	直径	根数	简图	单筋长度计算式	合计长度/m	单位重量/kg	总重/kg
1	上部通长钢筋	22mm	2	22750 330⌐ ⌐264	$15 \times 22 + 300 - 25 + 6000 + 8000 + 6000 + 2500 - 25 + 12 \times 22 = 23344$	46.69	2.986	139.41
2	下部通长筋	25mm	6	375⌐ 22750	$15 \times 25 + 300 - 25 + 6000 + 8000 + 6000 + 2500 - 25 = 23125$	138.75	3.856	535.05
3	第一支座负筋（第一排）	22mm	2	2375 330⌐	$15 \times 22 + (600 - 25) + (6000 - 600) \div 3 = 2705$	5.41	2.986	16.15
4	第一支座负筋（第二排）	22mm	2	1925 330⌐	$15 \times 22 + (600 - 25) + (6000 - 600) \div 4 = 2255$	4.51	2.986	13.47
5	第二支座负筋（第一排）	22mm	2	5533	$2 \times (8000 - 600) \div 3 + 600 = 5533$	11.066	2.986	33.04
6	第二支座负筋（第二排）	22mm	2	4300	$2 \times (8000 - 600) \div 4 + 600 = 4300$	8.6	2.986	25.68
7	第三支座负筋（第一排）	22mm	2	5533	$2 \times (8000 - 600) \div 3 + 600 = 5533$	11.066	2.986	33.04
8	第三支座负筋（第二排）	22mm	2	4300	$2 \times (8000 - 600) \div 4 + 600 = 4300$	8.6	2.986	25.68
9	第四支座负筋（第一排）	22mm	2	4575 ⌐264	$(6000 - 600) \div 3 + 600 + 2200 - 25 + 12 \times 22 = 4839$	9.678	2.986	28.9
10	第四支座负筋（第二排）	22mm	2	3600	$(6000 - 600) \div 4 + 600 + (2500 - 300) \times 0.75 = 3600$	7.2	2.986	21.50
11	腰筋	12mm	4	22750 180⌐	$15 \times 12 + 300 - 25 + 6000 + 8000 + 6000 + 2500 - 25 = 22930$	45.86	0.888	40.75
12	腰筋的拉筋	6mm		484.5	长度：$(350 - 25 \times 2) + 2 \times (75 + 1.9 \times 6) + 2 \times 6 = 484.8$ 根数：$\{[(6000 - 600 - 100)/300 + 1] \times 2 + [(8000 - 600 - 100)/300 + 1] + (2500 - 300 - 100)/300 + 1]\} \times 2 = 144$	69.81	0.222	14.54

续表

序号	钢筋名称	直径	根数	简图	单筋长度计算式	合计长度/m	单位重量/kg	总重/kg
13	第一跨箍筋	10mm	43		根数：$(1.5\times700-50)\div100+(1.5\times700-50)\div100+(6000-600-1.5\times700\times2)\div150+1=43$ 长度：$(350-50+700-50)\times2+8\times10+2\times11.9\times10=2218$	95.37	0.617	58.84
14	第二跨箍筋	10mm	57	320 670	$(1.5\times700-50)\div100\times2+(8000-600-1.5\times700\times2)\div150+1=57$ 长度：2218	126.43	0.617	78.00
15	第三跨箍筋	10mm	43		根数：$(1.5\times700-50)\div100+(1.5\times700-50)\div100+(6000-600-1.5\times700\times2)\div150+1=43$ 长度：2218	95.37	0.617	58.84
16	右悬梁箍筋	10mm	22		根数：$(2200-2\times50)\div100+1=22$ 长度：2218	48.80	0.617	30.11
17	本构件钢筋重量合计：1157.32kg							

2）柱构件钢筋工程量计算　柱钢筋主要分为纵筋和箍筋。柱纵筋分角筋、截面 b 边中部筋和 h 边中部筋；相邻柱纵向钢筋连接接头要相互错开；在同一截面内钢筋接头面积百分率不应大于 50%；柱纵筋连接方式包括绑扎搭接、机械连接和焊接连接。柱纵筋连接构造见 16G101-1 第 63 页图所示。

柱钢筋计算需了解以下参数：基础层层高、柱所在楼层高度、柱所在楼层位置、柱所在平面位置、柱截面尺寸、节点高度和搭接形式等。下面结合例题来学习柱钢筋的计算。

【例 5-16】　计算如图 5-71 所示框架柱钢筋工程量。已知：混凝土强度等级为 C30，抗震类型为三级，采用焊接连接，保护层厚度为 30mm，基础保护层厚度为 40mm，钢筋选用规范 16G101-1。

① 基础层纵筋工程量计算。基础层钢筋构造要求如图 5-71 所示。

基础插筋＝弯折长度 a ＋基础高度－基础底保护层＋非连接区 $H_n/3$ ＋搭接长度 l_{lE}

注：当采用焊接连接方式时，搭接长度为零。以下同。

② 首层纵筋工程量计算。

纵筋长度＝首层层高－首层净高 $H_n/3$ ＋max｛二层楼层净高 $h_n/6$，500，柱截面长边尺寸(圆柱直径)｝＋与二层纵筋搭接 l_{lE}

③ 标准层纵筋工程量计算。

纵筋长度＝标准层层高－max｛本层 $H_n/6$，500，柱截面长边尺寸(圆柱直径)｝＋max｛上一层楼层净高 $H_n/6$，500，柱截面长边尺寸(圆柱直径)｝＋与上一层纵筋搭接 l_{lE}

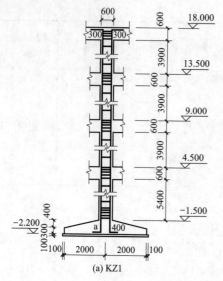

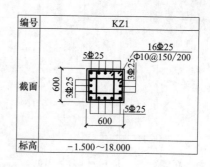

图 5-71　现浇框架柱配筋图

④ 顶层纵筋工程量计算。顶层框架柱因其所处位置不同，分为角柱、边柱和中柱，也因此各种柱纵筋的顶层锚固各不相同。抗震 KZ 边柱和角柱柱顶纵向钢筋构造如图 5-72 所示。

外侧钢筋长度＝顶层层高－max{本层楼层净高 $H_n/6$，500，柱截面长边尺寸（圆柱直径）}－梁高＋$1.5l_{aE}$

内侧纵筋长度＝顶层层高－max{本层楼层净高 $H_n/6$，500，柱截面长边尺寸（圆柱直径）}－梁高＋锚固长度

其中，锚固长度取值为：当柱纵筋伸入梁内的直段长＜l_{aE} 时，则使用弯锚形式，柱纵筋伸至柱顶后弯折 12d（如图 5-72 所示）。

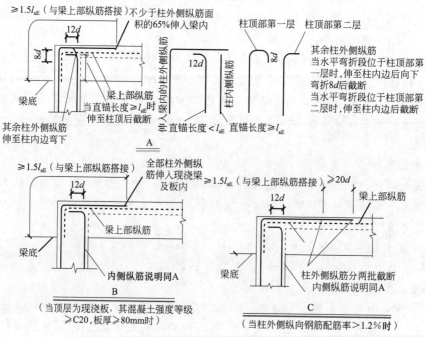

图 5-72　抗震 KZ 边柱和角柱柱顶纵向钢筋构造示意图

$$锚固长度＝梁高－保护层＋12d$$

当柱纵筋伸入梁内的直段长$\geqslant l_{aE}$时，则为直锚，柱纵筋伸至柱顶后截断。

$$锚固长度＝梁高－保护层$$

⑤柱箍筋工程量计算。框架柱箍筋常见的组合形式有非复合箍筋和复合箍筋，复合箍筋形式如图5-73所示。

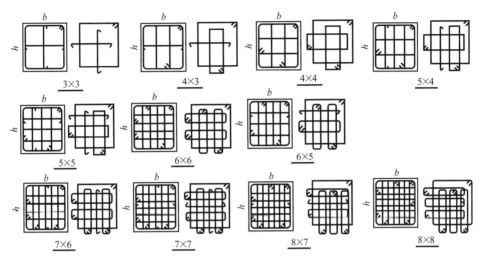

图 5-73　矩形复合箍筋组合形式

a.箍筋数量的计算。

基础层箍筋根数：基础内箍筋的作用仅起一个稳固作用，也可以说是防止钢筋在浇筑时受到扰动，一般是按2根进行计算。

其他层箍筋根数＝箍筋加密区长度/加密区间距＋非加密区长度/非加密区间距＋116G101-1中，关于柱箍筋的加密区的规定如下（如图5-74所示）。

ⅰ.首层柱箍筋的加密区有三个，分别为：下部的箍筋加密区长度取$h_n/3$；上部取max$\{500，柱长边尺寸，h_n/6\}$；梁节点范围内加密；如果该柱采用绑扎搭接，那么搭接范围内同时需要加密。

ⅱ.首层以上柱箍筋分别为：上、下部的箍筋加密区长度均取max$\{500，柱长边尺寸，h_n/6\}$；梁节点范围内加密；如果该柱采用绑扎搭接，那么搭接范围内同时需要加密。

b.箍筋长度计算。

$$单根箍筋长度＝箍筋截面尺寸(b+h)\times2-8\times$$
$$保护层厚度＋2\times$$
$$\max(75+1.9d，11.9d)+8d$$

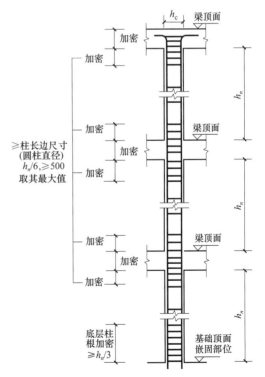

图 5-74　抗震框架柱箍筋加密区范围示意（图中h_n为所在楼层净高）

【解】 本例钢筋工程量计算见表 5-73。

表 5-73 现浇框架柱钢筋工程量计算表

序号	钢筋名称		直径	根数	简图	单筋长度计算式	合计长度/m	单位重量/kg	总重/kg
1	纵筋	基础部分 L1	25mm	8	2460 / 400	$400+(700-40)+(6000-600)\div3=2860$	22.88	3.856	88.23
2		基础部分 L2	25mm	8	3335 / 400	$400+(700-40)+(6000-600)\div3+35\times25=3735$	29.88	3.856	115.22
3		一层 L1=L2	25mm	16	4850	$6000-(6000-600)\div3+\max\{(h_n/6,\ h_c,\ 500)\}=4850$	77.6	3.856	299.23
4		二层 L1=L2	25mm	16	4500	$4500-650+650=4500$	72	3.856	277.63
5		三层 L1=L2	25mm	16	4500	$4500-650+650=4500$	72	3.856	277.63
6		四层 L1	25mm	8	300 / 3820	$4500-650-30+300=4120$	32.96	3.856	127.09
7		四层 L2	25mm	8	300 / 2945	$4500-650-35\times25-30+300=3245$	25.96	3.856	100.10
8	箍筋	基础部分	10mm	2		长度：$2\times(600+600)-8\times30+8\times10+2\times11.9\times10+2\times\{[(600-2\times30-25)/4\times2+25+(600-2\times30)+25]\times2+8\times10+2\times11.9\times10\}=6404$	12.81	0.617	7.90
9		一层	10mm	37	560 / 560 外箍	根数：$[(6000-600)\div3+600+(6000-600)\div6]\div150+\{6000-[(6000-600)\div3+600+(6000-600)\div6]\}\div200+1=37$	236.95	0.617	146.20
					292.5 / 560 内箍	长度：6404			
10		二层	10mm	27		根数：$[(4500-600)\div6+600+(400-600)\div6]\div150+\{4500-[(4500-600)\div6+600+(6000-600)\div6]\}\div200+1=27$	172.91	0.617	106.68
					560 / 292.5 内箍	长度：6404			
11		三层	10mm	27		根数：同二层	172.91	0.617	106.68
						长度：6404			
12		四层	10mm	27		根数：同二层	172.91	0.617	106.68
						长度：6404			
13						本构件钢筋重量合计：1759.27kg			

3）剪力墙构件钢筋工程量计算　剪力墙主要由墙身、墙柱、墙梁三类构件构成，其中墙身钢筋包括水平筋、垂直筋、拉筋和洞口加强筋；墙柱包括暗柱和端柱两种类型，其钢筋主要有纵筋和箍筋；墙梁包括暗梁和连梁两种类型，其钢筋主要有纵筋和箍筋。参见规范 16G101-1。

① 剪力墙身钢筋工程量计算。

a. 剪力墙身水平钢筋计算。

ⅰ. 当墙两端为墙时：

$$内侧钢筋长度＝墙长－保护层＋15d－保护层＋15d$$

$$外侧钢筋连续通过，则水平筋伸至墙对边，长度＝墙长－2×保护层$$

ⅱ. 当墙两端为端柱时：

$$内侧钢筋锚入端柱内，长度＝墙净长＋锚固长度$$

式中，锚固长度取值如下：

当柱宽－保护层$\geqslant l_{aE}$ 时，锚固长度＝l_{aE}；

当柱宽－保护层$< l_{aE}$ 时，锚固长度＝柱宽－保护层＋15d。

外侧钢筋连续通过，则水平筋伸至墙对边，长度＝墙长－保护层。

ⅲ. 当墙两端为暗柱时：

$$内侧钢筋－墙长－保护层＋2×15d$$

$$外侧钢筋连续通过，则水平筋伸至墙对边，长度＝墙长－保护层。$$

ⅳ. 水平钢筋根数计算：

基础层：在基础部位布置间距$\leqslant 500$ 且不小于两道水平分布筋与拉筋。

$$楼层：水平钢筋根数＝层高/间距＋1$$

ⅴ. 当剪力墙墙身有洞口时，墙身水平筋在洞口左右两边截断，分别向下弯折$15d$。

b. 剪力墙身竖向钢筋工程量计算。

ⅰ. 基础插筋长度＝基础高度－保护层＋基础底部弯折a＋伸出基础顶面外露长度＋与上层钢筋连接

ⅱ. 中间层墙身纵筋长度＝层高－露出本层的高度＋伸出本层楼面外露长度＋与上层钢筋连接

ⅲ. 顶层墙身纵筋长度＝本层净高＋顶层锚固长度 $l_{aE}(l_a)$

ⅳ. 墙身竖向钢筋根数＝墙净长/间距＋1(墙身竖向钢筋从暗柱、端柱边 50mm 开始布置)

ⅴ. 剪力墙墙身有洞口时，墙身竖向筋在洞口上下两边截断，分别横向弯折$15d$。

c. 剪力墙身拉筋工程量计算。

ⅰ. 拉筋长度＝墙厚－2×保护层＋$\max(75+1.9d，11.9d)×2$(抗震弯钩值)＋2d

ⅱ. 拉筋根数＝墙净面积/拉筋的布置面积

其中，墙净面积是指要扣除暗（端）柱、暗（连）梁，即墙面积－门洞总面积－暗柱剖面积－暗梁面积；拉筋的布置面积是指其横向间距×竖向间距。

注意：当剪力墙竖向钢筋为多排布置时，拉筋的个数与剪力墙竖向钢筋的排数无关。

② 剪力墙墙柱钢筋工程量计算。剪力墙墙柱(GB 50010—2015，16G101-1 第 71、72 页)，在计算钢筋工程量时，只需要考虑为端柱和暗柱即可。

剪力墙墙柱钢筋工程量计算可参考剪力墙身钢筋工程量相关计算方法。

③ 剪力墙墙梁钢筋工程量计算。剪力墙墙梁分为连梁、暗梁和边框梁。剪力墙墙梁配筋构造参见规范 16G101-1 所示。

a. 连梁钢筋工程量计算。

ⅰ. 中间层连梁纵筋长度＝洞口宽度＋左右两边锚固值

箍筋根数＝（洞口宽度－100）/间距＋1

ⅱ. 顶层连梁纵筋长度＝洞口宽度＋左右两边锚固值

箍筋根数＝（洞口宽度－100）/间距＋1＋（左锚固－100）/150＋1＋（右锚固－100）/间距＋1

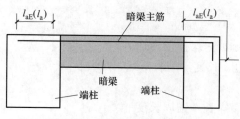

图 5-75 暗梁钢筋构造示意图

式中，锚固值的取值为当柱宽（或墙宽）－保护层≥l_{aE} 时，锚固值＝l_{aE}；当柱宽（或墙宽）－保护层＜l_{aE} 时，锚固值＝柱宽－保护层＋15d。

b. 暗梁钢筋工程量计算。暗梁是剪力墙的加劲线，当地震发生时，一旦墙身出现斜竖向裂缝，可以阻止裂缝的发展，因此要横贯墙体整个宽度，暗梁钢筋要伸至暗柱对边，其构造如图 5-75 所示。

当暗梁与端柱相连接时，纵筋长度＝暗梁净长(从柱边开始算)＋左锚固＋右锚固

当暗梁与暗柱相连接时，纵筋长度＝暗梁净长(从柱边开始算)＋2×l_{aE}(或 l_a)

箍筋根数＝暗梁净长/箍筋间距＋1

式中，锚固取值为当柱宽（或墙宽）－保护层≥l_{aE} 时，锚固＝l_{aE}；当柱宽（或墙宽）－保护层＜l_{aE} 时，锚固＝柱宽－保护层＋15d。

c. 墙梁侧面纵筋和拉筋工程量计算。当设计未注写时，侧面构造纵筋同剪力墙水平分布筋；当连梁截面高度≥700 时，侧面纵向构造钢筋直径应≥10mm，间距应≤200；当跨高比≤2.5 时，侧面构造纵筋的面积配筋率应≥0.3%。

拉筋直径：当梁宽≤350 时为 6mm，梁宽＞350 时为 8mm。拉筋间距为两倍箍筋间距，竖向沿侧面水平筋隔一拉一。

【例 5-17】 某剪力墙，三级抗震，C30 混凝土，保护层厚度 15mm。各层板厚均为 120mm。基础保护层厚度为 40mm。如图 5-76 所示，剪力墙身表见表 5-74，试计算该剪力墙钢筋工程量。

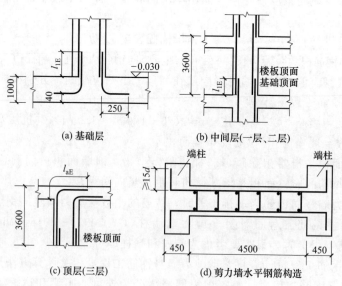

图 5-76 剪力墙构造示意图

(a)，(b)，(c)为剪力墙竖向分布钢筋

表 5-74　剪力墙身表

编号	标高	墙厚	水平分布筋	竖直分布筋	拉筋
Q1(2 排)	−0.030～10.77	250	φ10@200	φ10@200	φ6@200

【解】　钢筋工程量计算见表 5-75。

表 5-75　剪力墙钢筋工程量计算表

钢筋名称		直径	计算简图	根数计算	单筋长度计算 /mm	合计长度/m	单位重量/kg	总重/kg
纵筋	基础部分	10mm	1410　250	$2 \times [(4500 - 2 \times 50) \div 200 + 1] = 46$	$250 + (1000 - 40) + 1.6 \times 25 \times 10 + 5 \times 10 = 1660$	76.36	0.617	47.11
	一层	10mm	4100	$2 \times [(4500 - 2 \times 50) \div 200 + 1] = 46$	$3600 + 5 \times 10 = 4100$	188.6	0.617	116.37
	二层	10mm	4100	$2 \times [(4500 - 2 \times 50) \div 200 + 1] = 46$	$3600 + 5 \times 10 = 4100$	188.6	0.617	116.37
	三层	10mm	145　3200	$2 \times [(4500 - 2 \times 50) \div 200 + 1] = 46$	$3600 - 1.6 \times 25 \times 10 + (25 \times 10 - 120 + 15) = 3345$	153.87	0.617	94.94
水平筋	一层	10mm		$2 \times [(3600 - 120) \div 200 + 1] = 38$				
	二层	10mm	150　150　5370	$2 \times [(3600 - 120) \div 200 + 1] = 38$	$(450 - 15) \times 2 + 4500 + 15 \times 10 \times 2 = 5670$	646.38	0.617	398.82
	三层	10mm		$2 \times [(3600 - 120) \div 200 + 1] = 38$				
拉筋	一层	6mm		$(3600 - 120) \div 200 \times 4500 \div 200 = 392$				
	二层	6mm	404.8	$(3600 - 120) \div 200 \times 4500 \div 200 = 392$	$250 - 15 \times 2 + 2 \times 6 + 2 \times (75 + 1.9 \times 6) = 404.8$	158.68	0.222	35.23
	一层	6mm		$(3600 - 120) \div 200 \times 4500 \div 200 = 392$				

本构件钢筋重量合计：808.84kg

4）现浇混凝土楼板和屋面板钢筋工程量计算　板内钢筋主要包括受力筋（面筋、底筋）、负筋（边支座负筋和中间支座负筋）、负筋分布筋及温度筋、附加筋等。

有梁楼盖楼面板 LB 和屋面板 WB 钢筋构造如图 5-77 所示，板在端部支座的锚固构造如图 5-78 所示，纵向钢筋连接构造见图 5-79。

① 板受力钢筋工程量计算。

a. 板底钢筋工程量计算。

板底钢筋的长度＝净跨＋伸进长度×2＋6.25d×2（弯钩）

式中，伸进长度计算如下。

ⅰ. 端部支座为梁，见图 5-78(a)：伸进长度＝max（支座宽/2，5d）

ⅱ. 端部支座为剪力墙，见图 5-78(b)：伸进长度＝max（支座宽/2，5d）

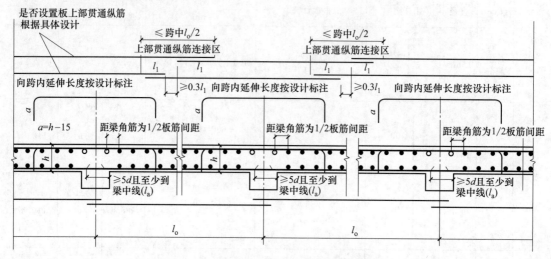

图 5-77　有梁楼盖楼面板和屋面板钢筋构造
（括号内的锚固长度 l_a 用于梁板式转换层的板）

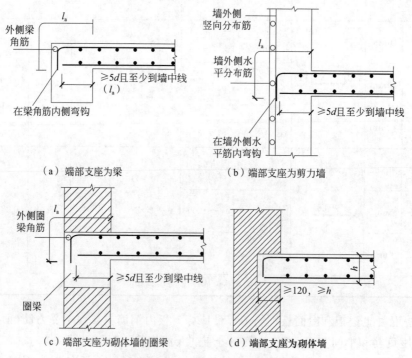

（a）端部支座为梁　　　　（b）端部支座为剪力墙

（c）端部支座为砌体墙的圈梁　　（d）端部支座为砌体墙

图 5-78　板在端部支座的锚固构造
（括号内的锚固长度 l_a 用于梁板式转换层的板）

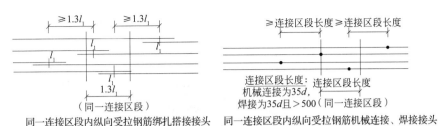

图 5-79　纵向钢筋连接构造示意图

ⅲ. 端部支座为砌体墙的圈梁, 见图 5-78(c): 伸进长度＝max(支座宽/2, 5d)

ⅳ. 端部支座为砌体墙, 见图 5-78(d):

伸进长度＝max(120, 板厚)

　b. 板顶钢筋(面筋)工程量计算。

　　板顶钢筋(面筋)长度＝净跨＋l_a

　c. 钢筋根数计算。

　钢筋根数＝布筋范围/布筋间距＋1

　布筋范围和间距如图 5-80 所示。

② 负筋工程量计算。

a. 端支座负筋长度的计算如图 5-81 所示。

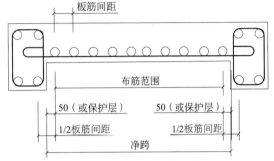

图 5-80　板底钢筋布筋示意图

端支座负筋长度＝锚入长度＋弯钩＋板内净尺寸＋弯折长度

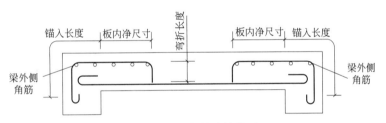

图 5-81　板负筋计算简图

b. 中间支座负筋长度计算如图 5-82 所示。

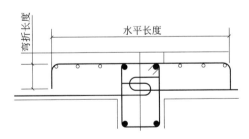

图 5-82　中间支座负筋长度计算简图

中间支座负筋长度＝水平长度＋弯折长度×2

c. 负筋根数计算。

负筋根数＝布筋范围/布筋间距＋1

③ 负筋分布筋工程量计算。

a. 负筋分布筋长度的计算。负筋分布筋计算如图 5-83 所示。

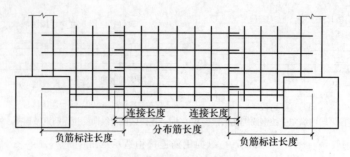

图 5-83　板支座负筋分布筋计算示意

分布筋长度＝轴线长度－负筋标注长度×2＋2×150（搭接长度）

b. 负筋分布筋根数的计算。分布筋根数计算，主要有以下两种方式。

方式一：分布筋根数＝负筋板内净长÷分布筋间距

方式二：分布筋根数＝负筋板内净长÷分布筋间距＋1

④ 温度筋工程量计算。温度筋一般用于较大面积的楼板上部，抵抗温度应力及传递荷载，一般与支座负筋进行搭接。

温度筋长度＝轴线长度－负筋标注长度×2＋

搭接长度×2＋弯钩×2

根数＝（净跨长度－负筋标注长）/温度筋间距－1

【例 5-18】　某现浇混凝土板，板厚为 100mm，C25 混凝土，抗震等级为三级抗震，保护层为 15mm，采用焊接连接。如图 5-84 所示。要求：计算该板钢筋工程量。

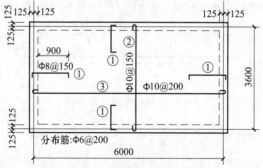

图 5-84　现浇板构造示意图

【解】　现浇板钢筋工程量计算见表 5-76。

表 5-76　现浇板钢筋工程量计算表

钢筋名称	直径	计算简图	根数计算	单筋长度计算	合计长度/m	单位重量/kg	总重/kg
① 号负筋	8mm	90 ⌐¯1025¯⌐ 90	[（3600－125×2－150）÷150＋1]×2＋[（6000－125×2－150）÷150＋1]×2＝122	900＋125＋6.25d＋（100－15×2）＝1145	139.69	0.395	55.161
② 号受力筋	10mm	3725	（6000－125×2－150/2×2）÷150＋1＝38	（3600－125×2）＋125×2＋6.25×10×2＝3725	141.55	0.617	87.336

钢筋名称	直径	计算简图	根数计算	单筋长度计算	合计长度/m	单位重量/kg	总重/kg
③号受力筋	10mm	⌒ 6125	$(3600-125\times2-200/2\times2)\div200+1=17$	$(6000-125\times2)+125\times2+6.25\times10\times2=6125$	104.13	0.617	64.248
分布筋	6mm	(网格图)	$(900-100)\div200+1=5$	$[(3600-125\times2-900\times2)+(6000-125\times2-900\times2)\times2]=11000$	55	0.222	12.21

本构件钢筋重量合计：219.21kg≈0.219t

5.9 钢筋工程工程量计算实例

5.9.1 基础工程

5.9.1.1 阶段任务

根据《BIM算量一图一练》专用宿舍楼案例图纸内容，以及《国家建筑标准设计图集》(16G101-3)的规定，完成本工程独立基础钢筋工程量计算。

5.9.1.2 任务分析

在计算基础钢筋工程量前，应通过识图，回答如下几个问题，见表5-77。

表 5-77　基础分析

序号	问题	本工程情况	识图	计算规则分析
1	本工程的基础类型是什么？	阶梯状独立基础	基础平面布置图、混凝土结构施工图平面整体表示方法制图规则和构造详图16G101-3第7及第67页	参见《国家建筑标准图集》(16G101-3)第67~75页
2	基础钢筋保护层厚度及起步距离	50mm		

5.9.1.3 任务实施

钢筋密度表、独立基础钢筋计算表见表5-78、表5-79。

表 5-78　钢筋密度表

直径/mm	钢筋密度/(kg/m)	直径/mm	钢筋密度/(kg/m)	直径/mm	钢筋密度/(kg/m)
3	0.055	9	0.499	20	2.47
4	0.099	10	0.617	22	2.98
5	0.154	12	0.888	25	3.85
6	0.222	14	1.21	28	4.83
6.5	0.26	16	1.58	30	5.549
8	0.395	18	2		

注：本工程钢筋质量计算均按上表中钢筋密度计算。

表 5-79　独立基础钢筋计算

构件类别	构件名称	部位	方向	钢筋图形	计算公式	长度/mm	根数	单重/kg	总重/kg	备注
	DJj01 B：X：φ12@150 Y：φ12@150	1/F、14/A、14/C、14/D、14/F	X方向	2600	外侧钢筋：边长－2×保护层	2600	2	2.309	4.618	说明：此处计算的钢筋长度及根数均为单个基础 独立基础钢筋：详见11G101-3第63页 注：当独立基础底板长度≥2500时，除外侧钢筋外，底板配筋长度可取相应方向底板长度的0.9倍；独立基础钢筋起步距离确定：min（75，S/2）（S为钢筋间距）
					2700－2×50					
				2430	中侧钢筋：0.9×基础边长	2430	16	2.158	34.525	
					0.9×2700					
			Y方向	2600	外侧钢筋：边长－2×保护层	2600	2	2.309	4.618	
					2700－2×50					
				2430	内侧钢筋：0.9×基础边长	2430	16	2.158	34.525	
					0.9×2700					
					合计				72.826	

5.9.1.4　任务总结

基础钢筋工程量的计算应注意以下几点。

① 通体读图了解到，本工程中的独立基础为对称基础，阶梯形（两阶）基础，有单柱基础和双柱基础。

② 弄清楚基础钢筋中受力钢筋与分布钢筋的区别及位置摆放，在算钢筋的过程中要注意钢筋的间距及起步距离的扣减。

③ 基础底板长度≥2500mm 时，钢筋要错开摆放，参见《国家建筑标准设计图集》（16G101-3）第 70 页详细说明。

5.9.2　混凝土柱

5.9.2.1　阶段任务

根据专用宿舍楼案例图纸内容，以及《国家建筑标准设计图集》（16G101-1）、《国家建筑标准设计图集》（16G101-3)的规定，完成框架柱、梯柱的钢筋工程量计算。

5.9.2.2　任务分析

在计算柱子钢筋工程量前，应通过识图分析以下问题。见表 5-80。

表 5-80　计算钢筋前分析的问题

序号	项目	本工程情况	识图	计算规则分析
1	柱高	框架柱	参见图纸结施-04	参见《国家建筑标准设计图集》（16G101-1）第60～66页
		梯柱	参见图纸结施-11：TZ1 详图	

5.9.2.3　任务实施

柱钢筋工程量计算见表 5-81。

表 5-81　柱钢筋工程量计算表

KZ1(1/A)处

基础层

序号	筋号	钢筋图形	直径/mm	级别	计算公式	公式描述	长度/mm	根数	搭接	单重/kg	总重/kg	备注
1	B 边插筋.1	330 ⌐ 3350	22	Ⅲ	$1850+3000/3+550-50+15\times22$	高差+上层露出长度+基础厚度-保护层设置设定的弯折	3680	2	0	10.966	21.933	高差指独立基础顶面到基础层顶面的高度；柱插筋在基础中锚固长度的判断及箍筋根数的计算详见11G101-3(第59页)；箍筋弯钩长度见11G101-1(第56页)；封闭式箍筋及拉筋弯钩构造
2	B 边插筋.2	330 ⌐ 4120	22	Ⅲ	$1850+3000/3+\max(35\times22,\ 500)+550-50+15\times22$	高差+上层露出长度+错开距离+基础厚度-保护层+计算设置设定的弯折	4450	2	0	13.261	26.522	
3	H 边插筋.1	330 ⌐ 4120	22	Ⅲ	$1850+3000/3+\max(35\times22,\ 500)+550-50+15\times22$	高差+上层露出基础厚度+错开距离+保护层+计算设置设定的弯折	4450	2	0	13.261	26.522	
4	H 边插筋.2	330 ⌐ 3350	22	Ⅲ	$1850+3000/3+550-50+15\times22$	高差+上层露出长度+基础厚度-保护层设置设定的弯折	3680	2	0	10.966	21.933	
5	角筋插筋.1	330 ⌐ 4120	22	Ⅲ	$1850+3000/3+\max(35\times22,\ 500)+550-50+15\times22$	高差+上层露出长度+错开距离+基础厚度-深护+计算设置设定的弯折	4450	2	0	13.261	26.522	
6	角筋插筋.2	330 ⌐ 3350	22	Ⅲ	$1850+3000/3+550-50+15\times22$	高差+上层露出长度+基础厚度-保护层+设置设定的弯折	3680	2	0	21.933	21.933	
7	箍筋.1	430 / 430	10	Ⅲ	$2\times[(500-2\times35)+(500-2\times35)]+2\times(11.9\times10)$	$2\times[(B$ 边长度$-2\times$保护层$)+(H$ 边长度$-2\times$保护层$)]+2\times$弯钩	1958	21	0	1.208	25.37	
8	箍筋.2	430 / 171	10	Ⅲ	$2\times\{[(500-2\times35-2\times10-22)/3\times1+22+2\times10]+(500-2\times35)\}+2\times(11.9\times10)$	$2\times\{[(B$ 边直径$-2\times$保护层$-2\times$箍筋所占最大直径$)/$同距$\times$该排纵筋个数$+$该排纵筋最大直径$)+2\times$箍筋直径$]+(H$ 边长度$-2\times$保护层$)\}+2\times$弯钩	1441	38	0	0.889	33.786	
	合　计										204.52	

续表

首层

序号	筋号	钢筋图形	直径/mm	级别	计算公式	公式描述	长度/mm	根数	搭接	单重/kg	总重/kg	备注
1	B边纵筋.1	3100	22	Φ	3600−1770＋max（3000/6、500、500）＋max(35×22、500)	层高−本层露出长度＋上层露出长度＋错开距离	3100	2	1	9.238	18.476	根据钢筋接头的连接形式，确定抗震框架柱纵向钢筋的连接构造。详见11G101-1（第57页）；钢筋接头说明─结构施工形式的确定：结构施工图；通用型构造搭接连接─钢筋锚固连接─第3条
2	B边纵筋.2	3100	22	Φ	3600−3000/3＋max（3000/6、500、500）	层高−本层露出长度＋上层露出长度	3100	2	1	9.238	18.476	
3	H边纵筋.1	3100	22	Φ	3600−3000/3＋max（3000/6、500、500）	层高−本层露出长度＋上层露出长度	3100	2	1	9.238	18.476	
4	H边纵筋.2	3100	22	Φ	3600−1770＋max（3000/6、500、500）＋max(35×22、500)	层高−本层露出长度＋上层露出长度＋错开距离	3100	2	1	9.238	18.476	
5	角筋.1	3100	22	Φ	3600−3000/3＋max（3000/6、500、500）	层高−本层露出长度＋上层露出长度	3100	2	1	9.238	18.476	
6	角筋.2	3100	22	Φ	3600−1770＋max（3000/6、500、500）＋max(35×22、500)	层高−本层露出长度＋上层露出长度＋错开距离	3100	2	1	9.238	18.476	
7	箍筋.1	450 / 450	8	Φ	2×[（500−2×25）＋（500−2×25）]＋2×(11.9×8)	2×[（B边长度−2×保护层）＋（H边长度−2×保护层）]＋2×弯钩	1990	37	0	0.786	29.084	
8	箍筋.2	450 / 175	8	Φ	2×{[（500−2×25−2×8−22）/3×1＋22＋2×8]＋（500−2×25）}＋2×(11.9×8)	2×{[（B边长度−2×保护层−该排所占最大直径）/（箍筋间距×该排纵筋最大直径）]＋（H边长度−2×保护层）}＋2×弯钩	1441	74	0	0.569	42.12	

合　计　　　182.06

续表

二层

序号	筋号	直径/mm	级别	钢筋图形	计算公式	公式描述	长度/mm	根数	搭接	单重/kg	总重/kg	备注
1	B 边纵筋.1	22	⊈	596 ⌐ 3125	$3650-500-650+1.5\times37\times22$	层高－本层的露出长度－梁高＋节点设置口的柱顶锚固	3721	1	1	11.089	11.089	二层在本工程对于很多柱属于顶层，柱顶锚固会有变化，需判断下边角柱。抗震边柱和角柱柱顶纵向钢筋构造详见 11G101-1（第 59 页），中柱柱顶纵筋向钢筋构造详见 11G101-1（第 60 页）。顶层边角柱计算：1. 首先判断外侧角筋从梁底算起，$1.5l_{abE}$ 是否超过柱内侧边缘。① 超过时，即，$1.5l_{abE}>$梁高至梁底。65% 的钢筋锚固长度等于 $1.5l_{abE}$，剩余 35% 的钢筋锚固长度＝梁高－保护层＋$8d$。② 不超过时，即，$1.5l_{abE}<$梁高至梁底。$1.5l_{abE}$ 边缘宽度＝梁高－保护层。65% 的钢筋锚固长度＝梁高－保护层－2 倍保护层宽＋$8d$ 的钢筋锚固长度＋$\max(15d，1.5l_{abE}$（保护层））；剩余 35% 的钢筋锚固长度＝梁高－保护层＋$8d$。2. 判断内侧边缘，从梁底起 $1.5l_{abE}$ 是否超过柱外侧边缘。
2	B 边纵筋.2	22	⊈	596 ⌐ 2355	$3650-1270-650+1.5\times37\times22$	层高－本层的露出长度－梁高＋节点设置中的柱顶锚固	2951	1	1	8.794	8.794	
3	B 边纵筋.3	22	⊈	264 ⌐ 3125	$3650-500-650+(650-25+12\times22)$	层高－梁高－（梁高－保护层＋节点设置中的柱内侧纵筋顶层弯折）	3389	1	1	10.099	10.099	
4	B 边纵筋.4	22	⊈	264 ⌐ 2355	$3650-1270-650+650-25+12\times22$	层高－梁高－（梁高－保护层＋节点设置顶层纵筋顶层弯折）	2619	1	1	7.805	7.805	
5	H 边纵筋.1	22	⊈	264 ⌐ 3125	$3650-500-650+(650-25+12\times22)$	层高－梁高－（梁高－保护层＋节点设置中的柱内侧纵筋顶层弯折）	3389	1	1	10.099	10.099	
6	H 边纵筋.2	22	⊈	264 ⌐ 2355	$3650-1270-650+(650-25+12\times22)$	层高－梁高－（梁高－保护层＋节点设置中的柱内侧纵筋顶层弯折）	2619	1	1	7.805	7.805	
7	H 边纵筋.3	22	⊈	596 ⌐ 3125	$3650-500-650+1.5\times37\times22$	层高－本层的露出长度－梁高＋节点设置中的柱顶锚固	3721	1	1	11.089	11.089	
8	H 边纵筋.4	22	⊈	596 ⌐ 2355	$3650-1270-650+1.5\times37\times22$	层高－本层的露出长度－梁高＋节点设置中的柱顶锚固	2951	1	1	8.794	8.794	

续表

序号	筋号	钢筋图形	直径/mm	级别	计算公式	公式描述	长度/mm	根数	搭接	单重/kg	总重/kg	备注
二层												
9	角筋.1 596 ⌐ 2355		22	Φ	$3650-1270-650+1.5\times37\times22$	层高-本层的露出长度-梁高+节点设置中的柱顶锚固	2951	1	1	8.794	8.794	底至柱内侧边缘长度。超过时，即 $1.5l_{abE}>$ 梁高，剩余 35% 的钢筋锚固长度等于 $1.5l_{abE}$。
10	角筋.2 596 ⌐ 3125		22	Φ	$3650-650+1.5\times37\times22$	层高-本层的露出长度+节点设置中的柱顶锚固	3721	1	1	11.089	11.089	锚固长度=梁宽-2 倍保护层+保护层+8d；不超过时，即 $1.5l_{abE}<$
11	角筋.3 264 ⌐ 2355		22	Φ	$3650-1270-650+650-25+12\times22$	层高-本层的露出长度-梁高+节点-保护层+设置中的柱内侧纵筋顶层弯折	2619	1	1	7.805	7.805	梁底至柱内侧边缘长度。超过时，即 $1.5l_{abE}>$ 梁高，剩余 35% 的钢筋锚固长度=max（15d，$1.5l_{abE}$，梁高-保护层+保护层）-梁宽-2 倍保护层+锚固长度=max（$1.5l_{abE}$，梁高-保护层+8d）
12	角筋.4 450 ⌐ 3125 176		22	Φ	$3650-500-650+(650-25+500-50+8\times22)$	层高-本层的露出长度+（柱尺寸-2 倍保护+节点设置中的柱内侧纵筋顶层弯折）	3751	1	1	11.178	11.178	3.计算方法同中柱。中柱筋大于 max（本层楼层层高 $H_n/6$，500，柱截面边尺寸（圆柱直径））。其中锚固长度取最大值为：梁高-保护层+锚固层。当梁高-保护层小于 l_{abE} 时，则使用弯锚形式。锚固长度=max（梁高-保护层，$0.5l_{abE}$）+12d；当梁高-保护层大于 l_{abE} 时，锚固长度=max（梁高-保护层，$0.5l_{abE}$）。
13	箍筋.1 450 ☐ 450		8	Φ	$2\times[(500-2\times25)+(500-2\times25)]+2\times(11.9\times8)$	2×[（B 边长度-2×保护层）+（H 边长度-2×保护层）]+2×弯钩	1990	37	0	0.786	29.0841	箍筋根数比二层钢筋多，首层处理见 11G101-1（第 57 页右上角图 3）
14	箍筋.2 450 ☐ 175		8	Φ	$2\times\{[(500-2\times25-2\times8)/3\times1+22+2\times8]+(500-2\times25)\}+2\times(11.9\times8)$	2×[[（B 边长度-2×保护层-2×该箍筋直径）/同岔个数×该排纵筋最大直径+2×该箍筋直径]+（H 边长度-2×保护层）]+2×弯钩	1441	74	0	0.569	42.12	KZ1、QZ、LZ 箍筋加密区范围 11G101-1（第 61 页）。
	合计										185.64	

5.9.2.4　任务总结

从本工程的混凝土柱钢筋工程量计算中，应学会如下计算思路。

① 混凝土柱的钢筋工程量计算应区分不同楼层、不同截面，不同类型的钢筋来计算。要判断边柱、角柱，二者的钢筋计算有所不同，参见《国家建筑标准设计图集》(16G101-1)第 67 页有关说明。在计算柱钢筋长度时要注意错层搭接的长度及柱钢筋的搭接设置。

② 在混凝土柱钢筋的工程量计算中，要特别注意基础层柱钢筋的计算。参见《国家建筑标准设计图集》(16G101-1)第 63 页，关于柱插筋在基础中的锚固构造，此外，框架柱高度的确定计算时需特别注意。

5.9.3　混凝土梁

5.9.3.1　阶段任务

根据《BIM 算量·图一练》专用宿舍楼案例图纸内容，以及《国家建筑标准设计图集》(16G101-1)的规定，完成标高−0.05m 处 DL、标高 3.55m 处 KL16、标高 7.20m 处 KL3 的工程量计算。

5.9.3.2　任务分析

在计算混凝土梁钢筋工程量前，应通过识图，分析以下问题。见表 5-82。

表 5-82　计算混凝土梁钢筋前分析的问题

序号	问题	分析	识图	计算规则解读
1	梁上钢筋的类别有哪些	上部通长筋、下部通长筋、支座负筋、侧面构造筋、拉筋、箍筋、梁垫铁	参见结施-05、结施-06、结施-07	参见《国家建筑标准设计图集》(16G101-1)第 84～98 页
2	梁钢筋之间的搭接与锚固长度	参见《国家建筑标准设计图集》(16G101-1)第 84、85 页		

5.9.3.3　任务实施

首层梁(KL4)钢筋工程量计算表见表 5-83。

5.9.3.4　任务总结

从本工程的混凝土梁钢筋工程量计算中，应学会如下计算思路。

① 在梁的钢筋计算中，首先要区分梁的钢筋种类，都有哪些钢筋，各个钢筋之间的位置关系。梁的上部、下部通长筋计算时，注意保护层的扣减，关于箍筋，当有加密区与非加密区之分时，要明确加密区的范围与起步距离的扣减，参见《国家建筑标准设计图集》(16G101-1)第 88 页有关说明。

表5-83 首层梁（KL4）钢筋工程量计算表

KL4(2/D-F, 12/D-F)

序号	筋号	钢筋图形	直径/mm	级别	计算公式	公式描述	长度/mm	根数	搭接	单重/kg	总重/kg
1	1跨·上通长筋1	300⌐ 7915	20	Φ	500−25+15×20+6700+37×20	支座宽−保护层+弯折+净长+直锚	8215	2	1	20.291	40.582
2	1跨·左支座筋1	300⌐ 2708	20	Φ	500−25+15×20+6700/3	支座宽−保护层+弯折+伸出长度	3008	2	0	7.43	14.86
3	1跨·左支座筋2	300⌐ 2150	20	Φ	500−25+15×20+6700/4	支座宽−保护层+弯折+伸出长度	2450	2	0	6.052	12.103
4	1跨·右支座筋1	—— 2973	20	Φ	6700/3+37×20	伸出长度+直锚	2973	2	0	7.343	14.687
5	1跨·右支座筋2	—— 2415	20	Φ	6700/4+37×20	伸出长度+直锚	2415	2	0	5.965	11.93
6	1跨·侧面受扭筋1	—— 7604	12	Φ	37×12+6700+5×12	直锚+净长+直锚	7604	4	0	6.752	27.009
7	1跨·下部钢筋1	300⌐ 7915	20	Φ	500−25+15×20+6700+37×20	支座宽−保护层+弯折+净长+直锚	8215	4	1	20.291	81.164
8	1跨·吊筋1	280 550 45.00 300 200 550	14	Φ	200+2×50+2×20×14+2×1.414×(600−2×25)	次梁宽度+2×50+2×吊筋锚固+2×斜长	2415	2	1	2.922	5.844
9	1跨·箍筋1	550 200	8	Φ	2×[(250−2×25)+(600−2×25)]+2×(11.9×8)	2×[(梁宽−2×保护层)+(梁高−2×保护层)]+2×弯钩	1690	56	0	0.668	37.383
10	1跨·拉筋1	200	6	Φ	(250−2×25)+2×(75+1.9×6)	(梁宽−2×保护层)+2×[max(10d，75)+1.9d]	373	36	0	0.083	2.981
11	1跨·上部梁垫铁1	—— 200	25	Φ	250−2×25	梁宽−2×保护层	200	4	0	0.77	3.08
合　计											251.623

② 由于在建筑物中梁较多，为避免计算混乱，应于计算过程中在图纸上做好标记。

③ 梁的钢筋与柱等混凝土构件有联系，在钢筋计算前应注意梁上钢筋锚到柱里面的长度，参见《国家建筑标准设计图集》(16G101-1)第 84 页有关说明。

5.9.4　混凝土板

5.9.4.1　阶段任务

根据《BIM 算量一图一练》专用宿舍楼案例图纸内容，根据《国家建筑标准设计图集》(16G101-1)的规定，完成标高 3.55m 处有梁板、标高 7.20m 处有梁板的钢筋工程量计算。

5.9.4.2　任务分析

在计算混凝土有梁板钢筋工程量前，首先要了解板里面的配筋布置情况。见表 5-84。

表 5-84　计算有梁板钢筋前分析的问题

序号	疑问	分析	识图	计算规则解读
1	板里面都有哪些钢筋	底部受力筋、负弯矩钢筋、马凳筋、跨板受力筋	参见图纸结施-08、结施-09、结施-10、结施-11	参见《国家建筑标准设计图集》(16G101-1)第 99 页及以后
2	板里面钢筋的摆放位置	底部受力筋位于板底层，负弯矩钢筋位于板上层，马凳筋位于上层钢筋与下层钢筋之间	《国家建筑标准设计图集》(16G101-1)第 99 页及以后	参见《国家建筑标准设计图集》(16G101-1)第 99 页及以后
3	板里面钢筋的锚固搭接设置		参见图纸结构设计说明七—3 条	参见《国家建筑标准设计图集》(16G101-1)第 99 页及以后

5.9.4.3　任务实施

板底筋钢筋工程量计算表见表 5-85。

5.9.4.4　任务总结

① 在混凝土板钢筋工程量的计算中要注意钢筋的锚固搭接，在计算钢筋根数时，要注意钢筋起步距离的扣减。

② 关于板的分布筋和马凳筋的信息，图纸上一般不会直接在板配筋图上给出，要仔细看结构设计说明中关于板负筋分布筋的设置以及马凳筋的说明信息。

③ 当出现悬挑板时，要考虑悬挑板阳角放射筋的设置，参见《国家建筑标准设计图集》(16G101-1)第 112 页的说明。

表 5-85　板底筋钢筋工程量计算表

B100 底筋（12-13/A-C）

序号	筋号	钢筋图形	直径/mm	级别	计算公式	公式描述	长度/mm	根数	搭接	单重/kg	总重/kg
1	X 方向 ⊈8-200.1	3600	8	⊈	3350＋max(250/2, 5×8)＋max(250/2, 5×8)	净长＋设定锚固	3600	35	0	1.422	49.77
2	Y 方向 ⊈8-200.1	7225	8	⊈	6950＋max(300/2, 5×8)＋max(250/2, 5×8)	净长＋设定锚固＋设定锚固	7225	17	0	2.854	48.516
									合计：		98.29

B100 底筋（12-13/D-F）

序号	筋号	钢筋图形	直径/mm	级别	计算公式	公式描述	长度/mm	根数	搭接	单重/kg	总重/kg
1	X 方向 ⊈8-200.1	3600	8	⊈	3350＋max(250/2, 5×8)＋max(250/2, 5×8)	净长＋设定锚固	3600	35	0	1.422	49.77
									合计：		49.77

B100 底筋（3-4/D-F, 11-12/D-F）

序号	筋号	钢筋图形	直径/mm	级别	计算公式	公式描述	长度/mm	根数	搭接	单重/kg	总重/kg
1	X 方向 ⊈6-200.1	3625	6	⊈	3400＋max(250/2, 5×6)＋max(200/2, 5×6)	净长＋设定锚固＋设定锚固	3625	35	0	0.805	28.166
									合计：		28.166

B100 底筋（1-14/A-C）

序号	筋号	钢筋图形	直径/mm	级别	计算公式	公式描述	长度/mm	根数	搭接	单重/kg	总重/kg
1	X 方向 K8.1	46750	8	⊈	46500＋max(250/2, 5×8)＋max(250/2, 5×8)	净长＋设定锚固＋设定锚固	46750	35	2352	19.395	678.835
2	Y 方向 K8.1	7225	8	⊈	6950＋max(250/2, 5×8)＋max(300/2, 5×8)	净长＋设定锚固＋设定锚固	7225	221	0	2.854	630.706
									合计：		1309.54

B100 面筋（1-14/A-C）

序号	筋号	钢筋图形	直径/mm	级别	计算公式	公式描述	长度/mm	根数	搭接	单重/kg	总重/kg
1	X 方向 K8.1	120⌐46950⌐120	8	⊈	46500＋250－25＋15×8＋250－25＋15×8	净长＋设定锚固	47190	35	2352	19.569	684.918

续表

B100 面筋 (1-14/A-C)

序号	筋号	钢筋图形	直径/mm	级别	计算公式	公式描述	长度/mm	根数	搭接	单重/kg	总重/kg
2	Y 方向 K8.1	120⌐7450⌐120	8	Φ	6950+250-25+15×8+300-25+15×8	净长+设定锚固+设定锚固	7690	221	0	3.038	671.299
										合计:	1356.22

空调板 100 钢筋（位置详见二层结构平面图（共 10 处））

序号	筋号	钢筋图形	直径/mm	级别	计算公式	公式描述	长度/mm	根数	搭接	单重/kg	总重/kg
1	3Φ8	1470	8	Φ	1500-2×15	板宽-2×保护层	1470	3	0	0.581	1.74
2	Φ8-200	945	8	Φ	30×8+650-15+100-2×15	锚固长度+板厚-保护层+保护层+板厚-2×保护层	945	8	0	0.373	2.986
										合计:	4.728

挑檐板钢筋（位置详见屋顶层顶板配筋图（1-14/A 轴））

序号	筋号	钢筋图形	直径/mm	级别	计算公式	公式描述	长度/mm	根数	搭接	单重/kg	总重/kg
1	跨板Φ12-200.1	70⌐1785⌐70	12	Φ	600+300+900-15+100-2×15+100-2×15	净长+梁宽+右标注-右标+保护层+设定弯折+弯折	1925	2	0	1.709	3.42
2	跨板Φ12-200.2	70⌐860⌐80	12	Φ	600-15+100-2×15+300-25+15×12	净长-保护层+设定弯折+设定锚固	1110	14	0	0.986	13.800
3	跨板Φ12-200.3	70⌐1785⌐70	12	Φ	600-15+300+900+100-2×15+100-2×15	净长-保护层+梁宽+右标注+设定弯折+弯折	1925	222	0	1.709	379.487
4	分布筋.1	47300	8	Φ	47500-100-100	净长-起步距离-起步距离	47300	3	2352	19.613	58.838
										合计:	455.543

挑檐板钢筋（位置详见屋顶层顶板配筋图（1/A-C，14/A-C 轴））

序号	筋号	钢筋图形	直径/mm	级别	计算公式	公式描述	长度/mm	根数	搭接	单重/kg	总重/kg
1	跨板Φ12-200.1	70⌐460⌐120	8	Φ	250-15+100-2×15+250-25+15×8	净长-保护层+设定弯折+设定锚固	650	2	0	0.257	0.51

5.9.5 构造柱

5.9.5.1 阶段任务

根据《BIM 算量一图一练》专用宿舍楼案例图纸内容，根据《国家建筑标准设计图集》(16G101-1)及多层砖房钢筋混凝土构造柱抗震节点详图-11G363 的规定，完成本工程构造柱的钢筋工程量计算。

5.9.5.2 任务分析

构造柱属于填充墙构造措施内容，构造柱的设置原则往往在图纸的建施说明及结施说明中以文字的形式说明，因此，文字理解与图纸的关系尤为重要。构造柱分析见表 5-86。

表 5-86 构造柱分析

序号	项目		分析	识图	计算规则分析
1	构造柱位置	各层平面图所示	仅"标高为 7.20 处的屋面板配筋图中注明构造柱具体位置"	结施 01 第七—6.2 条	参见多层砖房钢筋混凝土构造柱抗震节点详图-11G363
		一～二层	见下图		
		墙体转角及交接处	见下图		
		墙长超过墙长两倍的墙中	此种情况在本工程中不存在		
	构造柱截面及配筋		200mm×200mm（墙厚×200）主筋：4 ⨥ 20. 箍筋：⨥6@200		
	构造柱高度	首层	−0.05～首层单梁底	基础平面图中压顶详图	
		二层	3.55～屋顶单梁底		
		屋面	7.20～女儿墙压顶底		

5.9.5.3 任务实施

首层构造柱钢筋工程量计算表见表 5-87。

表 5-87　首层构造柱钢筋工程量计算表

首层构造柱钢筋计算

位置详见梁高 600 图

序号	筋号	钢筋图形	直径/mm	级别	计算公式	公式描述	长度/mm	根数	搭接	单重/kg	总重/kg	备注
1	全部纵筋.1	3000	10	Φ	3600−600	柱净高	3000	4	0	1.851	7.404	构造柱规范详见 03G363
2	构造柱植筋.1	690	10	Φ	59×10+10×10	搭接＋植筋锚固深度	690	8	0	0.426	3.406	
3	箍筋.1	150 150	6	Φ	2×[(200−2×25)+(200−2×25)]+2×(75+1.9×6)	2×[(B边长度−2×保护层)+(H边长度−2×保护层)]+2×弯钩	773	16	0	0.172	2.746	
						合计:					13.556	

位置详见梁高 550 图

序号	筋号	钢筋图形	直径/mm	级别	计算公式	公式描述	长度/mm	根数	搭接	单重/kg	总重/kg	备注
1	全部纵筋.1	3050	10	Φ	3600−550	柱净高	3050	4	0	1.882	7.527	构造柱规范详见 03G363
2	构造柱植筋.1	690	10	Φ	59×10+10×10	搭接＋植筋锚固深度	690	8	0	0.426	3.406	
3	箍筋.1	150 150	6	Φ	2×[(200−2×25)+(200−2×25)]+2×(75+1.9×6)	2×[(B边长度−2×保护层)+(H边长度−2×保护层)]+2×弯钩	773	16	0	0.172	2.746	

5.9.5.4　任务总结

在本章的学习过程中，主要有两方面应作为大家的学习重点。

① 识图。构造柱在识图时，有时图纸会在平面图中将构造柱的位置很具体地画出来，更多情况下则需要从结施说明及建施说明中的文字中读出来，且加上识图者的判断与分析，才能更准确地分析构造柱的情况。也正因此，造价工作者应多与设计人员沟通确认，以免因识图不当造成的造价失误。

② 钢筋计算。构造柱的钢筋，在计算时要注意锚固搭接的设置，以及构造柱中预留筋的设置，不要忽略预留筋的计算，参见多层砖房钢筋混凝土构造柱抗震节点详图-11G363。

5.9.6　圈梁

5.9.6.1　阶段任务

根据《BIM算量一图一练》专用宿舍楼案例图纸内容，以及《国家建筑标准设计图集》(16G101-1)的规定，完成本工程圈梁的钢筋工程量计算。

5.9.6.2　任务分析

圈梁与构造柱类似，均属填充墙构造措施内容，设置原则往往在图纸的建施说明及结施说明中以文字的形式说明或以节点详图来体现，因此，文字理解与图纸的关系尤为重要。见表5-88。

表 5-88　圈梁分析

序号	项目	分析		识图	计算规则分析
1	圈梁位置、圈梁截面、圈梁长度	当填充墙高度超过4m时，应在填充墙高度的中部或门窗洞口顶部设置墙厚×墙厚并与混凝土柱连接的通长钢筋混凝土水平系梁	由于本工程层高为3.6m，因此填充墙的砌筑高度无超过4m的情况，因此本工程无圈梁	结施-01第6.1条	参见《国家建筑标准设计图集》(16G101-1)
2	圈梁位置	在C3的下边以及1轴与14轴C4的下边	1轴与14轴C4位置下的圈梁（即窗台压顶）无钢筋信息，即为素混凝土	参见图纸建施-10	参见《国家建筑标准设计图集》(16G101-1)

5.9.6.3　任务实施

女儿墙压顶工程量计算表见表5-89。

表 5-89　女儿墙压顶工程量计算表（A-F/14 向右平移 350、F-A/1 向左平移 350）

序号	筋号	钢筋图形	直径/mm	级别	计算公式	公式描述	长度/mm	根数	搭接	单重/kg	总重/kg	备注
1	上部钢筋1	18150	12	⊕	18200−25−25	外皮长度	18150	1	1416	17.38	17.375	
2	上部钢筋2	329 18150 329	12	⊕	17800+42×12 +42×12	净长＋锚固＋锚固	18808	1	1416	17.96	17.959	
3	下部钢筋1	18150	12	⊕	18200−25 −25	外皮长度	18150	1	1416	17.38	17.375	
4	下部钢筋2	329 18150 329	12	⊕	17800+42×12 +42×12	净长＋锚固＋锚固	18808	1	1416	17.96	17.959	
5	箍筋	150 150	6	⊕	2×[(200−2×25) +(200−2×25)] ∣2×(75+1.9×6)	2×[（压顶宽−2×保护层)+（压顶高−2×保护层)]＋2×弯钩	773	89	0	0.20	17.887	
										合计：	88.555	

5.9.6.4　任务总结

在本章的学习过程中，主要有两方面应作为大家的学习重点。

① 识图。圈梁在识图时，要结合结施说明和节点详图。圈梁的信息图纸上往往不是在一个地方就可以全部找到，需要认真审图，仔细分析才能完全找到圈梁的信息。此外，圈梁的不同叫法也需要注意，如图中的"水平系梁"也是圈梁。

② 钢筋计算。圈梁的钢筋计算首先要明确圈梁的位置，此外在计算时要注意圈梁的长度及锚固搭接的设置。

5.9.7　过梁

5.9.7.1　阶段任务

根据《BIM 算量一图一练》专用宿舍楼案例图纸内容，以及《国家建筑标准设计图集》（16G101-1)、《钢筋混凝土过梁图集》（11YG301)的规定，完成过梁钢筋的工程量计算。

5.9.7.2　任务分析

① 过梁的定义：过梁，与构造柱、圈梁类似，属于二次构件。当墙体上开设门窗洞口且墙体洞口大于 300mm 时，为了支撑洞口上部砌体所传来的各种荷载，并将这些荷载传给门窗等洞口两边的墙，常在门窗洞口上设置横梁，该梁称为过梁。

② 在计算混凝土过梁钢筋工程量前，应通过识图，分析以下问题。过梁分析见表 5-90。

表 5-90　过梁分析

序号	问题	分析	识图	计算规则解读
1	过梁的说明及配筋信息	门洞口均设置过梁，过梁应与构造柱浇为一体，配筋：上部 3C12，下部：3C12，箍筋：Φ6.5@200	参见结施-01，七—6.3 条及图 7.6.3	参见《国家建筑标准设计图集》(16G101-1)、11YG301
2	过梁长度怎么确定	梁长＝洞宽＋250	参见结施-01，七—6.3 条及图 7.6.3	参见《国家建筑标准设计图集》(16G101-1)、11YG301

5.9.7.3　任务实施

过梁钢盘＋零星工程钢筋工程量计算表见表 5-91。

表 5-91　过梁钢盘＋零星工程钢筋工程量计算表

序号	筋号	钢筋图形	直径/mm	级别	计算公式	公式描述	长度/mm	根数	搭接	单重/kg	总重/kg
1	过梁上部纵筋.1	1450	12	Φ	1500－25－25	净长	1450	3	0	1.288	3.863
2	过梁下部纵筋.1	1450	12	Φ	1500－25－25	净长	1450	3	0	1.288	3.863
3	过梁.箍筋1	70 150	6.5	Φ	$2×[(200－2×25)+(120－2×25)]+2×(75+1.9×6.5)$	（过梁宽－保护层）×2＋（过梁高－保护层）×2＋$(75+1.9d)×2$	615	9	0	0.160	1.439
									合计		9.165

5.9.7.4　任务总结

从本工程的混凝土过梁钢筋工程量计算中，应学会如下计算思路。

① 过梁与构造柱、圈梁均为填充墙构造方面内容，在识图时，图纸一般不会在平面图中将过梁的位置很具体地画出来，更多情况下则需要从结施说明及建施说明的文字中读出来，且加上识图者的判断与分析，才能更准确地分析过梁的情况。也正因为这个原因，建议造价工作者应多与设计人员沟通确认，以免因识图不当造成造价失误。

② 过梁的钢筋计算比较简单，在计算钢筋长度时注意钢筋保护层的扣减。由于在建筑物中过梁较多，为避免计算混乱，应于计算过程中在图纸上做好标记。

③ 当洞口紧挨着框架柱或过梁遇到构造柱时，要注意过梁的长度会发生变化，相应的钢筋长度计算也会发生变化。

5.9.8　楼梯

5.9.8.1　阶段任务

根据《BIM 算量一图一练》专用宿舍楼案例图纸内容，以及《国家建筑标准设计图集》(16G101-2)的规定，完成楼梯钢筋的工程量计算。

5.9.8.2 任务分析

① 楼梯的分类。楼梯分为板式楼梯和梁式楼梯，板式楼梯由梯段板、休息平台和平台梁组成。梁式楼梯由踏步板、斜梁和平台板、平台梁组成。

② 楼梯钢筋分类。楼梯钢筋分为梯板钢筋和楼梯休息平台钢筋，以本工程中的楼梯为例。本工程的楼梯属于板式楼梯，参见《国家建筑标准设计图集》(16G101-2)第 11 页，楼梯属于 AT 型楼梯。

楼板钢筋分析见表 5-92。

表 5-92 梯板钢筋分析

序号	配筋	识图	计算规则分析
1	ATI：$h=120$ 1800/12 $\phi10@2200$，$\phi12@150$ FC82200	参见图纸结施-11	参见《国家建筑标准设计图集》(16G101-2)第 24 页

楼梯休息平台钢筋：

序号	配筋	识图	计算规则分析
1	平台板厚度未注明均为100mm 配筋为双层双向钢筋，下层为$\phi8@200$，上层为$\phi8@200$	参见图纸结施-11	参见《国家建筑标准设计图集》(16G101-1)关于板的配筋

5.9.8.3 任务实施

AT1 计算见表 5-93。

表 5-93 AT1 计算（4 个 AT 楼梯）

序号	筋号	钢筋图形	直径/mm	级别	计算公式	公式描述	长度/mm	根数	搭接	单重/kg	总重/kg	备注
1	梯板下部纵筋	3929	12	ϕ	$3300\times1.118+2\times112$	踏步水平投影长度×斜长系数+两端锚固	3913	12	0	3.475	41.697	AT 楼梯钢筋计算详见16G101-2（P24）
2	梯板上部纵筋	150 4102 150	10	ϕ	$3300\times1.118+2[(200-25)\times1.18+15\times10]$	踏步水平投影长度×斜长系数+两端锚固	4402	10	0	2.716	27.16	
3	梯板分布钢筋	1620	8	ϕ	$1650-2\times15$	踏步宽－2×保护层	1620	40	0	0.64	25.596	
									合计：		94.453	

5.9.8.4 任务总结

① 楼梯属于一种倾斜的构件，钢筋的布置也是按照楼梯的倾斜度布置的，所以在计算梯板的上部纵筋及下部纵筋时要考虑钢筋斜长的工程量，计算钢筋时可以用水平投影的长度乘以斜长系数得出钢筋的斜长长度。

② 在计算梯板上部钢筋和下部钢筋的锚固时，不要忘记乘以斜长系数。

③ 梯板分布筋的计算类似于板中钢筋的计算，注意保护层的扣减。

④ 关于休息平台板中钢筋的计算参照板中钢筋的计算方法即可。

5.9.9 雨篷、空调板及其构造做法

5.9.9.1 阶段任务

根据《BIM算量一图一练》专用宿舍楼案例图纸内容，以及《国家建筑标准设计图集》（16G101-1）的规定，完成雨篷、空调板钢筋的工程量计算。

5.9.9.2 任务分析

空调板分析见表5-94。

表5-94 空调板分析

序号	位置	挑出外墙皮长度	配筋信息及识图	备注
1	屋顶标高7.2m处	1.1m	屋顶平面图、结施－10节点1	共2处
2	首层空调板	0.65m	首层建筑平面图、建施－10节点6	共10处
3	二层空调板	0.65m	二层建筑平面图、建施－10节点6	共10处

5.9.9.3 任务实施

空调板100钢筋计算见表5-95。

表5-95 空调板100钢筋计算（位置详见二层结构平面图，共10处）

序号	筋号	钢筋图形	直径/mm	级别	计算公式	公式描述	长度/mm	根数	搭接	单重/kg	总重/kg
1	3⌀8	1470	8	⌀	$1500-2\times15$	板宽－2×保护层	1470	3	0	0.581	1.74
2	⌀8－200	945	8	⌀	$30\times8+650-15+100-2\times15$	锚固长度＋板宽－保护层＋板层－2×保护层	945	8	0	0.373	2.986
										合计：	4.728

5.9.9.4 任务总结

① 在计算雨篷及空调板的钢筋时，要注意雨篷及空调板钢筋在板里的锚固，参见图纸结施-08，锚固长度为30d。

② 雨篷、空调板中马凳筋的计算，要注意马凳筋三边尺寸的选取。

5.9.10 挑檐

5.9.10.1 阶段任务

根据《BIM算量一图一练》专用宿舍楼案例图纸内容，以及《国家建筑标准设计图集》（16G101-1）的规定，完成标高7.2m处挑檐的工程量计算。

5.9.10.2　任务分析

挑檐分析表见表 5-96。

表 5-96　挑檐分析表

序号	位置	挑檐外边距轴线距离	挑出外墙皮长度	识图	计算规则分析
1	F 轴以上	0.6m	0.4m	结施-09 二层板配筋图、建施-10 节点 2、节点 4	参见《国家建筑标准设计图集》(16G101-1)
2	1 轴以左、14 轴以右 C4 顶部	0.35m	0.45m		
3	1 轴以左、14 轴以右其他部位	0.35m	0.25m		
4	1 轴以下	0.8m	0.6m		

5.9.10.3　任务实施

挑檐板钢筋工程量计算见表 5-97。

表 5-97　挑檐板钢筋工程量计算(位置详见屋顶层板配筋图 1-14/A 轴)

序号	筋号	钢筋图形	直径 /mm	级别	计算公式	公式描述	长度 /mm	根数	搭接	单重 /kg	总重 /kg
1	跨板Φ 12-200.1	70└ 1785 ┘70	12	Φ	$600+300+900-15+100-2\times15+100-2\times15$	净长＋梁宽＋右标注－保护层＋设定弯折＋弯折	1925	2	0	1.709	3.42
2	跨板Φ 12-200.2	70└ 860 ┘180	12	Φ	$600-15+100-2\times15+300-25+15\times12$	净长－保护层＋设定弯折＋设定锚固	1110	14	0	0.986	13.800
3	跨板Φ 12-200.3	70└ 1785 ┘70	12	Φ	$600-15+300+900+100-2\times15+100-2\times15$	净长－保护层＋梁宽＋右标注－保护层＋设定弯折＋弯折	1925	222	0	1.709	379.487
4	分布筋.1	47300	8	Φ	$47500-100-100$	净长－起步距离－起步距离	47300	3	2352	16.613	58.838
										合计:	455.543

5.9.10.4　任务总结

① 挑檐是指屋面挑出外墙的部分，一般挑出宽度不大于 50cm，主要是为了方便做屋面排水，对外墙也起到保护作用。

② 挑檐在图纸的显示方式，往往没有以文字明确表示出来，需要结合建筑和结构图来综合分析和判断。

③ 挑檐的钢筋往往多以跨板受力筋的形式布置，本工程中挑檐的钢筋就是这种情况，在计算钢筋时注意锚固和搭接的设置。

5.9.11　砌体加筋

5.9.11.1　阶段任务

根据《BIM 算量一图一练》专用宿舍楼案例图纸内容，以及多层砖房钢筋混凝土构造柱抗震节点详图-11G363 的规定，完成砌体加筋的工程量计算。

5.9.11.2 任务分析

在计算工程量之前，应先进行识图。砌体加筋分析表见表5-98。

表 5-98　砌体加筋分析表

序号	定义	配筋信息	识图	计算规则分析
1	砌体加筋就是砖砌体与构造柱或混凝土框架结构相交处设置的拉结筋，加强墙和混凝土的整体性，提高抗震效果	各类填充墙与混凝土柱、墙间均设置⊕6@500锚拉筋，锚拉筋伸入墙内的长度不小于墙长1/5且不小于700	参见图纸结施-01，结构设计说明七—6.1条	参见多层砖房钢筋混凝土构造柱抗震节点详图-11G363

5.9.11.3 任务实施

首层砌体加筋工程量计算表见表 5-99。

表 5-99　首层砌体加筋工程量计算表

1/A

序号	筋号	钢筋图形	直径/mm	级别	计算公式	公式描述	长度/mm	根数计算公式	根数	搭接	单重/kg	总重/kg
1	砌体加筋.1	60 590 60	6	⊕	450 − 60 + 200+60+60	端头长度－保护层+锚固+弯折+弯折	710	CEILING [(3000−250×2)/500, 5]+1	6	0	0.158	0.946
2	砌体加筋.2	60 900 60	6	⊕	700 + 200 + 60+60	端头长度+锚固+弯折+弯折	1020	CEILING [(3000−250×2)/500, 5]+1	6	0	0.226	1.359
3	砌体加筋.3	940 580 60 60	6	⊕	190 + 450 − 60 + 60 + 240+700+60	延伸长度+端头长度－保护层+弯折+延伸长度+端头长度+弯折	1640	CEILING [(3000−250×2)/500, 5]+1	6	0	0.364	2.184
											合计：	4.489

2/A、4/A、6/A、8/A、10/A、12/A、14/A、1/E、14/E、4/F、6/F、8/F、10/F

序号	筋号	钢筋图形	直径/mm	级别	计算公式	公式描述	长度/mm	根数计算公式	根数	搭接	单重/kg	总重/kg
1	砌体加筋.1	80 900 60	6	⊕	200−2×60+ 700 + 200 + 60 + 700 + 200+60	宽度−2×保护层＋端头长度＋锚固＋弯折＋端头长度＋锚固＋弯折	2000	CEILING [(3000−250×2)/500, 5]+1	6	0	0.444	2.664
											合计：	2.664

3/A、5/A、7/A、9/A、11/A、13/A、5/F、7/F、9/F、11/F

5.9.11.4 任务总结

① 在考虑砌体加筋的时候，要特别留意结构设计说明中关于填充墙及砌体结构的说明信息。砌体加筋图纸上一般不会直接以图的形式表现出来，需要通过识图来理解砌体加筋的

位置与构造。

② 在计算砌体加筋时，要特别注意钢筋在柱里的锚固长度及外伸长度，参见多层砖房钢筋混凝土构造柱抗震节点详图-11G363。

5.9.12　板上砌隔墙加筋

5.9.12.1　阶段任务

根据《BIM 算量一图一练》专用宿舍楼案例图纸内容，根据《国家建筑标准设计图集》（16G101-1）的规定，完成板上砌隔墙增强筋的工程量计算。

5.9.12.2　任务分析

板上加筋分析表见表 5-100。

表 5-100　板上加筋分析表

序号	问题	分析	识图	计算规则解读
1	钢筋信息	填充墙砌与板上时，该处板底部增设加强筋，图中未注明的，当板跨度不大于 2.5m 时，设 2⏀12；当板跨度大于 2.5m 且不小于 4.8m 时设 3⏀12，加强筋应锚入两端支座内	参见结施—01，七—3.9 条	参见国家建筑标准设计图集 16G101-1，加强筋锚入两端支座内各 150

5.9.12.3　任务实施

首层板上砌墙加筋工程量计算表见表 5-101。

表 5-101　首层板上砌墙加筋工程量计算表

1-14/A-B，1-7/E-F，10-14/E-F 处阳台（共 21 处）

序号	筋号	钢筋图形	直径/mm	级别	计算公式	公式描述	长度/mm	根数计算公式	根数	搭接	单重/kg	总重/kg
1	板上砌墙加筋	1900	12	⏀	1600＋150×2	板净长＋两端锚固	1900	2	2	0	1.687	3.374
											合计：	3.374

7-8/E，8-9/E，9-10/E

序号	筋号	钢筋图形	直径/mm	级别	计算公式	公式描述	长度/mm	根数计算公式	根数	搭接	单重/kg	总重/kg
1	板上砌墙加筋	3900	12	⏀	3600＋150×2	板净长＋两端锚固	3900	3	3	0	3.463	10.39
											合计：	10.39

2/C-D

序号	筋号	钢筋图形	直径/mm	级别	计算公式	公式描述	长度/mm	根数计算公式	根数	搭接	单重/kg	总重/kg
1	板上砌墙加筋	2500	12	⏀	2200＋150×2	板净长＋两端锚固	2500	2	2	0	2.22	4.44
											合计：	4.44

级别及直径/mm	重量/kg
⏀6	106.464
合计	106.464

5.9.12.4 任务总结

① 本章节中的钢筋属于一种措施筋，当砌体墙直接砌筑于板上时，涉及板上荷载的问题要补设增强筋。

② 增强筋计算时，注意钢筋的长度以及两端的锚固，此时的钢筋长度是计算到梁边两端各加 150mm 的锚固。

钢筋工程工程量计算汇总表见表 5-102。

表 5-102 钢筋工程工程量计算汇总表

序号	算量类别	清单编码	项目名称	项目特征	算量名称	单位	汇总工程量
1	清单	010515001001	现浇构件钢筋	1. 钢筋种类：砌体加固钢筋不绑扎； 2. 规格：Ⅲ级 10 以内	钢筋量（见本书钢筋工程量计算书）	t	1.227
	定额	5-4-5	砌体加固钢筋不绑扎		钢筋量（见本书钢筋工程量计算书）	t	1.227
2	清单	010515001002	现浇构件钢筋	钢筋种类、规格：Ⅲ级钢筋 10 以内	钢筋量（见本书钢筋工程量计算书）	t	29.249
	定额	5-4-5	现浇构件钢筋Ⅲ级钢筋综合		钢筋量（见本书钢筋工程量计算书）	t	29.294
3	清单	010515001003	现浇构件钢筋	钢筋种类、规格：Ⅲ级钢筋 10 以内	钢筋量（见本书钢筋工程量计算书）	t	51.819
	定额	5-4-5	现浇构件钢筋Ⅲ级钢筋综合		钢筋量（见本书钢筋工程量计算书）	t	51.819
4	清单	010515001004	现浇构件钢筋	钢筋种类、规格：Ⅰ级钢筋 10 以内	钢筋量（见本书钢筋工程量计算书）	t	0.462
	定额	5-4-1	现浇构件钢筋Ⅰ级钢筋 Φ10 以内		钢筋量（见本书钢筋工程量计算书）	t	0.462
5	清单	010515009001	支撑钢筋(铁马)	1. 钢筋种类：马凳筋； 2. 规格：Ⅰ级 10 以内	钢筋量（见本书钢筋工程量计算书）	t	0.272
	定额	5-4-75	现浇构件钢筋Ⅰ级钢筋 Φ10 以内		钢筋量（见本书钢筋工程量计算书）	t	0.272
6	清单	010516003001	机械连接	连接方式：电渣压力焊	钢筋接头数量（见本书钢筋工程量计算书）	个	1568
	定额	5-4-60	电渣压力焊接头		钢筋接头数量（见本书钢筋工程量计算书）	10 个	156.8

5.10 门窗工程

5.10.1 《房屋建筑与装饰工程工程量计算规范》中的相关解释说明

门窗工程主要包括木门窗、金属门窗、金属卷闸门、厂库房大门、特种门、其他门、门窗套、窗台板、窗帘盒等。在《房屋建筑与装饰工程工程量计算规范》（GB 50854—2013）附录 H(门窗工程)中，对门窗工程工程量清单的项目设置、项目特征描述的内容、计量单位及工程量计算规则等做出了详细的规定。表 5-103～表 5-109 列出了部分常用项目的相关内容。

表 5-103　木门(编号：010801)

项目编码	项目名称	项目特征	计量单位	工程量计算规则	工作内容
010801001	木质门	1. 门代号及洞口尺寸； 2. 镶嵌玻璃品种、厚度	1. 樘； 2. m²	1. 以樘计量，按设计图示数量计算； 2. 以平方米计量，按设计图示洞口尺寸以面积计算	1. 门安装； 2. 玻璃安装； 3. 五金安装
010801003	木质连窗门				
010801005	木门框	1. 门代号及洞口尺寸； 2. 框截面尺寸； 3. 防护材料种类	1. 樘； 2. m	1. 以樘计量，按设计图示数量计算； 2. 以米计量，按设计图示框的中心线以延长米计算	1. 木门框制作、安装； 2. 运输； 3. 刷防护材料

表 5-104　金属门(编号：010802)

项目编码	项目名称	项目特征	计量单位	工程量计算规则	工作内容
010802001	金属(塑钢)门	1. 门代号及洞口尺寸； 2. 门框或扇外围尺寸； 3. 门框、扇材质； 4. 玻璃品种、厚度	1. 樘； 2. m²	1. 以樘计量，按设计图示数量计算； 2. 以平方米计量，按设计图示洞口尺寸以面积计算	1. 门安装； 2. 五金安装； 3. 玻璃安装

表 5-105　金属卷帘(闸)门(编号：010803)

项目编码	项目名称	项目特征	计量单位	工程量计算规则	工作内容
010803001	金属卷帘(闸)门	1. 门代号及洞口尺寸； 2. 门材质； 3. 启动装置品种、规格	1. 樘； 2. m²	1. 以樘计量，按设计图示数量计算； 2. 以平方米计量，按设计图示洞口尺寸以面积计算	1. 门运输、安装； 2. 启动装置、活动小门、五金安装

表 5-106　木窗(编号：010806)

项目编码	项目名称	项目特征	计量单位	工程量计算规则	工作内容
010806001	木质窗	1. 窗代号及洞口尺寸； 2. 玻璃品种、厚度	1. 樘； 2. m²	1. 以樘计量，按设计图示数量计算； 2. 以平方米计量，按设计图示洞口尺寸以面积计算	1. 窗安装； 2. 五金、玻璃安装

表 5-107　金属窗(编号：010807)

项目编码	项目名称	项目特征	计量单位	工程量计算规则	工作内容
010807001	金属(塑钢、断桥)窗	1. 窗代号及洞口尺寸； 2. 框、扇材质； 3. 玻璃品种、厚度	1. 樘； 2. m²	1. 以樘计量，按设计图示数量计算； 2. 以平方米计量，按设计图示洞口尺寸以面积计算	1. 窗安装； 2. 五金、玻璃安装

表 5-108　窗台板（编号：010809）

项目编码	项目名称	项目特征	计量单位	工程量计算规则	工作内容
010809001	木窗台板	1. 基层材料种类； 2. 窗台面板材质、规格、颜色； 3. 防护材料种类	m²	按设计图示尺寸以展开面积计算	1. 基层清理； 2. 基层制作、安装； 3. 窗台板制作、安装； 4. 刷防护材料
010809002	铝塑窗台板				
010809003	金属窗台板				
010809004	石材窗台板	1. 黏结层厚度、砂浆配合比； 2. 窗台板材质、规格、颜色			1. 基层清理； 2. 抹找平层； 3. 窗台板制作、安装

表 5-109　窗帘、窗帘盒、轨（编号：010810）

项目编码	项目名称	项目特征	计量单位	工程量计算规则	工作内容
010810002	木窗帘盒	1. 窗帘盒材质、规格； 2. 防护材料种类	m	按设计图示尺寸以长度计算	1. 制作、运输、安装； 2. 刷防护材料
010810004	铝合金窗帘盒				
010810005	窗帘轨	1. 窗帘轨材质、规格； 2. 轨的数量； 3. 防护材料种类			

5.10.2　门窗工程的清单工程量计算规则

5.10.2.1　门窗的清单工程量

规范中门窗的工作内容一般包括：门窗安装、玻璃安装、五金安装等，但未包括木门框的制作、安装，门框需单独列项。各种门、窗的工程量计算规则有两种：以樘计量，按设计图示数量计算；以平方米计量，按设计图示洞口尺寸以面积计算。

提示：以樘计量，项目特征必须描述洞口尺寸；以平方米计量，项目特征可不描述洞口尺寸。

5.10.2.2　木门框的清单工程量

清单工程量的计算规则有两种：以樘计量，按设计图示数量计算；以米计量，按设计图示框的中心线以延长米计算。

5.10.2.3　金属卷帘（闸）门的清单工程量

清单工程量的计算规则有以下两种：以樘计量，按设计图示数量计算；以 m² 计量，按设计图示洞口尺寸以面积计算。

5.10.2.4　窗台板的清单工程量

清单工程量计算规则按设计图示尺寸以展开面积计算。

5.10.2.5　窗帘盒、窗帘轨的清单工程量

清单工程量按设计图示尺寸以长度计算。

5.10.3 各类门窗的定额工程量计算规则

各类木门窗、钢门窗的制作、安装及成品套装门、铝合金成品门窗、塑钢门窗的安装均按设计图示门、窗洞口面积以面积计算。木门联窗按门、窗洞口面积之和计算。

【例 5-19】 某教学楼部分采用木质连窗门，如图 5-85 所示，共 60 樘。试分别计算该教学楼连窗门的定额工程量和清单工程量。

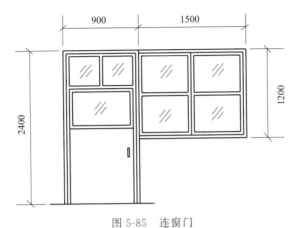

图 5-85 连窗门

【解】 （1）定额工程量

① 每樘连窗门的定额工程量＝2.4×0.9＋1.5×1.2＝3.96（m²）

② 60 樘连窗门工程量合计＝3.96×60＝237.6（m²）

（2）清单工程量

① 按樘计量：60 樘

② 按设计图示洞口面积计算：237.6m²

清单工程量计算表见表 5-110。

表 5-110 清单工程量计算表

序号	项目编码	项目名称	项目特征描述	计量单位	工程量
1	010801003001	连窗门	门尺寸为 2400mm×900mm 窗尺寸为 1500mm×1200mm	樘 m²	60 237.6

5.11 门窗工程工程量计算实例

5.11.1 阶段任务

根据《BIM 算量一图一练》专用宿舍楼案例图纸内容，以及 2013 版《建设工程工程量清单计价规范》《山东省建筑工程消耗量定额》（SD 01-31-2016）的规定，完成本工程门窗工程量计算。

5.11.2 任务分析

门窗、过梁、窗台压顶分析见表 5-111。

表 5-111　门窗、过梁、窗台压顶分析

序号	部位	分析							识图
		类型	名称	数量	洞口尺寸 /mm * mm	过梁尺寸 /m * m * m	窗台压顶 /m * m * m	门垛 /m * m * m	
1	首层200厚外墙	门	M5	2	3300×2700	3.4×0.2×0.12	无	无	首层、二层及屋面层平面图
		窗	C3	22	600×1750	无	0.2×0.2×0.6	无	
			C4	2	2200×2550	无	0.2×0.2×2.2	无	
	首层300厚外墙	门	无	—	—	—	—	—	
		窗	C2	22	1750×2850	无	无	无	
	首层200厚内墙	门	M1	19	1000×2700	1.5×0.2×0.12	无	无	
			M2	2	1500×2700	2×0.2×0.12	无	无	
			M4	21	1750×2700	2.25×0.2×0.12	无	无	
			FHM乙	2	1000×2100	无	无	无	
			FHM乙-1	2	1500×2100	无	无	无	
		窗	FHC	2	1200×1800	无	无	无	
		墙洞	JD1	1	1800×2700	无	无	无	
	首层100厚内墙	门	M3	21	800×2100	1.3×0.1×0.12	无	无	
		窗	无	—	—	—	—	—	
		墙洞	JD2	1	1500×2700	无	无	无	
2	二层200厚外墙	窗	C1	2	1200×1350	无	无	无	
			C3	24	600×1750	无	0.2×0.2×0.6	无	
			C4	2	2200×2550	无	0.2×0.2×2.2	无	
	二层300厚外墙	门	无	—	—	—	—	—	
		窗	C2	24	1750×2850	无	无	无	
	二层200厚内墙	门	M2	2	1500×2700	2×0.2×0.12	无	无	
			M1	22	1000×2700	1.5×0.2×0.12	无	无	
			M4	23	1750×2700	2.25×0.2×0.12	无	无	
		窗	无	—	—	—	—	—	
		墙洞	JD1	1	1800×2700	无	无	无	
	二层100厚内墙	门	M3	22	800×2100	1.3×0.1×0.12	无	无	
		窗	无	—	—	—	—	—	
		墙洞	JD2	1	1500×2700	无	无	无	
3	顶层楼梯间200厚外墙	门	M2	2	1500×2700	2×0.2×0.12	无	无	
		窗	C1	2	1200×1350	无	无	无	

5.11.3　任务实施

首层、二层门，首层、二层窗，首层、二层墙洞及窗台板工程量计算表见表 5-112～5-114。

表5-112 首层、二层门工程量计算表（参考建施-03和建施-04，建施-09）

构件名称	算量类别	编码	项目特征	算量名称	计算公式	工程量	单位	所属墙体
M-1	清单	010802001	1. 门代号及洞口尺寸：M1、M3； 2. 门框、扇材质：单开成品塑钢平开门（含五金）	洞口面积	洞口面积×数量 1×2.7×41	110.7	m²	200厚内墙含洞口面积110.7m²
	定额	8-2-4	塑钢成品门安装 平开（单开成品塑钢平开门，含五金）	洞口面积	同上	11.07	10m²	
M-2	清单	010802001	1. 门代号及洞口尺寸：M2； 2. 门框、扇材质：双开成品塑钢平开门（含五金）	洞口面积	洞口面积×数量 1.5×2.7×6	24.3	m²	200厚内墙含洞口面积24.3m²
	定额	8-2-4	塑钢成品门安装 平开（双开成品塑钢平开门，含五金）	洞口面积	同上	2.43	10m²	

请在下列表格中计算本工程其他门工程量。

名称	算量类别	编码	项目		计算公式	工程量	单位	所属墙体
M-3	清单	010802001	1. 门代号及洞口尺寸：M1、M3； 2. 门框、扇材质：单开成品塑钢平开门（含五金）	洞口面积	洞口面积×数量		m²	100厚内墙
	定额	8-2-4	塑钢成品门安装 平开（单开成品塑钢平开门，含五金）	洞口面积			10m²	
M-4	清单	010802001	1. 门代号及洞口尺寸：M4； 2. 门框、扇材质：成品塑钢门联窗平开（含五金）	洞口面积	洞口面积×数量		m²	200厚内墙
	定额	8-2-4	塑钢成品门安装 平开（成品塑钢门联窗平开，含五金）	洞口面积			10m²	
M-5	清单	010802001	1. 门代号及洞口尺寸：M5； 2. 门框、扇材质：成品塑钢门联窗推拉（含五金）	洞口面积	洞口面积×数量		m²	200厚内墙
	定额	8-2-4	塑钢成品门安装 推拉（成品塑钢门联窗推拉，含五金）	洞口面积			10m²	
FHM乙	清单	010801004	1. 门代号及洞口尺寸：FHM乙； 2. 材质：乙级木质单开门防火门，顺序器	洞口面积	洞口面积×数量		m²	200厚内墙
	定额	8-1-4	木质防火门安装（乙级木质单开门防火门，未考虑闭门器、顺序器）	洞口面积			10m²	
FHM乙-1	清单	010801004	1. 门代号及洞口尺寸：FHM乙-1； 2. 材质：乙级木质双开门防火门，顺序器	洞口面积	洞口面积×数量		m²	200厚内墙
	定额	8-1-4	木质防火门安装（乙级木质双开门防火门，未考虑闭门器、顺序器）	洞口面积			10m²	

表 5-113　首层、二层窗工程量计算表（参考建施-03、建施-04、建施-09）

构件名称	编码	算量类别	项目特征	算量名称	计算公式	工程量	单位	所属墙体
C-1	010807001	清单	金属（塑钢、断桥）窗： 1. 窗代号及洞口尺寸：C1、C3、C4； 2. 框、扇材质：墨绿色塑钢平开窗； 3. 玻璃品种、厚度：中空玻璃	洞口面积	洞口面积×数量 1.2×1.35×4	6.48	m²	200厚外墙含洞口 面积 6.48m²
	8-7-7	定额	塑钢成品窗安装 平开	洞口面积	同上	0.65	10m²	
	010807004	清单	金属纱窗： 1. 窗代号及洞口尺寸：C1、C3、C4； 2. 框、扇材质：墨绿色塑钢推拉纱扇	纱窗扇面积	纱窗扇面积×数量 1.2×1.35×4	6.48	m²	
	8-7-10	定额	塑钢窗纱窗扇安装 平开	纱窗扇面积	同上	0.65	10m²	
C-2	010807001	清单	金属（塑钢、断桥）窗： 1. 窗代号及洞口尺寸：C2； 2. 框、扇材质：墨绿色塑钢推拉窗； 3. 玻璃品种、厚度：中空玻璃	洞口面积	洞口面积×数量 1.75×2.85×46	229.43	m²	200厚外墙含洞口 面积 229.425m²
	8-7-6	定额	塑钢成品窗安装 推拉	洞口面积	同上	22.94	10m²	
	010807004	清单	金属纱窗： 1. 窗代号及洞口尺寸：C2； 2. 框、扇材质：墨绿色塑钢推拉纱扇	纱窗扇面积	纱窗扇面积×数量 1.25×0.875×46	50.31	m²	
	8-7-10	定额	塑钢窗纱窗扇安装 推拉	纱窗扇面积	同上	5.03	10m²	
C-3	010807001	清单	金属（塑钢、断桥）窗： 1. 窗代号及洞口尺寸：C1、C3、C4； 2. 框、扇材质：墨绿色塑钢平开窗； 3. 玻璃品种、厚度：中空玻璃 5+9A+5	洞口面积	洞口面积×数量		m²	200厚外墙
	8-7-7	定额	塑钢成品窗安装 平开	洞口面积	同上		10m²	
	010807004	清单	金属纱窗： 1. 窗代号及洞口尺寸：C1、C3、C4； 2. 框、扇材质：墨绿色塑钢推拉纱扇	纱窗扇面积	同上		m²	
	8-7-10	定额	塑钢窗纱窗扇安装 平开	纱窗扇面积	同上		10m²	

续表

构件名称	算量类别	编码	项目特征	算量名称	计算公式	工程量	单位	所属墙体
C-4	清单	010807001	金属（塑钢、断桥）窗： 1. 窗代号及洞口尺寸：C1、C3、C4； 2. 框、扇材质：墨绿绝缘塑钢平开窗； 3. 玻璃品种、厚度：中空玻璃 5+9A+5	洞口面积	洞口面积×数量		m²	200 厚外墙
	定额	8-7-7	塑钢成品窗安装 平开	洞口面积	同上		10m²	
	清单	010807004	金属纱窗： 1. 窗代号及洞口尺寸：C1、C3、C4； 2. 框、扇材质：墨绿色塑钢推拉纱扇	纱窗扇面积	纱窗扇面积×数量		m²	
	定额	8-7-10	塑钢纱窗扇安装 平开	纱窗扇面积	同上		10m²	
FHC	清单	010807002	金属防火窗：FHC； 1. 窗代号及洞口尺寸：FHC； 2. 框、扇材质：乙级防火窗（距地600mm）； 3. 玻璃品种、厚度：防火玻璃	洞口面积	洞口面积×数量		m²	200 厚内墙
	定额	8-7-15	隔热断桥铝合金普通窗安装 推拉（FHC）	洞口面积	同上		10m²	

表 5-114　首层、二层墙洞工程量计算表（参考建施-03、建施-04 和建施-09）

构件名称	算量类别	编码	项目特征	算量名称	计算公式	工程量	单位	所属墙体
JD-1	清单	—	—	洞口面积	洞口面积×数量 1.8×2.7×2	9.72	m²	200 厚内墙含洞口面积 9.72m²
	定额	—	—	洞口面积	同上	9.72	m²	
JD-2	清单	—	—	洞口面积	洞口面积×数量 1.5×2.7×3	12.15	m²	200 厚/100 厚内墙含洞口面积 12.15m²
	定额	—	—	洞口面积	同上	12.15	m²	

5.11.4　任务总结

在本章的学习过程中，主要应从两方面引起注意。

① 计算顺序方面。在手工计算工程量时，计算效率的提高除表现在运算的熟练程度方面之外，另外一个更为重要的就是计算顺序与方法，如何在计算一个构件的同时"顺便"计算与之相关的若干个工程量，则需要统筹安排。

而计算顺序方面较为具有代表性的就是门窗及洞口了。门窗洞口的计算看似简单，但如果详细分析，与之相关的内容有过梁、窗台压顶、门垛、墙体根部的止水带、砌体墙体积、墙面装饰面积等，因此，如果在手工计算之前，能够较好地对门窗进行科学的分类统计，那么就能够大大提高计算效率。

② 识图及列项方面。结合本工程图纸，以下几个方面应引起识图及列项的注意。

门窗及墙洞应结合定额组价的规定分别列项计算。

门窗工程工程量计算汇总表见表 5-115。

表 5-115　门窗工程工程量计算汇总表

序号	算量类别	清单/定额编码	项目名称	项目特征	单位	工程量
1	清单	010801004001	木质防火门	1. 门代号及洞口尺寸：FHM乙； 2. 材质：乙级木质单开防火门（未考虑闭门器、顺序器）	m²	4.2
	定额	8-1-4	木质防火门安装（乙级木质单开防火门，未考虑闭门器、顺序器）		10m²	0.42
2	清单	010801004002	木质防火门	1. 门代号及洞口尺寸：FHM乙-1； 2. 材质：乙级木质双开防火门（未考虑闭门器、顺序器）	m²	6.3
	定额	8-1-4	木质防火门安装（乙级木质双开防火门，未考虑闭门器、顺序器）		10m²	0.63
3	清单	010802001001	金属（塑钢）门	1. 门代号及洞口尺寸：M1、M3； 2. 门框、扇材质：单开成品塑钢平开门（含五金）	m²	182.94
	定额	8-2-4	塑钢成品门安装 平开（单开成品塑钢平开门，含五金）		10m²	18.294
4	清单	010802001002	金属（塑钢）门	1. 门代号及洞口尺寸：M2； 2. 门框、扇材质：双开成品塑钢平开门（含五金）	m²	22.8
	定额	8-2-4	塑钢成品门安装 平开（双开成品塑钢平开门，含五金）		10m²	2.28
5	清单	010802001003	金属（塑钢）门	1. 门代号及洞口尺寸：M4； 2. 门框、扇材质：成品塑钢门联窗平开（含五金）	m²	207.9
	定额	8-2-4	塑钢成品门安装 平开（成品塑钢门联窗　平开，含五金）		10m²	20.79

续表

序号	算量类别	清单/定额编码	项目名称	项目特征	单位	工程量
6	清单	010802001004	金属(塑钢)门	1. 门代号及洞口尺寸: M5; 2. 门框、扇材质: 成品塑钢门联窗 推拉(含五金)	m²	17.82
	定额	8-2-4	塑钢成品门安装 推拉(成品塑钢门联窗 推拉,含五金)		10m²	1.782
7	清单	010807001001	金属(塑钢、断桥)窗	1. 窗代号及洞口尺寸: C1、C3、C4; 2. 框、扇材质: 墨绿色塑钢平开窗; 3. 玻璃品种、厚度: 中空玻璃 5+9A+5	m²	77.22
	定额	8-7-7	塑钢成品窗安装 平开		10m²	7.722
8	清单	010807001002	金属(塑钢、断桥)窗	1. 窗代号及洞口尺寸: C2; 2. 框、扇材质: 墨绿色塑钢推拉窗; 3. 玻璃品种、厚度: 中空玻璃 5+9A+5	m²	229.43
	定额	8-7-6	塑钢成品窗安装 推拉		10m²	22.943
9	清单	010807002001	金属防火窗	1. 窗代号及洞口尺寸: FHC; 2. 框、扇材质: 乙级防火窗,向有专业资质的厂家定制(距地 600mm); 3. 玻璃品种、厚度: 防火玻璃	m²	4.32
	定额	8-7-15	隔热断桥铝合金 普通窗安装 推拉(FHC)		10m²	0.432
10	清单	010807004001	金属纱窗	1. 窗代号及洞口尺寸: C1、C3、C4; 2. 框、扇材质: 墨绿色塑钢平开纱扇	m²	40.88
	定额	8-7-10	塑钢窗纱扇安装 平开		10m²	4.088
11	清单	010807004002	金属纱窗	1. 窗代号及洞口尺寸: C2; 2. 框、扇材质: 墨绿色塑钢推拉纱扇	m²	50.31
	定额	8-7-10	塑钢窗纱扇安装 推拉		10m²	5.031

5.12 屋面及防水工程

5.12.1 《房屋建筑与装饰工程工程量计算规范》中的相关解释说明

屋面及防水工程包括一般工业和民用建筑结构的屋面、室内厕所、浴室防水、构筑物(含水池、水塔等)防水工程,楼地面、墙基、墙身的防水防潮以及屋面、墙面及楼地面的各种变形缝。在《房屋建筑与装饰工程工程量计算规范》(GB 50854—2013)附录J(屋面及防水工程)中,对屋面及防水工程工程量清单的项目设置、项目特征描述的内容、计量单位及工程量计算规则等做出了详细的规定。表 5-116～表 5-119 列出了部分常用项目的相关内容。

表 5-116　瓦、型材及其他屋面(编号：010901)

项目编码	项目名称	项目特征	计量单位	工程量计算规则	工作内容
010901001	瓦屋面	1. 瓦品种、规格； 2. 黏结层砂浆的配合比	m²	按设计图示尺寸以斜面积计算。 不扣除房上烟囱、风帽底座、风道、小气窗、斜沟等所占面积。小气窗的出檐部分不增加面积	1. 砂浆制作、运输、摊铺、养护； 2. 安瓦、作瓦脊
010901002	型材屋面	1. 型材品种、规格； 2. 金属檩条材料品种、规格； 3. 接缝、嵌缝材料种类			1. 檩条制作、运输、安装； 2. 屋面型材安装； 3. 接缝、嵌缝

表 5-117　屋面防水及其他(编号：010902)

项目编码	项目名称	项目特征	计量单位	工程量计算规则	工作内容
010902001	屋面卷材防水	1. 卷材品种、规格、厚度； 2. 防水层数； 3. 防水层做法	m²	按设计图示尺寸以面积计算。 1. 斜屋顶（不包括平屋顶找坡）按斜面积计算，平屋顶按水平投影面积计算。 2. 不扣除房上烟囱、风帽底座、风道、屋面小气窗和斜沟所占面积。 3. 屋面的女儿墙、伸缩缝和天窗等处的弯起部分，并入屋面工程量内	1. 基层处理； 2. 刷底油； 3. 铺油毡卷材、接缝
010902002	屋面涂膜防水	1. 防水膜品种； 2. 涂膜厚度、遍数； 3. 增强材料种类			1. 基层处理； 2. 刷基层处理剂； 3. 铺布、喷涂防水层
010902003	屋面刚性层	1. 刚性层厚度； 2. 混凝土种类； 3. 混凝土强度等级； 4. 嵌缝材料种类； 5. 钢筋规格、型号		按设计图示尺寸以面积计算。 不扣除房上烟囱、风帽底座、风道等所占面积	1. 基层处理； 2. 混凝土制作、运输、铺筑、养护； 3. 钢筋制安
010902004	屋面排水管	1. 排水管品种、规格； 2. 雨水斗、山墙出水口品种、规格； 3. 接缝、嵌缝材料种类； 4. 油漆品种、刷漆遍数	m	按设计图示尺寸以长度计算。 如设计未标注尺寸，以檐口至设计室外散水上表面垂直距离计算	1. 排水管及配件安装、固定； 2. 雨水斗、山墙出水口、雨水算子安装； 3. 接缝、嵌缝； 4. 刷漆
010902007	屋面天沟、檐沟	1. 材料品种、规格； 2. 接缝、嵌缝材料种类	m²	按设计图示尺寸以展开面积计算	1. 天沟材料铺设； 2. 天沟配件安装； 3. 接缝、嵌缝； 4. 刷防护材料
010902008	屋面变形缝	1. 嵌缝材料种类； 2. 止水带材料种类； 3. 盖缝材料； 4. 防护材料种类	m	按设计图示以长度计算	1. 清缝； 2. 填塞防水材料； 3. 止水带安装； 4. 盖缝制作、安装； 5. 刷防护材料

表 5-118　墙面防水、防潮（编号：010903）

项目编码	项目名称	项目特征	计量单位	工程量计算规则	工作内容
010903001	墙面卷材防水	1. 卷材品种、规格、厚度； 2. 防水层数； 3. 防水层做法	m²	按设计图示尺寸以面积计算	1. 基层处理； 2. 刷黏结剂； 3. 铺防水卷材； 4. 接缝、嵌缝
010903002	墙面涂膜防水	1. 防水膜品种； 2. 涂膜厚度、遍数； 3. 增强材料种类			1. 基层处理； 2. 刷基层处理剂； 3. 铺布、喷涂防水层
010903003	墙面砂浆防水（防潮）	1. 防水层做法； 2. 砂浆厚度、配合比； 3. 钢丝网规格			1. 基层处理； 2. 挂钢丝网片； 3. 设置分格缝； 4. 砂浆制作、运输、摊铺、养护
010903004	墙面变形缝	1. 嵌缝材料种类； 2. 止水带材料种类； 3. 盖缝材料； 4. 防护材料种类	m	按设计图示以长度计算	1. 清缝； 2. 填塞防水材料； 3. 止水带安装； 4. 盖缝制作、安装； 5. 刷防护材料

表 5-119　楼（地）面防水、防潮（编号：010904）

项目编码	项目名称	项目特征	计量单位	工程量计算规则	工作内容
010904001	楼（地）面卷材防水	1. 卷材品种、规格、厚度； 2. 防水层数； 3. 防水层做法； 4. 反边高度	m²	按设计图示尺寸以面积计算。 1. 楼（地）面防水：按主墙间净空面积计算，扣除凸出地面的构筑物、设备基础等所占面积，不扣除间壁墙及单个面积 ≤0.3m² 柱、垛、烟囱和孔洞所占面积。 2. 楼（地）面防水反边高度 ≤300mm 算作地面防水，反边高度 >300mm 算作墙面防水	1. 基层处理； 2. 刷黏结剂； 3. 铺防水卷材； 4. 接缝、嵌缝
010904002	楼（地）面涂膜防水	1. 防水膜品种； 2. 涂膜厚度、遍数； 3. 增强材料种类； 4. 反边高度			1. 基层处理； 2. 刷基层处理剂； 3. 铺布、喷涂防水层
010904003	楼（地）面砂浆防水（防潮）	1. 防水层做法； 2. 砂浆厚度、配合比； 3. 反边高度			1. 基层处理； 2. 砂浆制作、运输、摊铺、养护
010904004	楼（地）面变形缝	1. 嵌缝材料种类； 2. 止水带材料种类； 3. 盖缝材料； 4. 防护材料种类	m	按设计图示以长度计算	1. 清缝； 2. 填塞防水材料； 3. 止水带安装； 4. 盖缝制作、安装； 5. 刷防护材料

5.12.2　屋面及防水工程的工程量计算规则

5.12.2.1　瓦屋面和型材屋面的清单工程量和定额工程量计算规则

(1) 相关概念

1) 延尺系数 C　延尺系数 C 是指两坡屋面的坡度系数，实际是三角形的斜边与直角底边的比值，即：

$$C = 斜长/直角底边 = 1/\cos\theta$$

$$斜长 = (A^2 + B^2)^{1/2}$$

坡屋面示意图如图 5-86 所示。

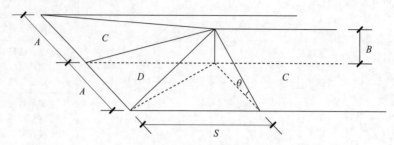

图 5-86 坡屋面示意图

注：1. 两坡排水屋面的面积为屋面水平投影面积乘以延尺系数 C；
　　2. 四坡排水屋面斜脊长度 $= A \times D$（当 $S = A$ 时）；
　　3. 两坡排水屋面的沿山墙泛水长度 $= A \times C$；
　　4. 坡屋面高度 $= B$。

2）隅延尺系数 D 隅延尺系数是指四坡屋面斜脊长度系数，实际是四坡排水屋面斜脊长度与直角底边的比值，即：

$$D = 四坡排水屋面斜脊长度/直角底边$$

$$四坡排水屋面斜脊长度 = (A^2 + 斜长^2)^{1/2} = AD$$

(2)瓦屋面和型材屋面的清单工程量计算规则

与定额工程量计算规则相同，均是按设计图示尺寸以斜面积计算的，不扣除房上烟囱、风帽底座、风道、小气窗、斜沟等所占面积，小气窗的出檐部分不增加面积。

斜屋面的面积 $S_实 = $ 屋面图示尺寸的水平投影面积 $S_{水平} \times$ 延尺系数 C

延尺系数（屋面坡度系数）可以直接查表 5-120。

表 5-120 屋面坡度系数表

坡 度			延尺系数 C	隅延尺系数 D
$B(A=1)$	高跨比$(B/2A)$	角度(θ)	$(A=1)$	$(A=1)$
1	1/2	45°	1.4142	1.7321
0.75		36°52′	1.2500	1.6008
0.70		35°	1.2207	1.5779
0.666	1/3	33°40′	1.2015	1.5620
0.65		33°01′	1.1926	1.5564
0.60		30°58′	1.1662	1.5362
0.577		30°	1.1547	1.5270
0.55		28°49′	1.1413	1.5170
0.50	1/4	26°34′	1.1180	1.5000
0.45		24°14′	1.0966	1.4839

续表

坡　度			延尺系数 C	隔延尺系数 D
$B(A=1)$	高跨比$(B/2A)$	角度(θ)	$(A=1)$	$(A=1)$
0.40	1/5	$21°48'$	1.0770	1.4697
0.35		$19°17'$	1.0594	1.4569
0.30		$16°42'$	1.0440	1.4457
0.25		$14°02'$	1.0308	1.4362
0.20	1/10	$11°19'$	1.0198	1.4283
0.15		$8°32'$	1.0112	1.4221
0.125		$7°8'$	1.0078	1.4191
0.100	1/20	$5°42'$	1.0050	1.4177
0.083		$4°45'$	1.0035	1.4166
0.066	1/30	$3°49'$	1.0022	1.4157

提示：屋面坡度有三种表示方法，如图 5-87 所示。

① 用屋顶的高度与屋顶的跨度之比（简称高跨比）表示：$i=H/L$。

② 用屋顶的高度与屋顶的半跨之比（简称坡度）表示：$i=H/(L/2)$。

③ 用屋面的斜面与水平面的夹角(θ)表示。

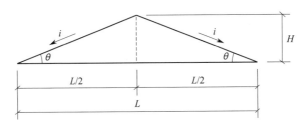

图 5-87　屋面坡度的表示方法

【**例 5-20**】　如图 5-88 为某四坡水泥瓦屋顶平面图，设计屋面坡度$=0.5$（即 $\theta=26°34'$，高跨比为 1/4），试计算：(1)瓦屋面的清单工程量；(2)全部屋脊长度。

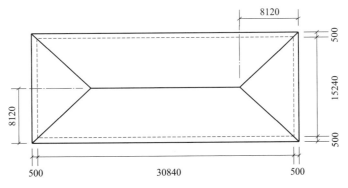

图 5-88　屋顶平面

【解】（1）瓦屋面的清单工程量

① 查屋面坡度延尺系数：$C=1.118$

② 屋面斜面积$=(30.84+0.5\times2)\times(15.24+0.5\times2)\times1.118=578.10(m^2)$

清单工程量计算表见表5-121。

表 5-121 清单工程量计算表

序号	项目编码	项目名称	项目特征描述	计量单位	工程量
1	010901001001	瓦屋面	水泥瓦屋面	m²	578.10

（2）全部屋脊长度

① 查屋面坡度隔延尺系数：$D=1.5$

② 屋面斜脊长度 $AD=8.12\times1.5=12.18(m)$

③ 全部屋脊长度$=(31.84-8.12\times2)+12.18\times4=64.32(m)$

5.12.2.2 屋面防水及其他清单工程量和定额工程量计算规则

屋面防水及其他主要包括屋面的防水工程、屋面的排水工程及屋面的变形缝三部分。

（1）屋面防水工程

屋面防水工程包括屋面卷材防水、屋面涂膜防水和屋面刚性层防水。

1）屋面卷材、涂膜防水　其清单工程量计算规则与定额工程量计算规则相同，均是按设计图示尺寸以面积计算的。斜屋顶（不包括平屋顶找坡）按斜面积计算；平屋顶按水平投影面积计算，不扣除房上烟囱、风帽底座、风道、屋面小气窗和斜沟所占面积；屋面的女儿墙、伸缩缝和天窗等处的弯起部分，按图示尺寸并入屋面工程量计算。如图示无规定时，女儿墙、伸缩缝的弯起部分可按250mm计算，天窗弯起部分可按500mm计算。

提示： 屋面防水搭接及附加层用量不另行计算，在综合单价中考虑，屋面的找平层、保温层按本规范相应项目另外编码列项。

2）屋面刚性层防水　清单工程量计算规则也与定额工程量计算规则相同，均是按设计图示尺寸以面积计算的，不扣除房上烟囱、风帽底座、风道等所占面积。

提示： 屋面刚性层无钢筋，其钢筋项目特征不必描述。

（2）屋面排水工程

1）屋面排水管　其清单工程量应按设计图示尺寸以长度计算。如设计未标注尺寸，以檐口至设计室外散水上表面垂直距离计算。

其定额工程量应区别不同直径按图示尺寸以延长米计算，水斗、弯头、阳台出水口以个为单位计算。水落管的长度应由水斗的下口算至设计室外地坪，泄水口的弯起部分不另增加。当水落管遇有外墙腰线，设计规定必须采用弯管绕过时，每个弯管长度折长按250mm计算。

如果是铁皮排水，则按图示尺寸以展开面积计算。

2）屋面天沟、檐沟　其清单工程量按设计图示尺寸以展开面积计算。

定额工程量按设计图示尺寸以面积计算，铁皮和卷材天沟均按展开面积计算。

（3）屋面变形缝

变形缝的清单工程量按设计图示尺寸以长度计算；其定额工程量要区分不同部位、不同材料以延长米计算，外墙变形缝如内外双面填缝者，定额工程量应按双面计算。

5.12.2.3　墙面防水、防潮的清单工程量和定额工程量计算规则

墙面卷材防水、涂膜防水、砂浆防水(防潮)的清单工程量和定额工程量计算规则相同，均按设计图示尺寸以面积计算。墙面变形缝的清单工程量和定额工程量计算规则相同，均按图示尺寸以长度计算。

提示：墙面防水搭接及附加层用量不另行计算，在综合单价中考虑，墙面变形缝，若做了双面，工程量乘以 2，墙面找平层另外立项计算其清单工程量。

5.12.2.4　楼(地)面防水、防潮的清单工程量和定额工程量计算规则

楼(地)面卷材防水、涂膜防水、砂浆防水(潮)的清单工程量应按主墙间净空面积计算，扣除凸出地面的构筑物、设备基础等所占面积，不扣除间壁墙及单个面积≤0.3m² 柱、垛、烟囱和孔洞所占面积。当楼(地)面防水反边高度≤300mm 时，算作地面防水；当反边高度>300mm，算作墙面防水。

楼(地)面防水、防潮层的定额工程量也应按主墙间净空面积计算，扣除凸出地面的构筑物、设备基础等所占面积，不扣除间壁墙、柱、垛、烟囱和 0.3m² 以内孔洞所占面积。与墙面连接处高度在 500mm 以内者，按展开面积计算；超过 500mm 时，其立面部分的定额工程量全部按立面防水层计算。

楼(地)面变形缝的工程量应按设计图示尺寸以长度计算。

提示：楼地面防水搭接及附加层用量不另行计算，在综合单价中考虑，楼地面找平层按本规范相应的项目编码列项计算其清单工程量。

5.13　保温、隔热工程

5.13.1　保温、隔热工程的概念及方式

(1)保温、隔热工程

保温、隔热工程是指采用各种松散、板状、整体保温材料对需要保温的低温、中温和恒温的工业厂(库)房及公共民用建筑的屋面、天棚及墙柱面进行保温，对楼地面进行隔热的施工过程。

(2)保温、隔热的方式

保温、隔热的方式有内保温、外保温、夹心保温三种形式。

5.13.2　《房屋建筑与装饰工程工程量计算规范》中的相关解释说明

新版计算规范中保温、隔热工程主要包括：保温、隔热屋面；保温、隔热天棚；保温、隔热墙面；保温柱、梁；保温、隔热楼(地)面等。在《房屋建筑与装饰工程工程量计算规范》(GB 50854—2013)附录 K(保温、隔热、防腐工程)中，对保温、隔热、防腐工程量清单的项目设置、项目特征描述的内容、计量单位及工程量计算规则等做出了详细的规定。表 5-122 列出了部分常用项目的相关内容。

表 5-122　保温、隔热（编号：011001）

项目编码	项目名称	项目特征	计量单位	工程量计算规则	工作内容
011001001	保温隔热屋面	1. 保温隔热材料品种、规格、厚度； 2. 隔气层材料品种、厚度； 3. 黏结材料种类、做法； 4. 防护材料种类、做法	m²	按设计图示尺寸以面积计算。扣除面积＞0.3m² 孔洞所占面积	1. 基层清理； 2. 刷黏结材料； 3. 铺粘保温层； 4. 铺、刷（喷）防护材料
011001002	保温隔热天棚	1. 保温隔热面层材料品种、规格、性能； 2. 保温隔热材料品种、规格及厚度； 3. 黏结材料种类及做法； 4. 防护材料种类及做法		按设计图示尺寸以面积计算。扣除面积＞0.3m² 上柱、垛、孔洞所占面积，与天棚相连的梁按展开面积计算，并入天棚工程量内	
011001003	保温隔热墙面	1. 保温隔热部位； 2. 保温隔热方式； 3. 踢脚线、勒脚线保温做法； 4. 龙骨材料品种、规格； 5. 保温隔热面层材料品种、规格、性能； 6. 保温隔热材料品种、规格及厚度； 7. 增强网及抗裂防水砂浆种类； 8. 黏结材料种类及做法； 9. 防护材料种类及做法		按设计图示尺寸以面积计算。扣除门窗洞口以及面积＞0.3m² 梁、孔洞所占面积；门窗洞口侧壁需做保温时，并入保温墙体工程量内	1. 基层清理； 2. 刷界面剂； 3. 安装龙骨； 4. 贴保温材料； 5. 保温板安装； 6. 粘贴面层； 7. 铺设增强格网、抹抗裂、防水砂浆面层； 8. 嵌缝； 9. 铺、刷（喷）防护材料
011001004	保温柱、梁		m²	按设计图示尺寸以面积计算。 1. 柱按设计图示柱断面保温层中心线展开长度乘保温层高度以面积计算，扣除面积＞0.3m² 梁所占面积。 2. 梁按设计图示梁断面保温层中心线展开长度乘以保温层长度以面积计算	
011001005	保温隔热楼地面	1. 保温隔热部位； 2. 保温隔热材料品种、规格、厚度； 3. 隔气层材料品种、厚度； 4. 黏结材料种类、做法； 5. 防护材料种类、做法		按设计图示尺寸以面积计算。扣除面积＞0.3m² 柱、垛、孔洞所占面积。门洞、空圈、暖气包槽、壁龛的开口部分不增加面积	1. 基层清理； 2. 刷黏结材料； 3. 铺粘保温层； 4. 铺、刷（喷）防护材料

5.13.3　工程量计算规则

5.13.3.1　保温、隔热层的清单工程量计算规则

① 保温、隔热屋面：按设计图示尺寸以面积计算。扣除面积＞0.3m² 孔洞所占面积。

② 保温、隔热天棚：按设计图示尺寸以面积计算。扣除面积＞0.3m² 上柱、垛、孔洞所占面积，与天棚相连的梁按展开面积计算，并入天棚保温层的清单工程量内。

③ 保温、隔热墙面：按设计图示尺寸以面积计算。扣除门窗洞口及面积＞0.3m² 梁、孔洞所占面积；门窗洞口侧壁需做保温时，并入保温墙体工程量内。

④ 保温柱（梁）：按设计图示尺寸以面积计算。

a. 柱按设计图示的柱断面保温层中心线展开长度乘以保温层高度，以面积计算，扣除面积＞0.3m² 的梁断面所占面积；

b. 梁按设计图示的梁断面保温层中心线展开周长乘以保温层长度，以面积计算。

⑤ 保温、隔热楼（地）面：按设计图示尺寸以面积计算。扣除面积＞0.3m² 柱、垛、孔洞所占面积，门洞、空圈、暖气包槽、壁龛的开口部分不增加面积。

提示：① 保温、隔热装饰面层，按本规范相关项目编码列项；

② 柱帽保温隔热并入天棚保温、隔热工程量内；

③ 保温柱（梁）适用不与墙、天棚相连的独立柱、梁。

5.13.3.2 保温、隔热层的定额工程量计算规则

1）屋面保温、隔热层　区分不同材料，按设计图示尺寸以立方米和平方米计算。

2）墙体保温、隔热层　区分不同材料，按设计图示尺寸以立方米和平方米计算。保温层的长度，外墙按保温层中心线计算，内墙按保温层的净长线计算。应扣除门窗洞口和管道穿墙洞口等所占的工程量，洞口侧壁需做保温时，按图示设计尺寸计算并入保温墙体的工程量内。

3）楼（地）面保温、隔热层　除干铺聚苯乙烯板（挤塑板）按设计图示尺寸以平方米计算外，其余保温材料的定额工程量均按结构墙体间净面积乘以设计厚度以立方米计算，不扣除柱、垛所占体积。

4）外墙保温（浆料）腰线、门窗套、挑檐等零星项目　按设计图示尺寸展开面积以平方米计算。

5）其他保温、隔热层的定额工程量

① 柱包保温隔热层，按图示的柱垛保温隔热层中心线的展开长度乘以图示尺寸高度及厚度，以立方米计算。柱帽保温隔热层按图示的保温隔热层体积并入天棚保温隔热层的定额工程量内。

② 天棚保温隔热层：沥青贴软木板、聚苯乙烯板按围护结构墙体间净面积乘以设计厚度，以立方米计算，不扣除柱、垛所占体积；胶浆粉黏结剂粘贴聚苯乙烯板保温隔热层按设计铺贴尺寸，以平方米计算。

③ 池槽隔热层按图示尺寸以立方米计算，其中，池壁按墙体、池壁按地面分别套用相应定额。

5.13.3.3 找坡层的定额工程量计算规则

屋面找坡层的定额工程量按图示水平投影面积乘以平均厚度，以立方米计算。平均厚度的计算如图 5-89 所示。

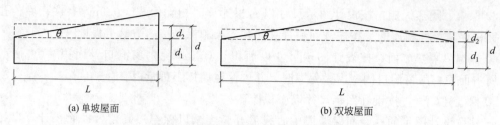

(a) 单坡屋面   (b) 双坡屋面

图 5-89 屋面找坡层平均厚度计算示意图

① 单坡屋面平均厚度：

$$d = d_1 + d_2 = d_1 + iL/2$$

② 双坡屋面平均厚度：

$$d = d_1 + d_2 = d_1 + iL/4$$

式中 d——厚度，m；

      i——坡度系数$(i = \tan\theta)$；

      θ——屋面倾斜角。

【例 5-21】 某双坡屋面尺寸如图 5-90 所示，其自下而上的做法是：预制钢筋混凝土板上铺水泥珍珠岩保温层，坡度系数为 2‰，保温层最薄处为 60mm；20mm 厚 1：2 水泥砂浆（特细砂）找平层；三毡四油防水层（上卷 250mm）。试计算屋面保温层的定额工程量和清单工程量。

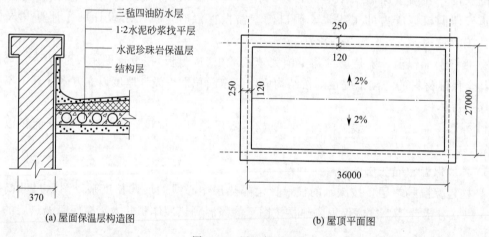

(a) 屋面保温层构造图   (b) 屋顶平面图

图 5-90 屋面保温层

【解】 （1）定额工程量

屋面水泥珍珠岩保温层的定额工程量应按图示设计尺寸面积乘以平均厚度，以立方米计算。

① 屋面保温层的面积：$(36 - 0.12 \times 2) \times (27 - 0.12 \times 2) = 956.94(\text{m}^2)$

② 保温层的平均厚度：$0.06 + 2‰ \times (27 - 0.12 \times 2) \div 4 = 0.1938(\text{m})$

③ 保温层的定额工程量：$956.94 \times 0.1938 = 185.46(\text{m}^3)$

（2）清单工程量：$(36 - 0.12 \times 2) \times (27 - 0.12 \times 2) = 956.94(\text{m}^2)$

清单工程量计算表见表 5-123。

表 5-123　清单工程量计算表

序号	项目编码	项目名称	项目特征描述	计量单位	工程量
1	011001001001	保温隔热屋面	三毡四油防水层，1：2水泥砂浆找平层，水泥珍珠岩保温层	m²	956.94

5.14　屋面防水、保温工程量计算实例

5.14.1　阶段任务

根据《BIM算量一图一练》宿舍楼案例图纸内容，以及 2013 版清单规范，完成室外装修、防水及配件工程量计算。

5.14.2　任务分析

在计算工程量之前，应先进行识图及列项。屋面防水分析见表 5-124。

表 5-124　屋面防水分析

序号	项目	部位	计算规则		本工程特点	识图	备注
1	屋面及排水	标高 7.2m 处屋面构造做法	2016 版《山东省建筑工程消耗量定额》第 219 页：① 屋面防水，按设计图示尺寸以面积计算（斜屋面按斜面积计算），不扣除房上的烟囱、风帽底座、风道、屋面小气窗等所占面积，上翻部分也不另计算；屋面的女儿墙、伸缩缝和天窗等处的弯起部分，按设计图示尺寸计算；设计无规定时，伸缩缝、女儿墙、天窗的弯起部分按 500mm 计算，计入立面工程量内。② 楼地面防水、防潮层按设计图示尺寸以主墙间净面积计算，扣除凸出地面的构筑物、设备基础等所占面积，不扣除间壁墙及单个面积 ≤0.3m² 柱、垛、烟囱和孔洞所占面积，平面与立面交接处，上翻高度≤300mm 时，按展开面积并入平面工程量内计算；上翻高度＞300mm 时，按立面防水层计算	2013《计算规范》第 61 页：按设计图示尺寸以面积计算。1.① 斜屋面（不包括平屋顶找坡）按斜屋面计算，平屋面按水平投影面积计算；② 不扣除房上烟囱、风帽底座、风道、屋面小气窗和斜沟所占面积；③ 屋面的女儿墙、伸缩缝和天窗等处的弯起部分，并入屋面工程量内。2. 屋面刚性层按设计图示尺寸以面积计算。不扣除房上烟囱、风帽底座、风道等所占体积。3. 屋面排水管按设计图示尺寸以长度计算。如设计未标注尺寸，以檐口至设计屋外散水上表面垂直距离计算。4. 屋面排气管按设计图示尺寸以长度计算。5. 屋面泄水管按设计图示数量计算。6. 屋面天沟、檐沟按设计图示尺寸以展开面积计算。7. 屋面变形缝按设计图示尺寸以长度计算	—	屋面层平面图	
		标高 10.8m 处屋面构造做法			—		
		标高 7.2m 处排水管及其配件			—		
		标高 10.8m 处排水管及其配件					

序号	项目	部位	计算规则	本工程特点	识图	备注
2	外保温	1～2层墙面保温		本工程无外墙保温		
		女儿墙外侧保温				
		楼梯间外墙面保温				
		挑檐底面保温				
		空调板面保温	略			在"雨篷、空调板"相关章节中计算
3	坡道					
4	散水	散水构造做法	2016《山东省建筑工程消耗量定额》第441页，散水、坡道均根据山东省标准图集13系列建筑标准设计图集以面积计算。	—	首层平面图及节点详图	

5.14.3　任务实施

屋面工程量计算表见表5-125。

5.14.4　任务总结

屋面防水、保温工程工程量计算汇总表见表5-126。

表 5-125　屋面工程计算表

构件名称	算量类别	清单编码	项目名称	项目特征及内容	算量名称	计算公式	工程量	单位
主楼屋面	清单	010902003001	屋面刚性层	屋面1做法：保护层：40mm 厚 C20 细石混凝土随打随抹平	屋面面积	主屋面长×主屋面宽－机房层屋面宽　17.8×47.1－7.7×3.8×2	779.86	m^2
	定额	9-2-65		C20 细石混凝土厚 40mm	屋面面积	主屋面长×主屋面宽－机房层屋面宽　17.8×47.1－7.7×3.8×2	77.99	$10m^2$
	清单	011101006001	平面砂浆找平层	找平层：20 厚 1:3 水泥砂浆找平层	屋面面积	主屋面长×主屋面宽－机房层屋面宽　17.8×47.1－7.7×3.8×2	779.86	m^2
	定额	11-1-2		水泥砂浆在填充材料上 20mm	屋面面积	主屋面长×主屋面宽－机房层屋面宽　17.8×47.1－7.7×3.8×2	77.99	$10m^2$
	清单	010902001001	屋面卷材防水（层）：2	防水层：2+3SBS 卷材防水（防水卷材上翻 500）	屋面防水面积	主屋面长×主屋面宽－机房层屋面宽＋主屋面立面面积（防水上翻 500）　17.8×47.1－7.7×3.8×2＋（17.8＋47.1＋7.8＋7.7＋3.8＋7.7＋32.199×7.7＋3.8＋7.7＋3.65）×0.5	860.1595	m^2
	定额	9-2-10＋9-2-12	卷材防水	改性沥青卷材热熔法一层 平面实际层数	屋面防水面积	主屋面长×主屋面宽－机房层屋面宽＋主屋面立面防水面积（防水上翻 500）　17.8×47.1－7.7×3.8×2＋（17.8＋47.1＋7.8＋7.7＋3.8＋7.7＋32.199×7.7＋3.8＋7.7＋3.65）×0.5	86.02	$10m^2$
	清单	011001001001	保温隔热屋面	保温层：聚苯保温板保温层。找坡层：1:10 膨胀珍珠岩找 2% 坡最薄处 30 厚	屋面面积	主屋面长×主屋面宽－机房层屋面宽　17.8×47.1－7.7×3.8×2	779.86	m^2

续表

构件名称	算量类别	清单编码	项目名称	项目特征及内容	算量名称	计算公式	工程量	单位
主楼屋面	定额	10-1-16		混凝土板上保温 干铺聚苯保温板	屋面面积	主屋面长×主屋面宽－机房层屋面长×机房层屋面宽	77.99	10m²
						17.8×47.1－7.7×3.8×2		
	定额	10-1-11		混凝土板上保温 现浇水泥珍珠岩	屋面找坡层体积	(主屋面长×主屋面宽－机房层屋面长×机房层屋面宽)×平均厚度	7.56	10m³
						(17.8×47.1－7.7×3.8×2)×(0.03+0.03+2%×6.7/2)		

请参考主屋面工程量计算方法，在下表中计算机房层屋面工程量。

构件名称	算量类别	清单编码	项目名称	项目特征及内容	算量名称	计算公式	工程量	单位
机房层屋面	清单	010902003002	屋面刚性层2	屋面 2 做法：找平层：20 厚 1：3 水泥砂浆找平层。部位：楼梯间屋面	屋面面积	机房层屋面长×机房层屋面宽×数量		m²
	定额	11-1-2		水泥砂浆 在填充材料上 20mm	屋面面积	机房层屋面长×机房层屋面宽×数量		10m²
	清单	010902001002	屋面卷材防水	防水层：3+3SBS 卷材防水层（防水卷材上翻 500）	屋面防水面积	[机房层屋面长×机房层屋面宽＋屋面防水上翻面积（防水上翻 500）]×数量		10m²
	定额	9-2-10＋9-2-12	卷材防水 改性沥青卷材热熔法一层 实际层数（层）：2		屋面防水面积	[机房层屋面长×机房层屋面宽＋屋面防水上翻面积（防水上翻 500）]×数量		10m²
	清单	011001001002	保温隔热屋面	保温层：聚苯保温板保温层；找坡层：1：10 膨胀珍珠岩找 2% 坡最薄处 30 厚	屋面面积	机房层屋面长×机房层屋面宽×数量		10m²

构件名称	算量类别	清单编码	项目名称	项目特征及内容	算量名称	计算公式	工程量	单位
机房层屋面	定额	10-1-16		混凝土板上保温 干铺聚苯保温板	屋面面积	机房层屋面长×机房层屋面宽×数量		10m²
	定额	10-1-11		混凝土板上保温 现浇水泥珍珠岩	屋面找平层体积	机房层屋面长×机房层屋面宽×数量×平均厚度		10m³
雨篷板屋面	清单	010902001003	屋面刚性层3	屋面3做法：①20厚防水砂浆掺防水剂。②钢筋混凝土板。部位：屋面雨篷板上表面	雨篷板投影面积	雨篷长×雨篷宽×数量 2.1×1×2	4.20	m²
	定额	9-2-71		刚性防水 防水砂浆 掺防水剂 20mm厚	雨篷板投影面积	同上	0.42	10m²
雨水管	清单	010902004001	屋面排水管	施工要求：UPV 硬质管材 DN100，设置阻火圈，雨水斗、雨水口	排水管长度	从室外地坪到主屋面×数量+机房层屋面高度×数量 (7.2+0.45)×9+(10.8-7.2)×4	83.25	m
	定额	9-3-10		塑料雨水管（粘接公称外径 110mm 以内）	排水管长度	(7.2+0.45)×9+(10.8-7.2)×4	8.33	10m
	定额	9-3-15		屋面排水 塑料管排水 雨水落水口	主屋面雨水管根数+机房层雨水管根数	9+4	1.30	10个
	定额	9-3-13		塑料雨雨水落水斗	主屋面雨水管根数+机房层雨水管根数	9+4	1.30	10个

表 5-126 屋面工程工程量计算汇总表

序号	算量类别	清单/定额编码	项目名称	项目特征	单位	工程量
1	清单	010902003002	屋面刚性层2	屋面2做法： 找平层：20厚1：3水泥砂浆找平层。 部位：楼梯间屋面	m²	51.68
	定额	9-2-67		水泥砂浆二次抹压 厚20mm	10m²	5.17
	清单	010902001002	屋面卷材防水	防水层：3＋3SBS卷材防水层（防水卷材上翻500）		
	定额	9-2-10＋9-2-12		卷材防水 改性沥青卷材 热熔法一层 平面 实际层数（层）：2	10m²	6.27
	清单	011001001002	保温隔热屋面	保温层：聚苯保温板保温层。 找坡层：1：10膨胀珍珠岩找2%坡最薄处30厚		
	定额	10-1-16		混凝土板上保温 干铺聚苯保温板	10m²	5.17
	定额	10-1-11		混凝土板上保温 现浇水泥珍珠岩	10m²	5.17
2	清单	010902003001	屋面刚性层	屋面1做法： 保护层：40mm厚C20细石混凝土随打随抹平	m²	779.86
	定额	9-2-65		C20细石混凝土 厚40mm	10m²	77.99
	清单	011101006001	平面砂浆找平层	找平层：20厚1：3水泥砂浆找平层	m²	779.86
	定额	11-1-2		水泥砂浆 在填充材料上20mm	10m²	77.99
	清单	010902001001	屋面卷材防水	防水层：3＋3SBS卷材防水层（防水卷材上翻500）	m²	860.1595
	定额	9-2-10＋9-2-12		卷材防水 改性沥青卷材 热熔法一层 平面 实际层数（层）：2	10m²	86.02
	清单	011001001001	保温隔热屋面	保温层：聚苯保温板保温层。 找坡层：1：10膨胀珍珠岩找2%坡最薄处30厚	m²	779.86
	定额	10-1-16		混凝土板上保温 干铺聚苯保温板	10m²	77.99
	定额	10-1-11		混凝土板上保温 现浇水泥珍珠岩	10m²	77.99
3	清单	010902004002	屋面排水管	施工要求：UPV硬质管材DN100，穿楼板时设置刚性防水套管、屋面板设置阻火圈、雨水斗、雨水口	m	83.25
	定额	9-3-10		塑料雨水管（粘接）公称外径110mm以内	10m	8.33
	定额	9-3-15		屋面排水 塑料管排水 雨水落水口	10个	1.30
	定额	9-3-13		塑料雨水落水斗	10个	1.30

第6章

装饰工程量计算

 学习目标

1. 掌握装饰装修工程各分部分项工程量的计算规则。
2. 掌握装饰装修工程列项、清单工程量的计算，并能独立计算装饰装修工程清单工程量。
3. 掌握装饰装修工程定额，能正确套用相应分部分项定额，具有建筑工程计量计价能力。

 学习要求

1. 掌握的基础知识点：楼地面垫层、找平层、整体面层、块料面层、楼梯、踢脚板、台阶、防滑坡道、散水、明沟、栏杆、防滑条工程量计算规则及定额的套取。

2. 结合实际案例——宿舍楼案例工程，掌握案例工程装饰装修各分部分项工程量的计算。

6.1 《房屋建筑与装饰工程工程量计算规范》中的相关解释说明

计算规范中楼地面装饰工程主要包括整体面层及找平层、块料面层、踢脚线、楼梯面层、台阶装饰、零星装饰项目等。在《房屋建筑与装饰工程工程量计算规范》(GB 50854—2013)附录L(楼地面装饰工程)中，对楼地面装饰工程量清单的项目设置、项目特征描述的内容、计量单位及工程量计算规则等做出了详细的规定。表6-1～表6-5列出了部分常用项目的相关内容。

表6-1 整体面层及找平层(编号：011101)

项目编码	项目名称	项目特征	计量单位	工程量计算规则	工作内容
011101001	水泥砂浆楼地面	1. 找平层厚度、砂浆配合比； 2. 素水泥浆遍数； 3. 面层厚度、砂浆配合比； 4. 面层做法要求	m²	按设计图示尺寸以面积计算。扣除凸出地面构筑物、设备基础、室内管道、地沟等所占面积	1. 基层清理； 2. 抹找平层； 3. 抹面层； 4. 材料运输

项目编码	项目名称	项目特征	计量单位	工程量计算规则	工作内容
011101002	现浇水磨石楼地面	1. 找平层厚度、砂浆配合比； 2. 面层厚度、水泥石子浆配合比； 3. 嵌条材料种类、规格； 4. 石子种类、规格、颜色； 5. 颜料种类、颜色； 6. 图案要求； 7. 磨光、酸洗、打蜡要求	m²	积，不扣除间壁墙及≤0.3m²柱、垛、附墙烟囱及孔洞所占面积。门洞、空圈、暖气包槽、壁龛的开口部分不增加面积	1. 基层清理； 2. 抹找平层； 3. 面层铺设； 4. 嵌缝条安装； 5. 磨光、酸洗打蜡； 6. 材料运输
011101003	细石混凝土楼地面	1. 找平层厚度、砂浆配合比； 2. 面层厚度、混凝土强度等级			1. 基层清理； 2. 抹找平层； 3. 面层铺设； 4. 材料运输
011101006	平面砂浆找平层	找平层厚度、砂浆配合比	m²	按设计图示尺寸以面积计算	1. 基层清理； 2. 抹找平层； 3. 材料运输

表 6-2 块料面层（编号：011102）

项目编码	项目名称	项目特征	计量单位	工程量计算规则	工作内容
011102001	石材楼地面	1. 找平层厚度、砂浆配合比； 2. 结合层厚度、砂浆配合比； 3. 面层材料品种、规格、颜色； 4. 嵌缝材料种类； 5. 防护层材料种类； 6. 酸洗、打蜡要求	m²	按设计图示尺寸以面积计算。门洞、空圈、暖气包槽、壁龛的开口部分并入相应的工程量内	1. 基层清理； 2. 抹找平层； 3. 面层铺设、磨边； 4. 嵌缝； 5. 刷防护材料； 6. 酸洗、打蜡； 7. 材料运输
011102002	碎石材楼地面				
011102003	块料楼地面				

表 6-3 踢脚线（编号：011105）

项目编码	项目名称	项目特征	计量单位	工程量计算规则	工作内容
011105001	水泥砂浆踢脚线	1. 踢脚线高度； 2. 底层厚度、砂浆配合比； 3. 面层厚度、砂浆配合比	1. m² 2. m	1. 以平方米计量，按设计图示长度乘高度以面积计算。 2. 以米计量，按延长米计算	1. 基层清理； 2. 底层和面层抹灰； 3. 材料运输
011105002	石材踢脚线	1. 踢脚线高度； 2. 粘贴层厚度、材料种类； 3. 面层材料品种、规格、颜色； 4. 防护材料种类			1. 基层清理； 2. 底层抹灰； 3. 面层铺贴、磨边； 4. 擦缝； 5. 磨光、酸洗、打蜡； 6. 刷防护材料； 7. 材料运输
011105003	块料踢脚线				
011105004	塑料板踢脚线	1. 踢脚线高度； 2. 黏结层厚度、材料种类； 3. 面层材料种类、规格、颜色			1. 基层清理； 2. 基层铺贴； 3. 面层铺贴； 4. 材料运输
011105005	木质踢脚线	1. 踢脚线高度； 2. 基层材料种类、规格； 3. 面层材料品种、规格、颜色			

表 6-4　楼梯面层（编号：011106）

项目编码	项目名称	项 目 特 征	计量单位	工程量计算规则	工 作 内 容
011106001	石材楼梯面层	1. 找平层厚度、砂浆配合比； 2. 黏结层厚度、材料种类； 3. 面层材料品种、规格、颜色； 4. 防滑条材料种类、规格； 5. 勾缝材料种类； 6. 防护材料种类； 7. 酸洗、打蜡要求	m²	按设计图示尺寸以楼梯（包括踏步、休息平台及≤500mm 的楼梯井）水平投影面积计算。楼梯与楼地面相连时，算至梯口梁内侧边沿；无梯口梁者，算至最上一层踏步边沿加 300mm	1. 基层清理； 2. 抹找平层； 3. 面层铺贴、磨边； 4. 贴嵌防滑条； 5. 勾缝； 6. 刷防护材料； 7. 酸洗、打蜡； 8. 材料运输
011106002	块料楼梯面层				
011106003	拼碎块料面层				
011106004	水泥砂浆楼梯面层	1. 找平层厚度、砂浆配合比； 2. 面层厚度、砂浆配合比； 3. 防滑条材料种类、规格			1. 基层清理； 2. 抹找平层； 3. 抹面层； 4. 抹防滑条； 5. 材料运输
011106005	现浇水磨石楼梯面层	1. 找平层厚度、砂浆配合比； 2. 面层厚度、水泥石子浆配合比； 3. 防滑条材料种类、规格； 4. 石子种类、规格、颜色； 5. 颜料种类、颜色； 6. 磨光、酸洗打蜡要求			1. 基层清理； 2. 抹找平层； 3. 抹面层； 4. 贴嵌防滑条； 5. 磨光、酸洗、打蜡； 6. 材料运输
011106007	木板楼梯面层	1. 基层材料种类、规格； 2. 面层材料品种、规格、颜色； 3. 黏结材料种类； 4. 防护材料种类			1. 基层清理； 2. 基层铺贴； 3. 面层铺贴； 4. 刷防护材料； 5. 材料运输

表 6-5　台阶装饰（编号：011107）

项目编码	项目名称	项 目 特 征	计量单位	工程量计算规则	工 作 内 容
011107001	石材台阶面	1. 找平层厚度、砂浆配合比； 2. 黏结层材料种类； 3. 面层材料品种、规格、颜色； 4. 勾缝材料种类； 5. 防滑条材料种类、规格； 6. 防护材料种类	m²	按设计图示尺寸以台阶（包括最上层踏步边沿加 300mm）水平投影面积计算	1. 基层清理； 2. 抹找平层； 3. 面层铺贴； 4. 贴嵌防滑条； 5. 勾缝； 6. 刷防护材料； 7. 材料运输
011107002	块料台阶面				
011107003	拼碎块料台阶面				
011107004	水泥砂浆台阶面	1. 找平层厚度、砂浆配合比； 2. 面层厚度、砂浆配合比； 3. 防滑条材料种类			1. 基层清理； 2. 抹找平层； 3. 抹面层； 4. 抹防滑条； 5. 材料运输

6.2　楼地面工程

6.2.1　整体面层及找平层的清单工程量和定额工程量计算规则

（1）整体面层的清单工程量计算规则

整体面层的清单工程量按设计图示尺寸以面积计算。扣除凸出地面的构筑物、设备基础、室内管道、地沟等所占面积，不扣除间壁墙及≤0.3m² 的柱、垛、附墙烟囱及孔洞所占的面积，但门洞、空圈、暖气包槽及壁龛等开口部分也不增加。

（2）平面砂浆找平层的清单工程量计算规则

清单工程量按设计图示尺寸以面积计算。

提示：水泥砂浆面层处理是拉毛还是提浆压光应在做法要求中描述；平面砂浆找平层只适用于仅做找平层的平面抹灰；楼地面混凝土垫层另按附录 E.1 垫层项目编码列项，其他材料垫层按 D.4 垫层项目编码列项。

（3）整体面层和找平层的定额工程量计算规则

楼地面找平层和整体面层均按设计图示尺寸以面积计算。计算时应扣除凸出地面构筑物、设备基础、室内铁道、室内地沟等所占面积，不扣除间壁墙及≤0.3m² 的柱、踩、附墙烟囱及孔洞所占面积，门洞、空圈、暖气包槽、壁龛的开口部分亦不增加（间壁墙指墙厚≤120mm 的墙）。

6.2.2 楼地面块料面层的清单和定额工程量计算规则

（1）楼地面块料面层的清单工程量计算规则

按设计图示尺寸以面积计算。门洞、空圈、暖气包槽、壁龛的开口部分并入相应的工程量内。

（2）楼地面块料面层的定额工程量计算规则

楼、地面块料面层，按设计图示尺寸以面积计算。门洞、空圈、暖气包槽和壁龛的开口部分并入相应的工程量内。

6.2.3 踢脚线的清单工程量和定额工程量计算规则

（1）踢脚线的清单工程量计算规则

踢脚线的清单工程量计算规则主要有两种：以平方米计量，按设计图示长度乘以高度，以面积计算；以米计量，按延长米计算。

【例 6-1】 如图 6-1 所示为某工程地面施工图，已知地面为现浇水磨石面层，踢脚线为 150mm 高水磨石。其中 100mm 厚的内墙为起分隔作用的空心石膏板。请分别计算水磨石地面和水磨石踢脚线的清单工程量。

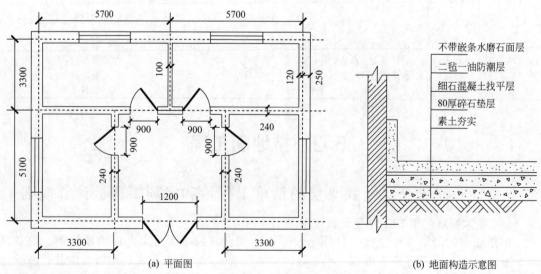

(a) 平面图　　　　　　　　(b) 地面构造示意图

图 6-1　某工程地面施工图

【解】　(1) 水磨石地面的清单工程量

因为既不扣除间壁墙所占面积，也不增加门洞所占面积，所以

$S_{地面} = (5.7 \times 2 - 0.24) \times (3.3 - 0.24) + (3.3 - 0.24) \times (5.1 - 0.24) \times 2 + (5.7 \times 2 - 3.3 \times 2 - 0.24) \times (5.1 - 0.24) = 86.05 (m^2)$

(2) 水磨石踢脚线的清单工程量

① 按延长米计算：

$[(5.7 - 0.12 - 0.05 + 3.3 - 0.24) \times 2 - 0.9] \times 2 + [(5.1 - 0.24 + 3.3 - 0.24) \times 2 - 0.9] \times 2 + [(4.8 - 0.24 + 5.1 - 0.24) \times 2 - 1.2 - 4 \times 0.9] + (8 \times 0.24 + 2 \times 0.37)$

$= 16.28 \times 2 + 14.94 \times 2 + 14.04 + 2.66 = 79.14 (m)$

② 按实抹面积计算：$79.14 \times 0.15 = 11.87 (m^2)$

清单工程量计算表见表 6-6。

表 6-6　清单工程量计算表

序号	项目编码	项目名称	项目特征描述	计量单位	工程量
1	011101002001	现浇水磨石楼地面	80mm 厚碎石垫层，细石混凝土找平层，二毡一油防潮层，水磨石面层	m^2	86.05
2	011105002001	石材踢脚线	150mm 高水磨石	m^2	11.87

(2) 踢脚线的定额工程量计算规则

踢脚线按长度计算工程量。水泥砂浆踢脚线计算长度时，不扣除门洞口的长度，洞口侧壁亦不增加。

6.2.4　楼梯面层的清单工程量和定额工程量计算规则

(1) 楼梯面层的清单工程量计算规则

按设计图示尺寸以楼梯(包括踏步、休息平台及≤500mm 的楼梯井)水平投影面积计算。楼梯与楼地面相连时，算至梯口梁内侧边沿；无梯口梁者，算至最上一层踏步边沿加 300mm。

(2) 楼梯面层的定额工程量计算规则

楼梯面层按设计图示尺寸以楼梯(包括踏步、休息平台及≤500mm 宽的楼梯井)水平投影面积计算。楼梯与楼地面相连时，算至梯口梁内侧边沿，无梯口梁者，算至最上一层踏步边沿加 300mm。

旋转、弧形楼梯的装饰，其踏步按水平投影面积计算，执行楼梯的相应子目，人工乘以系数 1.20；其侧面按展开面积计算，执行零星项目的相应子目。

提示：楼梯面层的清单项目，其工作内容包括抹防滑条或贴嵌防滑条；定额项目只包括踏步部分，不包括楼梯休息平台、踏步两端侧面、踢脚线、底板装饰和防滑条的内容。其中，休息平台面层应按楼地面计算，踢脚线、底板装饰和防滑条贴嵌均应单独列项计算。

6.2.5　台阶装饰的清单工程量和定额工程量计算规则

(1) 台阶装饰的清单工程量计算规则

按设计图示尺寸以台阶(包括最上层踏步边沿加 300mm)水平投影面积计算。

(2) 台阶面层的定额工程量计算规则

台阶面层按设计图示尺寸以台阶(包括最上层踏步边沿加 300mm)水平投影面积计算。

6.3 墙、柱面装饰与隔断、幕墙工程

6.3.1 《房屋建筑与装饰工程工程量计算规范》中的相关解释说明

房屋建筑与装饰工程工程量计算规范中墙、柱面装饰与隔断、幕墙工程包括：墙面抹灰、柱梁面抹灰、零星抹灰、墙面块料面层、柱(梁)面镶贴块料、镶贴零星块料、墙饰面、柱(梁)饰面、幕墙工程、隔断。在《房屋建筑与装饰工程工程量计算规范》(GB 50854—2013)

附录 M(墙、柱面装饰与隔断、幕墙工程)中，对墙、柱面装饰与隔断、幕墙工程量清单的项目设置、项目特征描述的内容、计量单位及工程量计算规则等做出了详细的规定。表 6-7～表 6-11 列出了部分常用项目的相关内容。

表 6-7 墙面抹灰(编号：011201)

项目编码	项目名称	项目特征	计量单位	工程量计算规则	工作内容
011201001	墙面一般抹灰	1. 墙体类型； 2. 底层厚度、砂浆配合比； 3. 面层厚度、砂浆配合比； 4. 装饰面材料种类； 5. 分格缝宽度、材料种类	m²	按设计图示尺寸以面积计算。扣除墙裙、门窗洞口及单个＞0.3m²的孔洞面积，不扣除踢脚线、挂镜线和墙与构件交接处的面积，门窗洞口和孔洞的侧壁及顶面不增加面积。附墙柱、梁、垛、烟囱侧壁并入相应的墙面面积内。 1. 外墙抹灰面积按外墙垂直投影面积计算。 2. 外墙裙抹灰面积按其长度乘以高度计算。 3. 内墙抹灰面积按主墙间的净长乘以高度计算。 (1) 无墙裙的，高度按室内楼地面至天棚底面计算。 (2) 有墙裙的，高度按墙裙顶至天棚底面计算。 (3) 有吊顶天棚抹灰，高度算至天棚底。 4. 内墙裙抹灰面按内墙净长乘以高度计算	1. 基层清理； 2. 砂浆制作、运输； 3. 底层抹灰； 4. 抹面层； 5. 抹装饰面； 6. 勾分格缝
011201002	墙面装饰抹灰				
011201003	墙面勾缝	1. 勾缝类型； 2. 勾缝材料种类			1. 基层清理； 2. 砂浆制作、运输； 3. 勾缝
011201004	立面砂浆找平层	1. 基层类型； 2. 找平的砂浆厚度、配合比			1. 基层清理； 2. 砂浆制作、运输； 3. 抹灰找平

表 6-8 柱(梁)面抹灰(编号：011202)

项目编码	项目名称	项目特征	计量单位	工程量计算规则	工作内容
011202001	柱、梁面一般抹灰	1. 柱体类型； 2. 底层厚度、砂浆配合比； 3. 面层厚度、砂浆配合比； 4. 装饰面材料种类； 5. 分格缝宽度、材料种类	m²	1. 柱面抹灰：按设计图示柱断面周长乘高度以面积计算。 2. 梁面抹灰：按设计图示梁断面周长乘长度以面积计算	1. 基层清理； 2. 砂浆制作、运输； 3. 底层抹灰； 4. 抹面层； 5. 勾分格缝
011202002	柱、梁面装饰抹灰				
011202003	柱、梁面砂浆找平	1. 柱(梁)体类型； 2. 找平的砂浆厚度、配合比			1. 基层清理； 2. 砂浆制作、运输； 3. 抹灰找平
011202004	柱面勾缝	1. 勾缝类型； 2. 勾缝材料种类		按设计图示柱断面周长乘高度以面积计算	1. 基层清理； 2. 砂浆制作、运输； 3. 勾缝

表 6-9　墙面块料面层（编号：011204）

项目编码	项目名称	项 目 特 征	计量单位	工程量计算规则	工 作 内 容
011204001	石材墙面	1. 墙体类型； 2. 安装方式； 3. 面层材料品种、规格、颜色； 4. 缝宽、嵌缝材料种类； 5. 防护材料种类； 6. 磨光、酸洗、打蜡要求	m²	按镶贴表面积计算	1. 基层清理； 2. 砂浆制作、运输； 3. 黏结层铺贴； 4. 面层安装； 5. 嵌缝； 6. 刷防护材料； 7. 磨光、酸洗、打蜡
011204002	拼碎石材墙面				
011204003	块料墙面				
011204004	干挂石材钢骨架	1. 骨架种类、规格； 2. 防锈漆品种遍数	t	按设计图示以质量计算	1. 骨架制作、运输、安装； 2. 刷漆

表 6-10　柱（梁）面镶贴块料（编号：011205）

项目编码	项目名称	项 目 特 征	计量单位	工程量计算规则	工 作 内 容
011205001	石材柱面	1. 柱截面类型、尺寸； 2. 安装方式； 3. 面层材料品种、规格、颜色； 4. 缝宽、嵌缝材料种类； 5. 防护材料种类； 6. 磨光、酸洗、打蜡要求	m²	按镶贴表面积计算	1. 基层清理； 2. 砂浆制作、运输； 3. 黏结层铺贴； 4. 面层安装； 5. 嵌缝； 6. 刷防护材料； 7. 磨光、酸洗、打蜡
011205002	块料柱面				
011205003	拼碎块柱面				
011205004	石材梁面	1. 安装方式； 2. 面层材料品种、规格、颜色； 3. 缝宽、嵌缝材料种类； 4. 防护材料种类； 5. 磨光、酸洗、打蜡要求			
011205005	块料梁面				

表 6-11　幕墙工程（编号：011209）

项目编码	项目名称	项 目 特 征	计量单位	工程量计算规则	工 作 内 容
011209001	带骨架幕墙	1. 骨架材料种类、规格、中距； 2. 面层材料品种、规格、颜色； 3. 面层固定方式； 4. 隔离带、框边封闭材料品种、规格； 5. 嵌缝、塞口材料种类	m²	按设计图示框外围尺寸以面积计算。与幕墙同种材质的窗所占面积不扣除	1. 骨架制作、运输、安装； 2. 面层安装； 3. 隔离带、框边封闭； 4. 嵌缝、塞口； 5. 清洗
011209002	全玻（无框玻璃）幕墙	1. 玻璃品种、规格、颜色； 2. 黏结塞口材料种类； 3. 固定方式		按设计图示尺寸以面积计算。带肋全玻幕墙按展开面积计算	1. 幕墙安装； 2. 嵌缝、塞口； 3. 清洗

6.3.2　工程量计算规则

6.3.2.1　墙面抹灰的清单工程量和定额工程量计算规则

（1）墙面抹灰的清单工程量计算规则

按设计图示尺寸以面积计算。扣除墙裙、门窗洞口及单个 >0.3m³ 的孔洞面积，不扣除踢脚线、挂镜线和墙与构件交接处的面积，门窗洞口和孔洞的侧壁及顶面不增加面积。附墙柱、梁、垛、烟囱侧壁并入相应的墙面面积内，具体如下。

1）外墙抹灰面积　按外墙垂直投影面积计算。

2）外墙裙抹灰面积　按其长度乘以高度计算。

3）内墙抹灰面积　按主墙间的净长乘以高度计算：

①无墙裙的，高度按室内楼地面至天棚底面计算；

②有墙裙的，高度按墙裙顶至天棚底面计算；

③有吊顶天棚抹灰，高度算到天棚底。

4）内墙裙抹灰面积　按内墙净长乘以高度计算。

提示：①立面砂浆找平项目适用于仅做找平层的立面抹灰。

②飘窗凸出外墙面增加的抹灰并入外墙工程量内。

③有吊顶天棚的内墙抹灰，抹到吊顶以上部分在综合单价中考虑。

（2）墙面抹灰的定额工程量计算规则

1）内墙抹灰工程量　按以下规则计算：

①按设计图示尺寸以面积计算。计算时应扣除门窗洞口和空圈所占的面积，不扣除踢脚板（线）、挂镜线、单个面积≤0.3m² 的空洞以及墙与构件交接处的面积，洞侧壁和顶面不增加面积。墙垛和附墙烟囱侧壁面积与内墙抹灰工程量合并计算。

②内墙面抹灰的长度，以主墙间的图示净长尺寸计算。其高度确定如下：

a. 无墙裙的，其高度按室内地面或楼面至天棚底面之间距离计算。

b. 有墙裙的，其高度按墙裙顶至天棚底面之间距离计算。

③内墙裙抹灰面积按内墙净长乘以高度计算（扣除或不扣除内容同内墙抹灰）。

2）外墙抹灰工程量　按以下规则计算：

①外墙抹灰面积，按设计外墙抹灰的设计图示尺寸以面积计算。计算时应扣除门窗洞口、外墙裙和单个面积＞0.3m² 孔洞所占面积，洞口侧壁面积不另增加。附墙踩、飘窗凸出外墙面增加的抹灰面积并入外墙面工程量内计算。

②外墙裙抹灰面积按其设计长度乘以高度计算（扣除或不扣除内容同外墙抹灰）。

③墙面勾缝按设计勾缝墙面的设计图示尺寸以面积计算。不扣除门窗洞口、门窗套、腰线等零星抹灰所占的面积，附墙柱和门窗洞口侧面的勾缝面积亦不增加。

【例 6-2】　如图 6-2 所示为某单层小型住宅平面图，室外地坪标高为 −0.3m，屋面板顶面标高为 3.3m，外墙上均有女儿墙，高 600mm；预制楼板厚度为 120mm；内侧墙面为石灰砂浆抹面，外侧墙面及女儿墙均为混合砂浆抹面；外墙厚 365mm，内墙厚 240mm，门洞尺寸均为 900mm×2100mm，窗洞尺寸均为 1800mm×1500mm，门窗框厚均为 90mm，安装于墙体中间，试计算：

（1）内侧墙面石灰砂浆抹面的清单工程量；

（2）外侧墙面混合砂浆抹面的清单工程量。

【解】　（1）内侧墙面石灰砂浆抹面的清单工程量

① 内侧墙面总长＝(2.1−0.24+2.1+3−0.24)×2×2+(3.6−0.24+3−0.24)×2+(3.6−0.24+2.1−0.24)×2＝49.56(m)

② 内侧墙面石灰砂浆抹面高度＝3.3−0.12＝3.18(m)

③ 需扣除的门窗洞口面积＝1.8×1.5×3+0.9×2.1×7＝21.33(m²)

④ 清单中规定计算墙面抹灰工程量时，不增加门窗洞口侧壁的面积，所以内侧墙面石灰砂浆抹面的工程量＝49.56×3.18−21.33＝136.27(m²)

（2）外侧墙面混合砂浆抹面的清单工程量

① 外侧墙面总长＝(2.1×2+3.6+0.25×2+2.1+3+0.25×2)×2＝27.8(m)

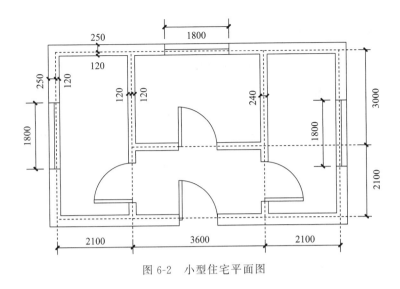

图 6-2　小型住宅平面图

② 外侧墙面混合砂浆抹面高度＝0.3＋3.3＋0.6＝4.2(m)

③ 需扣除的门窗洞口面积＝1.8×1.5×3＋0.9×2.1＝9.99(m²)

④ 外侧墙面混合砂浆抹面的工程量＝27.8×4.2－9.99＝106.77(m²)

清单工程量计算表见表 6-12。

表 6-12　清单工程量计算表

序号	项目编码	项目名称	项目特征描述	计量单位	工程量
1	011201001001	墙面一般抹灰	内墙，石灰砂浆	m²	136.27
2	011201001002	墙面一般抹灰	外墙，混合砂浆	m²	106.77

6.3.2.2　柱（梁）面抹灰的清单工程量和定额工程量计算规则

(1) 柱(梁)面抹灰的清单工程量计算规则

① 柱面一般抹灰、装饰抹灰和砂浆找平的清单工程量：按设计图示，柱断面周长乘以高度以面积计算。

② 梁面一般抹灰、装饰抹灰和砂浆找平的清单工程量：按设计图示，梁断面周长乘以长度以面积计算。

③ 柱面勾缝的清单工程量：按设计图示柱断面周长乘以高度，以面积计算。

(2) 柱(梁)面抹灰的定额工程量计算规则

柱抹灰按设计断面周长乘以柱抹灰高度以面积计算。独立柱、房上烟囱勾缝，按设计图示尺寸以面积计算。

6.3.2.3　墙面块料面层的清单工程量和定额工程量计算规则

(1) 墙面块料面层的清单工程量计算规则

干挂石材钢骨架的清单工程量按设计图示以质量计算。

石材墙面、拼碎石材墙面、块料墙面的清单工程量按镶贴表面积计算。

(2) 墙面块料面层的定额工程量计算规则

墙、柱面块料面层工程量按设计图示尺寸以面积计算。

6.3.2.4 柱（梁）面镶贴块料的清单工程量和定额工程量计算规则

（1）柱（梁）面镶贴块料的清单工程量计算规则

柱（梁）面镶贴块料的清单工程量均按镶贴表面积计算。

提示：柱（梁）面干挂石材的钢骨架按相应项目编码列项。

（2）柱（梁）面镶贴块料的定额工程量计算规则与清单工程量计算规则相同

6.3.2.5 幕墙工程的清单工程量和定额工程量计算规则

（1）幕墙工程

幕墙工程包括带骨架幕墙和全玻（无框玻璃）幕墙。

（2）幕墙工程的清单工程量计算规则

① 带骨架幕墙按设计图示框外围尺寸以面积计算，与幕墙同种材质的窗所占面积不扣除；

② 全玻璃幕墙按设计图示尺寸以面积计算，带肋全玻璃幕墙按展开面积计算。

提示：幕墙钢骨架按干挂石材钢骨架项目编码列项。

（3）幕墙的定额工程量计算规则

墙柱饰面、隔断、幕墙工程量按以下规则计算：

1）墙、柱饰面龙骨 按图示尺寸长度乘以高度，以面积计算。定额龙骨按附墙、附柱考虑，若遇其他情况，按下列规定乘以系数：

① 设计龙骨外挑时，其相应定额项目乘以系数 1.15；

② 设计木龙骨包圆柱，其相应定额项目乘以系数 1.18；

③ 设计金属龙骨包圆柱，其相应定额项目乘以系数 1.20。

2）墙饰面基层板、造型层、饰面面层 按设计图示墙净长乘以净高以面积计算，扣除门窗洞口及单个 $>0.3m^2$ 的孔洞所占面积。

3）柱饰面基层板、造型层、饰面面层 按设计图示饰面外围尺寸以面积计算。柱帽、柱墩并入相应柱饰面工程量内。

4）隔断、间壁 按设计图示框外围尺寸以面积计算，不扣除 $\leqslant 0.3m^2$ 的孔洞所占面积。

5）幕墙面积 按设计图示框外尺寸以外围面积计算。全玻璃幕墙的玻璃肋并入幕墙面积内，点支式全玻璃幕墙钢结构拓架另行计算，圆弧形玻璃幕墙材料的煨弯费用另行计算。

6.4 天棚工程

6.4.1 《房屋建筑与装饰工程工程量计算规范》中的相关解释说明

天棚工程包括：天棚抹灰、天棚吊顶、采光天棚等。在《房屋建筑与装饰工程工程量计算规范》（GB 50854—2013）附录 N（天棚工程）中，对天棚工程工程量清单的项目设置、项目特征描述的内容、计量单位及工程量计算规则等做出了详细的规定。表 6-13 列出了部分常用项目的相关内容。

表 6-13　天棚抹灰（编号：011301）及天棚吊顶（编号：011302）

项目编码	项目名称	项 目 特 征	计量单位	工程量计算规则	工 作 内 容
011301001	天棚抹灰	1. 基层类型； 2. 抹灰厚度、材料种类； 3. 砂浆配合比	m²	按设计图示尺寸以水平投影面积计算。不扣除间壁墙、垛、柱、附墙烟囱、检查口和管道所占的面积，带梁天棚的梁两侧抹灰面积并入天棚面积内，板式楼梯底面抹灰按斜面积计算，锯齿形楼梯底面抹灰按展开面积计算	1. 基层清理； 2. 底层抹灰； 3. 抹面层
011302001	吊顶天棚	1. 吊顶形式、吊杆规格、高度； 2. 龙骨材料种类、规格、中距； 3. 基层材料种类、规格； 4. 面层材料品种、规格； 5. 压条材料种类、规格； 6. 嵌缝材料种类； 7. 防护材料种类	m²	按设计图示尺寸以水平投影面积计算。天棚面中的灯槽及跌级、锯齿形、吊挂式、藻井式天棚面积不展开计算。不扣除间壁墙、检查口、附墙烟囱、柱垛和管道所占面积，扣除单个＞0.3m² 的孔洞、独立柱及与天棚相连的窗帘盒所占的面积	1. 基层清理、吊杆安装； 2. 龙骨安装； 3. 基层板铺贴； 4. 面层铺贴； 5. 嵌缝； 6. 刷防护材料

6.4.2　工程量计算规则

6.4.2.1　天棚抹灰的清单工程量和定额工程量计算规则

天棚抹灰的清单工程量和定额工程量计算规则相同，均按设计图示尺寸以水平投影面积计算。不扣除间壁墙、垛、柱、附墙烟囱、检查口和管道所占的面积，带梁天棚的梁两侧抹灰面积并入天棚面积内，板式楼梯底面抹灰按斜面积计算，锯齿形楼梯底板抹灰按展开面积计算。

6.4.2.2　吊顶天棚的清单工程量和定额工程量计算规则

(1) 吊顶天棚的清单工程量计算规则

吊顶天棚的清单工程量按设计图示尺寸以水平投影面积计算。天棚面中的灯槽及跌级、锯齿形、吊挂式、藻井式天棚面积不展开计算。

不扣除间壁墙、检查口、附墙烟囱、柱垛和管道所占面积，扣除单个＞0.3m² 的孔洞、独立柱及与天棚相连的窗帘盒所占的面积。

(2) 吊顶天棚的定额工程量计算规则

吊顶天棚龙骨（除特殊说明外）按主墙间净空水平投影面积计算；不扣除间壁墙、检查口、附墙烟囱、柱、灯孔、垛和管道所占面积，由于上述原因所引起的工料也不增加；天棚中的折线、跌落、高低吊顶槽等面积不展开计算。

【例 6-3】　如图 6-3 所示，已知主梁尺寸为 500mm×300mm，次梁尺寸为 300mm×150mm，板厚 100mm。请分别计算井字梁天棚抹灰的清单工程量。

【解】　清单工程量：

$(9-0.24)\times(7.5-0.24)+[(9-0.24)\times(0.5-0.1)-(0.3-0.1)\times0.15\times2]\times2\times2+(7.5-0.24-0.6)\times(0.3-0.1)\times2\times2=82.70(m^2)$

清单工程量计算表见表 6-14。

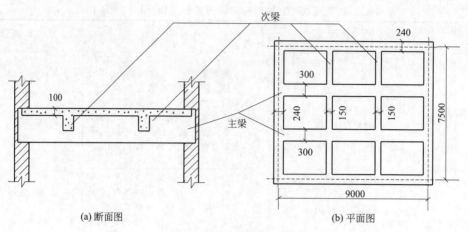

(a) 断面图   (b) 平面图

图 6-3 井字梁天棚示意图

表 6-14 清单工程量计算表

序号	项目编码	项目名称	项目特征描述	计量单位	工程量
1	011301001001	天棚抹灰	天棚抹灰	m²	82.70

6.5 油漆、涂料、裱糊工程

6.5.1 《房屋建筑与装饰工程工程量计算规范》中的相关解释说明

新版计算规范中油漆、涂料、裱糊工程包括：门窗油漆、木扶手及其他板条、线条油漆、木材面油漆、金属面油漆、抹灰面油漆、喷刷涂料和裱糊。在《房屋建筑与装饰工程工程量计算规范》(GB 50854—2013)附录 P(油漆、涂料、裱糊工程)中，对油漆、涂料、裱糊工程量清单的项目设置、项目特征描述的内容、计量单位及工程量计算规则等做出了详细的规定。表 6-15～表 6-20 列出了部分常用项目的相关内容。

表 6-15 门油漆(编号：011401)

项目编码	项目名称	项目特征	计量单位	工程量计算规则	工作内容
011401001	木门油漆	1. 门类型； 2. 门代号及洞口尺寸； 3. 腻子种类； 4. 刮腻子遍数； 5. 防护材料种类； 6. 油漆品种、刷漆遍数	1. 樘； 2. m²	1. 以樘计量，按设计图示数量计量； 2. 以平方米计量，按设计图示洞口尺寸以面积计算	1. 基层清理； 2. 刮腻子； 3. 刷防护材料、油漆
011401002	金属门油漆				1. 除锈、基层清理； 2. 刮腻子； 3. 刷防护材料、油漆

表 6-16 窗油漆(编号：011402)

项目编码	项目名称	项目特征	计量单位	工程量计算规则	工作内容
011402001	木窗油漆	1. 门类型； 2. 门代号及洞口尺寸； 3. 腻子种类； 4. 刮腻子遍数； 5. 防护材料种类； 6. 油漆品种、刷漆遍数	1. 樘； 2. m²	1. 以樘计量，按设计图示数量计量； 2. 以平方米计量，按设计图示洞口尺寸以面积计算	1. 基层清理； 2. 刮腻子； 3. 刷防护材料、油漆
011402002	金属窗油漆				1. 除锈、基层清理； 2. 刮腻子； 3. 刷防护材料、油漆

表6-17　金属面油漆（编号：011405）

项目编码	项目名称	项 目 特 征	计量单位	工程量计算规则	工 作 内 容
011405001	金属面油漆	1. 构件名称； 2. 腻子类； 3. 刮腻子要求； 4. 防护材料种类； 5. 油漆品种、刷漆遍数	1. t； 2. m²	1. 以吨计量，按设计图示尺寸以质量计算； 2. 以平方米计量，按设计展开面积计算	1. 基层清理； 2. 刮腻子； 3. 刷防护材料、油漆

表6-18　抹灰面油漆（编号：011406）

项目编码	项目名称	项 目 特 征	计量单位	工程量计算规则	工 作 内 容
011406001	抹灰面油漆	1. 基层类型； 2. 腻子种类； 3. 刮腻子遍数； 4. 防护材料种类； 5. 油漆品种、刷漆遍数； 6. 部位	m²	按设计图示尺寸以面积计算	1. 基层清理； 2. 刮腻子； 3. 刷防护材料、油漆

表6-19　喷刷油漆（编号：011407）

项目编码	项目名称	项 目 特 征	计量单位	工程量计算规则	工 作 内 容
011407001	墙面喷刷涂料	1. 基层类型； 2. 喷刷涂料部位； 3. 腻子种类； 4. 刮腻子要求； 5. 涂料品种、喷刷遍数	m²	按设计图示尺寸以面积计算	1. 基层清理； 2. 刮腻子； 3. 刷、喷涂料
011407002	天棚喷刷涂料				

表6-20　裱糊（编号：011408）

项目编码	项目名称	项 目 特 征	计量单位	工程量计算规则	工 作 内 容
011408001	墙纸裱糊	1. 基层类型； 2. 裱糊部位； 3. 腻子种类； 4. 刮腻子遍数； 5. 黏结材料种类； 6. 防护材料种类； 7. 面层材料品种、规格、颜色	m²	按设计图示尺寸以面积计算	1. 基层清理； 2. 刮腻子； 3. 面层铺粘； 4. 刷防护材料

6.5.2　油漆、涂料、裱糊工程的清单工程量计算规则

6.5.2.1　各类门窗油漆的清单工程量计算规则

各类门窗油漆的清单工程量计算规则有两种：
① 以樘计量，按设计图示数量计量；
② 以平方米计量，按设计图示洞口尺寸，以面积计算。

6.5.2.2　金属面油漆的清单工程量计算规则

金属面油漆的清单工程量计算规则有两种：
① 以"t"计量，按设计图示尺寸，以质量计算；
② 以"m²"计量，按设计展开面积计算。

6.5.2.3 抹灰面油漆的清单工程量计算规则

按设计图示尺寸以面积计算。

6.5.2.4 墙面（天棚）喷刷涂料、墙面裱糊的清单工程量计算规则

墙面(天棚)喷刷涂料、墙面裱糊的清单工程量均按设计图示尺寸以面积计算。

【例6-4】 某住宅平面布置如图6-4所示，其客厅、卧室和过道的墙面贴装饰墙纸，卫生间墙面贴200mm×280mm印花面砖，硬木踢脚线(150mm×20mm)刷硝基清漆，卫生间内无踢脚线。设楼层高度为3.3m，楼板厚度为120mm，内外墙厚均为240mm，门洞尺寸均为900mm×2100mm，客厅与过道之间的空圈高度为2400mm，窗洞尺寸均为2200mm×1400mm，门、窗侧壁均安装有门窗套。试计算：(1)踢脚线刷硝基清漆的清单工程量；(2)卫生间墙面贴印花面砖的清单工程量；(3)客厅、卧室和过道贴装饰墙纸的清单工程量。

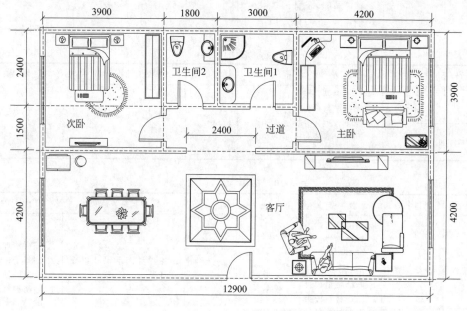

图6-4 住宅平面布置图

【解】 (1)踢脚线刷硝基清漆的清单工程量

① 按延长米计算：$(3.9-0.24)×4+(4.2-0.24+3.9-0.24)×2+(4.8-0.24+1.5-0.24)×2+(12.9-0.24+4.2-0.24)×2-0.9×7-2.4×2=63.66(m)$

② 按面积计算：$S_{踢脚}=63.66×0.15=9.549(m^2)$

(2)卫生间墙面贴印花面砖的清单工程量

① 卫生间墙面总长$=(1.8-0.24+2.4-0.24)×2+(3-0.24+2.4-0.24)×2=17.28(m)$

② 卫生间墙面高度$=3.3-0.12=3.18(m)$

③ 需扣除的门洞面积$=0.9×2.1×2=3.78(m^2)$

④ 印花面砖工程量$=17.28×3.18-3.78=51.17(m^2)$

(3)客厅、卧室和过道贴装饰墙纸的清单工程量

① 客厅、卧室和过道内侧墙面总长$L_{总}=(3.9-0.24)×4+(4.2-0.24+3.9-0.24)×2+(4.8-0.24+1.5-0.24)×2+(12.9-0.24+4.2-0.24)×2=74.76(m)$

② 楼层净高$h=3.3-0.12=3.18(m)$

③ 需扣除的门、窗、空圈的面积 $S_洞=0.9\times2.1\times7+2.4\times2.4\times2+2.2\times1.4\times4=37.07(m^2)$

④ 需扣除踢脚线的面积 $S_{踢脚}=9.549m^2$

⑤ 壁纸工程量 $=L_总 h-S_洞-S_{踢脚}=74.76\times3.18-37.07-9.549=191.12(m^2)$

清单工程量计算表见表 6-21。

表 6-21　清单工程量计算表

序号	项目编码	项目名称	项目特征描述	计量单位	工程量
1	011404002001	踢脚线油漆	刷硝基清漆	m²	9.55
2	011204003001	块料墙面	印花面砖	m²	51.17
3	011408001001	墙纸裱糊	房间、过道	m²	191.12

6.6　楼梯及楼梯间装修工程计量实例

6.6.1　阶段任务

根据《BIM 算量一图一练》专用宿舍楼案例图纸内容，以及 2013 版《清单规范》，完成楼梯及楼梯间装修的工程量计算。

6.6.2　任务分析

6.6.2.1　术语

① 楼梯平台与休息平台："楼梯平台按所处的位置和标高不同，有中间平台和楼层平台之分，两种平台都是休息平台。两楼层之间的平台称为中间平台，用来供人们行走和改变行进方向。而与楼层地面标高齐平的平台称为楼层平台，除起着与中间平台相同的作用外，还用来分配从楼梯到达各楼层的人流。"因此本工程楼梯中标高为 1.8m 及 5.4m 处的板均为休息平台；而同相应楼层标高的 3.6m 及 7.2m 处的板则为楼梯平台。

② 楼梯井：指上下跑楼梯扶手所形成的孔洞。主要功能为消防水管的传递不因消防人员跑动卡于其中(参考相关建筑文献)。本工程楼梯井宽度为 100mm。

6.6.2.2　列项及计算规则分析

(1) 楼梯部分(表 6-22)

表 6-22　楼梯分析

序号	需计算的项目	识图	计算规则分析	
1	楼梯混凝土(含踏步与休息平台)	楼梯详图	2016《山东省建筑工程消耗量定额》第 105 页，整体楼梯包括休息平台、平台梁、楼梯底板、斜梁及楼梯的连接梁、楼梯段，按水平投影面积计算，不扣除宽度≤500mm 的楼梯井，伸入墙内部分不另增加。踏步旋转楼梯，按其楼梯部分的水平投影面积乘以周数计算(不包括中心柱)	2013《计算规范》第 34 页： (1) 以 m² 计量，按设计图示尺寸以水平投影面积计算，不扣除宽度小于 500mm 的楼梯井，伸入墙内部分不计算； (2) 以立方米计量，按设计图示尺寸以体积计算

续表

序号	需计算的项目	识图	计算规则分析	
2	楼梯模板（含踏步与休息平台）	楼梯详图	2016《山东省建筑工程消耗量定额》第521页，现浇钢筋混凝土楼梯，按水平投影面积计算，不扣除宽度≤500mm楼梯井所占面积。楼梯的踏步、踏步板、平台梁等侧面模板，不另计算，伸入墙内部分亦不增加	2013《计算规范》计算规则同定额
3	楼梯踏步、休息平台装饰	建筑说明、室内装修做法表、楼梯详图	2016《山东省建筑工程消耗量定额》第277页，楼梯面层按设计图示尺寸以楼梯（包括踏步、休息平台及≤500mm的楼梯井）水平投影面积计算。楼梯与楼地面相连时，算至梯口梁内侧边沿，无梯口梁者，算至最上一层踏步边沿加300mm	2013《计算规范》计算规则同定额
4	楼梯井侧边装饰	建筑说明、室内装修做法表、楼梯详图	2016《山东省建筑工程消耗量定额》第277页、第584页，按设计图示尺寸以展开面积计算	2013《计算规范》，按设计图示尺寸以面积计算，零星装饰适用于楼梯、台阶旁边及侧面≤0.5m² 的装饰
5	楼梯踏步底面及休息平台板底抹灰、涂料	建筑说明、室内装修做法表、楼梯详图	2016《山东省建筑工程消耗量定额》第340页，楼梯底面（包括侧面及连接梁、平台梁、斜梁的侧面）抹灰，按楼梯水平投影面积乘以1.37，并入相应天棚抹灰工程量内计算	2013《计算规范》第84页，板式楼梯底面抹灰按斜面积计算，锯齿形楼梯底板抹灰按展开面积计算
6	楼梯栏杆扶手制作、安装	建筑说明、室内装修做法表、楼梯详图	2016《山东省建筑工程消耗量定额》第397页，栏板、栏杆、扶手，按长度计算。楼梯斜长部分的栏板、栏杆、扶手，按平台梁与连接梁外沿之间的水平投影长度，乘以系数1.15计算	2013《计算规范》第93页，按设计图示尺寸以扶手中心线（包括弯头长度）计算
7	防滑铜条铺设	楼梯详图	按实际长度计算	—

（2）楼梯平台部分（表6-23）

表6-23　楼梯平台分析

序号	需计算的项目	识图	计算规则分析	
1	楼梯平台混凝土、模板	楼梯详图	2016《山东省建筑工程消耗量定额》第105、521页，执行平板工程量计算规则	2013《计算规范》计算规则同定额
2	楼梯平台面层、天棚装饰	建筑说明、室内装修做法表、楼梯详图	2016《山东省建筑工程消耗量定额》第277、340页，执行楼地面、天棚面计算规则	2013《计算规范》计算规则同定额

(3) 楼梯间其他装修(表 6-24)

表 6-24　楼梯其他项目分析

序号	需计算的项目	识图	计算规则分析	
1	楼梯间±0.00 处地面装饰	建筑平面图、楼梯详图	2016《山东省建筑工程消耗量定额》第 277 页,执行楼地面计算规则	2013《计算规范》计算规则同定额
2	楼梯平台处踢脚板	建筑说明、室内装修做法表、楼梯详图	2016《山东省建筑工程消耗量定额》第 277 页,按设计图示长度乘以高度以面积计算	2013《计算规范》计算规则同定额
3	楼梯踏步处踢脚	建筑说明、室内装修做法表、楼梯详图	(1) 2016《山东省建筑工程消耗量定额》第 277 页,楼梯靠墙踢脚线(含锯齿形部分)按设计图示面积计算。(2) 2016《山东省建筑工程消耗量定额》第 277 页,楼梯段踢脚线按相应项目人工、机械乘以系数 1.20	2013《计算规范》计算规则同定额
4	楼梯休息平台处踏脚	建筑说明、室内装修做法表、楼梯详图	2016《山东省建筑工程消耗量定额》第 277 页,按设计图示长度乘以高度以面积计算	2013《计算规范》计算规则同定额
5	楼梯间墙面装饰	建筑说明、室内装修做法表、楼梯详图	2016《山东省建筑工程消耗量定额》第 308 页,按墙面装修计算规则计算	2013《计算规范》计算规则同定额
6	顶层楼梯间屋面板底天棚装饰	建筑说明、室内装修做法表、楼梯详图、剖面图	2016《山东省建筑工程消耗量定额》第 340 页,按天棚装饰计算规则计算	2013《计算规范》计算规则同定额

6.6.3　任务实施

楼梯装修工程量计算表见表 6-25、表 6-26。

表 6-25　楼梯平台、首层楼梯间地面装修工程量计算表(参考建施-02、建施-04、建施-13)

序号	算量类别	清单编码	项目特征	算量名称	计算公式	工程量	单位	位置
1	清单	011102003	块料楼地面 1.8～10 厚地砖铺实拍平,水泥浆擦缝; 2.20 厚 1:2 干硬性水泥砂浆; 3. 素水泥浆一道; 4.60 厚 C15 混凝土垫层; 5.150 厚 3:7 灰土; 6. 素土夯实; 7. 部位:首层楼梯间地面	块料地面积	[首层楼梯间内墙之间净面积＋(门侧壁开口面积)]×数量　　[3.4×(5.4+1.8+0.6-0.2)+0.15]×2	51.98	m²	首层楼梯间地面
	定额	11-3-36	楼地面 干硬性水泥砂浆 周长≤2400mm	块料地面积	同清单	5.20	10m²	
	定额	2-1-28	现浇混凝土 垫层(楼梯间地面)	地面积×厚度	首层楼梯间内墙之间净面积×垫层厚度×数量　　[3.4×(5.4+1.8+0.6-0.2)]×0.06×2	0.31	10m³	

续表

序号	算量类别	清单编码	项目特征	算量名称	计算公式	工程量	单位	位置
1	定额	2-1-1	3：7灰土垫层 机械振动	地面积×厚度	首层楼梯间内墙之间净面积×垫层厚度×数量 [3.4×（5.4+1.8+0.6-0.2）]×0.15×2	7.75	10m³	首层楼梯间地面
2	清单	11102003	块料楼地面 1. 8～10厚地砖铺实拍平，水泥浆擦缝； 2. 20厚1：2干硬性水泥砂浆； 3. 素水泥浆一道； 4. 钢筋混凝土楼板； 5. 部位：楼梯平台	块料地面积	[（楼层平台净宽）×（楼层平台净长）+（门侧壁开口面积）]×数量 （3.4×1.8+0.15）×2×2	25.08	m²	2-3层楼梯平台楼面
	定额	11-3-36	楼地面干硬性水泥砂浆 周长≤2400mm	块料地面积	同清单	2.51	10m²	
3	清单	011105001	120mm高面砖踢脚板 1. 刷界面剂一道； 2. 9mm厚1：2水泥砂浆； 3. 6mm厚1：2水泥砂浆； 4. 素水泥浆一道； 5. 3～4mm厚1：1水泥砂浆黏结层； 6. 5～7mm厚面砖，水泥浆擦缝； 7. 部位：走道、宿舍、首层楼梯间	踢脚面积	室内墙皮净长×0.12-洞口×0.12+洞口侧壁 （7.6×0.12×2+3.4×0.12×2）×2-1.5×0.12×2+0.1×2×0.12×2	4.97	m²	首层楼梯间踢脚
	定额	11-3-45	地板砖 踢脚板 直线形 水泥砂浆	踢脚面积	同清单	0.50	10m²	
4	清单	011201001	墙面水泥砂浆抹灰 1. 9mm厚1：2水泥砂浆； 2. 6mm厚1：2水泥砂浆抹平； 3. 部位：楼梯间	墙面抹灰面积	[（房间内墙面净长）×（层高-板厚）-门窗洞口面积]×数量 [（3.4+1.8+1.8）×（3.6-0.1）-1.5×2.7]×2×3	122.70	m²	墙面抹灰（1-3层平台处）
	定额	12-1-4	水泥砂浆（厚9+6mm）混凝土墙（砌块墙）	墙面抹灰面积	同清单量	12.27	10m²	
5	清单	011201001	抹灰面抹灰+乳胶漆 1. 1.9mm厚1：2水泥砂浆； 2. 6mm厚1：2水泥砂浆抹平； 3. 满刮腻子两遍，分遍抹平； 4. 表面乳胶漆两遍； 5. 部位：门厅、走道、宿舍、管理室墙面	墙面涂料面积	（墙面抹灰面积+洞口侧壁）×数量 [（3.4+1.8+1.8）×（3.6-0.1）-1.5×2.7+（1.5+2.7×2）×0.1]×6	126.84	m²	墙面乳胶漆（1-3层平台处）
	定额	12-1-4	水泥砂浆（厚9+6mm）混凝土墙（砌块墙）	墙面抹灰面积	同清单量	12.68	10m²	
	定额	14-3-7	室内乳胶漆两遍 墙、柱面 光面	墙面涂料面积	同清单量	12.68	10m²	
	定额	14-4-1	满刮调制腻子 内墙抹灰面 两遍	墙面涂料面积	同清单量	12.68	10m²	

续表

序号	算量类别	清单编码	项目特征	算量名称	计算公式	工程量	单位	位置
6	清单	011301001	天棚抹灰 1. 5mm厚1：2水泥砂浆打底； 2. 3mm厚1：2水泥砂浆抹平； 3. 部位：门厅、走道、宿舍、开水房、洗浴室、卫生间、阳台、管理室、楼梯平台	天棚抹灰面积	（板净面积＋凸出梁侧面积＋凸出梁底面积）×数量 ［3.4×1.8＋(0.3＋0.25＋0.4)×1.8］×2×2	31.32	m²	1-2层平台处天棚抹灰
	定额	13-1-2	混凝土面天棚 水泥砂浆（厚度5＋3mm）	天棚抹灰面积	同清单量	3.13	10m²	
7	清单	011407002	天棚喷刷涂料 1. 满刮腻子两遍，刷底漆一遍，白色乳胶漆两遍； 2. 部位：门厅、走道、宿舍、开水房、洗浴室、卫生间、阳台、管理室、楼梯平台	天棚涂料面积	（板净面积＋凸出梁侧面积＋凸出梁底面积）×数量 ［3.4×1.8＋(0.3＋0.25＋0.4)×1.8］×2×2	31.32	m²	1-2层平台处乳胶漆涂料
	定额	14-3-9	乳胶漆 室内 天棚面 两遍	天棚涂料面积	同清单量	3.13	10m²	
	定额	14-4-3	满刮调制腻子 天棚抹灰面 两遍	天棚涂料面积	同清单量	3.13	10m²	

表 6-26　楼梯间其余部位装修、楼梯砼及模板工程量计算表（参考建施-02、建施-04、建施-13）

序号	算量类别	清单编码	项目特征	算量名称	计算公式	工程量	单位	位置
1	清单	011201001	墙面一般抹灰 1. 9mm厚1：3水泥砂浆； 2. 6mm厚1：2水泥砂浆抹平； 3. 部位：门厅、走道、宿舍、楼梯间、管理室	墙面抹灰面积	［（房间内墙面净长）×（层高－板厚）－门窗洞口面积］×数量 ［(5.4－1.8－0.1＋1.8＋0.6－0.1)×2＋3.4］×3.5×2×3－1.2×1.35×4	308.52	m²	楼梯处墙面（1～3层）
	定额	12-1-4	水泥砂浆（厚9＋6mm）混凝土墙（砌块墙）	墙面抹灰面积	同清单量	30.85	10m²	
2	清单	011407001	墙面喷刷涂料 1. 清理基层； 2. 满刮腻子两遍； 3. 刷底漆一遍，面漆（乳胶漆）两遍； 4. 部位：门厅、走道、宿舍、楼梯间、管理室墙面	墙面涂料面积	（墙面抹灰面积＋洞口侧壁）×数量 308.52＋(1.2＋1.35)×2×0.1×4	310.56	m²	墙面乳胶漆（1～3层平台处）
	定额	14-3-7	乳胶漆 室内 墙面 两遍	墙面涂料面积	同清单量	31.06	10m²	
	定额	14-4-1	满刮调制腻子 内墙抹灰面 两遍	墙面涂料面积	同清单量	31.06	10m²	

序号	算量类别	清单编码	项目特征	算量名称	计算公式	工程量	单位	位置
3	清单	011301001	天棚抹灰 1.3mm 厚 1：2 水泥砂浆抹平； 2.5mm 厚 1：3 水泥砂浆打底； 3. 钢筋混凝土板底面清理干净； 4. 部位：门厅、走道、宿舍、开水房、洗浴室、卫生间、阳台、管理室、楼梯平台	天棚抹灰面积	（板净面积+凸出梁侧面积+凸出梁底面积）×数量	51.68	m²	顶层天棚抹灰
					(5.4+1.8+0.6-0.1×2)×(3.6-0.2)×2			
	定额	13-1-2	混凝土面天棚 水泥砂浆（厚度5+3mm）	天棚抹灰面积	同清单量	5.17	10m²	
4	清单	011407002	天棚喷刷涂料 1. 满刮腻子两遍，刷底漆一遍，白色乳胶漆两遍； 2. 部位：门厅、走道、宿舍、开水房、洗浴室、卫生间、阳台、管理室、楼梯平台	天棚涂料面积	（板净面积+凸出梁侧面积+凸出梁底面积）×数量	51.68	m²	顶层天棚乳胶漆涂料
					(5.4+1.8+0.6-0.1×2)×(3.6-0.2)×2			
	定额	14-3-9	乳胶漆 室内 天棚面 两遍	天棚涂料面积	同清单量	5.17	10m²	
	定额	14-4-3	满刮调制腻子 天棚抹灰面两遍	天棚涂料面积	同清单量	5.17	10m²	
5	清单	010506001	直形楼梯 1. 混凝土种类：预拌； 2. 混凝土强度等级：C30； 3. 类型：一个自然层双跑	水平投影面积	（踏步段水平投影面积+平台梁水平投影面积+休息平台水平投影面积）×数量	78.32	m²	楼梯踏步段及休息平台
					(3.3×3.4+0.2×3.4+(2.4+0.1-0.7)×3.4+0.6×(3.4-0.4×2))×2×2			
	定额	5-1-39 换	C30 无斜梁 直形楼梯 板厚 100mm	水平投影面积	同清单量	7.83	10m²	
	清单	011702024	楼梯 1. 现浇混凝土模板 楼梯 直形 复合模板钢支撑； 2. 工作内容：模板及支撑制作、安装、拆除、堆放、运输及清理模板内杂物、刷隔离剂等	水平投影面积	（踏步段水平投影面积+平台梁水平投影面积+休息平台水平投影面积）×数量	78.32	m²	
					[3.3×3.4+0.2×3.4+(2.4+0.1-0.7)×3.4+0.6×(3.4-0.4×2)]×2×2			
	定额	18-1-110	现浇混凝土模板 楼梯 直形 复合模板钢支撑	水平投影面积	同清单量	7.83	10m²	
6	清单	011106002	瓷砖楼梯面层 1.8~10 厚地砖铺实拍平，水泥浆擦缝； 2.20 厚 1：3 干硬性水泥砂浆； 3. 素水泥浆一道； 4. 钢筋混凝土楼板； 5. 部位：楼梯踏步及休息平台	水平投影面积	（踏步段水平投影面积+平台梁水平投影面积+休息平台水平投影面积）×数量	78.32	m²	楼梯踏步及休息平台面层装修
					[3.3×3.4+0.2×3.4+(2.4+0.1-0.7)×3.4+0.6×(3.4-0.4×2)]×2×2			
	定额	11-3-42	地板砖 楼梯 干硬性水泥砂浆	水平投影面积	同清单量	7.83	10m²	

续表

序号	算量类别	清单编码	项目特征	算量名称	计算公式	工程量	单位	位置
7	清单	011301001	天棚抹灰 1. 3mm 厚 1：2 水泥砂浆抹平； 2. 5mm 厚 1：3 水泥砂浆； 3. 钢筋混凝土板底面清理干净； 4. 部位：楼梯踏步板底、休息平台板底	天棚抹灰面积	楼梯水平投影面积×1.15 78.32×1.15	90.07	m²	楼梯踏步板底、休息平台板底
	定额	13-1-2	混凝土面天棚 水泥砂浆（厚度 5＋3mm）	天棚抹灰面积	同清单量	9.01	10m²	
8	清单	011407002	天棚喷刷涂料 1. 满刮腻子两遍，刷底漆一遍，白色乳胶漆两遍； 2. 部位：楼梯踏步板底、休息平台板底	天棚涂料面积	楼梯水平投影面积×1.15 78.32×1.15	90.07	m²	楼梯踏步板底、休息平台板底
	定额	14-3-9	乳胶漆 室内 天棚面 两遍	天棚涂料面积	同清单量	9.01	10m²	
	定额	14-4-3	满刮调制腻子 天棚抹灰面 两遍	天棚涂料面积	同清单量	9.01	10m²	
9	清单	011108004	水泥砂浆零星项目 1. 9mm 1：3 水泥砂浆＋6mm 1：2 水泥砂浆； 2. 部位：楼梯侧面	楼梯井侧边面积	图示展开面积 ［3.759（踏步斜长）×0.12＋0.3×0.15×0.5×11］×4×2＋0.1×0.1×4×2（梯井处）	5.67	m²	楼梯井侧边抹灰
	定额	12-1-6	水泥砂浆（厚 9＋6mm）零星项目	楼梯井侧边面积	同清单量	0.57	10m²	
10	清单	011105001	120mm 高面砖踢脚板 1. 刷界面剂一道； 2. 9mm 厚 1：3 水泥砂浆； 3. 6mm 厚 1：2 水泥砂浆； 4. 素水泥浆一道； 5. 3～4mm 厚 1：1 水泥砂浆黏结层； 6. 5～7mm 厚面砖，水泥浆擦缝； 7. 部位：踏步段	踢脚面积	（单跑踏步段斜长×0.12＋单个踏步宽×单个踏步高×0.5×单跑踏步数量）×数量 （3.759×0.12＋0.3×0.15×0.5×12）×4×2	5.77	m²	楼梯踏步段踢脚
	定额	11-3-45	地板砖 踢脚板 直线形 水泥砂浆	踢脚面积	同清单量	0.58	10m²	
11	清单	011105001	120mm 高面砖踢脚板 1. 刷界面剂一道； 2. 9mm 厚 1：3 水泥砂浆； 3. 6mm 厚 1：2 水泥砂浆； 4. 素水泥浆一道； 5. 3～4mm 厚 1：1 水泥砂浆黏结层； 6. 5～7mm 厚面砖，水泥浆擦缝； 7. 部位：楼梯平台休息处	踢脚面积	（休息平台处踢脚线长度×0.12）×数量 （3.4＋2.4×2）×0.12×2×2	3.94	m²	楼梯休息平台踢脚

续表

序号	算量类别	清单编码	项目特征	算量名称	计算公式	工程量	单位	位置
11	定额	11-3-45	地板砖 踢脚板 直线形 水泥砂浆	踢脚面积	同清单	0.39	10m²	楼梯休息平台踢脚
12	清单	011503001	1. 扶手材料种类、规格：φ60×2 不锈钢圆管； 2. 横撑材料种类、规格：φ30×1.5 不锈钢圆管； 3. 立撑材料种类、规格：φ20×1.5 不锈钢圆管； 4. 栏杆材料种类、规格：φ40×2 不锈钢圆管； 5. 部位：楼梯栏杆，详见楼梯栏杆详图	扶手中心线长度	楼梯扶手中心线长度 $(3.759×4+0.1×5+1.65)×2$	34.37	m	楼梯栏杆扶手
	定额	15-3-3	不锈钢栏杆 不锈钢扶手	扶手中心线长度	同清单量	3.44	10m	
13	清单	010516002	预埋铁件 1. 钢材种类：预埋铁件； 2. 部位：栏杆	实际重量	单块铁件质量×数量 $0.33×152×0.001$（折算为吨）	0.05	t	楼梯栏杆铁件
	定额	5-4-64	铁件制作	实际重量	同上	3.44	t	
	定额	5-4-65	铁件安装	实际重量	同上	0.05	t	

6.6.4 任务总结

① 在进行楼梯工程量计算时，要注意梯梁、梯柱的计算归属。

② 在《房屋建筑与装饰工程工程量计算规范》(GB 50584—2013) 中规定，整体楼梯（包括直形楼梯、弧形楼梯）的工程量计算规则可按水平投影面积或图示体积计算，具体按哪种规则计算，需结合当地定额组价的规定来选择。

楼梯工程量汇总表见表 6-27。

表 6-27　楼梯工程量计算汇总表

序号	编码	名称	项目特征描述	计量单位	工程量
1	010506001001	直行楼梯	直形楼梯 1. 混凝土种类：预拌； 2. 混凝土强度等级：C30； 3. 类型：一个自然层双跑	m²	78.32
	5-1-39	现浇混凝土 楼梯 直形		10m²	7.83
2	011702024001	楼梯	楼梯 1. 现浇混凝土模板 楼梯 直形 复合模板钢支撑； 2. 工作内容：模板及支撑制作、安装、拆除、堆放、运输及清理模板内杂物、刷隔离剂等	m²	78.32
	18-1-110	现浇混凝土模板 楼梯 直形 复合模板钢支撑		100m²	0.78
3	011106002001	瓷砖楼梯面层	瓷砖楼梯面层 1. 8～10 厚地砖铺实拍平，水泥浆擦缝； 2. 20 厚1：3 干硬性水泥砂浆； 3. 素水泥浆一道； 4. 钢筋混凝土楼板； 5. 部位：楼梯踏步及休息平台	m²	78.32
	11-3-42	地板砖 楼梯 干硬性水泥砂浆		10m²	7.83

序号	编码	名称	项目特征描述	计量单位	工程量
4	011108004001	水泥砂浆零星项目	1. 9mm1：3水泥砂浆＋6mm1：2水泥砂浆； 2. 部位：楼梯侧面	m²	5.67
	12-1-6	水泥砂浆(厚9＋6mm)零星项目		10m²	0.57
5	011105003001	块料踢脚线	1. 踢脚板高度：120mm； 2. 9mm厚1：3水泥砂浆＋6mm厚1：2水泥砂浆； 3. 素水泥浆一道； 4. 部位：休息平台	m²	5.77
	11-3-45	地板砖 踢脚板 直线形 水泥砂浆		100m²	0.06
6	011105003002	块料踢脚线	1. 踢脚板高度：120mm； 2. 9mm厚1：3水泥砂浆＋6mm厚1：2水泥砂浆； 3. 素水泥浆一道； 4. 部位：休息平台	m²	3.94
	11-3-45	地板砖 踢脚板 直线形 水泥砂浆		10m²	0.39
7	011301001001	天棚抹灰	1. 3mm厚1：2水泥砂浆抹平； 2. 5mm厚1：2水泥砂浆打底； 3. 钢筋混凝土板底面清理干净； 4. 部位：楼梯踏步板底、休息平台板底	m²	90.07
	13-3-2	混凝土面天棚 水泥砂浆(厚度5＋3mm)		10m²	9.01
8	011407002001	天棚喷刷涂料	1. 满刮腻子两遍，刷底漆一遍，白色乳胶漆两遍； 2. 部位：楼梯踏步板底、休息平台板底	m²	90.07
	14-3-9	乳胶漆 室内 天棚面 两遍		10m²	9.01
	14-4-3	刮调制腻子 天棚抹灰面 两遍		10m²	
9	011503001001	金属扶手、栏杆、栏板	1. 扶手材料种类、规格：Φ60×2不锈钢圆管； 2. 横撑材料种类、规格：Φ30×1.5不锈钢圆管； 3. 立撑材料种类、规格：Φ20×1.5不锈钢圆管； 4. 栏杆材料种类、规格：Φ40×2不锈钢圆管； 5. 部位：楼梯栏杆	m	34.37
	15-3-3	不锈钢栏杆 不锈钢扶手		10m	3.44
10	010516002001	预埋铁件	1. 钢材种类：预埋铁件； 2. 部位：栏杆	t	0.05
	5-4-64＋ 5-4-65	铁件制作、安装		t	0.05
11	011102003001	块料楼地面	1. 8～10厚地砖铺实拍平，水泥浆擦缝； 2. 20厚1：3干硬性水泥砂浆； 3. 素水泥浆一道； 4. 60厚C15混凝土垫层； 5. 150厚3：7灰土； 6. 素土夯实； 7. 部位：首层楼梯间地面	m²	51.98
	11-3-36	楼地面 干硬性水泥砂浆 周长≤2400mm		10m²	5.20
	2-1-28	现浇混凝土 垫层(楼梯间地面)		10m³	0.31
	2-1-1	3：7灰土垫层 机械振动		10m³	7.75

序号	编码	名称	项目特征描述	计量单位	工程量
12	011102003002	块料楼地面	1. 8～10厚地砖铺实拍平，水泥浆擦缝； 2. 20厚1:3干硬性水泥砂浆； 3. 素水泥浆一道； 4. 钢筋混凝土楼板； 5. 部位：楼梯平台	m²	25.08
	11-3-36	楼地面 干硬性水泥砂浆 周长≤2400mm		10m²	2.51
13	011105003003	块料踢脚板	踢脚线高度：120mm 做法： 1. 刷界面剂一道； 2. 9mm厚1:3水泥砂浆； 3. 6mm厚1:2水泥砂浆； 4. 素水泥浆一道； 5. 3～4mm厚1:1水泥砂浆黏结层； 6. 5～7mm厚面砖，水泥浆擦缝； 部位：走道、宿舍、首层楼梯间	m²	4.97
	11-3-45	地板砖 踢脚板 直线形 水泥砂浆		10m²	0.50
14	011201001001	墙面 一般抹灰	1. 9mm厚1:3水泥砂浆； 2. 6mm厚1:2水泥砂浆抹平； 3. 部位：门厅、走道、宿舍、楼梯间、管理室	m²	431.22
	12-1-4	水泥砂浆(厚9+6mm)混凝土墙(砌块墙)		10m²	43.12
15	011407001001	抹灰 面乳胶漆	1. 清理基层； 2. 满刮腻子两遍； 3. 刷底漆一遍，面漆(乳胶漆)两遍； 4. 部位：门厅、走道、宿舍、楼梯间、管理室墙面	m²	437.40
	14-3-7	室内乳胶漆两遍 墙、柱面 光面		10m²	43.74
	14-4-1	满刮调制腻子 内墙抹灰面 两遍		10m²	43.74
16	011301001001	天棚抹灰	1. 5mm厚1:3水泥砂浆打底； 2. 3mm厚1:2水泥砂浆抹平； 3. 部位：门厅、走道、宿舍、开水房、洗浴室、卫生间、阳台、管理室、楼梯平台	m²	83.00
	13-1-2	混凝土面天棚 水泥砂浆(厚度5+3mm)		10m²	8.30
17	011407002002	天棚喷刷涂料	1. 满刮腻子两遍，刷底漆一遍，白色乳胶漆两遍； 2. 部位：门厅、走道、宿舍、开水房、洗浴室、卫生间、阳台、管理室、楼梯平台	m²	83.00
	14-3-9	乳胶漆 室内 天棚面 两遍		10m²	8.30
	14-4-3	满刮调制腻子 天棚抹灰面 两遍		10m²	8.30

6.7 装饰工程计量实例

6.7.1 阶段任务

根据《BIM 算量一图一练》专用宿舍楼图纸内容，以及 2013 版《清单规范》，完成门厅、管理室、宿舍、阳台、盥洗室、卫生间、走道、洗衣房及开水间等所有室内装修的工程量计算（楼梯间装修除外）。

6.7.2 任务分析

在计算工程量之前，应先进行识图及列项见表 6-28。

表 6-28 列项分析

序号	部位	项目	计算规则	备注
1	楼地面	整体面层	2016《山东省建筑工程消耗量定额》（简称《2016 定额》）第 277 页第 1 条：楼地面找平层和整体面层均按设计图示尺寸以面积计算。计算时应扣除凸出地面构筑物、设备基础、室内铁道、室内地沟等所占面积，不扣除间壁墙及≤0.3m² 的柱、垛、附墙烟囱及孔洞所占面积，门洞、空圈、暖气包槽、壁龛的开口部分亦不增加（间壁墙指墙厚≤120mm 的墙）	清单计算规则同定额
		块料楼地面	《2016 定额》第 277 页第 2 条：楼、地面块料面层，按设计图示尺寸以面积计算。门洞、空圈、暖气包槽和壁龛的开口部分并入相应的工程量内。	清单计算规则同定额
		楼地面防水	《2016 定额》第 219 页第 2 条：楼地面防水、防潮层按设计图示尺寸以主墙间净面积计算，扣除凸出地面的构物、设备基础等所占面积，不扣除间壁墙及单个面积≤0.3m² 柱、垛、烟囱和孔洞所占面积，平面与立面交接处，上翻高度≤300mm 时，按展开面积并入平面工程量内计算；上翻高度＞300mm 时，按立面防水层计算	2013《计算规范》第 64 页： (1) 楼（地）面防水层按设计图示主墙间的净空面积计算。扣除凸出地面构筑物。设备基础等所占面积，不扣除间壁墙和 0.3m² 以内的柱、垛、附墙烟囱及孔洞所占面积。 (2) 楼（地）面防水反边高度 300mm 以内算作地面防水，反边高度大于 300mm 的按墙面防水计算	按建筑工程列项
		地面找平层	同整体面层	—	按装饰工程列项

续表

序号	部位	项目	计算规则				备注
1	楼地面	地面垫层	《2016定额》第29页第1条：地面垫层按室内主墙间净面积乘以设计厚度，以体积计算。计算时应扣除凸出地面的构筑物、设备基础、室内铁道、地沟以及单个面积＞0.3m² 的孔洞、独立柱等所占体积；不扣除间壁墙、附墙烟囱、墙垛以及单个面积≤0.3m² 的孔洞等所占体积，门洞、空圈、暖气壁龛等开口部分也不增加	—			按建筑工程列项
		地面	—	—			
2	踢脚线	水泥砂浆踢脚线	《2016定额》第277页第9条：踢脚线按长度计算工程量。水泥砂浆踢脚线计算长度时，不扣除门洞口的长度，洞口侧壁亦不增加	2013《计算规范》第73页：（1）以 m² 计算，按设计图示长度乘以高度以面积计算。（2）以 m 计算，按延长米计算			
		块料（石材）踢脚线					
3	墙柱面	一般抹灰面	《2016定额》第308页第1、2条：内墙抹灰按设计图示尺寸以面积计算。计算时应扣除门窗洞口和空圈所占的面积，不扣除踢脚板（线）、挂镜线、单个面积≤0.3m² 的空洞以及墙与构件交接处的面积，洞侧壁和顶面不增加面积。墙垛和附墙烟囱侧壁面积与内墙抹灰工程量合并计算。外墙抹灰面积，按设计外墙抹灰的设计图示尺寸以面积计算。计算时应扣除门窗洞口、外墙裙和单个面积＞0.3m² 孔洞所占面积，洞口侧壁面积不另增加。附墙垛、飘窗凸出外墙面增加的抹灰面积并入外墙面工程量内计算	清单计算规则同定额			
		块料墙面	《2016定额》第308页第3条：墙、柱面块料面层工程量按设计图示尺寸以面积计算	2013《计算规范》第79页：按镶贴表面积计算			
4	外立面装修	外墙面白色面砖横贴	同块料墙面	2013《计算规范》第79页：按镶贴表面积计算	外墙面、女儿墙内墙面、压顶做法一致	建筑立面图、屋面层平面图、装修做法表	
		女儿墙内侧装饰					
		压顶抹灰		同上		屋面层平面图、女儿墙节点图	
		空调板装饰	略		—		在"雨篷、空调板"相关章节中计算
		空调板防水			—		

序号	部位	项目	计算规则		备注
4	外立面装修	首层 M-5 处，阳台板底面装饰	略	—	
		挑檐底面装饰	—	屋面层平面图	
		雨篷装饰及防水	略	—	在"雨篷、空调板"相关章节计算
5	天棚面	天棚抹灰	《2016 定额》第 340 页第 1 条：天棚抹灰按设计图示尺寸以水平投影面积计算。不扣除间壁墙、垛、柱、附墙烟囱、检查口和管道所占的面积，带梁天棚、梁两侧抹灰面积并入天棚面积内	清单计算规则同定额	
6	涂料面层	—	《2016 定额》第 360 页：墙、柱、天棚抹灰面油漆、刷涂料按各自抹灰的工程量计算规则计算	2013《计算规范》第 90 页：抹灰面油漆按设计图示尺寸以面积计算	
7	台阶		《2016 定额》第 441 页第 5 条：台阶根据山东省标准图集 2013 系列《建筑标准设计图集》按投影面积以面积计算	2013《计算规范》第 75 页：台阶装饰按设计图示尺寸以台阶（包括最上层踏步边沿加 300mm）水平投影面积计算	首层平面图及节点详图
			《2016 定额》第 277 页第 6 条：台阶面层按设计图示尺寸以台阶（包括最上层踏步边沿加 300mm）水平投影面积计算		
8	栏杆	坡道栏杆	《2016 定额》第 397 页第 3 条：栏板、栏杆、扶手，按长度计算。楼梯斜长部分的栏板、栏杆、扶手，按平台梁与连接梁外沿之间的水平投影长度，乘以系数 1.15 计算	2013《计算规范》第 93 页：按设计图示以扶手中心线长度（包括弯头长度）计算	首层平面图及节点详图
		护窗栏杆			
		楼梯栏杆			

6.7.3　任务实施

装修工程量计算表见表 6-29～表 6-39。

表6-29 首层走道房间装修工程量计算表（参考建施-01、建施-02、建施-04）

首层

构件名称	算量类别	清单编码	项目名称	项目特征	算量名称	位置	计算公式	工程量	单位
走道地面（首层）	清单	011102003	块料楼地面	1. 8~10厚800×800地砖铺实拍平，擦缝；2. 30mm厚1：3干硬性水泥砂浆；3. 60厚C15混凝土垫层；4. 素土夯实；5. 部位：首层走道、宿舍地面	块料地面面积	2轴、13轴与D轴、C轴所围区域	走道净长×走道净宽＋加洞侧壁开口面积 (3.6×11−0.1×2)×(2.4−0.1×2)＋2.5＋0.18	89.36	m²
	定额	1-4-9		素土夯实两遍 机械	素土夯实面积	2轴、13轴与D轴、C轴所围区域	同清单量	8.94	10m²
	定额	11-3-37	楼地面干硬性水泥砂浆 周长≤3200mm		块料地面面积	2轴、13轴与D轴、C轴所围区域	同清单量	8.94	10m²
	定额	2-1-28		现浇C15无筋混凝土垫层	垫层体积	2轴、13轴与D轴、C轴所围区域	走道净长×走道净宽×0.08 (3.6×11−0.1×2)×(2.4−0.1×2)×0.08×0.1	0.69	10m³
走道踢脚（首层）	清单	011105003	块料踢脚线	1. 踢脚线高度：120mm；2. 做法：黏结层3~4mm厚1：1水泥砂浆；3. 5~7mm厚面砖，水泥浆搭缝；4. 部位：走道、宿舍、首层楼梯间	踢脚面积	2轴、13轴与D轴、C轴所围区域	走道踢脚净长−洞口＋洞口侧壁 (3.6×11−0.1×2)×2＋(2.4−0.1×2)×2−(1.0×19＋1.5×4＋1.8×1)＋0.1×48	61.20	m²
	定额	11-3-45	地板砖踢脚板直线形 水泥砂浆		踢脚面积	2轴、13轴与D轴、C轴所围区域	同清单量	6.12	10m²

续表

构件名称	算量类别	清单编码	项目名称	项目特征	算量名称	位置	计算公式	工程量	单位
走道内墙面（首层）	清单	011201001	墙面一般抹灰	1. 9mm 厚 1:3 水泥砂浆；2. 6mm 厚 1:2 水泥砂浆抹平；3. 部位：门厅、走道、宿舍、楼梯间、管理室	墙面抹灰面积	2/C-D 13/C-D	走道净长×（层高－板厚）×数量－门所占面积	220.64	m²
						13/C-D	2.2×3.5×2－1.5×2.1×2	9.10	
						C/2-13 D/2-13	走道净长×（层高－板厚）×数量－门所占面积（3.6×11－0.1×2）×2×3.5－4.05×2－2.7×2×19－4.86	211.54	
	定额	12-1-4	水泥砂浆（厚 9+6mm）混凝土墙（砌块墙）		墙面抹灰面积	2/C-D 13/C-D C/2-13 D/2-13	同清单汇总量	22.06	10m²
	清单	011407001	墙面喷刷涂料	1. 清理基层；2. 满刮腻子两遍；3. 刷底漆一遍、面漆（乳胶漆）两遍；4. 部位：门厅、走道、宿舍、楼梯间、管理室墙面	墙面涂料面积	2/C-D 13/C-D	抹灰面积＋洞口侧壁－垂直梁头所占面积	234.79	m²
						13/C-D	9.1+（1.5+2.1×2）×0.1×2	10.24	
						C/2-13 D/2-13	211.54＋（1.0+2.7×2）×0.1×19+（1.5+2.7×2）×0.1×2+（1.8+2.7×2）×0.1×1－0.25×0.5×5×2	224.55	
	定额	14-3-7	室内乳胶漆两墙、柱面光面		墙面涂料面积	2/C-D 13/C-D C/2-13 D/2-13	同清单汇总量	23.48	10m²

续表

构件名称	算量类别	清单编码	项目名称	项目特征	算量名称	位置	计算公式	工程量	单位
走道内墙面（首层）	定额	14-4-1	满刮调制腻子内墙抹灰面两遍		墙面涂料面积	2/C-D 13/C-D C/2-13 D/2-13	同清单汇总量	23.48	10m²
	清单	011301001	天棚抹灰	1. 3mm厚1：2水泥砂浆抹平； 2. 5mm厚1：3水泥砂浆打底； 3. 钢筋混凝土板底面清理干净； 4. 部位：门厅、走道、宿舍、卫生间、阳台、管理室、洗浴室、楼梯平台	天棚抹灰面积	—	走道净长×走道净宽＋悬空梁外露面积－悬空梁所占面积 $(3.6×11－0.1×2)×(2.4－0.1×2)＋0.5×2.2×2×5＋2.2×0.25×5－0.25×2.2×5$	97.68	m²
	定额	13-1-2	混凝土天面天棚水泥砂浆（厚度5＋3mm）		天棚抹灰面积	—	同清单工程量	9.77	10m²
走道天棚（首层）	清单	011407002	天棚喷刷涂料	1. 基层类型：抹灰面； 2. 腻子种类：满刮石膏腻子； 3. 刮腻子遍数：两遍； 4. 油漆品种、刷漆遍数：乳胶漆两遍； 5. 部位：天棚	天棚喷涂料面积	—	走道净长×走道净宽＋悬空梁外露面积－悬空梁所占面积 $(3.6×11－0.1×2)×(2.4－0.1×2)＋0.5×2.2×2×5＋2.2×0.25×5－0.25×2.2×5$	97.68	m³
	定额	14-3-9	乳胶漆室内天棚面两遍		天棚喷涂料面积	—	同清单工程量	9.77	10m²
	定额	14-4-3	满刮调制腻子天棚抹灰面两遍		天棚抹涂料面积	—	同清单工程量	9.77	10m²

表6-30 首层宿舍(以首层1个房间为例)装修工程量计算表(参考建施-01、建施-02、建施-04)

首层

构件名称	算量类别	清单编码	项目名称	项目特征	算量名称	位置	计算公式	工程量	单位
宿舍地面(首层)	清单	011102003	块料楼地面	1. 8~10厚800×800地砖铺实拍平，擦缝；2. 30mm厚1：3干硬性水泥砂浆；3. 60厚C15混凝土垫层；4. 素土夯实；5. 部位：首层走道、宿舍地面	块料地面积	2轴、3轴与C轴、B轴围区域	(房间净长×房间净宽+加门侧壁开口面积)×数量 [(3.6-0.2)×(5.4-0.2)+0.275]×1	17.96	m²
	定额	11-3-37	楼地面干硬性水泥砂浆 周长≤3200mm		块料地面积	2轴、3轴与C轴、B轴围区域	同上	1.80	10m²
	定额	1-4-9	素土夯实两遍机械		素土夯实面积	2轴、3轴与C轴、B轴围区域	同上	1.80	10m²
	定额	2-1-28	现浇C15无筋混凝土垫层		垫层体积	2轴、3轴与C轴、B轴围区域	房间净长×房间净宽×垫层厚×数量 (3.6-0.2)×(5.4-0.2)×0.06×1	0.11	10m³
宿舍踢脚(首层)	清单	011105003	块料踢脚线	1. 踢脚线高度：120mm；2. 做法：水泥砂浆 粘结层3~4mm厚1：1水泥砂浆；3. 5~7mm厚面砖，水泥浆擦缝；4. 部位：走道、宿舍、首层楼梯间	踢脚线长度	2轴、3轴与C轴、B轴围区域	房间踢脚净长×数量-洞口洞口侧壁 (3.6-0.2)×2+(5.4-0.2)×2-1.0-1.75+0.1×4	14.85	m²
	定额	11-3-45	地板砖踢脚板直线形水泥砂浆		踢脚线长度	2轴、3轴与C轴、B轴围区域	同上	1.49	10m²

续表

构件名称	算量类别	清单编码	项目名称	项目特征	算量名称	位置	计算公式	工程量	单位
宿舍内墙面（首层）	清单	011201001	墙面一般抹灰	1. 9mm厚1：3水泥砂浆； 2. 6mm厚1：2水泥砂浆抹平； 3. 部位：门厅、走道、宿舍、楼梯间、管理室	墙面抹灰面积	2/C-B	房间净长×（层高－板厚）	18.20	
						C/2-3	（5.4－0.2）×（3.6－0.1）露面积－门所占面积	9.18	（52.73）m²
							（3.6－0.1－0.275）×（3.6－0.1）+0.175×（3.6－0.1）－1.0×2.7－0.05×0.5		
						3/C-B	房间净长×（层高－板厚）＋柱外露面积	18.18	
							（5.4－0.1－.5）×（3.6－0.1）+0.4×（3.6－0.1）－0.05×0.5		
						B/2-3	房间净长×（层高－板厚）－门所占面积	7.18	
							（3.6－0.2）×（3.6－0.1）－4.725		
	定额	12-1-4	墙面抹灰 混凝土（砌体）墙抹灰内墙（9+6）mm		墙面抹灰面积	2/C-B C/2-3 3/C-B B/2-3	同清单汇总	5.27	10m²
	清单	011407001	墙面喷刷涂料	1. 清理基层； 2. 满刮腻子两遍； 3. 刷底漆一遍、面漆（乳胶漆）两遍； 4. 部位：门厅、走道、宿舍、楼梯间、管理室墙面	墙面涂料面积	2/C-B C/2-3 3/C-B B/2-3	抹灰面积＋洞口侧壁 52.73＋（1＋2.7×2＋1.75＋2.7×2）×0.1	54.09	m²

续表

构件名称	算量类别	清单编码	项目名称	项目特征	算量名称	位置	计算公式	工程量	单位
宿舍内墙面（首层）	定额	14-3-7	室内乳胶漆两遍 墙、柱面 光面		墙面涂料面积	同上	同清单工程量	0.53	10m²
	定额	14-4-1	满刮调制腻子 内墙抹面 两遍		墙面涂料面积	同上	同清单工程量	5.41	10m²
	清单	011301001	天棚抹灰	1. 3mm 厚 1∶2 水泥砂浆抹平； 2. 5mm 厚 1∶3 水泥砂浆打底； 3. 部位：门厅、走道、宿舍、开水房、洗浴室、卫生间、阳台、管理室、楼梯平台	天棚抹灰面积	2 轴、3 轴与 B 轴、C 轴所围区域	房间净长×房间净宽×数量 (5.4−0.2)×(3.6−0.2)×1	17.68	m²
宿舍天棚（首层）	定额	13-1-2	天棚抹灰 混凝土天棚 水泥砂浆(5+3mm)		天棚抹灰面积	同上	同清单工程量	1.77	10m²
	清单	011407002	天棚喷刷涂料	1. 基层类型：抹灰面； 2. 腻子种类：满刮石膏腻子； 3. 刮腻子遍数：两遍； 4. 油漆品种、刷漆遍数：乳胶漆两遍； 5. 部位：天棚	天棚涂料面积	2 轴、3 轴与 B 轴、C 轴所围区域	房间净长×房间净宽×数量 (5.4−0.2)×(3.6−0.2)×1	17.68	m²
	定额	14-3-9	乳胶漆室内 天棚面 两遍		天棚涂料面积	同上	同清单工程量	1.77	10m²
	定额	14-4-3	满刮调制腻子 天棚抹灰面 两遍		天棚涂料面积	同上	同清单工程量	1.77	10m²

表 6-31　首层门厅房间装修工程量计算表（参考建施-01、建施-03、装修做法表）

构件名称	算量类别	清单编码	项目名称	项目特征	算量名称	位置	计算公式	工程量	单位
门厅地面	清单	011102001	石材楼地面	1. 花岗岩地面； 2. 具体做法如下： （1）20厚 800×800 花岗石板铺实拍平、擦缝； （2）30mm厚 1：3 干硬性水泥砂浆； （3）60厚 C15 混凝土垫层； （4）素土夯实； 3. 部位：门厅	块料地面面积	门厅处	[（房间净长）×（房间净宽）+（门开口面积）]×数量 $(3.4×5.2+3.15×2.4+3.3×0.2+1.5×0.1+1.0×0.1)×2$	52.30	m²
	定额	11-3-5	石材块料楼地面干硬性水泥砂浆不分色		块料地面面积	门厅处	同清单工程量	5.23	10m²
	定额	1-4-9	素土夯实两遍机械		素土夯实面积	门厅处	同清单工程量	5.23	10m³
	定额	2-1-28	C15 现浇混凝土垫层		垫层体积	门厅处	$(3.4×5.2+3.15×2.4)×0.06×2$	0.30	10m³
门厅踢脚线	清单	011105002	石材踢脚线	1. 踢脚线高度：120mm； 2. 黏结层：3～4mm厚 1：1 水泥砂浆； 3. 部位：门厅	踢脚线面积	E/1-2, E/13-14	（房间净长-门宽+门侧壁×厚度）×数量 $(3.4-3.3+0.1×2)×2×0.12$	0.07	4.05m²
						C/1-2, C/13-14	（房间净长-门宽+门侧壁）×数量×0.12 $(3.15-1.0+0.1×2)×2×0.12$	0.56	
						1/C-E, 14/C-E	房间净长×数量×高度 $(4.9+0.3+0.5+0.05+2.2)×2×0.12$	1.91	
						2/C-E, 13/C-E	（房间净长-门宽+门侧壁）×数量×高度 $(5.4+2.4-1.5+0.1×2)×2×0.12$	1.51	
	定额	11-3-20	石材块料踢脚板直线形水泥砂浆		踢脚线面积	门厅处	同清单汇总量	0.41	10m²

续表

构件名称	算量类别	清单编码	项目名称	项目特征	算量名称	位置	计算公式	工程量	单位
门厅墙面	清单	011201001	墙面一般抹灰	1. 9mm厚1:3水泥砂浆; 2. 6mm厚1:2水泥砂浆抹平; 3. 部位:门厅、走道、宿舍、楼梯间、管理室	墙面抹灰面积	E/1-2,E/13-14	[房间净长×(层高-板厚)-门洞口面积]×数量; [3.4×(3.6-0.1)-3.3×2.7]×2	5.98	(110.84) m²
						C/1-2,C/13-14	[房间净长×(层高-板厚)-门洞口面积]×数量; [3.15×(3.6-0.1)-1×2.1-1.2×1.8]×2	13.53	
						1/C-E,14/C-E	[房间净长×(层高-板厚)-窗洞口面积]×数量; [(4.9+0.3+0.5+0.05+2.2)×(3.6-0.1)-2.2×2.55]×2	44.43	
						2/C-E,13/C-E	[房间净长×(层高-板厚)-门洞口面积]×数量; [(5.4+2.4-0.2)×(3.6-0.1)-1.5×2.1]×2	46.90	
	定额	12-1-4	墙面抹灰混凝土(砌体)墙抹灰 内墙(9+6)mm		墙面抹灰面积	门厅处	同清单汇总量	11.08	10m²
	清单	011407001	墙面喷刷涂料	1. 清理基层; 2. 满刮腻子两遍; 3. 刷底漆一遍、面漆(乳胶漆)两遍; 4. 部位:门厅、走道、宿舍、楼梯间、管理室墙面	墙面涂料面积	同清单	抹灰面积+洞口侧壁 110.84+(3.3+2.7×2)×0.1×2+(1.0+2.1×2)×0.1×2+(1.2+1.8)×2×0.1×2+(2.2+2.55)×2×0.1×2+(1.5+2.1×2)×0.1×2	117.86	m²
	定额	14-3-7	室内乳胶漆两遍 柱面光面		墙面涂料面积	同上	同清单工程量	11.79	10m²
	定额	14-4-1	满刮调制腻子 内墙抹灰面两遍		墙面涂料面积	同上	同清单工程量	11.79	10m²

续表

构件名称	算量类别	清单编码	项目名称	项目特征	算量名称	位置	计算公式	工程量	单位
门厅顶棚	清单	011301001	天棚抹灰	1. 3mm厚1:2水泥砂浆抹平；2. 5mm厚1:3水泥砂浆打底；3. 钢筋混凝土板底面清理干净；4. 部位：门厅、走道、宿舍、开水房、洗浴室、卫生间、阳台、管理室、楼梯平台	天棚抹灰面积	门厅处	（房间净长×房间净宽＋梁侧）×数量	56.68	m²
	定额	13-1-2	天棚抹灰混凝土天棚水泥砂浆(5+3mm)		天棚抹灰面积	门厅处	[5.2×3.4＋3.15×2.4＋(0.5×2)×3.1]×2	5.67	10m²
	清单	011407002	天棚喷刷涂料	1. 满刮腻子两遍、刷底漆一遍、色乳胶漆两遍；2. 部位：门厅、走道、宿舍、开水房、洗浴室、卫生间、阳台、管理室、楼梯平台	天棚涂料面积	门厅处	（房间净长×房间净宽＋梁侧）×数量	56.68	m²
	定额	14-3-9	乳胶漆室内天棚面两遍		天棚涂料面积	门厅处	同清单工程量	5.67	10m²
	定额	14-4-3	满刮调制腻子天棚抹灰面两遍		天棚涂料面积	门厅处	同清单工程量	5.67	10m²

表6-32　首层外墙、独立柱装修工程量计算表（参考建施-02、建施-04、建施-09、建施-10、建施-11）

构件名称	算量类别	清单编码	项目名称	项目特征	算量名称	位置	计算公式	工程量	单位
外墙装饰	清单	011204003	块料墙面	1.5～7mm厚水泥砂浆150×75mm面砖，灰缝5mm，擦缝；	块料墙面	A/1-14	外墙墙面长度×高度－门窗洞口面积＋柱外露面积＋门窗洞口侧壁面积－空调板 (46.8+0.7)×(3.55+0.45)－(1.75×2.85×2）－(1.75+2.85)×2×0.15×13＋(0.6+1.75)×2×0.15×13＋0.15×13＋(0.6+1.75)×0.1×2＋(0.3×13＋0.2×2)×(3.55+0.45)－1.5×0.1×12	149.76	m²
					块料墙面	F/14-1	外墙墙面长度×高度－扣门窗洞口面积＋门窗洞口侧壁面积＋柱外露面积－扣空调板－扣台阶－扣板 (46.8+0.2)×(3.55+0.45)－(1.75×2.85＋0.6×1.75×9＋3.3×2.7×2)＋(1.75+2.85)×2×0.15×9＋(0.6+1.75)×2×0.1×9＋(3.3×2＋2.7)×0.1×2＋(0.3×8＋0.5×2)×(3.55+0.45)－1.5×0.1×16－0.45×3.6×2－(2.4+3.6)×0.1×2	141.11	m²

续表

构件名称	算量类别	清单编码	项目名称	项目特征	算量名称	位置	计算公式	工程量	单位
外墙装饰	清单	011204003	块料墙面	2. 10mm厚聚合物水泥防水砂浆；3. 6mm厚1:2.5水泥找平层；4. 9mm厚1:3水泥砂浆；5. 部位：外墙	块料墙面	1/F-A	外墙墙面长度×高度-门窗洞口面积+门窗洞口侧壁面积+柱外露面积-空调板-台阶 $(16.8+0.7+0.4)×(3.55+0.45)-2.2×2.55+(2.2+2.55)×2×0.1+0.25×3×(3.55+0.45)-2.4×0.45$	68.86	m²
					块料墙面	14/A-F	外墙墙面长度×高度-门窗洞口面积+门窗洞口侧壁面积+柱外露面积-空调板-台阶 $(16.8+0.7+0.4)×(3.55+0.45)-2.2×2.55+(2.2+2.55)×2×0.1+0.25×3×(3.55+0.45)-2.4×0.45$	68.86	m²
	定额	12-2-33	水泥砂浆粘贴瓷质外墙砖 150×75 灰缝宽≤5mm		块料墙面	所有外墙	同清单汇总工程量	42.86	10m²
	定额	9-2-73	聚合物水泥防水砂浆 厚10mm		块料墙面	所有外墙	同清单汇总工程量	42.86	10m²
独立柱装修	清单	011202001	柱、梁面一般抹灰	1. 刷界面剂一道；2. 9mm厚1:3水泥砂浆；3. 6mm厚1:2.5水泥砂浆找平；4. 10mm厚聚合物水泥砂浆防水层；5. 部位：首层台阶处独立柱	柱结构外围面积	F/1、F/14	(长+宽)×2×高×数量 $[(0.5+0.5)×2×(3.55+0.45)-0.3×0.6-0.25×0.6-0.3×0.4-0.25×0.4]×2$	14.90	m²
	定额	12-1-7	柱面抹灰水泥砂浆 厚10mm		柱结构外围面积	F/1、F/14	同清单工程量	1.49	10m²
	定额	9-2-73	聚合物水泥防水砂浆 厚10mm		柱结构外围面积	F/1、F/14	同清单工程量	1.49	10m²
	清单	011407001	墙面喷刷涂料	做法：1. 刷底涂料一遍，刷面层涂料两遍；2. 部位：外墙2(首层台阶处独立柱)	柱结构外围面积	F/1、F/14	同柱抹灰面积	14.90	m²
	定额	14-3-15	室外乳胶漆两遍墙、柱面 光面		柱围面积外	F/1、F/-4	同清单工程量	1.49	10m²

表6-33　阳台护窗栏杆工程量计算表（参考建施-06）

首层

构件名称	算量类别	清单编码	项目名称	项目特征	算量名称	计算公式	工程量	单位
阳台护窗栏杆	清单	011503001	金属扶手、栏杆、栏板	1. 扶手材料种类、规格：50×50×2 不锈钢管； 2. 栏杆材料种类、规格：30×30×2 不锈钢管； 3. 部位：护窗栏杆	扶手中心线长度	栏杆扶手中心线长×数量 1.75×22	38.5	m
	定额	15-3-3	不锈钢管扶手不锈钢栏杆		扶手中心线长度	同上	3.85	10m

表6-34　空调栏杆工程量计算表（参考建施-06）

首层

构件名称	算量类别	清单编码	项目名称	项目特征	算量名称	计算公式	工程量	单位
空调栏杆	清单	011503001	金属扶手、栏杆、栏板	1. 扶手材料种类、规格：50×50×2 不锈钢管； 2. 栏杆材料种类、规格：30×30×2 不锈钢管； 3. 部位：护窗栏杆	扶手中心线长度	栏杆扶手中心线长×数量 （1.4＋0.65×2）×10	27	m
	定额	15-3-3	不锈钢管扶手不锈钢栏杆		扶手中心线长度	同上	2.7	10m

表6-35　坡道栏杆工程量计算表（参考建施-07）

首层

构件名称	算量类别	清单编码	项目名称	项目特征	算量名称	计算公式	工程量	单位
坡道栏杆	清单	011503001	金属扶手、栏杆、栏板	1. 扶手材料种类、规格：50×50×2不锈钢管； 2. 栏杆材料种类、规格：30×30×2不锈钢管； 3. 部位：护窗栏杆	扶手中心线长度	栏杆扶手中心线长×数量 （7.442＋1.262＋5.77＋0.3）×1	14.774	m
	定额	15-3-3	不锈钢管扶手不锈钢栏杆		扶手中心线长度	同上	1.4774	10m

表 6-36　屋面层外墙装修工程量计算表(参考建施-02、建施-04、建施-09、建施-10、建施-11)

构件名称	算量类别	清单编码	项目特征	算量名称	位置	计算公式	工程量	单位
外墙装饰	清单	011204003	块料墙面 1. 5~7mm 厚水泥砂浆 150×75mm 面砖,灰缝 5mm,擦缝; 2. 10mm 厚聚合物水泥防水砂浆; 3. 6mm 厚 1:2.5 水泥找平层; 4. 9mm 厚 1:3 水泥砂浆; 5. 部位:外墙	块料墙面	女儿墙外侧	外墙墙面长度×高度 (46.8 + 0.7 + (16.8+0.6+0.8)×2+3.85×2+32.2)×1.5	185.7	(390.04) m²
					楼梯间外墙(D/12-13、D/2-3)	(外墙墙面长度×高度-门窗洞口面积+门窗洞口侧壁面积+柱外露面积-空调板)×个数 [3.8×4.5)-1.5×2.2+(2.2×2+1.5)×0.1-2.1×0.1]×2	28.36	
					楼梯间外墙(12/D-F、13/D-F、2/D-F、3/D-F)	(外墙墙面长度×高度-门窗洞口面积+门窗洞口侧壁面积+柱外露面积-空调板)×数量 8×4.5×4-0.2×1.5×2×2	144	
					楼梯间外墙(F/12-13、F/2-3 向外 600)	外墙墙面长度×高度 [3.8×4.5-1.35×1.2+(1.35+1.2)×2×0.1]×2	31.98	
	定额	12-2-33	水泥砂浆粘贴瓷质外墙砖 150×75 灰缝宽≤5mm	块料墙面	以上合计	同清单汇总	39.004	10m²
	定额	9-2-73	聚合物水泥防水砂浆 厚10mm	块料墙面	以上合计	同清单汇总	39.004	10m²
	清单	011201001	1. 刷界面剂一道; 2. 9mm 厚 1:3 水泥砂浆; 3. 6mm 厚 1:2.5 水泥砂浆找平; 4. 10mm 厚聚合物水泥砂浆防水层; 5. 部位:外墙2(女儿墙内侧)	墙面抹灰	女儿墙内侧	外墙墙面长度×高度 [46.8 + 0.3 + (16.8+0.4+0.6)×2+3.65×2+32.2]×1.5+(7.6+3.4)×2×0.9×2	222.9	m²

构件名称	算量类别	清单编码	项目特征	算量名称	位置	计算公式	工程量	单位
外墙装饰	定额	12-1-4	水泥砂浆（厚9＋6mm）混凝土墙（砌块墙）	墙面抹灰	同上	同清单工程量	22.29	10m²
	定额	9-2-73	聚合物水泥防水砂浆 厚10mm	墙面抹灰	同上	同清单工程量	22.29	10m²
	清单	011407001	抹灰面油漆 1. 做法：刷底涂料一遍，刷面层涂料两遍； 2. 部位：外墙2（女儿墙内侧）	墙面涂料	女儿墙内侧	外墙墙面长度×高度 $[46.8＋0.3＋(16.8＋0.4＋0.6)×2＋3.65×2＋32.2]×1.5＋(7.6＋3.4)×2×0.9×2$	222.29	m²
	定额	14-3-15	室外乳胶漆两遍墙、柱面 光面	墙面抹灰	同上	同清单工程量	22.29	10m²

表 6-37　坡道工程量计算表（参考建施-04、建施-11）

构件名称	算量类别	清单编码	项目名称	项目特征	算量名称	计算公式	工程量	单位
坡道	清单	010507001	坡道	1. 20mm 厚1：2水泥砂浆抹面压光，15宽金刚砂防滑条； 2. 60mm 厚 C15 混凝土； 3. 300厚3：7灰土； 4. 素土夯实	坡道面层面积	坡道宽度×坡道长度 $1.2×7.43＋0.35×1.6$	9.476	m²
	定额	16-6-84	水泥砂浆金刚砂防滑条坡道3：7灰土垫层 混凝土60厚		坡道面层面积	同上	0.09476	100m²

表 6-38　散水工程量计算表（参考建施-04、建施-11）

构件名称	算量类别	清单编码	项目名称	项目特征	算量名称	计算公式	工程量	单位
散水	清单	010507001	散水	1. 60厚 C15 混凝土面层，水泥砂浆随打随抹光； 2. 150 厚 3：7灰土垫层； 3. 素土夯实，向外坡4%； 4. 沥青砂浆灌缝	散水面层面积	（外墙中心线长度－7、8轴中心线长度＋伸缩缝宽×2＋8×外墙中心线到散水中心线距离－台阶宽度×2个台阶）×散水宽度 $(4.7＋30.4＋4.1＋19.2＋48.8＋10.7－2)×0.9$	104.31	m²
	定额	16-6-80	混凝土散水3：7灰土垫层		散水面层面积	同上	1.0431	100m²

表 6-39　台阶工程量计算表(参考建施-04、建施-13)

构件名称	算量类别	清单编码	项目名称	项目特征	算量名称	计算公式	工程量	单位
台阶踏步	清单	010507004	台阶	1. 混凝土种类：商品混凝土； 2. 混凝土强度等级：C15(20)	台阶踏步水平投影面积	［(台阶宽)×(台阶长)］×数量 (0.6 + 0.3)×3.85+(0.6+0.3)×3 + (0.6 + 0.3)×(3.6 − 0.3) − 0.6×0.3	8.96	m²
	定额	5-1-52 换	现浇混凝土 台阶 换为【预拌混凝土 C15】		台阶踏步水平投影面积	同上	0.90	10m²
	清单	011702027	台阶	1. 现浇混凝土模板 台阶 复合模板木支撑； 2. 工作内容：模板及支撑制作、安装、拆除、堆放、运输及清理模板内杂物、刷隔离剂等	台阶踏步水平投影面积	同台阶混凝土工程量，按水平投影面积计算	8.96	m²
	定额	18-1-115	现浇混凝土模板 台阶 木模板木支撑		台阶踏步水平投影面积	8.96	0.90	10m³
	清单	011107004	水泥砂浆台阶面	1. 20mm 厚 1：2 水泥砂浆抹面压光； 2. 60 厚 C15 混凝土，台阶面向外坡1%(结构单列计算)； 3. 300 厚 3：7 灰土垫层； 4. 素土夯实	台阶踏步水平投影面积	［(台阶宽)×(台阶长)］×数量 (0.6+0.3)×3.85 + (0.6 + 0.3)×3 + (0.6+0.3)×(3.6 − 0.3)−0.6×0.3	8.96	m²
	定额	11-2-3	台阶装饰 水泥砂浆 20mm		台阶踏步水平投影面积	同清单工程量	0.09	100m²
		2-1-1	垫层 灰土 机械振动		台阶踏步水平投影面积×0.3	8.96×0.3	0.27	10m³
		1-4-9	原土夯实二遍 机械		台阶踏步水平投影面积	同清单工程量	0.90	10m²
台阶平台	清单	011101001	水泥砂浆楼地面(台阶平台)	1. 20mm 厚 1：2 水泥砂浆抹面压光； 2. 60 厚 C15 混凝土找平； 3. 300 厚 3：7 灰土垫层； 4. 素土夯实； 5. 部位：台阶平台处	台阶平台水平投影面积	［(台阶平台宽)×(台阶平台长)］×数量 3.85 × (2.4 − 0.3)+(2.5−0.3)×(3−0.3)−0.5×0.5	13.78	m²
	定额	11-2-3	台阶装饰 水泥砂浆 20mm		台阶踏步水平投影面积	同清单工程量	1.38	10m²
		2-1-1	垫层 灰土 机械振动		台阶踏步水平投影面积×0.3	13.78×0.3	0.41	10m³
		1-4-9	原土夯实两遍 机械		台阶踏步水平投影面积	同清单工程量	1.38	10m²

6.7.4 任务总结

室内装修的工程量计算大多数为面积计算，因此在看懂图纸所示的装修位置之后，计算本身没有太多难度，但要想计算准确，需要注意以下两点。

① 工程量列项：同大多数构造做法相同，图纸中对于装修的设计均以各种详细的施工做法、步骤展现，而在进行组价时，定额子目中关于工作内容、材料明细表中是否与图纸做法吻合，直接关系到套取定额子目的数量、子目换算等因素，因此图纸做法与定额的结合性直接关系到造价的准确，其最直观的表现就是工程量列项的数量。

② 计算规则细节理解：在进行工程量计算规则分析时，不难发现，在计算规则中对计算的规则常常与我们理解的施工工程量不同。

例如，在《山东省建筑工程消耗量定额》（SD01-31-2016）（楼地面工程）第一条关于楼地面和块实面层计算规则中描述"楼地面整体和块料面层按设计图示尺寸以面积计算。扣除凸出地面构筑物、设备基础、室内铁道、地沟等所占面积，不扣除间壁墙和 $0.3m^2$ 以内的柱、垛、附墙烟囱及孔洞所占面积。门洞、空圈、暖气包槽、壁龛的开口部分不增加面积"。

以上例子中，出现了"不扣除…，不增加…"的描述，这种细节常常与常规的理解不同，因此诸如此类细节方面的规定将是决定工程量计算准确度的关键。

6.8 雨篷、空调板工程计量实例

6.8.1 阶段任务

根据《BIM 算量一图一练》专用宿舍楼案例图纸内容，以及 2013 版《建设工程工程量清单计价规范》《山东省建筑工程消耗量定额》（SD01-31-2016）的规定，完成雨篷、空调板构造做法的工程量计算。

6.8.2 任务分析

雨篷、空调板分析见表 6-40。

表 6-40 雨篷、空调板分析

序号	位置	挑出外墙皮长度	防水及保温、装修	识图	备注
1	屋顶标高 7.2m 处	1.1m	详建施说明、装修表、节点	屋顶平面图、结施-10 节点 1	共 2 处
2	首层空调板	0.65m		首层建筑平面图、建施-10 节点 6	共 10 处
3	二层空调板	0.65m		二层建筑平面图、建施-10 节点 6	共 10 处

注：排水系统在"其他"章节中计算。

6.8.3 任务实施

雨篷装饰抹灰工程量计算表见表 6-41。

表 6-41 雨篷装饰抹灰工程量计算表

构件名称	算量类别	清单编码	项目名称	项目特征	算量名称	位置	计算公式	工程量	单位
雨篷下表面及侧边装饰	清单	011301001001	天棚抹灰	1. 3mm 厚 1:2 水泥砂浆抹平；2. 5mm 厚 1:3 水泥砂浆打底；3. 部位：顶层雨篷板下表面及侧面	雨篷板底面积+侧边面积	顶层楼梯间雨篷	顶层雨篷底面面积+侧边面积；$2.1 \times 1 \times 2 + (2.1 + 1 \times 2) \times 0.1 \times 2$	5.02	m²
	定额	13-1-2	天棚抹混凝土天棚 水泥砂浆（5+3mm）		雨篷板底+侧边面积	同上	同清单工程量	0.50	10m²
	清单	011407002001	天棚喷涂涂料	1. 具体做法：（1）白色乳胶漆涂料；（2）满刮腻子两遍，刷底漆两遍，乳胶漆两遍。2. 部位：雨篷板下表面及侧面及侧漆面油漆	雨篷板底面积+侧边面积	顶层楼梯间雨篷	顶层雨篷底面面积+侧边面积；$2.1 \times 1 \times 2 + (2.1 + 1 \times 2) \times 0.1 \times 2$	5.02	m²
	定额	14-4-3	满刮调制腻子天棚抹灰面两遍		雨篷板底面积+侧边面积	同上	同清单工程量	0.50	10m²
	定额	14-3-9	室内乳胶漆两遍天棚		雨篷板底面积+侧边面积	同上	同清单工程量	0.50	10m²
	清单	011203001001	零星项目一般抹灰	1. 3mm 厚 1:2 水泥砂浆抹平；2. 5mm 厚 1:3 水泥砂浆打底，刷底漆；3. 部位：空调板下表面及侧面	空调板上下面及侧边	空调板上下面及侧边	空调板上下面面积+侧边面积	44.60	m²
	定额	12-1-6 换（12-1-16×-3、12-1-16×-4）	水泥砂浆（厚 9+6mm）零星项目 水泥抹灰砂浆 1:2 实际厚度（mm）:3 1:3 实际厚度（mm）:5		空调板上下面及侧边	空调板上下面及侧边	$1.5 \times 0.65 \times 2 \times 20 + (1.5 + 0.65 \times 2) \times 0.1 \times 20$	4.46	10m²
	清单	011407002002	天棚喷涂涂料	1. 具体做法：（1）白色乳胶漆涂料；（2）满刮腻子两遍，乳胶漆一遍。2. 部位：空调板上下表面及侧面	空调板上下面及侧边	空调板上下面及侧边	空调板上面面积+侧边面积；$1.5 \times 0.65 \times 2 \times 20 + (1.5 + 0.65 \times 2) \times 0.1 \times 20$	44.60	m²
	定额	14-4-3	满刮调制腻子天棚抹灰面两遍		空调板上下面及侧边	空调板上下面及侧边	同清单工程量	4.46	10m²
	定额	14-3-9	室内乳胶漆两遍天棚		空调板上下面及侧边	空调板上下面及侧边	同清单工程量	4.46	10m²

6.8.4 任务总结

① 雨篷及空调板的结构、模板、防水在其他章节中介绍，本章节仅介绍其装修做法。

② 雨篷、空调板抹灰工程量需结合建施说明及节点详图列项计算。

楼地面、墙柱面、天棚、油漆、涂料、裱糊，其他装饰工程工程量汇总表见表6-42～表6-44。

表6-42 天棚工程工程量汇总表

序号	算量类别	清单/定额编号	项目名称	项目特征	单位	工程量
1	清单	011301001001	天棚抹灰	1. 3mm厚1∶2水泥砂浆抹平； 2. 5mm厚1∶3水泥砂浆打底； 3. 部位：挑檐底部、二层阳台底部	m²	89.12
	定额	13-1-2		混凝土面天棚 水泥砂浆（厚度5+3mm）	10m²	8.91
2	清单	011301001002	天棚抹灰	1. 3mm厚1∶2水泥砂浆抹平； 2. 5m厚1∶3水泥砂浆打底； 3. 钢筋混凝土板底面清理干净； 4. 部位：门厅、走道、宿舍、开水房、洗浴室、卫生间、阳台、管理室、楼梯平台	m²	1418.01
	定额	13-1-2		混凝土面天棚 水泥砂浆（厚度5+3mm）	10m²	141.80
3	清单	011301001003	天棚抹灰	1. 3mm厚1∶2水泥砂浆抹平； 2. 5mm厚1∶3水泥砂浆打底； 3. 部位：顶层雨篷板下表面及侧面	m²	5.02
	定额	13-1-2		混凝土面天棚 水泥砂浆（厚度5+3mm）	10m²	0.50
4	清单	011301001004	天棚抹灰	1. 3mm厚1∶2水泥砂浆抹平； 2. 5mm厚1∶3水泥砂浆打底； 3. 钢筋混凝土板底面清理干净； 4. 部位：楼梯踏步板底、休息平台板底	m²	90.07
	定额	13-1-2		混凝土面天棚 水泥砂浆（厚度5+3mm）	10m²	9.01

表6-43 油漆、涂料、裱糊工程工程量汇总表

序号	算量类别	清单/定额编号	项目名称	项目特征	单位	工程量
1	清单	011405001001	金属面油漆	1. 部位：方钢栏杆、空调格栅； 2. 油漆品种、刷漆遍数：外喷调和漆两道	m²	200.79
	定额	14-2-1		金属面 调和漆两遍	10m²	20.08
2	清单	011407002001	天棚喷刷涂料	1. 具体做法： （1）白色乳胶漆涂料； （2）满刮腻子两遍，刷底漆一遍，乳胶漆两遍。 2. 部位：空调板上下表面及侧面	m²	44.60
	定额	14-3-17		室外乳胶漆两遍 零星项目	10m²	4.46
	定额	14-4-3		满刮调制腻子 天棚抹灰面两遍	10m²	4.46
3	清单	011407002002	天棚喷刷涂料	1. 具体做法： （1）白色乳胶漆涂料； （2）满刮腻子两遍，刷底漆一遍，乳胶漆两遍。 2. 部位：挑檐底部、二层阳台底部	m²	89.12
	定额	14-3-17		室外乳胶漆两遍 零星项目	10m²	8.91
	定额	14-4-3		满刮调制腻子 天棚抹灰面 两遍	10m²	8.91

序号	算量类别	清单/定额编号	项目名称	项目特征	单位	工程量
4	清单	011407001001	墙面喷刷涂料	1. 清理基层； 2. 满刮腻子两遍； 3. 刷底漆一遍，面漆（乳胶漆）两遍； 4. 部位：门厅、走道、宿舍、楼梯间、管理室墙面	m²	3406.05
	定额	14-3-7		室内乳胶漆两遍 墙、柱面 光面	10m²	340.61
	定额	14-4-1		满刮调制腻子 内墙抹灰面 两遍	10m²	340.61
5	清单	011407001002	墙面喷刷涂料	1. 做法：清理基层，刷底漆一遍，面漆（乳胶漆）两遍； 2. 部位：外墙2（女儿墙内侧）	m²	222.90
	定额	14-3-15		室外乳胶漆两遍 墙、柱面 光面	10m²	22.29
6	清单	011407001003	墙面喷刷涂料	1. 做法：刷底涂料一遍，刷面层涂料两遍； 2. 部位：外墙2（首层台阶处独立柱）	m²	14.90
	定额	14-3-15		室外乳胶漆两遍 墙、柱面 光面	10m²	1.49
7	清单	011407002003	天棚喷刷涂料	1. 具体做法： (1) 白色乳胶漆涂料； (2) 满刮腻子两遍，刷底漆一遍，乳胶漆两遍。 2. 部位：雨篷板下表面及侧面油漆	m²	5.02
	定额	14-3-17		室外乳胶漆两遍 零星项目	10m²	0.50
	定额	14-4-3		满刮调制腻子 天棚抹灰面 两遍	10m²	0.50
8	清单	011407002004	天棚喷刷涂料	1. 满刮腻子两遍，刷底漆一遍，白色乳胶漆两遍； 2. 部位：门厅、走道、宿舍、开水房、洗浴室、卫生间、阳台、管理室、楼梯平台	m²	1418.01
	定额	14-3-9		室内乳胶漆两遍 天棚	10m²	141.80
	定额	14-4-3		满刮调制腻子 天棚抹灰面 两遍	10m²	141.80
9	清单	011407002005	天棚喷刷涂料	1. 满刮腻子两遍，刷底漆一遍，白色乳胶漆两遍； 2. 部位：楼梯踏步板底、休息平台板底	m²	90.07
	定额	14-3-9		室内乳胶漆两遍 天棚	10m²	9.01
	定额	14-4-3		满刮调制腻子 天棚抹灰面 两遍	10m²	9.01

表6-44　其他装饰工程工程量汇总表

序号	算量类别	清单/定额编号	项目名称	项目特征	单位	工程量
1	清单	011503001001	金属扶手、栏杆、栏板	1. 扶手材料种类、规格：Φ60×2 不锈钢圆管； 2. 横撑材料种类、规格：Φ30×1.5 不锈钢圆管； 3. 立撑材料种类、规格：Φ20×1.5 不锈钢圆管； 4. 栏杆材料种类、规格：Φ40×2 不锈钢圆管； 5. 部位：楼梯栏杆	m	34.37
	定额	15-3-4		不锈钢管栏杆（带扶手）直形	10m	3.437

续表

序号	算量类别	清单/定额编号	项目名称	项目特征	单位	工程量
2	清单	011503001002	金属扶手、栏杆、栏板	1. 扶手材料种类、规格：50×50×2 不锈钢管； 2. 栏杆材料种类、规格：30×30×2 不锈钢管； 3. 部位：二层 C4 处护窗栏杆	m	4.4
	定额	15-3-3		护窗 不锈钢栏杆	10m	0.44
3	清单	011503001003	金属扶手、栏杆、栏板	1. 扶手材料种类、规格：Φ40 不锈钢管； 2. 栏杆材料种类、规格：Φ30 不锈钢管； 3. 部位：坡道	m	14.77
	定额	15-3-4		不锈钢管栏杆（带扶手）直形	10m	1.477
4	清单	011503001004	金属扶手、栏杆、栏板	1. 扶手材料种类、规格：50×50×2 方钢立管； 2. 栏杆材料种类、规格：50×50×2 方钢立管； 3. 部位：空调格栅	m	54
	定额	15-3-9		钢管栏杆	10m	5.4
5	清单	011503001005	金属扶手、栏杆、栏板	1. 扶手材料种类、规格：50×50×2 方钢立管； 2. 栏杆材料种类、规格：50×50×2 方钢立管； 3. 部位：阳台 C2 处	m	80.5
	定额	15-3-9		钢管栏杆	10m	8.05

第7章

措施项目

 学习目标

1. 掌握建筑工程量措施措施费、其他项目费、间接费、利润和税金的计算规则、计价方法。

2. 掌握建筑工程措施项目工程，并能正确套用定额，具有建筑工程定额计价模式下措施项目费、其他项目费、间接费、利润和税金的计价能力。

 学习要求

1. 掌握建筑工程措施项目费的计量计价能力。

2. 结合实际案例——宿舍楼案例工程，掌握案例工程措施项目工程量的计算。

7.1 措施项目概述

7.1.1 措施项目的种类

措施项目一般包括两类：一类是可以计算工程量的项目，如脚手架、混凝土模板及支架、垂直运输、超高施工增加、大型机械设备进出场及安拆和施工降水排水；另一类是不能计算工程量的全文明施工及其他措施项目，如安全文明施工，夜间施工，非夜间施工照明，二次搬运，冬雨季施工，地上、地下设施，建筑物的临时保护设施，以及已完工程及设备保护。以下主要介绍可以计算工程量的项目的清单工程量和定额工程量计算规则。

7.1.2 《房屋建筑与装饰工程工程量计算规范》中的相关解释说明

① 使用综合脚手架时，不再使用外脚手架、里脚手架等单项脚手架；综合脚手架适用于能够按"建筑面积计算规则"计算建筑面积的建筑工程脚手架，不适用于房屋加层、构筑物及附属工程脚手架。

② 同一建筑物有不同檐高时，按建筑物竖向切面分别按不同檐高编列清单项目。

③ 整体提升架已包括 2m 高的防护架体设施。

④ 脚手架材质可以不描述，但应注明由投标人根据工程实际情况按照《建筑施工扣件式钢管脚手架安全技术规范》《建筑施工附着升降脚手架管理规定》等规范自行确定。

⑤ 在《房屋建筑与装饰工程工程量计算规范》（GB 50854—2013）附录 S（措施项目）中，对脚手架工程工程量清单的项目设置、项目特征描述的内容、计量单位及工程量计算规则等做出了详细的规定。表 7-1 列出了部分常用项目的相关内容。

表 7-1　脚手架工程（编号：011701）

项目编码	项目名称	项目特征	计量单位	工程量计算规则	工作内容
011701001	综合脚手架	1. 建筑结构形式； 2. 檐口高度	m²	按建筑面积计算	1. 场内、场外材料搬运； 2. 搭、拆脚手架、斜道、上料平台； 3. 安全网的铺设； 4. 选择附墙点与主体连接； 5. 测试电动装置、安全锁等； 6. 拆除脚手架后材料的堆放
011701002	外脚手架	1. 搭设方式； 2. 搭设高度； 3. 脚手架材质		按所服务对象的垂直投影面积计算	1. 场内、场外材料搬运； 2. 搭、拆脚手架、斜道、上料平台； 3. 安全网的铺设； 4. 拆除脚手架后材料的堆放
011701003	里脚手架				
011701005	挑脚手架		m	按搭设长度乘以搭设层数以延长米计算	
077701006	满堂脚手架		m²	按搭设的水平投影面积计算	

7.2　措施项目工程量计算规则

7.2.1　脚手架工程的清单工程量和定额工程量计算规则

脚手架工程的清单工程量与定额工程量计算规则相同。

① 综合脚手架按建筑面积计算。

② 里脚手架和外脚手架、整体提升架和外装饰吊篮，均按所服务对象的垂直投影面积计算。

③ 悬空脚手架和满堂脚手架，均按搭设的水平投影面积计算。

④ 挑脚手架按搭设长度乘以搭设层数以延长米计算。

7.2.2　混凝土模板及支架（撑）工程量计算规则

混凝土模板及支架（撑）的清单工程量和定额工程量相同。在《房屋建筑与装饰工程工程量计算规范》（GB 50854—2013）附录 S（措施项目）中，对混凝土模板及支架（撑）工程量清单的项目设置、项目特征描述的内容、计量单位及工程量计算规则等做出了详细的规定。表 7-2 列出了部分常用项目的相关内容。

表 7-2 混凝土模板及支架(撑)(编号：011702)

项目编码	项目名称	项目特征	计量单位	工程量计算规则	工作内容
0117002001	基础	基础类型		按模板与现浇混凝土构件的接触面积计算。 ①现浇钢筋混凝土墙、板单孔面积≤0.3m²的孔洞不予扣除，洞侧壁模板亦不增加；单孔面积>0.3m²时应予扣除，洞侧壁模板面积并入墙、板工程量内计算； ②现浇框架分别按梁、板、柱有关规定计算；附墙柱、暗梁、暗柱并入墙内工程量内计算； ③柱、梁、墙、板相互连接的重叠部分，均不计算模板面积； ④构造柱按图示外露部分计算模板面积	1.模板制作； 2.模板安装、拆除、整理堆放及场内外运输； 3.清理模板黏结物及模内杂物、刷隔离剂等
011702002	矩形柱				
011702003	构造柱				
011702004	异形柱	柱截面形状			
011702005	基础梁	梁截面形状			
011702006	矩形梁	支撑高度			
011702007	异形梁	1.梁截面形状； 2.支撑高度	m²		
011702008	圈梁				
011702009	过梁				
017702011	直形墙	墙厚度			
011702014	有梁板				
011702015	无梁板	支撑高度			
011702016	平板				
011702021	栏板				
011702023	雨篷、悬挑板、阳台板	1.构件类型； 2.板厚度		按图示外挑部分尺寸的水平投影面积计算，挑出墙外的悬臂梁及板边不另计算	
011702024	楼梯	类型		按楼梯(包括休息平台、平台梁、斜梁和楼层板的连接梁)的水平投影面积计算，不扣除宽度≤500mm的楼梯井所占面积，楼梯踏步、踏步板、平台梁等侧面模板不另计算，伸入墙内部分亦不增加	
011702027	台阶	台阶踏步宽		按图示台阶水平投影面积计算，台阶端头两侧不另计算模板面积；架空式混凝土台阶，按现浇楼梯计算	

7.2.2.1 混凝土基础、柱、墙、梁、板的模板工程量计算规则

混凝土基础、柱、墙、梁、板的模板工程量均按模板与现浇混凝土构件的接触面积计算。

① 现浇钢筋混凝土墙、板的单孔面积≤0.3m²的孔洞不予扣除，洞侧壁模板亦不增加；单孔面积>0.3m²时应予扣除，洞侧壁模板面积并入墙、板工程量内计算。

② 现浇框架分别按梁、板、柱有关规定计算；附墙柱、暗梁、暗柱并入墙内工程量计算。

③ 柱与梁、柱与墙、梁与梁等连接的重叠部分，均不计算模板面积。

④ 构造柱按图示外露部分计算模板面积。

构造柱与砌体交错咬茬连接时，按混凝土外露面的最大宽度计算。构造柱与墙的接触面不计算模板面积，即：

构造柱与砖墙咬口模板工程量＝混凝土外露面的最大宽度×柱高

【例 7-1】 试计算如图 7-1 所示现浇混凝土独立基础的模板工程量。

【解】 现浇混凝土独立基础的清单模板工程量：$S=4×(1.08+0.6)×0.24=1.61(m^2)$

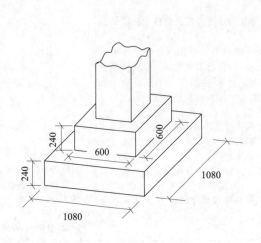
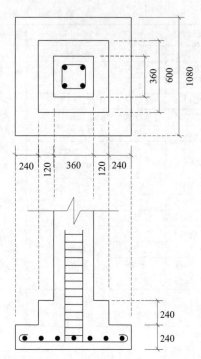

图 7-1　现浇混凝土独立基础

7.2.2.2　雨篷、悬挑板、阳台板的模板工程量计算规则

现浇钢筋混凝土悬挑板、雨篷、阳台板的模板工程量均按图示外挑部分尺寸的水平投影面积计算。挑出墙外的悬臂梁及板边模板不另计算。

7.2.2.3　现浇混凝土楼梯的模板工程量计算规则

现浇钢筋混凝土楼梯的模板工程量按楼梯（包括休息平台、平台梁、斜梁和楼层板的连接梁）的水平投影面积计算，不扣除宽度≤500mm 的楼梯井所占面积。楼梯的踏步、踏步板平台梁等侧面模板，不另计算。伸入墙内的部分亦不增加。

7.2.2.4　混凝土台阶的模板工程量计算规则

按图示台阶水平投影面积计算，台阶端头两侧不另计算模板面积。架空式混凝土台阶，按现浇楼梯计算。

7.2.2.5　其余混凝土构件的模板工程量计算规则

其余混凝土构件的模板工程量均按模板与现浇混凝土构件的接触面积计算。

提示：1. 以水平投影面积计算的模板工程量均不计算侧面模板面积。

2. 原槽浇灌的混凝土基础、垫层，不计算模板。

3. 此混凝土模板及支撑（架）项目，只适用于以平方米计量，按模板与混凝土构件的接触面积计算，以"立方米"计量，模板及支撑（支架）不再单列，按混凝土及钢筋混凝土实体项目执行，综合单价中应包含模板及支架。

4. 若现浇混凝土梁、板支撑高度超过 3.6m 时,项目特征应描述支撑高度。

7.2.3 垂直运输工程量计算规则

(1) 垂直运输的工作内容

垂直运输包括垂直运输机械的固定装置、基础制作、安装;行走式垂直运输机械轨道的铺设、拆除、摊销。

(2) 垂直运输的项目特征

垂直运输的项目特征需要从以下三个方面来进行描述:建筑物建筑类型及结构形式;地下室建筑面积;建筑物檐口高度、层数。

(3) 垂直运输的清单工程量计算规则

① 按建筑物的建筑面积计算;

② 按施工工期日历天数计算。

(4) 相关说明

① 建筑物的檐口高度是指设计室外地坪至檐口滴水的高度(平屋顶系指屋面板底高度),突出主体建筑物屋顶的电梯机房、楼梯出口间、水箱间、瞭望塔、排烟机房等不计入檐口高度。

② 垂直运输机械指施工工程在合理工期内所需垂直运输机械。

③ 同一建筑物有不同檐高时,按建筑物的不同檐高做纵向分割,分别计算建筑面积,以不同檐高分别编码列项。

7.2.4 超高施工增加工程量计算规则

(1) 超高施工增加包括的工作内容

① 建筑物超高引起的人工工效降低,以及由于人工工效降低引起的机械降效;

② 高层施工用水加压水泵的安装、拆除及工作台班;

③ 通信联络设备的使用及摊销。

(2) 超高施工增加的项目特征

超高施工增加的项目特征应从以下三个方面进行描述:建筑物建筑类型及结构形式;建筑物檐口高度、层数;单层建筑物檐口高度超过 20m,多层建筑物超过 6 层部分的建筑面积。

(3) 超高施工增加的工程量计算规则

按建筑物超高部分的建筑面积计算。

(4) 相关说明

单层建筑物檐口高度超过 20m,多层建筑物超过 6 层时,可按超高部分的建筑面积计算超高施工增加。计算层数时,地下室不计入层数。同一建筑物有不同檐高时,可按不同高度的建筑面积分别计算建筑面积,以不同檐高分别编码列项。

7.2.5 大型机械设备进出场及安拆工程量计算规则

(1) 大型机械设备进出场及安拆包含的工作内容

① 大型机械设备进出场包括施工机械整体或分体自停放场地运至施工现场,或由一个施工地点运至另一个施工地点,所发生的施工机械进出场运输及转移费用,由机械设备的装

卸、运输及辅助材料费等构成。

② 大型机械设备安拆费包括施工机械在施工现场进行安装、拆卸所需的人工费、材料费、机械费、试运转费和安装所需的辅助设施的费用。

（2）大型机械设备进出场及安拆的项目特征

大型机械设备进出场及安拆的项目特征应从以下两个方面描述：机械设备名称；机械设备规格、型号。

（3）大型机械设备进出场及安拆的清单工程量计算规则

大型机械设备进出场及安拆的清单工程量应按使用机械设备的数量以"台次"计算。

7.2.6 施工排水、降水工程量计算规则

（1）施工排水、施工降水

施工排水是指为保证工程在正常条件下施工，所采取的排水措施所发生的费用。

施工降水是指为保证工程在正常条件下施工，所采取的降低地下水位的措施所发生的费用。

（2）施工排水、降水包括的分项

施工排水、降水包括成井和排水、降水两个分项。

（3）成井的清单工程量计算

① 成井的工作内容　成井的工作内容包括准备钻机机械、埋设护筒、钻机就位、泥浆制作、固壁、成孔、出渣、清孔、对接上下井管(滤管)、焊接、安放、下滤料、洗井、连接试抽等。

② 成井的项目特征：成井的方式；地层情况；成井直径；井(滤)管类型、直径。

③ 成井的清单工程量计算规则　成井的清单工程量应按设计图示尺寸以钻孔深度计算。

（4）施工排水、降水的清单工程量计算规则

施工排水、降水的工作内容包括管道安装、拆除，场内搬运，抽水，值班，降水设备维修等。

施工排水、降水的项目特征包括：机械规格、型号；降、排水管规格。

施工排水、降水的清单工程量计算规则安排、降水日历天数以昼夜计算。

7.3 措施项目工程量计算实例

7.3.1 阶段任务

根据《BIM算量一图一练》专用宿舍楼案例图纸内容，以及2013《建设工程工程量清单计价规范》《山东省建筑工程消耗量定额》(SD01—31—2016)的规定，完成技术措施部分工程量计算(详见任务分析)。

7.3.2 任务分析

在计算工程量之前，需结合施工技术及方案进行列项，见表7-3。

表 7-3　措施项目费分析表

序号	项目	山东《2016 定额》计算分析	2013 清单计算规则分析	备注
1	脚手架工程	第 496 页： (1) 脚手架计取的起点高度：基础及石砌体高度＞1m，其他结构高度＞1.2m。 (2) 计算内、外墙脚手架时，均不扣除门窗洞口、空圈洞口等所占的面积。 (3) 里脚手架按墙面垂直投影面积计算	第 105 页： (1) 综合脚手架：按建筑面积计算； (2) 单项脚手架：略。	定额与 2013 清单计算规则基本一致
2	混凝土模板及支架(撑)	第 520 页： 现浇混凝土模板工程量，除另有规定外，按模板与混凝土的接触面积(扣除后浇带所占面积)计算。 (1) 基础按混凝土与模板接触面的面积计算。 (2) 现浇混凝土柱模板，按柱四周展开宽度乘以柱高，以面积计算。 (3) 构造柱模板，按混凝土外露宽度乘以柱高以面积计算；构造柱与砌体交错咬茬连接时，按混凝土外露面的最大宽度计算。 (4) 现浇混凝土梁模板，按混凝土与模板的接触面积计算。 (5) 现浇混凝土墙的模板，按混凝土与模板接触面积计算。 (6) 现浇钢筋混凝土框架结构分别按柱、梁、墙、板有关规定计算。 (7) 现浇混凝土板的模板，按混凝土与模板的接触面积计算	第 106 页： (1) 按模板与现浇混凝土构件的接触面积计算； (2) 按外挑部分水平投影面积计算，如雨篷、悬挑板、阳台板。 (3) 按水平投影面积计算，如楼梯、台阶等。	模板及支撑见本教材混凝土相关章节中介绍，本章不再赘述
3	垂直运输	第 577 页： 1. 凡定额单位为"m²"的，均按《建筑工程建筑面积计算规范》(GB/T 50353—2013)的相应规定。 2. 民用建筑(无地下室)基础的垂直运输，按建筑物底层建筑面积计算。 3. 混凝土地下室(含基础)的垂直运输，按地下室建筑面积计算。筏板基础所在层的建筑面积为地下室底层建筑面积。 4. 檐高≤20m 建筑物的垂直运输，按建筑物建筑面积计算。 5. 檐高＞20m 建筑物的垂直运输，按建筑物建筑面积计算	第 108 页： (1) 按建筑面积(m²)计算。 (2) 按施工工期日历天数计算	—
4	超高施工增加	第 597 页： 整体工程超高施工增加的计算基数，为±0.00 以上工程的全部工程内容	第 109 页：按建筑物超高部分的建筑面积计算	定额与 2013 清单计算规则一致
5	大型机械设备进出场及安拆	第 578 页： (1) 大型机械基础，按施工组织设计规定的尺寸，以体积(或长度)计算。 (2) 大型机械安装拆卸和场外运输，按施工组织设计规定以"台次"计算	第 109 页：按使用机械设备的数量计算	定额与 2013 清单计算规则一致
6	施工排水、降水	第 28 页： 1. 抽水机基底排水分不同排水深度，按设计基底以面积计算。 2. 集水井按不同成井方式，分别以设计文件(或施工组织设计)规定的数量，以"座"或以长度计算。抽水机集水井排水按设计文件(或施工组织设计)规定的抽水机台数和工作天数，以"台日"计算。 3. 井点降水区分不同的井管深度，其井管安拆，按设计文件或施工组织设计规定的井管数量，以数量计算；设备使用按设计文件(或施工组织设计)规定的使用时间，以"每套·天"计算。 4. 大口径深井降水打井按设计文件(或施工组织设计)规定的井深，以长度计算	第 110 页： (1) 成井，按设计图示尺寸以钻孔深度计算。 (2) 排水、降水：安排、降日历天数计算	—

注：以上措施参考常规施工方法考虑。

7.3.3 任务实施

措施项目工程工程量计算汇总表见表 7-4。

表 7-4 措施项目工程工程量计算汇总表

序号	算量类别	编码	项目名称	项目特征	单位	算量名称	工程量	备注
1	清单	1170100100l001	综合脚手架	多层建筑综合脚手架 框架结构	m²	垂直投影面积	3674.60	建筑面积计算方法在本书相关章节介绍，本章不再赘述
	定额	17-1-8	单排外钢管脚手架≤10m	檐高 20m 以内	10m²	垂直投影面积	120.28	
	定额	17-2-1	单排里钢管脚手架≤3.6m		10m²	垂直投影面积	247.19	
2	清单	1170300100l001	垂直运输	垂直运输 20m（6层）以内塔式起重机施工 现浇框架	m²	建筑面积	1680.39	建筑面积计算方法在本书相关章节介绍，本章不再赘述
	定额	19-1-9	土 0.00 以下无地下室独立基础 面积>1000m²	垂直运输 现浇框架	10m²	建筑面积	168.04	
	定额	19-1-19	檐高≤20m 现浇混凝土垂直运输 面积>1000m²	现浇混凝土垂直运输 标准层建筑面积	10m²	建筑面积	168.04	
3	清单	1170500100l001	大型机械设备 进出场及安拆		项	结合施工组织情况拟定	1	结合施工组织设计及实际情况拟定
	定额	19-3-5	自升式塔式起重机安拆费		台次	结合施工组织情况拟定	1	
	定额	19-3-9	卷扬机、施工电梯安拆		台次	结合施工组织情况拟定	1	
	定额	19-3-18	自升式塔式起重机运输费		台次	结合施工组织情况拟定	1	
	定额	19-3-34	履带式挖掘机运输费		台次	结合施工组织情况拟定	1	

说明：混凝土模板及支架（撑）相关内容详见本书"混凝土及钢筋混凝土"相关内容。

7.3.4 任务总结

措施项目费，作为工程造价的重要组成部分，需要结合施工方案列项计算，且在图纸上不能找到相应的措施方法，致使初学预算者在进行此类计算时，不能全面分析。因此，在列项方面，初学者应结合工程特点、现场情况、造价规定列项计算。

本章小结

工程量计算规则，是规定在计算分项工程实物数量时，从施工图纸中摘取数值的取定原则。在计算工程量时，必须按照工程量清单计价规范或所采用的定额规定的计算规则进行计算。

工程量计算的依据，包括经审定的施工设计图纸及设计说明，工程量清单计价规范，建筑工程预算定额，审定的施工组织设计，施工技术措施方案和施工现场情况，经确定的其他有关技术经济文件等。

计算工程量时，应遵循一定的原则，计算的内容要符合一定的要求，为了提高计算的效率和防止重算或漏算，应按一定的顺序进行列项计算。

在《房屋建筑与装饰工程工程量计算规范》的附录中，对各分项工程的工程量计算规则以表格的形式做了规定。表格中，工程量清单项目设置的内容包括项目编号、项目名称、项目特征、工程量计算规则及工作内容等。

思考题

1. 什么是工程计量，工程计量有什么作用？

2. 工程计量的依据有哪些？

3. 工程计量应遵循哪些原则？

4. 简述工程量计算的基本方法和顺序。

5. 简述《建设工程工程量清单计价规范》中所规定的平整场地、挖一般土方、挖沟槽土方和挖基坑土方的工程量计算规则。

6. 请分别阐述预制钢筋混凝土桩和沉管灌注桩的清单工程量计算规则。

7. 分别简述砖基础、实心砖墙的清单工程量计算规则。

8. 分别简述现浇混凝土基础、柱、墙、梁、板及钢筋的工程量计算规则。

9. 一般措施项目包括哪些内容？

10. 简述脚手架工程的清单工程量计算规则。

11. 简述模板工程的清单工程量计算规则。

第8章

工程量清单计价

 学习目标

1. 掌握建筑工程分部分项工程及措施项目工程综合单价的编制方法。
2. 掌握建筑工程最高投标限价的编制方法。
3. 掌握建筑工程投标控制价的编制方法。
4. 熟悉合同价款的调整与结算。

 学习要求

1. 熟悉工程量清单计价相关概念，了解定额计价。
2. 熟悉《山东省建筑安装工程费用项目组成及计算规则》内容及应用。
3. 掌握建筑工程招标及最高投标限价的编制，以及工程计价表格的组成与使用。
4. 结合实际案例——宿舍楼案例工程，掌握案例工程最高投标限价的编制。

 本章内容框架

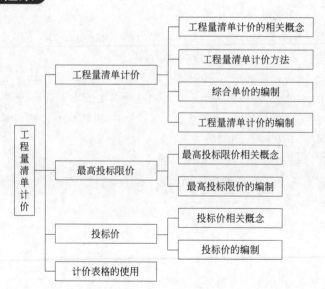

8.1 工程量清单计价概述

8.1.1 工程量清单计价的概念

工程量清单计价是国际上通用的一种计价模式，推行工程量清单计价是适应我国工程投资体制和建设项目管理体制改革的需要，是深化我国工程造价管理改革的一项重要工作。

(1) 工程量清单计价

工程量清单计价是工程造价计价的一种模式，是指在建设工程招投标过程中，招标人按照《建设工程工程量清单计价规范》(GB 50500—2013)各专业统一的工程量计算规则提供招标工程量清单，投标人依据招标工程量清单、拟建工程的施工方案，结合自身实际情况并考虑风险因素，确定工程项目各部分的单价，进而确定工程总价的过程或活动。

工程量清单计价是国际上普遍采用的工程计价方式，是一个广义的概念，它包括招标人的最高投标限价、投标人的投标报价、合同价款约定、工程价款结算等内容。

(2) 采用工程量清单计价时，建筑安装工程造价的组成

采用工程量清单计价时，建筑安装工程造价由分部分项工程费、措施项目费、其他项目费、规费和税金组成。

提示： 根据现行规定，清单计价采用综合单价，综合单价综合了人工费、材料费、机具使用费、管理费和利润等除规费和税金以外的内容，因此清单计价时建筑安装工程费包括分部分项工程费、措施项目费、其他项目费、规费和税金。若采用全费用单价，则由分部分项工程费、措施项目费和其他项目费三部分组成。

8.1.2 2013版《清单计价规范》中相关概念和有关规定

8.1.2.1 相关概念

(1) 综合单价

综合单价是指完成一个规定清单项目所需的人工费、材料费和工程设备费、施工机具使用费和企业管理费、利润及一定范围内的风险费用。

综合单价中的"综合"包含两层含义：一是包含所完成清单项目所需的全部工作内容；二是包含完成单位清单项目所需的各种费用。

此处的综合单价是一种狭义上的综合单价，并不是真正意义上的全费用综合单价，规费和税金等不可竞争的费用并不包括在项目单价中。

(2) 风险费用

风险费用隐含于已标价工程量清单综合单价中，用于化解发承包双方在合同中约定内容和范围内的由承包人承担的市场价格波动风险的费用，在实践中往往指主材价格波动风险费。

(3) 单价项目

单价项目是指工程量清单中以单价计价的项目，即根据合同工程图纸(含设计变更)和相关工程现行国家计量规范规定的工程量计算规则进行计量，与已标价工程量清单相应综合单价进行价款计算的项目。

（4）总价项目

总价项目是指工程量清单中以总价计价的项目，即此类项目在相关工程现行国家计量规范中无工程量计算规则，以总价（或计算基础乘以费率）计算的项目。

8.1.2.2　有关规定

使用国有资金投资的建设工程施工发承包，必须采用工程量清单计价（强条）。

非国有资金投资的建设工程，宜采用工程量清单计价。

工程量清单应采用综合单价计价（强条）。

措施项目中的安全文明施工费必须按国家或省级、行业建设主管部门的规定计算，不得作为竞争性费用（强条）。

规费和税金必须按国家或省级、行业建设主管部门的规定计算，不得作为竞争性费用（强条）。

建设工程发承包，必须在招标文件、合同中明确计价中的风险内容及其范围，不得采用无限风险、所有风险或类似语句规定计价中的风险内容及其范围（强条）。

8.1.3　工程量清单计价的基本过程

工程量清单计价过程可以分为两个阶段：即工程量清单编制和工程量清单计价。工程量清单编制程序见图 8-1，工程量清单计价过程见图 8-2。

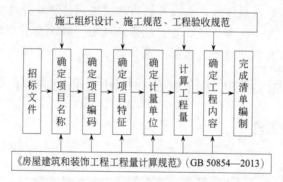

图 8-1　工程量清单编制程序

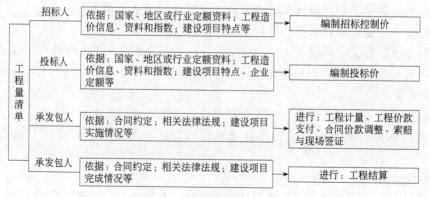

图 8-2　工程量清单计价过程

8.1.4 工程量清单计价与定额计价

定额计价主要以消耗量定额为依据，按照定额的分部分项子目列项，根据定额工程量计算规则计算工程量，套用定额单价(或单位估价表或价目表或基价)确定分部分项工程人材机费用，然后规定取费标准确定工程建筑安装工程费的其他费用、利润和税金，从而获得工程建设项目的建筑安装工程造价。

工程量清单计价是区别于定额计价的一种计价模式，两种计价方法的具体区别见表8-1。当然，如果对于同一个单位工程，采用同样的消耗量定额及单价、同样的取费标准，不论用清单计价还是定额计价，计算结果是一致的。

表 8-1　工程量清单计价与定额计价的比较

比较内容	工程量清单计价	定额计价
项目设置	工程量清单项目的设置是以一个"综合实体"考虑的，一般而言，一个清单项目包括若干个定额项目工程内容	定额计价法采用的定额项目其工作内容一般是单一的，是按施工工序、工艺进行设置的
定价原则	按《清单计价规范》的要求，由施工企业自主报价，市场决定价格，反映的是市场价格	按工程造价管理机构发布的有关规定及定额基价进行计价，反映的是计划价格
计价价款构成	采用工程量清单计价时，一个单位工程的造价包括完成招标工程量清单项目所需的全部费用，即包括分部分项工程费、措施项目费、其他项目费、规费和税金	采用定额计价法计价时，由于采用单价的不同，可能会带来费用形式上的不同，但本质上是一致的
单价构成	工程量清单计价采用综合单价。综合单价包括人工费、材料费、机械费、企业管理费和利润，且各项费用均由投标人根据企业自身情况并考虑一定风险因素费用自行编制。综合单价依据市场自主报价，反映了企业自身的管理水平和技术水平	定额计价采用定额子目基价，定额子目基价只包含定额编制时期完成定额分部分项工程项目所需的人工费、材料费、机械费，并不包含利润和各种风险因素影响的费用。定额基价没有反映企业的真正水平(注：有的省份的定额基价包括管理费，如广东省)
价差调整	按工程承发包双方约定的价格直接计算，除招标文件规定外，不存在价差调整的问题	按工程承发包双方约定的价格与定额价调整价差
计价过程	招标方必须设置清单项目并计算其清单工程量，同时对清单项目的特征必须清晰、完整地描述，以便投标人报价，所以清单计价模式由两个阶段组成：一是招标方编制工程量清单；二是投标方根据招标工程量清单报价	招标方只负责编写招标文件，不设置工程项目内容，也不计算工程量。工程计价时的分部分项子目和相应的工程量是由投标方根据设计文件和招标文件确定的。项目设置、工程量计算、工程计价等工作都在一个阶段(即投标阶段)内完成
人工、材料、机械消耗量	工程量清单计价时的人工、材料、机械台班消耗量是由投标方根据企业自身情况采用企业定额确定的。这个定额标准是按企业个别水平编制的，它真正反映企业的个别成本。当然也可以参考地区或行业定额确定	定额计价中的人工、材料、机械台班消耗量是采用地区或行业定额确定的。这个定额标准是按社会平均水平编制的，反映的是社会平均成本
工程量计算规则	按清单工程量计算规则，计算所得的工程量只包括图示尺寸净量，而措施增量由投标人在报价时考虑在综合单价中(也不尽然，如土石方也可以考虑工作面、放坡等施工增加量)	按定额工程量计算规则，计算所得的工程量一般包含图示尺寸净量、措施增量等(定额计算规则也多为图示尺寸的净量，但每一个定额子目都考虑了一定的施工方法)
计价方法	清单计价模式下，一个项目可能由一个或多个子项组成，相应地，一个清单实体项目综合单价的计价往往要计算多个子项才能完成其组价，即每一个清单项目组合计价	按施工顺序，将不同的分项工程的工程量计算出来，然后选套定额单价，每一个分项工程独立计价

续表

比较内容	工程量清单计价	定额计价
价格表现形式	清单计价时采用的综合单价是一个相对完全的单价，是投标报价、评标、结算的重要依据	定额计价时采用的定额单价是一个不完全单价，并不具有单独存在的意义（也不尽然，定额计价时也可以采用综合单价）
适用范围	全部使用国有资金投资的工程建设项目，必须采用工程量清单计价	非国有资金投资的工程项目可以采用各种计价方法（除法律限制外）
工程风险	招标人负责编制工程量清单，所以工程量错误风险由招标人承担；投标人自主报价，所以报价风险由投标人承担	定额工程量由投标人确定，所以采用定额计价时投标人不但承担工程量计算错误风险，而且还承担报价风险

提示：鲁建标字[2016]40号关于印发《山东省建设工程费用项目组成及计算规则》的通知，定额计价的计算程序(见表8-2)。

表 8-2　定额计价的计算程序

序号	费用名称	计算方法
一	分部分项工程费合价	$\sum\{[定额\sum(工日消耗量\times人工单价)+\sum(材料消耗量\times材料单价)+\sum(机械台班消耗量\times台班单价)]\times分部分项工程量\}$
	计费基础 JD1	分部分项工程的省价人工费之和
		$\sum[分部分项工程定额\sum(工日消耗量\times省人工单价)\times分部分项工程量]$
二	措施项目费	2.1+2.2
	2.1 单价措施费	$\sum\{[定额\sum(工日消耗量\times人工单价)+\sum(材料消耗量\times材料单价)+\sum(机械台班消耗量\times台班单价)\times单价措施项目工程量\}$
	2.2 总价措施费	JD1×相应费率
	计费基础 JD2	单价措施项目的省价人工费之和+总价措施项目费中的省价人工费之和
		$\sum[单价措施项目定额\sum(工日消耗量\times省人工单价)\times单价措施项目工程量]+\sum(JD1\times省发措施费费率\times H)$
	H	总价措施费中人工费含量(%)
三	其他项目费	3.1+3.2+……3.8
	3.1 暂列金额	
	3.2 专业工程暂估价	
	3.3 特殊项目费用	
	3.4 计日工	按《山东省建设工程费用项目组成及计算规则》规定计算
	3.5 采购保管费	
	3.6 其他检验试验费	
	3.7 总承包服务费	
	3.8 其他	
四	企业管理费	(JD1+JD2)×管理费费率
五	利润	(JD1+JD2)×利润率

序号	费用名称	计算方法
六	规费	4.1+4.2+4.3+4.4+4.5
	4.1 安全文明施工费	(一+二+三+四+五)×费率
	4.2 社会保险费	(一+二+三+四+五)×费率
	4.3 住房公积金	按工程所在地设区市相关规定计算
	4.4 环境保护税	按工程所在地设区市相关规定计算
	4.5 建设项目工伤保险	按工程所在地设区市相关规定计算
	4.6 优质优价费	(一+二+三+四+五)×费率
七	设备费	$\sum$(设备单价×设备工程量)
八	税金	(一+二+三+四+五+六+七)×税率
九	工程费用合计	一+二+三+四+五+六+七+八

表中费率可以查阅鲁建标字[2016]40号关于印发《山东省建设工程费用项目组成及计算规则》的通知及有关调整费率的其他文件，此处不再详述。

8.1.5 工程量清单计价的编制方法

工程量清单计价是确定工程总价的活动。那么，如何计算得到工程总价呢？

根据《建设工程工程量清单计价规范》(GB 50500—2013)规定，利用综合单价计算清单项目各项费用，然后汇总得到工程总造价，即：

分部分项工程费=$\sum$分部分项工程量×分部分项工程综合单价

措施项目费=$\sum$单价措施项目工程量×措施项目综合单价+$\sum$总价项目措施费

其他项目费=暂列金额+专业工程暂估价+计日工+总承包服务费

单位工程报价=分部分项工程费+措施项目费+其他项目+规费+税金

单项工程报价=$\sum$单位工程报价

建筑安装工程总造价=$\sum$单项工程报价

8.1.6 工程量清单计价的依据

通过工程量清单计价可以确定工程总价。实际计价时有哪些依据？工程量清单计价的编制依据见图8-3。

① 招标工程量清单。招标人随招标文件发布的工程量清单，是承包商投标报价的重要依据。承包商在计价时需全面了解清单项目特征及其所包含的工程内容，才能做到准确计价。

② 招标文件。招标文件中具体规定了承发包工程范围、内容、期限、工程材料及设备采购供应办法，只有在计价时按规定进行，才能保证计价的有效性。

③ 施工图及有关说明。清单工程量是分部分项工程量清单项目的主项工程量，不一定反映全部工程内容，所以承包商在投标报价时，需要根据施工图和施工方案计算报价工程量(定额工程量)。因而，施工图也是编制工程量清单报价的重要依据。

图 8-3 工程量清单计价的编制依据

④ 施工组织设计。施工组织设计或施工方案是施工单位针对具体工程编制的施工作业指导性文件，其中对施工技术措施、安全措施、施工机械配置、是否增加辅助项目等进行的详细设计，在计价过程中应予以重视。

⑤ 消耗量定额及其配套计价依据。消耗量定额有两种，一种是由建设行政主管部门发布的社会平均消耗量定额，如预算定额；另一种是反映企业平均先进水平的消耗量定额，即企业定额。企业定额是确定人工、材料、机械台班消耗量的主要依据。

⑥《建设工程工程量清单计价规范》（GB 50500—2013）。它是工程量清单计价中计算措施项目清单费、其他项目清单费的依据。

⑦ 消耗量定额与工程量清单衔接对照表（清单指引）。对照表或清单指引是解决一个清单项目对应哪些定额子目的工具，是分析综合单价，进行组价的重要参照，尤其对学生而言尤为重要。

8.1.7　分部分项工程和单价措施项目综合单价的编制方法

分部分项工程费/单价措施项目费＝Σ（分部分项工程/单价措施项目工程量×综合单价），因此综合单价的计算是确定分部分项工程费和单价措施项目费的核心，首先要掌握综合单价的计算方法及综合单价分析表编制方法，然后再计算分部分项工程费、措施项目费等费用。

综合单价可以进一步理解为：完成单位清单工程量所有工作内容，所需要的人工费、材料费、机具使用费、管理费和利润，及一定范围内的风险费。在计算综合单价时，一方面要注意清单中项目特征描述，另一方面要注意规范中该清单项目的工作内容。

8.1.7.1　清单工程量与定额工程量

在计算综合单价时，涉及两种工程量，即清单工程量和定额工程量。

① 清单工程量。清单工程量是分部分项清单项目和措施清单项目工程量的简称，是招标人按照《计算规范》中规定的计算规则和施工图纸计算的、提供给投标人作为统一报价的数量标准。

清单工程量是按设计图纸的图示尺寸计算的"净量"，不含该清单项目在施工中考虑具体施工方案时增加的工程量及损耗量。

② 定额工程量。定额工程量又称报价工程量或实际施工工程量，是投标人根据拟建工程的分项清单工程量、施工图纸、所采用定额及其对应的工程量计算规则，同时考虑具体施工方案，对分部分项清单项目和措施清单项目所包含的各个工程内容（子项）计算出的实际施工工程量。

定额工程量既包括了按设计图纸的图示尺寸计算的"净量"，又包含了对各个工作内容（子项）施工时的增加量。

提示：定额工程量是用以满足工程量清单计价的实际作业工程量，是计算工程项目投标报价的重要基础。

8.1.7.2　综合单价的计算方法及综合单价分析表编制

综合单价的计算采用定额组价的方法，即以计价定额为基础进行组合计算。因为《清单计价规范》和《定额》中的工程量计算规则、计量单位、工程内容不尽相同,综合单价的计算不是简单地将其所含的各项费用进行汇总,而是需通过具体计算后综合而成。综合单价的编制步骤见图8-4。

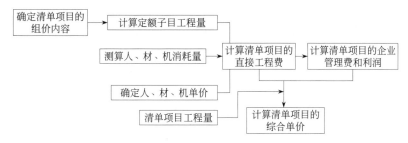

图8-4　综合单价的编制步骤

组价内容是指投标人根据工程量清单项目及其项目特征按报价使用的计价定额的要求确定的、组成"综合单价"的定额分项工程。

清单项目一般以一个"综合实体"列项,其包含了较多的工程内容,这样计价时可能出现一个清单项目对应多个定额子目的情况。因此,计算综合单价的第一步就是比较清单项目的工程内容与定额项目的工程内容,结合清单项目的特征描述,确定拟组价清单项目应该由哪几个定额子目来组合。

(1)综合单价的计算方法(定额组价法)——总量法

① 确定完成清单项目的工作内容。根据工程量清单项目的项目特征、项目的实际情况和施工方案、施工工艺参照工程量计算规范,确定完成清单项目所需要的全部工作内容,即清单项目对应的定额子目。清单项目所对应的定额子目的确定,可参照山东省建设工程消耗量定额与工程量清单衔接对照表-建筑工程,如表8-3,为清单项目砖基础与定额子目的对照表。从表中可知,一个清单项目"砖基础",包括了完成两个定额子目的内容"砖基础"和"防潮层"。

表8-3　清单项目砖基础与定额子目对照表

010401001-000	砖基础	1. 砖品种、规格、强度等级; 2. 基础类型; 3. 砂浆强度等级; 4. 防潮层材料种类	m³	按设计图示尺寸以体积计算包括附墙垛基础宽出部分体积,扣除地梁(圈梁)、构造柱所占体积,不扣除基础大放脚T形接头处的重叠部分及嵌入基础内的钢筋、铁件、管道、基础砂浆防潮层和单个面积≤0.3m²的孔洞所占体积,靠墙暖气沟的挑檐不增加。 基础长度:外墙按外墙中心线,内墙按内墙净长线计算
砌砖				
4-1-1	砖基础			10m³
防潮层铺设				
9-2-67	水泥砂浆二次抹压 厚20mm			10m²
9-2-71	防水砂浆掺防水剂 厚20mm			10m²

② 计算清单项目对应的定额子目的定额工程量。根据计价定额的计算规则,计算清单

项目所对应的定额子目的工程量。

③ 计算各定额项目合价。根据价目表和人工、材料、机械单价表等计算各个定额项目的合价。在计算时，若人工、材料、机械台班与价目表和单价表中不一致，可以进行价差调整。按下式计算：

定额项目合价＝定额项目工程量×[∑（定额人工消耗量×人工单价）

＋∑（定额材料消耗量×材料单价）＋∑（定额机械台班消耗量

×机械台班单价）＋价差（基价或人工、材料、机具费用）

＋管理费和利润]

式中的管理费和利润计算均按省价人工费为基础进行计算。费率见表 8-4：

表 8-4　企业管理费、利润费率表（一般计税方法）　　　　单位：%

| 专业名称 | 费用名称 | 企业管理费 | | | 利润 | | |
		I	II	III	I	II	III
建筑工程	建筑工程	43.4	34.7	25.6	35.8	20.3	15.0
	构筑物工程	34.7	31.3	20.8	30.0	24.2	11.6
	单独土石方工程	28.9	20.8	13.1	22.3	16.0	6.8
	桩基础工程	23.2	17.9	13.1	16.9	13.1	4.8
装饰工程		66.2	52.7	32.2	36.7	23.8	17.3

提示： 工程类别可根据鲁建标字〔2016〕40 号关于印发《山东省建设工程费用项目组成及计算规则》的通知确定。

④ 确定综合单价。综合单价按下式进行计算。

$$工程量清单综合单价＝\frac{\sum 定额项目合价＋未计价材料}{工程量清单项目工程量}$$

【例 8-1】　某三类建筑工程，砖基础施工平面及设计说明见图 8-5，已编制完成工程量清单，见表 8-5。请根据有关的计价依据，计算图中外墙砖基础的综合单价。

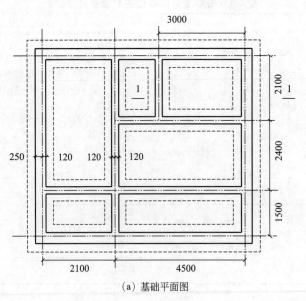

（a）基础平面图

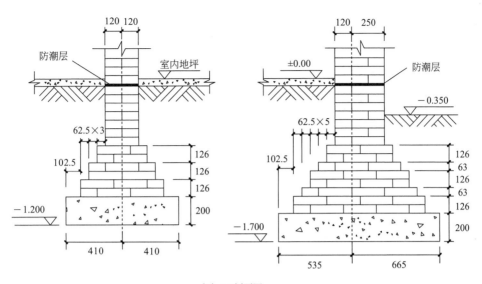

（b）1-1剖面图

图 8-5　某砖基础平面图及设计说明

注：1. 基础：烧结煤矸石普通砖 240×115×53；M5.0 砌筑砂浆；

2. 防潮层：防水砂浆掺防水剂　厚 20mm；

3. 本题中，基础与墙身分界线为±0.00。

表 8-5　分部分项工程量清单与计价表

工程名称：×××工程　　　　　标段：　　　　　　　　　第　页　共　页

序号	项目编码	项目名称	项目特征	计量单位	工程数量	金额/元		
						综合单价	合价	其中：暂估价
1	010401 001001	砖基础	1. 砖品种、规格、强度等级：烧结煤矸石普通砖（标准）； 2. 基础类型：带形基础； 3. 砂浆强度等级：M5.0 水泥砂浆； 4. 防潮层材料种类：防水砂浆掺防水剂　厚 20mm	m³	18.96			

【解】（1）分析每一个清单项目的工作内容（即：清单项目所对应的定额项目）题目中砖基础的工作内容，见图 8-6。

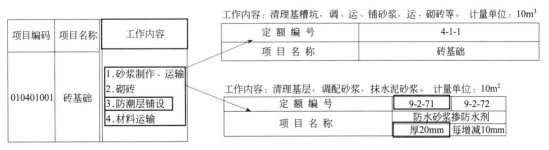

图 8-6　工作内容分析图

（2）计算定额项目的工程量

① 4-1-1　砖基础：18.96m³，定额单位为10m³，即：1.896（10m³）。

② 9-2-71　防潮层：9.39m²，定额单位为10m²，即：0.939（10m³）。

提示：砖基础的工程量清单规定与计价定额规则一致，即定额工程量与清单工程量均为18.96m³；防潮层的工程量按面积计算。

③ 套价目表，确定定额子目的合价。其中人材机费用可以直接套用价目表得到，也可以套用消耗量定额，先确定人材机消耗量，然后由人材机单价，进而确定人材机费用。管理费和利润分别按省价人工费的25.6%和15%计算。价目表见表8-6。

表8-6　砖基础和防潮层定额子目的价目表（一般计税方法）

定额编号	定额名称	定额单位	单价（除税）	人工费	材料费（除税）	机械费（除税）
4-1-1	砖基础	10m³	4875.88	1206.70	3615.53	53.65
9-2-71	防潮层	10m²	218.76	91.30	121.20	6.26

定额子目砖基础的合价＝1.896×4875.88＋1.896×1206.70×（25.6%＋15%）＝10173.56元

定额子目防潮层的合价＝0.939×218.76＋0.939×91.30×（25.6%＋15%）＝240.22元

④ 计算清单项目的综合单价（18.96m³的砖基础）。

综合单价＝（10173.56＋240.22）/18.96＝549.25元

（2）综合单价的计算方法（定额组价法）——含量法

① 分析每一个清单项目的工作内容。

010401001001清单项目砖基础对应定额项目：4-1-1砖基础和9-2-71砂浆防潮层。

② 计算定额子目的工程量（定额计算规则）。

4-1-1砖基础：18.96m³，定额单位为10m³，即：1.896（10m³）。

9-2-71防潮层：9.39m²，定额单位为10m²，即：0.939（10m²）。

③ 求定额子目工程量的清单项目单位含量（即：每单位清单项目包含的定额子目工程量）。

4-1-1砖基础的单位含量：1.896/18.96＝0.1（10m³/m³）。

9-2-71防潮层的单位含量：0.939/18.96＝0.0495（10m²/m³）。

④ 计算单位含量的定额项目的合价。

砖基础费用＝0.1×[4875.88＋1206.70×（25.6%＋15%）]＝536.58元。

防潮层费用＝0.0495×[218.76＋91.30×（25.6%＋15%）]＝12.66元。

⑤ 综合单价＝536.58＋12.66＝549.24（元）。

提示：两种方法计算的结果误差是由小数点后的有效数字造成的，一般可综合考虑两种方法，含量法有利于编制综合单价分析表。

（3）综合单价分析表的编制

综合单价分析表可以分析清单项目单价的形成过程，以及单位清单项目中所消耗的主要材料的数量和费用，是分析单价是否合理，进行价格调整的重要依据。针对【例8-1】，编制砖基础的综合单价分析表如表8-7所示。

表8-7 砖基础综合单价分析表

项目编码	项目名称	计量单位	工程量
010401001001	砖基础	m³	

清单综合单价组成明细

定额编号	定额项目名称	定额单位	数量	单价				合价			
				人工费	材料费	机械费	管理费和利润	人工费	材料费	机械费	管理费和利润
4-1-1	M5.0水泥砂浆砖基础	10m³	0.1	1206.70	3615.53	53.65	489.93	120.67	361.55	5.37	48.99
9-2-71	防水砂浆掺防水剂 厚20mm	10m²	0.0495	91.30	121.20	6.26	37.07	4.52	6.00	0.31	1.83
人工单价			小计					125.19	367.55	5.67	50.83
综合工日(土建)110元/工日			未计价材料费					0			
清单项目综合单价								549.24			

材料费明细	主要材料名称、规格、型号	单位	数量	单价/元	合价/元	暂估单价/元	暂估合价/元
	烧结煤矸石普通砖	千块	0.53032	558.25	296.05		
	水泥砂浆 M5.0	m³	0.23985	270.87	64.97		
	水	m³	0.10606	5.87	0.62		
	1:2水泥抹灰砂浆	m³	0.01015	463.65	4.71		
	素水泥浆	m³	0.0005	692.95	0.35		
	防水剂	kg	0.65677	1.45	0.95		
	材料费小计				367.65		

【例 8-2】 某工程室内楼地面自上而下的具体做法如下：紫红色瓷质耐磨地砖（600mm×600mm）面层，白水泥嵌缝；20mm 厚 1：4 干硬性水泥砂浆结合层；40 厚 C20 细石混凝土找平层；聚氨酯两遍涂膜防水层，四周卷起 150mm 高；20mm 厚 1：3 水泥砂浆找平层；现浇混凝土楼板；招标文件中提出的紫红色瓷质耐磨地砖（600mm×600mm）的暂估价为 50 元/m^2。

问题：

（1）试列出该清单项目名称。

（2）试描述该清单项目的项目特征。

（3）试确定组价内容。

（4）试确定该清单项目的综合单价。

【解】

（1）确定清单项目名称

经查 2013 版《房屋建筑与装修工程工程量计算规范》，项目前九位编码为 011102003，项目名称为"块料楼地面"。这个"块料楼地面"就是一般特征，它没有区别"块料"的材质、大小、颜色，没有区别楼面、地面，也没有区别铺贴方式、铺贴部位等，即该清单项目的个体特征（包括影响施工的特征、工艺特征、自身特征等）并没有通过该项目名称反映出来。所以，要基于"块料楼地面"结合工程具体做法来确定项目名称。因此，该清单项目的名称应该是"在混凝土板上，铺贴瓷质耐磨地砖楼面"，这个项目名称反映了铺贴的部位是楼面，铺贴的块料种类是瓷质耐磨地砖。

（2）确定项目特征

1）在确定项目名称后，进一步还应该确定该清单项目的项目特征。"在混凝土板上，铺贴瓷质耐磨地砖楼面"这个清单项目的项目特征，应根据工程设计、《房屋建筑与装修工程工程量计算规范》编码为 011102003 项目中的"项目特征"所列内容，并参考"工程内容"，去掉多余的、补充缺项的，进而详细准确地描述该清单项目的项目特征。本项目"工程内容"所提示的项目有：a. 基层清理；b. 抹找平层；c. 面层铺设、磨边；d. 嵌缝；e. 刷防护材料；f. 酸洗、打蜡；g. 材料运输。对照工程设计和规范所列"项目特征"，在分层叙述做法的同时，对块料的规格、黏结材料的种类进行描述。

该清单项目的项目特征描述详见表 8-8。

表 8-8 房屋建筑与装修工程分部分项工程量清单与计价表

序号	项目编码	项目名称	项目特征	计量单位	工程量	综合单价/元	合价/元
1	011102003001	混凝土板上，铺贴瓷质耐磨地砖楼面	1.20mm 厚 1：3 水泥砂浆找平层； 2.40 厚 C20 细石混凝土找平层； 3.20mm 厚 1：4 干硬性水泥砂浆结合层； 4. 紫红色瓷质耐磨地砖（600mm×600mm）面层，白水泥嵌缝	m^2	7.53		

【注意】 在 2013 版规范中，"聚氨酯两遍涂膜防水层，四周卷起 150mm 高"不包括在"铺贴瓷质耐磨地砖楼面"清单项目的项目特征描述中，"聚氨酯涂膜防水层"需单独设立清单项。

2）在描述项目特征时，应注意以下问题：

① 项目特征不等于计价定额的分项工程。本项目对应多个计价定额项目。因此，在描述项目特征时，不必考虑该清单项目对应几个定额分项工程，只需考虑描述的项目特征是否把设计图纸要求的施工过程全部概括在内。

② 凡与企业施工特点有关的施工过程，可不描述。

（3）确定组价内容

见表 8-9。

表 8-9　房屋建筑与装修工程分部分项工程清单项目组价分析表

序号	项目编码	项目名称	项目特征	计量单位	工程量	可能组合的定额项目名称
1	011102003001	混凝土板上，铺贴瓷质耐磨地砖楼面	1. 20mm 厚 1：3 水泥砂浆找平层； 2. 40 厚 C20 细石混凝土找平层； 3. 20mm 厚 1：4 干硬性水泥砂浆结合层； 4. 紫红色瓷质耐磨地砖(600mm×600mm)面层，白水泥嵌缝	m²	7.53	水泥砂浆找平层 11-1-1 子目 细石混凝土找平层 11-1-4 子目 铺贴紫红色瓷质耐磨地砖面层 11-3-36 子目

（4）确定综合单价

根据 2013 版《房屋建筑与装饰工程工程量计算规范》中的清单工程量计算规则，铺设紫红色瓷质耐磨地砖楼地面这个清单项目工程量为 7.53m²，组价内容工程量分别是：水泥砂浆找平层 7.53m²，细石混凝土找平层 7.53m²，瓷质地砖面层 7.53m²。按照编制招标控制价的要求(按总承包不考虑风险)，该清单项目综合单价计算如下。

1）水泥砂浆找平层　参照 2016 年《山东省建筑工程消耗量定额》11-1-1 子目。

① 人工费计算如下：

工日消耗量：0.76×7.53/10＝0.572(工日)，工日单价 120.00 元；

人工费总价＝0.572×120＝68.67(元)。

② 材料费计算如下：

a. 1：3 水泥抹灰砂浆：0.205×7.53/10＝0.15437(m³)，单价为 415.45 元/m³；

其中：矿渣硅酸盐水泥 42.5MPa：0.404×0.1543＝0.06237(t)，单价为 460.18 元/t；

黄砂(过筛中砂)：1.2×0.1543＝0.18524(m³)，单价为 189.81 元/m³；

水：0.3×0.1543＝0.04631(m³)，单价为 5.87 元/m³。

b. 素水泥浆：0.0101×7.53/10＝0.00761(m³)，单价 692.95 元/m³；

其中：矿渣硅酸盐水泥 42.5MPa：1.502×0.00761＝0.01143(t)，单价为 460.18 元/t；

水：0.3×0.00761＝0.00228(m³)，单价为 5.87 元/m³。

c. 水：0.06×7.53/10＝0.04518(m³)，单价为 5.87 元/m³。

材料费＝0.15437×415.45＋0.00761×692.95＋0.04518×5.87＝69.67(元)。

③ 机械费计算如下：

灰浆搅拌机 200L：0.0256×7.53/10＝0.01928(台班)，台班单价 178.82 元；

机械费＝0.01928×178.82＝3.45(元)。

④ 企业管理费＝人工费×费率＝68.67×32.2%＝22.12(元)

⑤ 利润＝人工费×费率＝68.67×17.3%＝11.88(元)

2）细石混凝土找平层　参照 2016 年《山东省建筑工程消耗量定额》11-1-4 子目。

① 人工费计算如下：

工日消耗量：$0.72 \times 7.53/10 = 0.54216$（工日），工日单价 120.00 元；

人工费 $= 0.54216 \times 120 = 65.06$（元）。

② 材料费计算如下：

a. 素水泥浆：$0.0101 \times 7.53/10 = 0.00761$（m³），单价为 692.95 元/m³；

其中：矿渣硅酸盐水泥 42.5MPa：$1.502 \times 0.00761 = 0.01143$（t），单价为 460.18 元/t；

水：$0.3 \times 0.00761 = 0.00228$（m³），单价为 5.87 元/m³。

b. 商品混凝土（C20）：$0.404 \times 7.53/10 = 0.30421$（m³），单价为 514.56 元/m³。

c. 水：$0.06 \times 7.53/10 = 0.04518$（m³），单价为 5.87 元/m³。

材料费 $= 0.00761 \times 692.95 + 0.30421 \times 514.56 + 0.04518 \times 5.87 = 162.07$（元）。

③ 机械费计算如下：

混凝土振捣器：$0.024 \times 7.53/10 = 0.01807$（台班），台班单价 7.74 元；

机械费 $= 0.01807 \times 7.74 = 0.14$（元）。

④ 企业管理费 $=$ 人工费 $\times$ 费率 $= 65.06 \times 32.2\% = 20.95$（元）

⑤ 利润 $=$ 人工费 $\times$ 费率 $= 65.06 \times 17.3\% = 11.26$（元）

3）瓷质地砖面层 参照 2016 年《山东省建筑工程消耗量定额》11-3-36 子目。

① 人工费计算如下：

工日消耗量：$2.86 \times 7.53/10 = 2.15358$（工日），工日单价 120.00 元；

人工费 $= 2.15358 \times 120 = 258.43$（元）。

② 材料费计算如下：

a. 600×600 地砖：$10.25 \times 7.53/10 = 7.71825$（m²），单价为 65.78 元/m²；

b. 干硬性水泥砂浆：$0.205 \times 7.53/10 = 0.15437$（m³），单价为 414.27 元/m³；

其中：矿渣硅酸盐水泥 42.5MPa：$0.404 \times 0.1543 = 0.06237$（t），单价为 460.18 元/t；

黄砂（过筛中砂）：$1.2 \times 0.1543 = 0.18524$（m³），单价为 189.81 元/m³；

水：$0.1 \times 0.1543 = 0.01544$（m³），单价为 5.87 元/m³。

c. 素水泥浆：$0.0101 \times 7.53/10 = 0.00761$（m³），单价为 692.95 元/m³；

其中：矿渣硅酸盐水泥 42.5MPa：$1.502 \times 0.00761 = 0.01143$（t），单价为 460.18 元/t；

水：$0.3 \times 0.00761 = 0.00228$（m³），单价为 5.87 元/m³。

d. 白水泥：$1.03 \times 7.53/10 = 0.77559$（kg），单价为 0.69 元/kg。

e. 棉纱：$0.1 \times 7.53/10 = 0.0753$（kg），单价为 6.95 元/kg。

f. 锯末：$0.06 \times 7.53/10 = 0.04518$（m³），单价为 17.27 元/m³。

g. 石料切割锯片：$0.032 \times 7.53/10 = 0.0241$（片），单价为 66.97 元/片。

h. 水：$0.26 \times 7.53/10 = 0.19578$（m³），单价为 5.87 元/m³。

材料费 $= 7.71825 \times 65.78 + 0.15437 \times 414.27 + 0.00761 \times 692.95 + 0.77559 \times 0.69 +$
$0.0753 \times 6.95 + 0.04518 \times 17.27 + 0.0241 \times 66.97 + 0.19578 \times 5.87 = 581.53$ 元

③ 机械费计算如下：

石料切割机：$0.151 \times 7.53/10 = 0.1137$（台班），台班单价 48.43 元；

机械费 $= 0.1137 \times 48.43 = 5.5$（元）。

④ 企业管理费 $=$ 人工费 $\times$ 费率 $= 258.43 \times 32.2\% = 83.21$（元）

⑤ 利润 $=$ 人工费 $\times$ 费率 $= 258.43 \times 17.3\% = 44.71$（元）

4）综合单价分析表 见表 8-10。

表 8-10　综合单价分析表

项目编码	011102003001	项目名称	块料楼地面		计量单位	m²	工程量	7.53

清单综合单价组成明细

定额编号	定额项目名称	定额单位	数量	单价				总价			
				人工费	材料费	机械费	管理费和利润	人工费	材料费	机械费	管理费和利润
11-1-1	水泥砂浆 在混凝土或硬基层上 20mm	10m²	0.753	9.12	9.25	0.46	4.52	68.67	69.67	3.45	34
11-1-4	细石混凝土 40mm	10m²	0.753	8.64	21.52	0.02	4.28	65.06	162.07	0.14	32.21
11-3-36	楼地面 干硬性水泥砂浆 周长≤2400mm	10m²	0.753	34.32	77.23	0.73	16.99	258.43	581.53	5.5	127.92
人工单价			小计	52.08	108	1.21	25.78				
综合工日(装饰)120 元/工日			未计价材料费						0		
清单项目综合单价											187.07

8.1.7.3 总价措施项目费计算

总价措施项目费一般是根据一定的计算基础取费计算的。其费用的构成包括人工费、材料费、机械使用费、企业管理费和利润。依据《山东省建设工程费用项目组成及计算规则》，总价措施项目费可按下式计算：

$$总价措施项目费＝\sum[(JQ1×分部分项工程量)×措施费费率$$
$$＋(JQ1×分部分项工程量)×省发措施费费率$$
$$×H×(管理费费率＋利润率)]$$

式中　$JQ1×$分部分项工程量——分部分项工程费中的全部省价人工费；

　　$(JQ1×$分部分项工程量$)×$措施费费率——总价措施项目费中的人工费、材料费和机械使用费；

　　$(JQ1×$分部分项工程量$)×$省发措施费费率$×H×($管理费费率＋利润率$)$——总价措施项目费中的管理费和利润。

总价措施费中的人工费含量(%)见表 8-11。

表 8-11　总价措施项目中的人工费含量　　　　　　　　单位：%

专业名称	费用名称			
	夜间施工费	二次搬运费	冬雨季施工增加费	已完工程及设备保护费
建筑工程、装饰工程		25		10
园林绿化工程				
安装工程	50	40		25

夜间施工费、二次搬运费、冬雨季施工增加费及已完工程及设备保护费的费率见表 8-12。

表 8-12　措施费费率　　　　　　　　单位：%

专业名称	费用名称			
	夜间施工费	二次搬运费	冬雨季施工增加费	已完工程及设备保护费
建筑工程	2.55	2.18	2.91	0.15
装饰工程	3.64	3.28	4.10	0.15

【例 8-3】　某框架结构宿舍楼工程(三类工程)，其分部分项工程费用为 2760416.50 元，其中省价人工费合计 647809.89 元。请根据有关的计价依据确定夜间施工费、二次搬运费。

【解】　(1)夜间施工费

$647809.89×2.25\%＋647809.89×2.25\%×25\%×(25.6\%＋15\%)＝18195.85($元$)$

其中：人材机费用$＝16519.15$元(其中人工占 25%，材料 75%)

管理费$＝1057.23$元

利润$＝619.47$元

（2）二次搬运费

647809.89×2.18％＋647809.89×2.18％×25％×（25.6％＋15％）＝15555.66（元）

其中：人材机费用＝14122.26 元（其中人工占 25％，材料 75％）

管理费＝903.82 元

利润＝529.58 元

8.1.7.4 其他项目费计算

所谓其他项目就是在分部分项和措施项目清单中没有，但又必须考虑的一些清单项目，例如其他项目清单，起到查缺补漏的作用。

（1）暂列金额

在招标人编制招标控制价时，可根据项目的复杂程度、设计深度等综合确定。也可以分项列出明细表确定，投标人投标时，按招标文件给定的金额计入投标报价。一般可以按分部分项工程费用的 10％～15％估列，结算时按实际发生结算。

（2）暂估价

① 材料暂估单价。即招标人指定材料价格，投标人按招标人指定价格计算相应清单项目的综合单价，在其他项目费中不需要汇总计算；结算时可以按重新确认的价格或招标采购确定的价格调整。

【例 8-4】 某现浇混凝土框架结构办公楼（三类工程），其中一项现浇混凝土钢筋工程量见表 8-13。若该钢筋的暂估价（除税）为 3500 元/t，除钢筋价格外，其他均按《山东省建筑工程价目表》(2019)及《人工、材料、机械台班单价表》(2019)的价格处理。请计算该清单项目的综合单价。

表 8-13　分部分项工程量清单与计价表

工程名称：×××工程　　　　　　标段：　　　　　　　　第 页 共 页

序号	项目编码	项目名称	项目特征	计量单位	工程数量	金额/元		
						综合单价	合价	其中：暂估价
1	010515 001001	现浇构件钢筋	1. 钢筋种类：HRB 400； 2. 钢筋型号：直径 22	t	30.254			

【解】（1）"010515001001 现浇构件钢筋"清单项目对应的定额子目"5-4-7 现浇构件钢筋 HRB335（HRB400）≤φ25"，且定额工程量与清单工程量一致。

（2）查《山东省建筑工程价目表》(2019)及《人工、材料、机械台班单价表》(2019)可知，价目表中的单价（除税）为 4890.88 元/t，其中人工费为 688.60 元/t、材料费（除税）为 4167.38 元/t（其中钢筋除税价格 3902.65 元/t）、机械费为 34.90 元/t。

（3）当钢筋按暂估价（除税）3500 元/t，计入到综合单价时，价目表中的材料费应调整为：4167.38＋（3500－3902.65）×1.04＝3748.62（元/t）。

（4）综合单价＝688.60＋3748.63＋34.90＋688.60×（25.6％＋15％）＝4751.70（元/t），其综合单价分析表如表 8-14。

表 8-14　综合单价分析表

项目编码	010515001001	项目名称	现浇构件钢筋	计量单位	t	工程量	30.254

清单综合单价组成明细

定额编号	定额项目名称	定额单位	数量	单价				合价			
				人工费	材料费	机械费	管理费和利润	人工费	材料费	机械费	管理费和利润
5-4-7	现浇构件钢筋 HRB400≤φ25	t	1	688.60	3748.63	34.90	279.57	688.60	3748.63	34.90	279.57
人工单价			小计					688.60	3748.63	34.90	279.57
综合工日（土建）110 元/工日			未计价材料费						0		
		清单项目综合单价							4751.70		

材料费明细	主要材料名称、规格、型号	单位	数量	单价/元	合价/元	暂估单价/元	暂估合价/元
	钢筋 HRB400 直径 22	t	1.04	—	—	3500	3640
	镀锌低碳钢丝 22#	kg	1.5967	7.18	11.46		
	电焊条 E4303　直径 3.2	kg	10.4	9.29	96.62		
	水	m³	0.093	5.87	0.55		
	材料费小计				108.63		3640

② 专业工程暂估价。即招标时尚不明确的专业工程(比如尚未完成专业工程的设计文件),招标人可暂估一个价格,投标人汇入总价即可,并计取总承包服务费。专业工程暂估价示例见表 8-15。

表 8-15　某项目的消防工程暂估价

序号	工程名称	工程内容	暂估金额/元	结算金额/元	超额±/元	备注
1	消防工程	消防系统中的设备、管道、阀门、线缆等的供应、安装和调试工作	200000			
		合　计				

(3) 计日工

由招标人给出明细及数量,投标人填报价格,也是综合单价,同分部分项工程费的计算方法一样。

(4) 总承包服务费与采购保管费

按专业工程或甲供材的金额为基础乘以费率计算。总承包服务费与采购保管费的费率见表 8-16。

表 8-16　总承包服务费与采购保管费的费率　　　　　　单位:%

费用名称	费率	
总承包服务费	3	
采购保管费	材料	2.5
	设备	1

如表 8-17 为总承包服务费计算示例。

表 8-17　总承包服务费

顺序号	项目名称及服务内容	项目费用/元	费率/%	金额/元
1	总承包服务费 消防系统中的设备、管道、阀门、线缆等的供应、安装和调试工作	200000	3	6000
	合　计			6000

8.2　最高投标限价的编制

8.2.1　2013 版《清单计价规范》对最高投标限价的一般规定

(1) 最高投标限价(招标控制价)

最高投标限价是指招标人根据国家或省级、行业建设主管部门颁发的有关计价依据和办法,以及拟订的招标文件和招标工程量清单,结合工程具体情况编制的招标工程的最高投标限价。

（2）关于最高投标限价的一般规定

国有资金投资的建设工程招标，招标人必须编制最高投标限价。我国对国有资金投资项目的投资控制实行的是投资概算审批制度，国有资金投资的工程原则上不能超过批准的投资概算。国有资金投资的工程实行工程量清单招标，为了客观、合理地评审投标报价和避免哄抬标价，避免造成国有资产流失，招标人必须编制最高投标限价，规定最高投标限价。

最高投标限价应由具有编制能力的招标人或受其委托具有相应资质的工程造价咨询人编制和复核。

工程造价咨询人接受招标人委托编制招标控制价，不得再就同一工程接受投标人委托编制投标报价。

最高投标限价应按照本规范的相关规定编制，不应上浮或下调。

当最高投标限价超过批准的概算时，招标人应将其报原概算审批部门审核。

招标人应在招标人发布招标文件时公布最高投标限价，同时应将最高投标限价及有关资料报送工程所在地或有该工程管辖权的行业管理部门工程造价管理机构备查。

最高投标限价的作用决定了招标控制价不同于标底，无须保密。为体现招标的公平、公正性，防止招标人有意抬高或压低工程造价，招标人应在招标文件中如实公布最高投标限价。

提示：关于最高投标限价，需要注意以下几点：

① 何种投资项目必须编制最高投标限价；

② 最高投标限价与项目批准概算之间的关系；

③ 最高投标限价与投标报价之间的关系；

④ 关于编制最高投标限价的工程造价咨询人的规定。

8.2.2 最高投标限价的编制

8.2.2.1 编制最高投标限价的依据

最高投标限价的编制依据，见图8-7。

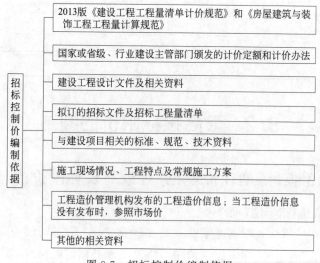

图 8-7 招标控制价编制依据

8.2.2.2 编制最高投标限价

编制招标控制价应遵循下列程序：

① 了解编制要求与范围；

② 熟悉工程图纸及有关设计文件；

③ 熟悉与建设工程项目有关的标准、规范、技术资料；

④ 熟悉拟定的招标文件及其补充通知、答疑纪要等；

⑤ 了解施工现场情况、工程特点；

⑥ 熟悉工程量清单；

⑦ 掌握工程量清单涉及计价要素的信息价格和市场价格，依据招标文件确定其价格；

⑧ 进行分部分项工程量清单计价；

⑨ 论证并拟订常规的施工组织设计或施工方案；

⑩ 进行措施项目工程量清单计价；

⑪ 进行其他项目、规费项目、税金项目清单计价；

⑫ 工程造价汇总、分析、审核；

⑬ 成果文件签认、盖章；

⑭ 提交成果文件。

8.2.2.3 最高投标限价的编制内容

采用工程量清单计价时，招标控制价的编制内容包括分部分项工程费、措施项目费、其他项目费、规费和税金。

(1) 分部分项工程费的编制

分部分项工程费应根据拟订的招标文件中的分部分项工程量清单项目的特征描述及有关要求计价，并应符合下列规定。

① 分部分项工程费采用综合单价的方法编制。综合单价中应包括招标文件中划分的应由投标人承担的风险范围及其费用。招标文件中没有明确的，如是工程造价咨询人编制，应提请招标人明确；如是招标人编制，应予明确。

② 分部分项工程项目中的单价项目，应根据拟订的招标文件和招标工程量清单项目中的特征描述及有关要求确定综合单价计算。

(2) 措施项目费的编制

① 措施项目中的单价项目，应根据拟订的招标文件和招标工程量清单项目中的特征描述及有关要求确定综合单价计算。

② 措施项目中的总价项目应根据拟订的招标文件和常规施工方案按照国家或省级、行业建设主管部门的规定计算。

(3) 其他项目费的编制

① 暂列金额。暂列金额应按招标工程量清单中列出的金额填写。招标工程量清单中列出的金额可根据工程的复杂程度、设计深度、工程环境条件(包括地质、水文、气候等)进行估算。一般可按分部分项工程费的 $10\%\sim15\%$ 为参考。

② 暂估价。暂估价中的材料、工程设备单价应按招标工程量清单中列出的单价计入综合单价，不再计入其他项目费。暂估价中的材料应按照工程造价管理机构发布的工程造价信

息或参考市场价格确定。

③ 暂估价中的专业工程金额应按招标工程量清单中列出的金额填写。

④ 计日工。招标人应按招标工程量清单中所列出的项目根据工程特点和有关计价依据确定综合单价计算。

（4）总承包服务费

招标人应根据招标工程量清单列出的内容和向承包人提出的要求参照下列标准计算：招标人仅要求对分包的专业工程进行总承包管理和协调时，按分包的专业工程估算造价的1.5%计算；招标人要求对分包的专业工程进行总承包管理和协调并同时要求提供配合服务时，根据招标文件中列出的配合服务内容和提出的要求按分包的专业工程估算造价的3%～5%计算；招标人自行供应材料的，按招标人供应材料价值的1%计算。

（5）规费和税金的编制

规费和税金应按国家或省级、行业建设主管部门的规定计算，不得作为竞争性费用。

8.2.3　最高投标限价的投诉与处理

在工程招投标过程中，若投标人对招标控制价的编制有质疑时，应按下列规定办理投标人经复核认为招标人公布的招标控制价未按照2013版《清单计价规范》的规定进行编制的，应当在招标控制价公布后5天内向招投标监督机构和工程造价管理机构投诉。投诉人投诉时，应当提交由单位盖章和法定代表人或其委托人的签名或盖章的书面投诉书。投诉书应包括以下内容：

① 投诉人与被投诉人的名称、地址及有效联系方式；

② 投诉的招标工程名称、具体事项及理由；

③ 投诉依据及有关证明材料；

④ 相关请求及主张。

投诉人不得进行虚假、恶意投诉，阻碍招投标活动的正常进行。工程造价管理机构在接到投诉书后应在2个工作日内进行审查。对有下列情况之一的，不予受理：

① 投诉人不是所投诉招标工程招标文件的收受人；

② 投诉书提交的时间不符合相应规定的；

③ 投诉书内容不符合相关内容规定的；

④ 投诉事项已进入行政复议或行政诉讼程序的。

工程造价管理机构应在不迟于结束审查的次日将是否受理投诉的决定书面通知投诉人、被投诉人及负责该工程招投标监督的招投标管理机构。

工程造价管理机构受理投诉后，应立即对招标控制价进行复查，组织投诉人、被投诉人或其委托的招标控制价编制人等单位人员对投诉问题逐一核对。有关当事人应当予以配合，并保证所提供资料的真实性。

工程造价管理机构应当在受理投诉的10天内完成复查，特殊情况下可适当延长，并作出书面结论通知投诉人、被投诉人及负责该工程招投标监督的招投标管理机构。

当招标控制价复查结论与原公布的招标控制价误差大于±3%时，应当责成招标人改正。

招标人根据招标控制价复查结论需要重新公布招标控制价的，其最终公布的时间至招标文件要求提交投标文件截止时间不足15天的，应当延长投标文件的截止时间。

8.3 投标价的编制

8.3.1 2013 版《清单计价规范》对投标报价的一般规定

（1）投标价

投标价是指投标人投标时响应招标文件要求所报出的对已标价工程量清单汇总后标明的总价。

（2）关于投标价的一般规定

① 投标价应由投标人或受其委托具有相应资质的工程造价咨询人编制。

② 投标人应按照投标报价编制依据自主确定投标报价。

③ 投标报价不得低于工程成本。

提示：本条为强制性条文，必须严格执行。

④ 投标人必须按招标工程量清单填报价格。项目编码、项目名称、项目特征、计量单位、工程量必须与招标工程量清单一致。

⑤ 投标人的投标报价高于招标控制价的应予废标。

提示：关于投标报价，下面几点需特别关注：①投标报价与招标控制价之间的关系；②《建设工程工程量清单计价规范》(GB 50500—2013)中关于报价的强制性规定；③投标报价时分部分项工程量清单是闭口清单，必须与招标工程量清单一致，不得改动。

8.3.2 投标报价的编制

8.3.2.1 编制投标价应遵循的原则

报价是投标的关键工作，报价是否合理直接关系投标工作的成败。工程量清单计价模式下编制投标报价时应遵循如下原则：

（1）投标报价由投标人自主确定，但必须执行《清单计价规范》中的强制性规定。投标价应由投标人或受其委托具有相应资质的工程造价咨询人编制。

（2）投标人的投标报价不得低于成本。

（3）按招标人提供的工程量清单填报价格。

（4）投标报价要以招标文件中设定的承发包双方责任划分，作为设定投标报价费用项目和费用计算的基础。

（5）投标报价的计算应以施工方案、技术措施等作为基本条件。

（6）报价计算方法要科学严谨，简明适用。

8.3.2.2 编制投标报价的依据

投标报价的编制依据，见图 8-8。

8.3.2.3 投标报价的编制内容

在编制投标价前，需要先对招标工程量清单项目及工程量进行复核。

投标价的编制过程，应首先根据招标人提供的工程量清单编制分部分项工程项目清单计价表、措施项目清单计价表、其他项目清单计价表和规费、税金项目清单计价表，然后汇总得到单位工程投标报价汇总表，再层层汇总，分别得出单项工程投标报价汇总表和工程项目投标总价汇总表。

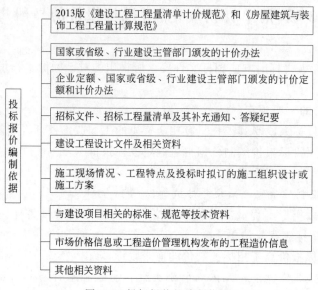

图 8-8　投标报价的编制依据

（1）分部分项工程费的编制

综合单价中应包括招标文件中划分的应由投标人承担的风险范围及其费用，招标文件中没有明确的，应提请招标人明确。在施工过程中，当出现的风险内容及其范围（幅度）在合同约定的范围内时，合同价款不作调整。分部分项工程中的单价项目，应根据招标文件和招标工程量清单项目中的特征描述确定综合单价计算。编制分部分项工程费的核心是确定其综合单价。综合单价的确定方法与招标控制价的确定方法相同，但确定的依据有所差异，主要体现在以下 5 方面。

① 工程量清单项目特征描述。工程量清单中项目特征的描述决定了清单项目的实质，直接决定了工程的价值，是投标人确定综合单价最重要的依据。

在招投标过程中，若出现招标文件中分部分项工程量清单特征描述与设计图纸不符时，投标人应以分部分项工程量清单的项目特征描述为准，确定投标报价的综合单价；若施工中施工图纸或设计变更与工程量清单项目特征描述不一致时，发、承包双方应按实际施工的项目特征，依据合同约定重新确定综合单价。

② 企业定额。企业定额是施工企业根据本企业具有的管理水平、拥有的施工技术和施工机械装备水平而编制的，完成一个规定计量单位的工程项目所需的人工、材料、施工机械台班的消耗标准，是施工企业内部进行施工管理的标准，也是施工企业投标报价确定综合单价的依据之一。

投标企业没有企业定额时，可根据企业自身情况参照消耗量定额进行调整。

③ 资源可获取价格。综合单价中的人工费、材料费、机械费是以企业定额的人、料、机消耗量乘以人、料、机的实际价格得出的，因此投标人拟投入的人、料、机等资源的可获取价格直接影响综合单价的高低。

④ 企业管理费费率、利润率。企业管理费费率可由投标人根据本企业近年的企业管理费核算数据自行测定，也可以参照当地造价管理部门发布的平均参考值。

利润率可由投标人根据本企业当前盈利情况、施工水平、拟投标工程的竞争情况及企业当前经营策略自主确定。

⑤ 风险费用。招标文件中要求投标人承担的风险范围及其费用，投标人应在综合单价中予以考虑，通常以风险费率的形式进行计算。风险费率的测算应根据招标人要求结合投标人当前风险控制水平进行定量测算。

在施工过程中，当出现的风险内容及其范围(幅度)在招标文件规定的范围(幅度)内时，综合单价不得变动，工程款不作调整。

(2) 措施项目费的编制

招标人在招标文件中列出的措施项目清单是根据一般情况确定的，没有考虑不同投标人的具体情况。因此，投标人投标报价时应根据自身拥有的施工装备、技术水平和采用的施工方法确定的施工方案，对招标人所列的措施项目进行调整，并确定措施项目费。

措施项目中的单价项目，应根据招标文件和招标工程量清单项目中的特征描述确定按综合单价计算。措施项目中的总价项目金额，应根据招标文件及投标时拟订的施工组织设计或施工方案，按照 2013 版《清单计价规范》的规定自主确定。其中安全文明施工费应按照国家或省级、行业建设主管部门的规定计算，不得作为竞争性费用。

(3) 其他项目的编制

投标人对其他项目应按下列规定报价：

① 暂列金额应按招标工程量清单中列出的金额填写，不得变动；

② 材料、工程设备暂估价应按招标工程量清单中列出的单价计入综合单价，不得更改，材料、设备暂估价不再计入其他项目费；

③ 专业工程暂估价应按招标工程量清单中列出的金额填写，不得更改；

④ 计日工应按招标工程量清单中列出的项目和数量，自主确定综合单价并计算计日工金额；

⑤ 总承包服务费应根据招标工程量清单中列出的内容和提出的要求自主确定。

(4) 规费和税金报价

应按国家或省级、行业建设主管部门的规定计算，不得作为竞争性费用。

招标工程量清单与计价表中列明的所有需要填写的单价和合价的项目，投标人均应填写且只允许有一个报价。未填写单价和合价的项目，可视为此项费用已包含在已标价工程量清单中其他项目的单价和合价中。当竣工结算时，此项目不得重新组价、调整。

投标总价应当与分部分项工程费、措施项目费、其他项目费和规费、税金的合计金额相一致。

8.4 最高投标限价的编制及工程实例

8.4.1 工程量清单计价表格

工程量清单计价表应采用统一格式，并应随招标文件发至投标人。工程量清单计价表格包括下列内容。

(1) 工程计价文件封面

① 招标工程量清单封面(封-1)；

② 招标控制价封面(封-2)；

③ 投标总价封面(封-3)；

④ 竣工结算书封面(封-4)；

⑤ 工程造价鉴定意见书封面(封-5)。

(2) 工程计价文件扉页

① 招标工程量清单扉页(扉-1)；

② 招标控制价扉页(扉-2)；

③ 投标总价扉页(扉-3)；

④ 竣工结算总价扉页(扉-4)；

⑤ 工程造价鉴定意见书扉页(扉-5)。

(3) 工程计价总说明：总说明(表-01)

(4) 工程计价汇总表

① 建设项目招标控制价/投标报价汇总表(表-02)；

② 单项工程招标控制价/投标报价汇总表(表-03)；

③ 单位工程招标控制价/投标报价汇总表(表-04)；

④ 建设项目竣工结算汇总表(表-05)；

⑤ 单项工程竣工结算汇总表(表-06)；

⑥ 单位工程竣工结算汇总表(表-07)。

(5) 分部分项工程和措施项目计价表

① 分部分项工程和单价措施项目清单与计价表(表-08)；

② 综合单价分析表(表-09)；

③ 综合单价调整表(表-10)；

④ 总价措施项目清单与计价表(表-11)。

(6) 其他项目计价表

① 其他项目清单与计价汇总表(表-12)；

② 暂列金额明细表(表-12-1)；

③ 材料(工程设备)暂估单价及调整表(表-12-2)；

④ 专业工程暂估价及结算价表(表-12-3)；

⑤ 计日工表(表-12-4)；

⑥ 总承包服务费计价表(表-12-5)；

⑦ 索赔与现场签证计价汇总表(表-12-6)；

⑧ 费用索赔申请(核准)表(表-12-7)；

⑨ 现场签证表(表-12-8)。

(7) 规费、税金项目计价表(表-13)

(8) 工程计量申请(核准)(表-14)

(9) 合同价款支付申请(核准)表

① 预付款支付申请(核准)(表-15)；

② 总价项目进度款支付分解表(表-16)；

③ 进度款支付申请(核准)表(表-17)；

④ 竣工结算款支付申请(核准)表(表-18)；

⑤ 最终结清支付申请(核准)表(表-19)。

(10) 主要材料、工程设备一览表

① 发包人提供材料和工程设备一览表(表-20)；

② 承包人提供主要材料和工程设备一览表(适用于造价信息差额调整法)(表-21)；

③ 承包人提供主要材料和工程设备一览表(适用于价格指数差额调整法)(表-22)。

以上各组成内容的具体格式见《建设工程工程量清单计价规范》(GB 50500—2013)附录 B 至附录 L。

8.4.2 工程量清单计价表格的使用规定

工程计价表宜采用统一格式。各省、自治区、直辖市建设行政主管部门和行业建设主管部门可根据本地区、本行业的实际情况，在《建设工程工程量清单计价规范》(GB 50500—2013)计价表格的基础上补充完善。但工程计价表格的设置应满足工程计价的需要，方便使用。

8.4.2.1 招标控制价、投标报价、竣工结算的编制规定

① 招标控制价使用的表格，包括封-2、扉-2、表-01、表-02、表-03、表-04、表-08、表-09、表-11、表-12(不含表-12-6～表-12-8)、表-13、表-20、表-21 或表-22；

② 投标报价使用的表格，包括封-3、扉-3、表-01、表-02、表-03、表-04、表-08、表-09、表-11、表-12(不含表-12-6～表-12-8)、表-13、表-16，招标文件提供的表-20、表-21 或表-22；

③ 竣工结算使用的表格，包括封-4、扉-4、表-01、表-05、表-06、表-07、表-08、表-09、表-10、表-11、表-12、表-13、表-14、表-15、表-16、表-17、表-18、表-19、表-20、表-21 或表-22。

扉页应按规定的内容填写、签字、盖章，除承包人自行编制的投标报价和竣工结算外，受委托编制的招标控制价、投标报价、竣工结算，由造价员编制的应有负责审核的造价工程师签字、盖章及工程造价咨询人盖章。

总说明应按下列内容填写：工程概况包括建设规模、工程特征、计划工期、合同工期、实际工期、施工现场及变化情况、施工组织设计的特点、自然地理条件、环境保护要求等；编制依据等。

8.4.2.2 工程造价鉴定规定

① 工程造价鉴定使用表格，包括封-5、扉-5、表-01、表-05～表-20、表-21 或表-22。

② 扉页应按规定内容填写、签字、盖章，应有承担鉴定和负责审核的注册造价工程师签字、盖执业专用章。

③ 说明应按规范规定填写。

提示： 在投资项目招投标工作中会涉及大量的表格，关于表格的使用下面几点需明确：①工程量清单计价表格宜采用统一格式，但并不是一成不变的，在统一的基础上可以根据地区、行业的实际情况对《清单计价规范》中的表格进行完善；②要熟悉招标控制价、投标报

价、竣工结算各阶段使用哪些表格，进而正确使用；③熟悉扉页、总说明的填写内容，便于各方了解熟悉工程情况，进而指导开展工作。

8.4.3 招标控制价的编制工程实例

部分案例工程文件表、工程实例文件见电子文档，下载方式见前言。

本章小结

　　工程量清单计价是国际上通用的一种计价模式，也是我国深化工程造价管理改革的一项重要工作，但在定额计价模式下的施工图预算仍发挥着不可或缺的作用。在本章的学习中，应深刻理解和认识推行工程量清单计价的重要意义及其作用；应熟悉工程量清单计价的相关概念，以及工程量清单计价与定额计价的区别；进一步掌握综合单价的确定和工程量清单计价的编制，最终做到学以致用。

思考题

1. 何谓工程量清单计价？建筑安装工程造价包括哪些费用内容？
2. 何谓综合单价？如何理解这个概念？
3. 如何理解工程量清单计价中的单价项目和总价项目？
4. 清单计价与定额计价有何区别？
5. 清单工程量与定额工程量有何区别？
6. 何谓组价内容？你是如何理解该概念的？
7. 如何编制综合单价？
8. 如何编制招标控制价和投标价？两者的本质区别在哪？
9. 2013版《清单计价规范》对招标控制价和投标报价有哪些一般规定？

情境三

建筑工程计量与计价案例实训

第9章

土建工程投标报价编制实训

实训目标

独立完成练习实例的工程投标报价的编制。

实训要求

结合实际案例——《BIM算量一图一练》宿舍楼案例工程(练习图纸),完成练习案例
工程招标控制价的编制。

9.1 概　述

9.1.1 实训要求

教师给定具体施工图样,并提供工程量清单,学生根据提供的工程量清单进行投标报
价。内容包括分部分项工程报价(土石方工程报价、打桩及基础垫层报价、砌筑工程报价、
混凝土工程报价、屋面工程报价等)、措施项目报价(模板、脚手架、大型机械进出场及安拆
费、临时设施费等)和其他项目报价(暂估价、总承包服务费等)并提交完整的报表资料。

9.1.2 训前准备

学生应准备如下的基本资料:
① 2013版《建设工程工程量清单计价规范》及配套的费用定额。
② 当地适用的建筑工程计价表。
③ 相关的标准图集。
④ 造价软件。
⑤ 计算器等常用工具。

9.1.3 实训组织

① 实训的时间安排:教师根据图样的难易程度可将实训时间定为1周或2周,或根据
学校培养大纲所确定的时间安排适宜的图样。

② 实训的主要组织形式：可以为集中安排，也可以分散安排，可以分组进行，也可以每个人独立完成。

③ 实训的管理：由任课教师负责实训指导与检查、督促与验收。

9.1.4　成绩评定

由教师根据每个人的表现、在过程中所起的作用、实训作品验收、实训报告等评定，具体可参照表 9-1 来执行。

表 9-1　项目实训成绩评定

序号	评定内容	分值	评定标准	得分
1	任务前期准备情况	10	熟悉相关知识；熟悉任务书内容及要求并按要求准备好所需资料、工具	
2	出勤率	15	按时出勤，无缺课迟到现象	
3	团队协作、沟通协调能力	10	积极参与小组的任务统筹，服从组长的安排，与成员配合良好，沟通顺畅	
4	学习态度	5	认真踏实、勤学好问	
5	任务成果完成情况	25	数据计算准确，基本不漏项；定额套用、换算正确，书写工整	
6	成果答辩	10	思路清晰、概念明确、回答准确	
7	发现问题解决问题的能力	10	能够在自审、互审中发现问题、解决问题	
8	上交资料	15	上交资料符合要求，便于审计	

9.2　分部分项工程费投标报价

9.2.1　实训目的

掌握分部分项工程的清单计算规则和计价表计算规则，熟悉分部分项工程的清单计算规则和计价表计算规则的不同之处，能结合施工图样根据所给分部分项清单进行合理报价。

9.2.2　实训目标

① 能够正确核对分部分项工程清单工程量，根据项目特征结合工程实际找出每个清单项目所对应的二级子目。

② 会计算分部分项工程计价表子目的工程量，并准确套用计价表子目。

③ 会结合工程实际情况根据计价表的规定进行相应的换算。

④ 会填写分部分项清单综合单价分析表。

⑤ 会填写分部分项清单计价表。

9.2.3　实训步骤及方法

分部分项工程费投标报价的一般步骤见表 9-2。

表 9-2　分部分项工程费投标报价的一般步骤

步骤	要求	内容
第一步	仔细阅读招标文件	了解招投标文件中关于投标报价的有关要求，工程量清单中关于总说明所涉及的范围，清单工程量的项目内容
第二步	详细了解并识读施工图样和施工说明	1. 了解结构类型、抗震等级、室内外标高、土壤类别等基本数据 2. 查看基础类型，如为桩基础，查找桩顶标高，承台尺寸等基本数据 3. 查看砌体类型，查找砌体材质及砌筑砂浆的相关说明，注意砌体中的构造柱、圈梁、过梁、门窗分布情况 4. 查看混凝土构件类型与种类、混凝土强度等级和供应方式等基本情况 5. 查看门窗的相关说明及清单中的基本数据 6. 查看室内装饰的相关说明及构造做法 7. 查看屋面类型，了解屋面构造组成情况 8. 查看室外保温工程量及装饰面层工程量，如有注意其类型、材料种类
第三步	检验并计算清单中的工程量	按照施工图样内容，计算相应的清单工程量，每计算一个项目名称的工程量后，就与清单工程量对比一下，看是否有出入，如果有出入就要找出问题所在
第四步	掌握项目特征	1. 了解施工现场实际情况，特别是了解与投标报价有关联的施工场地情况及平面布置等； 2. 熟悉新材料的名称和施工说明； 3. 掌握施工操作方法
第五步	编制分部分项工程量清单综合单价分析表	套用消耗量定额，并找出二级子目的工程量与清单工程量不同的项目，重新计算定额工程量，并根据定额说明和定额附注进行相应换算，求出每个分项项目名称所需的综合单价，注意清单工程量与计价表工程量计量单位的区别
第六步	编制分部分项工程量清单计价表	将每个清单项目编码的清单工程量和计算出的综合单价填入清单计价表中，计算出各工程量所需的合价。最后即可求得各分部工程的合计金额

9.2.4　实训指导

(1) 掌握分部分项工程的清单工程量计算规则和计价表计算规则(表 9-3)

表 9-3　清单规则与计价表常用项目工程量计算规则对照表

清单编码	项目名称	清单工程量计算规则		计价表工程量计算规则	
		计量单位	计算规则	计量单位	计算规则
010101001	平整场地	m^2	按设计图示尺寸，以建筑物首层外墙外边面积计算	$10m^2$	以建筑物外墙外边缘每边各加 2m 计算
010101002	挖一般土方（及挖基础土方）	m^3	以垫层底面积乘以深度计算	m^3	垫层底面积加工作面加放坡系数乘以深度计算
010101007	管沟土方	m^3	以管道中心线长度计算	m^3	管沟宽度乘以垫层底面到设计室外地坪深度，再乘以中心线长度
010401012	零星砌体	m^3	按设计图示尺寸以体积计算，扣除混凝土及钢筋混凝土垫层、梁头、板头所占体积	m^3	体积计算同左。 小型砌体指：砖砌门墩、房上烟囱、地垄墙、水槽、水池脚、垃圾箱、台阶面上矮墙、花台、煤箱、容积在 $3m^3$ 内的水池、大小便槽(包括踏步)、阳台栏板等体积

清单编码	项目名称	清单工程量计算规则		计价表工程量计算规则	
		计量单位	计算规则	计量单位	计算规则
010501002	带形基础	m³	按体积计算 不扣除伸入承台基础的桩头体积。 注意：不分有梁式与无梁式	m³	计算规则同清单 有梁式带基：梁高与梁宽之比在4:1以内按有梁式带基； 超过4:1基础，底按无梁式带基，上部按墙计算
010501004	满堂基础	m³	按体积计算。 不扣除伸入承台基础的桩头体积。 注意：不分有梁式与无梁式	m³	有梁式与无梁式分开计算，仅带边肋者按无梁式计算
010501006	设备基础	m³	按体积计算。 不扣除伸入承台基础的桩头体积	m³	除块体外：其他类型设备基础分别按基础、梁、柱、板、墙套相应定额
010502001	柱（有梁板的柱高）	m³	楼板上表面算至上表面（即不扣梁、不扣板厚）	m³	楼板上表面算至下表面（即不扣梁扣板厚）
	柱（无梁板的柱高）	m³	楼板上表面算至柱帽下表面	m³	同左
	柱（预制板的框架柱）	m³	柱基上表面至柱顶高度	m³	同左
010502002	构造柱	m³	按全高计算，马牙槎并入柱计算（扣梁，不扣圈梁，不扣板厚）	m³	按全高计算，马牙槎并入柱计算（扣梁，扣板厚，不扣圈梁）
010503002	矩形梁	m³	按图示尺寸以体积计算。 1. 梁与柱连接时，梁长算至柱侧面； 2. 主次梁连接时，次梁算至主梁侧面	m³	同清单规范
010505001	有梁板	m³	根据规则： 1. 柱是不扣梁，不扣板； 2. 梁是扣柱，不扣板； 3. 因此板必须扣柱扣梁	m³	根据规则： 1. 柱不扣梁，扣板； 2. 梁是扣柱，扣板； 3. 因此板按实铺面积不扣柱不扣梁
010504001	直形剪力墙	m³	按体积计算，墙垛及凸出墙面部分并入墙体体积	m³	1. 单面垛其凸出部分并入墙面计算，双面垛（包括墙）按柱计算； 2. 墙面：墙与梁平行，墙高算至梁顶面，梁宽大于墙宽时，梁与墙分别计算； 3. 墙与板相交，墙高算至板底面
010508001	后浇带	m³	不分构件类别按体积计算	m³	后浇墙带与后浇板带有不同的定额子目
010505008	雨篷，阳台板	m³	按挑出墙外部分体积计算，包括伸出墙外的牛腿及雨篷反挑檐的体积	m³	按伸出墙外的水平投影面积计算，伸出墙外的牛腿不另计算，三个檐边往上翻套用复式雨篷
010506001	直形楼梯	m²	不扣宽度小于500mm的楼梯井	10m²	不扣宽度小于200mm的楼梯井
011101001	水泥砂浆楼地面	m²	按图示尺寸以面积计算，门洞开口部分不增加，应扣凸出地面构筑物、设备基础、室内铁道、地沟面积，不扣0.3m²以内的柱、垛附墙烟囱及孔洞所占面积	10m²	按主墙间净面积计算，门洞开口部分不增加，应扣凸出地面构筑物、设备基础、室内铁道、地沟不扣除柱、垛及0.3m²以内的洞口

清单编码	项目名称	清单工程量计算规则		计价表工程量计算规则	
		计量单位	计算规则	计量单位	计算规则
011102003	块料楼地面	m²	同上	10m²	按实铺面积计算，门洞开口部分并入相应的面层，应扣柱、间壁墙等不做面层的面积
011105003	块料踢脚线	m²	按图示长度乘以高度，扣门洞加侧壁	10m²	水泥砂浆的不扣门洞，侧壁不加，块料扣门洞加侧壁
011201001	墙面一般抹灰	m²	内外粉刷均扣门窗洞，不增加门窗洞侧面及顶面	10m²	内粉不增加门窗洞口侧面，外粉增加侧面
011204003	墙面块料面层	m²	按实贴面积（该扣的扣，该增的要增）	10m²	均按建筑尺寸计算面积，侧壁另加
010801～07	门窗	樘/m²	按图示数量计算或面积	10m²	按洞口面积计算

（2）熟悉分部分项工程费投标报价的注意点

1）土（石）方工程分部分项工程费投标报价的注意点

①"平整场地"可能出现±300mm以内的全部是挖方或全部是填方，需外运方或取（购）土回填时，运输应包括在"平整场地"项目报价内；如施工组织设计规定超面积平整场地时，超出部分面积的费用应包括在报价内。

②"挖基础土方"在工程量清单计价时要把按施工方案或计价表规定的放坡、工作面等增加的施工量，计算在"挖基础土方"项目报价内。

③"挖基础土方"项目中施工增量的弃土运输包括在"挖基础土方"项目报价内。

④深基础的支护结构以及施工降水等，应列入工程量清单措施项目费内。

⑤"土（石）方回填"项目中基础土方放坡等施工的增加量，应包括在报价内。

⑥管沟土方工程量不论有无管沟设计均按长度计算，管沟开挖加宽工作面、放坡和接口处加宽工作面，以及管沟土方回填都应包括在"管沟土方"报价内。

⑦土（石）方清单报价应包括指定范围内的土石方一次或多次运输、装卸以及基底夯实、修理边坡、清理现场等全部施工工序。

⑧因地质情况变化或设计变更引起的土（石）方工程量的变更，由业主与承包人双方现场认证，依据合同条件进行调整。

2）桩与地基基础分部分项工程费投标报价的注意点

①试桩与打桩之间间歇时间，机械在现场的停置，应包括在打、试桩报价内。

②"预制钢筋混凝土桩"项目中预制桩刷防护材料应包括在报价内。

③"混凝土灌注桩"项目中人工挖孔时采用的护壁（如：砖砌护壁、预制钢筋混凝土护壁、现浇钢筋混凝土护壁、钢模周转护壁、钢护桶护壁等），应包括在报价内。

④钻孔护壁泥浆的搅拌运输，泥浆池、泥浆沟槽的砌筑、拆除，应包括在报价内。

⑤"砂石灌注桩"的砂石级配、密实系数均应包括在报价内。

⑥"挤密桩"的灰土级配、密实系数均应包括在报价内。

⑦"地下连续墙"项目中的导槽，由投标人考虑在地下连续墙综合单价内。

⑧"锚杆支护"项目中的钻孔、布筋、锚杆安装、灌浆、张拉等搭设的脚手架，应列入

措施项目费用。

⑨ 各种桩(除预制钢筋混凝土桩)的充盈量，应包括在报价内。

⑩ 振动沉管、锤击沉管若使用预制钢筋混凝土桩尖时，应包括在报价内。

⑪ 爆扩桩扩大头的混凝土量，应包括在报价内。

3) 砌筑工程分部分项工程费投标报价的注意点

① "砖基础"项目所包含的工作内容：基础、防潮层、材料运输等，应包括在报价内。

② "实心砖墙"项目中墙内砖平碹、砖拱碹、砖过梁的体积不扣除，应包括在报价内。

③ "砖窨井、检查井""砖水池、化粪池"项目中包括挖土、运输、回填、井池底板、池壁、井池盖板、池内隔断、隔墙、隔栅小梁、隔板、滤板、内外粉刷等全部工程内容，应全部计入报价内。

④ "石基础"项目包括剔打石料天、地座荒包等全部工序及搭拆简易起重架等应全部计入报价内。

⑤ "石勒脚""石墙"项目中石料天、地座打平、拼缝打平、打扁口等工序包括在报价内。

⑥ "石挡土墙"项目报价时应注意以下几点。

a. 变形缝、泄水孔、压顶抹灰等应包括在项目内。

b. 挡土墙若有滤水层要求的应包括在报价内。

c. 搭、拆简易起重架应包括在报价内。

4) 混凝土及钢筋混凝土分部分项工程费投标报价的注意点

① "设备基础"项目的螺栓孔灌浆包括在报价内。

② 混凝土板采用浇筑复合高强薄型空心管时，复合高强薄型空心管应包括在报价内。采用轻质材料浇筑在有梁板内，轻质材料应包括在报价内。

③ "散水、坡道"项目需抹灰时，应包括在报价内。

④ "水磨石构件"需要打蜡抛光时，打蜡抛光的费用应包括在报价内。

⑤ 购入的商品构配件以商品价进入报价内。

⑥ 钢筋的制作、安装、运输损耗由投标人考虑在报价内。

⑦ 预制构件的吊装机械(除塔式起重机)包括在项目内，塔式起重机应列入措施项目费。

⑧ 滑模的提升设备(如：千斤顶、液压操作台等)应列在模板及支撑费内。

⑨ 钢网架在地面组装后的整体提升、倒锥壳水箱在地面就位预制后的提升设备(如液压千斤顶及操作台等)应列在措施项目(垂直运输费)内。

5) 厂库房大门、特种门、木结构工程分部分项工程费投标报价的注意点

① "钢木大门"项目的钢骨架制作安装包括在报价内。

② "木屋架"项目中与屋架相连接的挑檐木应包括在木屋架报价内；钢夹板构件、连接螺栓应包括在报价内。

③ "钢木屋架"项目中的钢拉杆(下弦拉杆)、受拉腹杆、钢夹板、连接螺栓应包括在报价内。

④ "木柱""木梁"项目中的接地、嵌入墙内部分的防腐应包括在报价内。

⑤ "木楼梯"项目中防滑条应包括在报价内。

⑥ 设计规定使用干燥木材时，干燥损耗及干燥费应包括在报价内。

⑦ 木材的出材率应包括在报价内。

⑧ 木结构有防虫要求时，防虫药剂应包括在报价内。

6）金属结构工程分部分项工程费投标报价的注意点

① "钢管柱"项目中钢管混凝土柱的盖板、底板、穿心板、横隔板、加强环、明牛腿、暗牛腿应包括在报价内。

② 钢构件的除锈刷漆应包括在报价内。

③ 钢构件的拼装台的搭拆和材料摊销应列入措施项目费。

④ 钢构件需探伤（包括射线探伤、超声波探伤、磁粉探伤、金相探伤、着色探伤、荧光探伤等）应包括在报价内。

7）屋面及防水工程分部分项工程费投标报价的注意点

① "瓦屋面"项目中屋面基层包括檩条、椽子、木屋面板、顺木条、挂瓦条等，应全部计入报价中。

② "型材屋面"的钢檩条或木檩条以及骨架、螺栓、挂钩等应包括在报价内。

③ "膜结构屋面"项目中支撑和拉固膜布的钢柱、拉杆、金属网架、钢丝绳、锚固的锚头等应包括在报价内。

④ "屋面卷材防水"项目报价时应注意以下几点。

抹屋面找平层、基层处理（清理修补、刷基层处理剂）等应包括在报价内。

檐沟、天沟、水落口、泛水收头、变形缝等处的卷材附加层应包括在报价内。

浅色、反射涂料保护层、绿豆砂保护层、细砂、云母及蛭石保护层应包括在报价内。

⑤ "屋面涂膜防水"项目报价时应注意以下几点。

抹屋面找平层，基层处理（清理修补、刷基层处理剂等）应包括在报价内。

需加强材料的应包括在报价内。

檐沟、天沟、水落口、泛水收头、变形缝等处的附加层材料应包括在报价内。

浅色、反射涂料保护层、绿豆砂保护层、细砂、云母、蛭石保护层应包括在报价内。

⑥ "屋面刚性防水"项目中的分格缝、泛水、变形缝部位的防水卷材、密封材料、背衬材料、沥青麻丝等应包括在报价内。

⑦ "屋面排水管"项目报价时应注意以下几点。

排水管、雨水口、算子板、水斗等应包括在报价内。

埋设管卡箍、裁管、接嵌缝应包括在报价内。

⑧ "屋面天沟、檐沟"项目报价时应注意。

天沟、檐沟固定卡件、支撑件应包括在报价内。

天沟、檐沟的接缝、嵌缝材料应包括在报价内。

⑨ "卷材防水，涂膜防水"项目报价时应注意以下几点。

抹找平层、刷基础处理剂、刷胶黏剂、胶黏防水卷材应包括在报价内。

特殊处理部位（如：管道的通道部位）的嵌缝材料、附加卷材衬垫等应包括在报价内。

⑩ "砂浆防水（潮）"的外加剂应包括在报价内。

⑪ "变形缝"项目中的止水带安装、盖板制作、安装应包括在报价内。

8）防腐、隔热、保温工程分部分项工程费投标报价的注意点

① "聚氯乙烯板面层"项目中聚氯乙烯板的焊接应包括在报价内。

② "防腐涂料"项目需刮腻子时应包括在报价内。

③ "保温隔热屋面"项目中屋面保温隔热的找坡、找平层应包括在报价内，如果屋面防

水层项目包括找平层和找坡，屋面保温隔热不再计算，以免重复。

④ "保温隔热天棚" 项目下贴式如需底层抹灰时，应包括在报价内。

⑤ "保温隔热墙" 项目报价时应注意以下几点。

外墙内保温和外保温的面层应包括在报价内。

外墙内保温的内墙保温踢脚线应包括在报价内。

外墙外保温、内保温、内墙保温的基层抹灰或刮腻子应包括在报价内。

⑥ 防腐工程中需酸化处理时应包括在报价内。

⑦ 防腐工程中的养护应包括在报价内。

9.3　措施项目费投标报价

9.3.1　实训目的

掌握模板、脚手架等套定额的措施费计算，会结合实际工程和施工方案进行其他措施费的确定。

9.3.2　实训目标

① 会根据含模量或按接触面积计算模板工程量，并正确进行报价。

② 会计算脚手架工程量并准确套用计价表子目。

③ 会结合计价表的规定结合费用定额完成其他措施费的计算。

9.3.3　实训步骤及方法(表 9-4)

表 9-4　措施项目费投标报价的一般步骤

步骤	计算项目	内容
第一步	计算脚手架措施费	主要包括砌筑脚手架、浇捣脚手架、抹灰脚手架等
第二步	计算模板措施费	可以按含模量和接触面积中的一种方法
第三步	计算垂直运输机械费	垂直运输机械要找出定额工期
第四步	计算大型机械进退场费	主要指吊装等大型机械
第五步	确定按系数计算的其他措施费	

9.3.4　实训指导

9.3.4.1　掌握脚手架工程计价表计算规则

(1) 脚手架工程计算一般规则

① 脚手架计取的起点高度：基础及石砌体高度＞1m，其他结构高度＞1.2m。

② 计算内、外墙脚手架时，均不扣除门窗洞口、空圈洞口等所占的面积。

(2) 外脚手架工程量计算规则

① 建筑物外脚手架，高度自设计室外地坪算至檐口(或女儿墙顶)；同一建筑物有不同檐高时，按建筑物的不同檐高纵向分割，分别计算，并按各自的檐高执行相应子目。地下室

外脚手架的高度，按其底板上坪至地下室顶板上坪之间的高度计算。

② 按外墙外边线长度乘以高度以面积计算。凸出墙面宽度大于240mm的墙垛、外挑阳台（板）等，按图示尺寸展开并入外墙长度内计算。

③ 现浇混凝土独立基础，按柱脚手架规则计算（外围周长按最大底面周长），执行单排外脚手架子目。

④ 混凝土带形基础、带形桩承台、满堂基础，按混凝土墙的规定计算脚手架，其中满堂基础脚手架长度按外形周长计算。

⑤ 独立柱（现浇混凝土框架柱）按柱图示结构外围周长另加3.6m，乘以设计柱高以面积计算，执行单排外脚手架项目。

⑥ 各种现浇混凝土独立柱、框架柱、砖柱、石柱等，均需单独计算脚手架。现浇混凝土构造柱，不单独计算脚手架。

⑦ 现浇混凝土梁、墙，按设计室外地坪或楼板上表面至楼板底之间的高度，乘以梁、墙净长以面积计算，执行双排外脚手架子目。与混凝土墙同一轴线且同时浇筑的墙上梁不单独计取脚手架。

⑧ 轻型框剪墙按墙规定计算，不扣除之间洞口所占面积，洞口上方梁不另计算脚手架。

⑨ 现浇混凝土（室内）梁（单梁、连续梁、框架梁），按设计室外地坪或楼板上表面至楼板底之间的高度乘以梁净长，以面积计算，执行双排外脚手架子目。有梁板中的板下梁不计取脚手架。

（3）里脚手架工程量计算规则

① 里脚手架按墙面垂直投影面积计算。

② 内墙面装饰，按装饰面执行里脚手架计算规则计算装饰工程脚手架。内墙面装饰高度≤3.6m时，按相应脚手架子目乘以系数0.3计算；高度＞3.6m的内墙装饰，按双排里脚手架乘以系数0.3。按规定计算满堂脚手架后，室内墙面装饰工程，不再计内墙装饰脚手架。

③ （砖砌）围墙脚手架，按室外自然地坪至围墙顶面的砌筑高度乘以长度，以面积计算。围墙脚手架，执行单排里脚手架相应子目。石砌围墙或厚大于两砖的砖围墙，增加一面双排里脚手架。

（4）满堂脚手架工程量计算规则

① 按室内净面积计算，不扣除柱、垛所占面积。

② 结构净高＞3.6m时，可计算满堂脚手架。

③ 当3.6m＜结构净高≤5.2m时，计算基本层；结构净高≤3.6m时，不计算满堂脚手架。

④ 结构净高＞5.2m时，每增加1.2m按增加一层计算，不足0.6m的不计。

9.3.4.2 掌握现浇混凝土模板工程计价表计算规则

现浇混凝土模板工程量，除另有规定外，按模板与混凝土的接触面积（扣除后浇带所占面积）计算。

（1）基础模板工程量计算规则

① 基础按混凝土与模板接触面的面积计算。

② 基础与基础相交时重叠的模板面积不扣除；直形基础端头的模板，也不增加。

③ 杯型基础模板面积按独立基础模板计算，杯口内的模板面积并入相应基础模板工程量内。

④ 现浇混凝土带形桩承台的模板，执行现浇混凝土带形基础（有梁式）模板子目。

（2）柱模板工程量计算规则

① 现浇混凝土柱模板，按柱四周展开宽度乘以柱高，以面积计算。

② 柱、梁相交时，不扣除梁头所占柱模板面积。

③ 柱、板相交时，不扣除板厚所占柱模板面积。

④ 构造柱模板，按混凝土外露宽度乘以柱高以面积计算；构造柱与砌体交错咬茬连接时，按混凝土外露面的最大宽度计算。构造柱与墙的接触面不计算模板面积。

（3）梁模板工程量计算规则

① 现浇混凝土梁模板，按混凝土与模板的接触面积计算。

② 矩形梁，支座处的模板不扣除，端头处的模板不增加。

③ 梁、梁相交时，不扣除次梁梁头所占主梁模板面积。

④ 梁、板连接时，梁侧壁模板算至板下坪。

⑤ 过梁与圈梁连接时，其过梁长度按洞口两端共加 50cm 计算。

（4）墙模板工程量计算规则

① 现浇混凝土墙的模板，按混凝土与模板接触面积计算。

② 现浇钢筋混凝土墙、板上单孔面积≤0.3m² 的孔洞，不予扣除，洞侧壁模板亦不增加；单孔面积＞0.3m² 时，应予扣除，洞侧壁模板面积并入墙、板模板工程量内计算。

③ 墙、柱连接时，柱侧壁按展开宽度，并入墙模板面积内计算。

④ 墙、梁相交时，不扣除梁头所占墙模板面积。

（5）板模板工程量计算规则

① 现浇混凝土板的模板，按混凝土与模板的接触面积计算。

② 伸入梁、墙内的板头，不计算模板面积。

③ 周边带翻檐的板(如卫生间混凝土防水带等)，底板的板厚部分不计算模板面积；翻檐两侧的模板，按翻檐净高度，并入板的模板工程量内计算。

④ 柱、墙相接时，柱与墙接触面的面积，应予扣除。

⑤ 现浇混凝土有梁板的板下梁的模板支撑高度，自地(楼)面支撑点计算至板底，执行板的支撑高度超高子目。

⑥ 柱帽模板面积按无梁板模板计算，其工程量并入无梁板模板工程量中，模板支撑超高按板支撑超高计算。

（6）现浇混凝土柱、梁、墙、板的模板支撑高度计算规则

柱、墙：地(楼)面支撑点至构件顶坪。梁：地(楼)面支撑点至梁底。板：地(楼)面支撑点至板底坪。

① 现浇混凝土柱、梁、墙、板的模板支撑高度＞3.6m 时，另行计算模板超高部分的工程量。

② 梁、板(水平构件)模板支撑超高的工程量计算如下式：

超高次数＝(支模高度－3.6)/1(遇小数进为 1，不足 1 按 1 计算)

$$超高工程量(m^2)＝超高构件的全部模板面积×超高次数$$

③ 柱、墙(竖直构件)模板支撑超高的工程量计算如下式：

超高次数分段计算：自高度＞3.60m，第一个 1m 为超高 1 次，第二个 1m 为超高 2 次，依此类推；

不足 1m，按 1m 计算。

$$超高工程量(m^2)＝\sum(相应模板面积×超高次数)$$

④ 构造柱、圈梁、大钢模板墙，不计算模板支撑超高。

⑤ 墙、板后浇带的模板支撑超高，并入墙、板支撑超高工程量内计算。

9.3.4.3 掌握以费率计算的措施费计算

二次搬运费、大型机械设备进出场及安拆费、施工排水、已完工程及设备保护费、特殊条件下施工增加费、地上、地下设施、建筑物的临时保护设施费以及专业工程措施费，按工程量乘以综合单价计取，其他的按费率计算。

一般计税法下的措施项目费率标准见表9-5，简易计税法下的措施费率标准见表9-6。

表 9-5　一般计税法下的措施项目费率标准　　　　　　单位：%

专业名称		费用名称			
		夜间施工费	二次搬运费	冬雨季施工增加费	已完工程及设备保护费
建筑工程		2.55	2.18	2.91	0.15
装饰工程		3.64	3.28	4.10	0.15
安装工程	民用安装工程	2.50	2.10	2.80	1.20
	工业安装工程	3.10	2.70	3.90	1.70
园林绿化工程		2.21	4.42	2.21	5.89

表 9-6　简易计税法下的措施费率标准　　　　　　单位：%

专业名称		费用名称			
		夜间施工费	二次搬运费	冬雨季施工增加费	已完工程及设备保护费
建筑工程		2.80	2.40	3.20	0.15
装饰工程		4.0	3.6	4.5	0.15
安装工程	民用安装工程	2.66	2.28	3.04	1.32
	工业安装工程	3.30	2.93	4.23	1.87
园林绿化工程		2.40	4.80	2.40	6.40

注：建筑、装饰工程中已完工程及设备保护费的计费基础为省价人材机之和。

【相关知识链接】

"投标报价"的概念：是指工程采用招标发包的过程中，由投标人按照招标文件的要求，根据工程特点，并结合自身的施工技术、装备和管理水平，依据有关计价规定自主确定的工程造价，是投标人希望达成工程承包交易的期望价格，原则上它不能高于招标人设定的招标控制价。

投标报价的填写原则：投标人应按招标人提供的工程量清单填报价格。填写的项目编码、项目名称、项目特征、计量单位、工程量必须与招标人提供的一致。

投标报价的编制依据：

① 2013版《建设工程量清单计价规范》。

② 国家或省级、行业建设主管部门颁发的计价办法。

③ 企业定额，国家或省级、行业建设主管部门颁发的计价定额。

④ 招标文件、工程量清单及其补充通知、答疑纪要。

⑤ 建设工程设计文件及相关资料。

⑥ 施工现场情况、工程特点及拟订的投标施工组织设计或施工方案。

⑦ 与建设项目相关的标准、规范等技术资料。

⑧ 市场价格信息或工程造价管理机构发布的工程造价信息。

⑨ 其他的相关资料。

投标人对分部分项工程费中综合单价的确定依据和原则：

① 综合单价的组成内容应符合规范的规定。

② 招标文件中提供了暂估单价的材料，应按暂估的单价计入综合单价。

③ 综合单价中应考虑招标文件中要求投标人承担的风险内容及其范围（幅度）产生的风险费用，在施工过程中，当出现的风险内容及其范围（幅度）在合同约定的范围内时，工程价款不做调整。

措施项目费投标报价的原则：投标人可根据工程实际情况结合施工组织设计，对招标人所列的措施项目进行增补。措施项目费应根据招标文件中的措施项目清单及投标时拟订的施工组织设计或施工方案按规范的规定自主确定。

由于各投标人拥有的施工装备、技术水平和采用的施工方法有所差异，招标人提出的措施项目清单是根据一般情况确定的，没有考虑不同投标人的"个性"，投标人投标时应根据自身编制的投标施工组织设计或施工方案确定措施项目，对招标人提供的措施项目进行调整。投标人根据投标施工组织设计或施工方案调整和确定的措施项目应通过评标委员会的评审。

措施项目费的计算包括以下几点。

① 措施项目的内容应依据招标人提供的措施项目清单和投标人投标时拟订的施工组织设计或施工方案。

② 措施项目费的计价方式应根据招标文件的规定，可以计算工程量的措施清单项目采用综合单价方式报价，其余的措施清单项目采用以"项"为计量单位的方式报价。

③ 措施项目费由投标人自主确定，但其中安全文明施工费应按国家或省级、行业建设主管部门的规定确定。

其他项目费的投标报价原则：

① 暂列金额应按招标人在其他项目清单中列出的金额填写。

② 材料暂估价应按招标人在其他项目清单中列出的单价计入综合单价；专业工程暂估价应按招标人在其他项目清单中列出的金额填写。

③ 计日工按招标人在其他项目清单中列出的项目和数量，自主确定综合单价并计算计日工费用。

④ 总承包服务费根据招标文件中列出的内容和提出的要求自主确定。

规费和税金的投标报价原则：规费和税金的计取标准是依据有关法律、法规和政策规定制定的，具有强制性。投标人是法律、法规和政策的执行者，在投标报价时必须按照国家或省级、行业建设主管部门的有关规定计算规费和税金。

投标人投标总价的计算原则：投标总价应当与分部分项工程费、措施项目费、其他项目费和规费、税金的合计金额一致。

实行工程量清单招标，投标人的投标总价应当与组成工程量清单的分部分项工程费、措施项目费、其他项目费和规费、税金的合计金额相一致，即投标人在投标报价时，不能进行投标总价优惠（或降价、让利），投标人对招标人的任何优惠（或降价、让利）均应反映在相应清单项目的综合单价中。

第 10 章

钢筋工程算量实训

实训目标

独立完成练习实例的钢筋工程量的计算。

实训要求

结合实际案例——《BIM 算量一图一练》宿舍楼案例工程（练习图纸），完成练习案例工程钢筋工程量的计算。

10.1 概　　述

10.1.1　实训要求

教师给定具体图样，要求学生首先根据提供的图样进行手工钢筋翻样，然后采用广联达 BIM 钢筋算量软件进行电算，最终比较这两种方法计算的结果，找出两个结果差异的原因，并进行总结。实训内容应包括以下三步。

① 利用混凝土结构设计规范和平法图集相关规定对图样进行钢筋手工翻样，提交一份钢筋明细表清单。

② 利用广联达 BIM 钢筋算量软件，根据提供的图样结合图形法和构件法建立结构计算模型进行钢筋计算汇总，提交一份钢筋明细表清单。

③ 比较两份钢筋明细表清单，找出差异存在的原因，并进行总结得出结论。

10.1.2　训前准备

应准备如下的基本资料。

① 钢筋混凝土结构设计规范。

② 16G101 系列平法图集。

③ 相关的标准构造图集。

④ 钢筋算量软件。

10.1.3　实训组织

① 实训的时间安排：教师根据图样的难易程度可将实训时间定为一周或两周，或根据学校培养大纲所确定的时间安排图样。

② 实训的主要组织形式可以为集中安排，也可以分散安排，可以分组进行，也可以每个人独立完成。

③ 实训的管理：由任课教师负责实训指导与检查、督促与验收。

10.1.4　成绩评定

由教师根据每个人的表现、在过程中所起的作用、实训作品验收、实训报告等评定，具体可参照表 10-1 来执行。

表 10-1　项目实训成绩评定

序号	评定内容	分值	评定标准	得分
1	任务前期准备情况	10	熟悉相关知识；熟悉任务书内容及要求并按要求准备好所需资料、工具	
2	出勤率	15	按时出勤，无缺课迟到现象	
3	团队协作、沟通协调能力	10	积极参与小组的任务统筹，服从组长的安排与成员配合良好，沟通顺畅	
4	学习态度	5	认真踏实、勤学好问	
5	任务成果完成情况	25	计算过程详细，计算结果准确，符合平法规范	
6	成果答辩	10	思路清晰、概念明确、回答准确	
7	发现问题解决问题的能力	10	能够在自审互审中发现问题、解决问题	
8	上交资料	15	上交资料符合要求，便于审计	

10.2　钢筋手工算量

10.2.1　实训目的

熟悉常见的各类构件钢筋的类型和构造，掌握各类构件钢筋的手工算量方法，能根据图样进行钢筋手工算量。

10.2.2　实训目标

① 熟记常见的各类构件钢筋的类型和构造。

② 掌握各类构件钢筋的手工算量方法。

③ 结合计价表的规定进行钢筋汇总、套用计价表并作相应的换算。

10.2.3　实训步骤及方法

钢筋手工钢筋算量的一般步骤见表 10-2。

表 10-2 钢筋手工算量的一般步骤

步骤	内容	说明	
第一步	熟悉并认真研究结构图，读懂平法标注、研究分析集中标注、原位标注	目前平法图集的发行情况 16G101-1 现浇混凝土框架、剪力墙、梁、板 16G101-2 现浇混凝土板式楼梯 16G101-3 独立基础、条形基础、箱形基础及桩基承台	
第二步	确定房屋的抗震等级	工程有抗震设防和不抗震设防，抗震设防时有抗震等级，抗震的工程中也有抗震构件（如桩基础、框架柱、框架梁、剪力墙）和不抗震构件（如板、独立基础非框架梁、楼梯）	不抗震构件其锚固长度用 l_a，抗震时锚固长度用 l_{aE}
第三步	确定混凝土强度等级、各类构件的混凝土保护层厚度	锚固长度的取值要用到混凝土强度和混凝土保护层厚度	
第四步	确定钢筋的连接方式	钢筋连接方式有绑扎搭接、焊接和机械连接三种	搭接有两种：一是受力搭接，取 L_{lE} 或 L_l；二是构造搭接，一般取 150mm
第五步	确定柱钢筋的顶部节点	区分边角柱、中柱进行计算	
第六步	研究相关的钢筋构造平法图集		

10.2.4 实训指导

10.2.4.1 掌握各类构件钢筋的分类和构造

(1) 基础

1）独立基础

① 独立基础的类型：独立基础的类型包括普通和杯口两类，各又分为阶形和坡形，杯口独立基础一般用于工业厂房，民用建筑一般采用普通独立基础。

② 独立基础的平面表示方法，见图 10-1 和图 10-2。

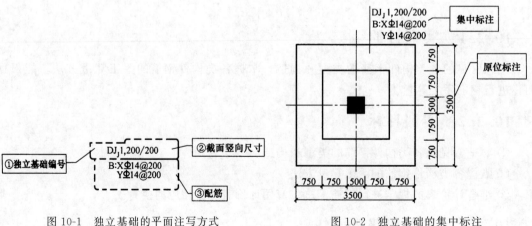

图 10-1 独立基础的平面注写方式   图 10-2 独立基础的集中标注

③ 独立基础的钢筋种类、构造见表 10-3。

表 10-3　独立基础的钢筋种类、构造

钢筋种类	钢筋构造情况		
底板底部钢筋	一般情况	（1）矩形独立基础	
		圆形独立基础	（2）正交配筋
			（3）放射配筋
		（4）短向钢筋采用两种配筋	
	长度缩减 10%	（5）对称独立基础	
		（6）非对称独立基础	
杯口独基顶部焊接钢筋网		（7）单杯口独基（普通和高杯口）	
	双杯口独基	（8）中间杯壁≥400mm（普通和高杯口）	
		中间杯壁小于 400mm	（9）普通双杯口独基
			（10）双高杯口独基
高杯口独基侧壁外侧及短柱钢筋		（11）单高杯口独基	
		（12）双高杯口独基	
多柱独立基础顶部钢筋	双柱独立基础	（13）普通双柱独立基础	
		（14）设基础梁的双柱独立基础	
		（15）四柱独立基础	

2）筏形基础　筏形基础一般用于高层建筑框架柱或剪力墙下，筏形基础示意图如图 10-3 所示。

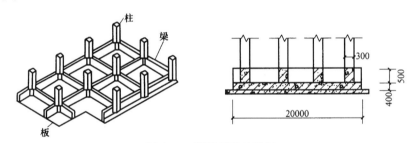

图 10-3　筏形基础示意图

① 筏形基础分类：筏形基础分为"梁板式筏形基础"和"平板式筏形基础"梁板式筏形基础由基础主梁、基础次梁和基础平板组成，平板式筏形基础有两种组成形式，一是由柱下板带、跨中板带组成，二是不分板带，直接由基础平板组成。筏形基础的分类及构成，见表 10-4。

表 10-4　筏形基础的分类及构成

筏形基础分类	构件组成	
梁板式筏形基础	基础梁	基础主梁 JZL（柱下）
		基础次梁 JCL
	基础平板 LPB	
平板式筏形基础（一）	柱下板带 ZXB	
	跨中板带 KZB	
平板式筏形基础（二）	基础平板 BPB	

② 筏形基础的钢筋种类见表 10-5。

表 10-5　筏形基础的钢筋种类

构件	钢筋种类		
基础主梁 JZL	纵筋	底部贯通纵筋	
		顶部贯通纵筋	
		梁端（支座）区域底部非贯通纵筋	
		侧部构造筋	
	箍筋		
	其他钢筋	附加吊筋	
		附加箍筋	
		加腋筋	
基础次梁 JCL	纵筋	底部贯通纵筋	
		顶部贯通纵筋	
		梁端（支座）区域底部非贯通纵筋	
	箍筋		
	其他钢筋	加腋筋	
梁板式基础平板 LPB	底部贯通纵筋		
	顶部贯通纵筋		
	横跨基础梁下的板底部非贯通纵筋		
	中部水平构造钢筋网		
柱下板带 ZXB/跨中板带 KZB	底部贯通纵筋		
	顶部贯通纵筋		
	横跨基础梁下的板底部非贯通纵筋		
平板式基础平板 BPB	底部贯通纵筋		
	顶部贯通纵筋		
	横跨基础梁下的板底部非贯通纵筋		
上柱墩 SZD	竖向钢筋		
	箍筋		
下柱墩 XZD	X 向钢筋		
	Y 向钢筋		
	水平箍筋		
外包式柱脚 WZJ	纵筋		第一层纵筋
			第二层纵筋
	箍筋		
埋入式柱脚 MZJ	纵筋		第一层纵筋
			第二层纵筋
	箍筋		
基坑 JK			

3）条形基础

① 条形基础的分类：条形基础一般位于砖墙或混凝土墙下，用以支承墙体构件。条形

基础分为梁板式条形基础和板式条形基础两大类，见表 10-6。

表 10-6   条形基础的分类

条形基础分类	构件组成		
梁板式条形基础	基础梁		基础梁
			基础圈梁
	基础底板		
板式条形基础	基础底板		

② 条形基础的平面注写方式见图 10-4。

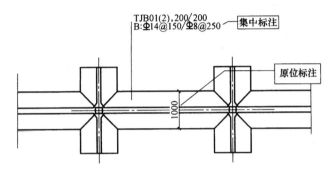

图 10-4   条形基础的平面注写方式

③ 条形基础钢筋种类见表 10-7。

表 10-7   条形基础钢筋种类

构件	钢筋种类	
基础梁 JL	纵筋	底部贯通纵筋
		端部及柱下区域底部非贯通筋
		顶部贯通纵筋
		架立筋
		侧部构造筋
	箍筋	
	其他钢筋	附加吊筋
		附加箍筋
		加腋筋
基础圈梁 JQL	纵筋	底部钢筋
		顶部钢筋
	箍筋	
基础底板	底部钢筋	受力筋
		分布筋
	双梁条形基础顶部钢筋	受力筋
		分布筋

（2）柱

1）柱的构件分类　柱的构件分为框架柱 KZ、梁上柱 LZ、框支柱 KZZ、墙上柱 QZ、芯柱 XZ 等。

2）柱的平面表示方法　见图 10-5、图 10-6。

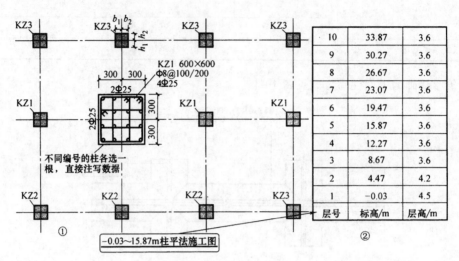

10	33.87	3.6
9	30.27	3.6
8	26.67	3.6
7	23.07	3.6
6	19.47	3.6
5	15.87	3.6
4	12.27	3.6
3	8.67	3.6
2	4.47	4.2
1	-0.03	4.5
层号	标高/m	层高/m

图 10-5　柱截面注写方式

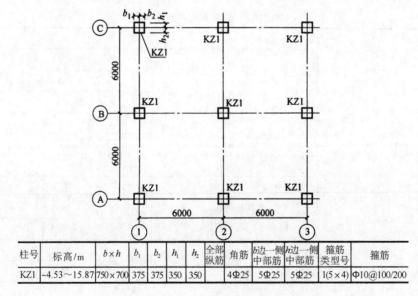

柱号	标高/m	$b \times h$	b_1	b_2	h_1	h_2	全部纵筋	角筋	b边一侧中部筋	h边一侧中部筋	箍筋类型号	箍筋
KZ1	-4.53～15.87	750×700	375	375	350	350		4Φ25	5Φ25	5Φ25	1(5×4)	Φ10@100/200

图 10-6　柱列表注写方式

3）柱钢筋的种类　见表 10-8。

（3）梁

1）梁构件的分类　梁构件分为屋面框架梁 WKL、楼层框架梁 KL、非框架梁 L、悬挑梁 XL、框支梁 KZL、井字梁 JZL。

2）梁钢筋的平面表示方法　如图 10-7 所示。

表 10-8　框架柱构件钢筋种类

钢筋种类	构造情况	
纵筋	基础内柱插筋	独立基础、条形基础、承台内柱插筋
		筏形基础（基础梁、基础平板）
		大直径灌注桩
		芯柱
	梁上柱、墙上柱插筋	
	地下室框架柱	
	中间层	无截面变化
		变截面
		变钢筋
	顶层	边柱、角柱
		中柱
箍筋	箍筋	

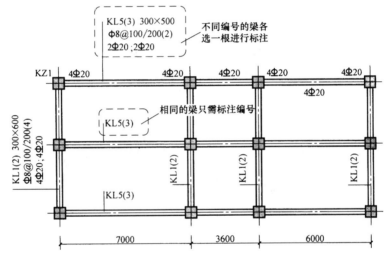

图 10-7　梁钢筋的平面表示方法

3）梁构件钢筋的种类　见表 10-9。

表 10-9　梁构件钢筋种类

构件及钢筋	
楼层框架梁 KL	抗震楼层框架梁纵筋一般构造
	非抗震楼层框架梁纵筋一般构造
	不伸入支座的下部钢筋构造
	中间支座变截面钢筋构造
	一级抗震时箍筋构造
	二～四级抗震时箍筋构造
	非抗震时箍筋构造
	侧部钢筋、附加吊筋或箍筋

构件及钢筋	
屋面框架梁 WKL	抗震屋面框架梁纵筋一般构造
	非抗震屋面框架梁纵筋一般构造
	不伸入支座的下部钢筋构造
	中间支座变截面钢筋构造
	一级抗震时箍筋构造
	二～四级抗震时箍筋构造
	非抗震时箍筋构造
	侧部钢筋、附加吊筋或箍筋
非框架梁 L	纵筋、箍筋
井字梁 JZL	纵筋、箍筋
框支梁 KZL	纵筋、箍筋
纯悬挑梁 XL	纵筋、箍筋

（4）板

① 板按所在标高位置分为楼板和屋面板，按板的组成形式分为有梁楼盖板和无梁楼盖板，按板的平面位置，将板分为普通板、延伸悬挑板、纯悬挑板。

② 板钢筋的平面表示方法见图 10-8、图 10-9。

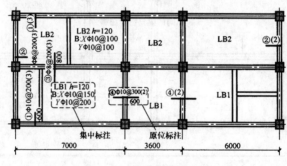

图 10-8　板平面注写方式

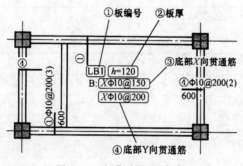

图 10-9　板集中注写内容

③ 板的钢筋种类、构造见表 10-10。

表 10-10　板的钢筋种类、构造

钢筋种类	钢筋构造情况
板底筋	端部及中间支座锚固
	板挑檐
	悬挑板
	板翻边
	局部升降板
板顶筋	端部锚固
	板挑檐
	悬挑板
	板翻边
	局部升降板
支座负筋及分布筋	端支座负筋
	中间支座负筋
	跨板支座负筋
其他钢筋	板开洞
	悬挑阳角附加筋
	悬挑阴角附加筋
	温度筋

（5）剪力墙

① 剪力墙的构件种类：剪力墙不是一个独立的构件，而是由墙身、墙梁、墙柱共同组成的，见表 10-11。

表 10-11　剪力墙构件组成

墙身	墙身
墙柱	第一个角度：端柱、暗柱
	第二个角度：约束性柱、构造性柱
墙梁	连梁
	暗梁
	边框梁

② 剪力墙钢筋的平面表示方法如图 10-10、图 10-11 所示。

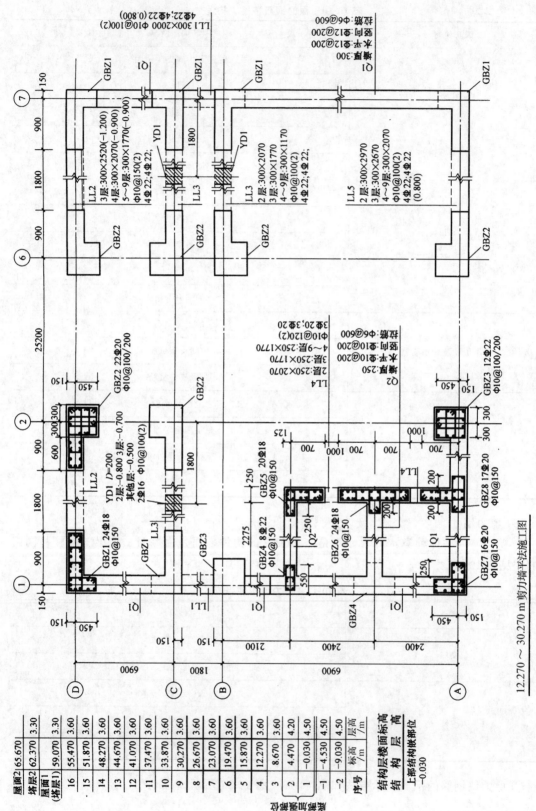

图 10-10 剪力墙平法施工图截面注写方式示例

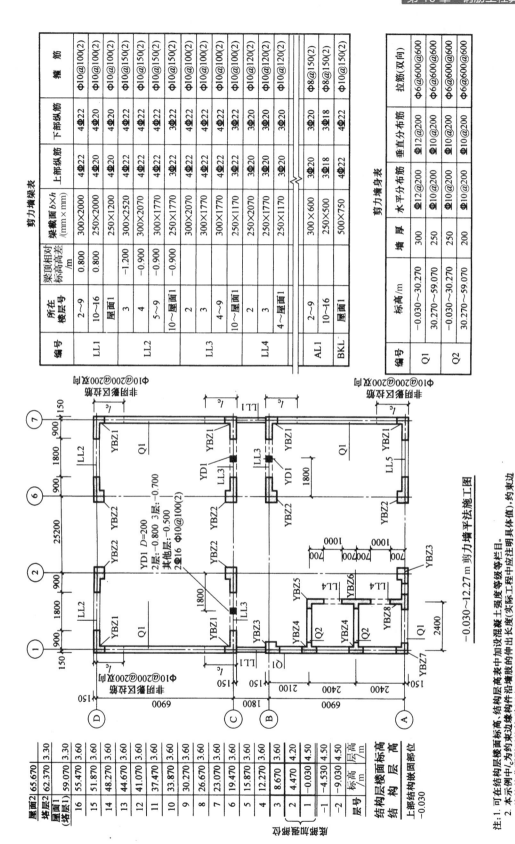

图 10-11 剪力墙列表注写方式示例

注: 1. 可在结构层楼面标高、结构层高表中加设混凝土强度等级等栏目。
2. 本示例中心为约束边缘构件沿墙肢的伸出长度(实际工程中应注明具体值), 约束边缘构件非阴影区拉筋(除图中有标注外): 竖向与水平钢筋的交点处均设置, 直径 φ8。

③ 剪力墙的钢筋种类、构造见表 10-12。

表 10-12　剪力墙的钢筋种类、构造

钢筋种类	钢筋构造情况	
墙身钢筋	墙身水平筋长度	端部锚固
		转角处构造
	墙身水平筋根数	基础内根数
		楼层中根数
	墙身竖向筋长度	基础内插筋
		中间层
		顶层
	墙身竖向筋根数	
	拉筋	
墙梁钢筋	连梁	纵筋
		箍筋
	暗梁	纵筋
		箍筋
	边框梁	纵筋
		箍筋
墙柱钢筋	墙柱	纵筋
		箍筋
	暗柱	纵筋
		箍筋

10.2.4.2　掌握各类构件钢筋的计算

基础、柱、梁、墙等构件钢筋的具体计算方法请参见本书配套电子资源。

参考文献

[1] 朱溢镕，黄丽华，赵冬. BIM 算量一图一练. 北京：化学工业出版社，2018.

[2] 朱溢镕，焦明明. BIM 建模基础与应用. 北京：化学工业出版社，2018.

[3] 朱溢镕，阎俊爱，韩红霞. 建筑工程计量与计价. 北京：化学工业出版社，2018.

[4] 中华人民共和国住房和城乡建设部，中华人民共和国国家质量监督检验检疫总局. 建筑工程工程清单计价规范：GB 50500—2013. 北京：中国计划出版社，2013.

[5] 中华人民共和国住房和城乡建设部，中华人民共和国国家质量监督检验检疫总局. 房屋建筑与装饰工程工程量计算规范：GB 50854—2013. 北京：中国计划出版社，2013.